U0344499

扶松柏 王洋◎编著

Java
编程│从入门到实践

人民邮电出版社
北京

图书在版编目（ＣＩＰ）数据

Java 编程从入门到实践 / 扶松柏，王洋编著. --
北京：人民邮电出版社，2020.6（2021.1重印）
ISBN 978-7-115-52220-7

Ⅰ．①J… Ⅱ．①扶… ②王… Ⅲ．①JAVA语言—程序
设计 Ⅳ．①TP312.8

中国版本图书馆CIP数据核字(2019)第223951号

内 容 提 要

本书循序渐进地讲解了 Java 语言的核心语法知识，并通过大量的实例讲解了各个知识点的具体
用法，本书分为 26 章。第 0～2 章是 Java 的基础知识部分，包括学习本书必备的知识、Java 开发基
础、Java 开发工具；第 3～10 章为核心语法部分，包括 Java 基础语法、条件语句、循环语句和跳转
语句、数组、面向对象基础、面向对象编程进阶、构造器、多态和引用类型、内部类、匿名类和枚
举类；第 11～16 章为 Java 开发进阶提高部分，包括集合、泛型、Java 常用类库、异常处理、I/O 文
件处理和流处理；第 17～23 章为 Java 典型应用部分，包括 JavaFX 桌面程序开发基础、JavaFX 图像、
布局和组件、JavaFX 事件处理、数据库编程、开发互联网程序、开发多线程 Java 程序、开发网络爬
虫程序；第 24～25 章为综合实战部分，通过两个大型实例的实现过程，详细讲解了使用 Java 语言
开发大数据挖掘和分析系统（网络爬虫+JSP+MySQL+大数据分析）和微信商城系统
（SpringBoot+Vue+微信小程序）的过程。

本书适合 Java 开发人员阅读，也适合计算机相关专业的师生阅读。

◆ 编　著　扶松柏　王　洋

责任编辑　张　涛

责任印制　王　郁　焦志炜

◆ 人民邮电出版社出版发行　　北京市丰台区成寿寺路 11 号

邮编　100164　　电子邮件　315@ptpress.com.cn

网址　http://www.ptpress.com.cn

固安县铭成印刷有限公司印刷

◆ 开本：787×1092　1/16

印张：26.75

字数：713 千字　　　　　　　2020 年 6 月第 1 版

印数：6 001 - 7 500 册　　　2021 年 1 月河北第 5 次印刷

定价：89.00 元

读者服务热线：(010)81055410　　印装质量热线：(010)81055316
反盗版热线：(010)81055315

广告经营许可证：京东市监广登字20170147号

前　言

Java 语言经过 20 多年的发展，已经成为市面上功能最强大的开发语言之一，深受广大程序员和软件厂商的喜爱。我们可以使用 Java 语言开发出各种各样的应用程序，如游戏程序、聊天程序、购物网站、爬虫程序和适用于手机的 Android 程序。为了让更多的人掌握这门优秀的编程语言，笔者精心地编写了本书。

全新版本展示 Java 新特性

时光荏苒，Java 经过多年的发展，受到了新语言的挑战，例如 Python 和 Go。Java 在接受挑战的同时，近几年也在加紧优化自己。从 Java 9 开始，每隔半年发布一个新版本，写本书的时候已经发布了 Java 14。

非常遗憾的是，市场上很多教科书和教程内容还停留在 Java 8 甚至 Java 7 上。为了让广大读者在第一时间内了解 Java 语言的新特性，让大家编写出更加优雅的 Java 代码，本书以全新的 Java 14 为基础，不但详细讲解 Java 语言的所有核心开发知识，而且重点讲解 Java 9、Java 10、Java 11、Java 12、Java 13 和 Java 14 的语法新特性。这些新增的语法，使得 Java 语言的功能更加强大。

从学习者需求出发

本书从初学者的实际出发，精心编写而成。本书涵盖了入门类、范例类和项目实战类 3 类图书的内容，并且对实战知识不是点到为止地讲解，而是深入地探讨，同时用配套资源来扩展实战案例，用网络答疑的方式解决读者学习中的问题。通过本书的学习，初学者将可以胜任 Java 开发的工作。

本书特色

（1）以"从入门到实践"的写作方法构建内容，让读者轻松入门。

为了使读者能够完全看懂本书的内容，本书在将入门知识讲透的同时，用大量实例演练基础知识的应用，让读者真正从入门到应用。

（2）破解语言难点，以"技术解惑"贯穿全书，绕过学习中的陷阱。

本书不会罗列式地讲解 Java 语言的知识点。为了帮助读者学懂基本知识点，书中有"技术解惑"板块，让读者知其然又知其所以然，也就是看得明白学得通。

（3）全书有大量实例和范例，与"实例大全"类图书拥有同数量级的范例。

通过大量实例及范例介绍，本书不仅实现了对知识点的横向切入和纵向比较，而且从不同的角度展现一个知识点的用法，力图实现举一反三的效果。

（4）配套资源包含视频讲解，降低了学习难度。

为本书配套提供的教学视频能够引导初学者快速入门，增强学习信心，从而快速理解所学知识。

（5）提供源程序＋视频＋PPT，让学习更轻松。

本书的配套资源中不但有全书的源代码，而且有精心制作的范例讲解视频。本书的配套 PPT 可以在 toppr.net 网站下载。

（6）通过 QQ 群和网站论坛与读者互动，形成互帮互学的朋友圈。

为了方便给读者答疑，本书作者将通过网站论坛（toppr.net）、QQ 群与读者沟通，并且随时在线与读者互动，让大家在互学互帮中形成一个良好的学习编程的氛围。

为读者服务的 QQ 群号是 947143857，作者会在群里分享学习体会，并在线解答初学者的学习困惑，请大家务必进群。

各章的模块

本书最大的特色是实现了基本知识、实例演示、范例演练、技术解惑和课后练习共计 5 个部分内容的融合。其中各章内容由如下模块构成。

（1）基本知识：循序渐进地讲解了 Java 语言开发的基本知识点。

（2）实例演示：用大量实例演示了各个入门知识点的用法。

（3）范例演练：为了达到对知识点融会贯通、举一反三的效果，为每个正文实例配备了两个演练范例，书中配套的大量范例从多个角度演示了各个知识点的用法和技巧。

（4）技术解惑：把读者容易混淆的部分单独用一个模块进行讲解和剖析，对读者所学的知识实现了"拔高"处理。

（5）课后练习：通过具体编程练习，帮助读者加深对知识的理解和掌握。

本书读者对象

❏　初学编程的自学者　　　　❏　编程爱好者
❏　大中专院校的教师和学生　❏　相关培训机构的教师和学员
❏　毕业设计的学生　　　　　❏　初级和中级程序开发人员
❏　软件测试人员

致谢

十分感谢家人给予我们的巨大支持。我们水平毕竟有限，书中难免存在纰漏之处，诚请读者提出意见或建议，以便修订并使之更臻完善。本书的编辑联系邮箱是 zhangtao@ptpress.com.cn。

最后感谢读者购买本书，希望本书能成为读者编程路上的领航者，祝读者阅读快乐！

作者

资源与支持

本书由异步社区出品，社区（https://www.epubit.com/）为您提供相关资源和后续服务。

配套资源

要获得以上配套资源，请在异步社区本书页面中单击 配套资源 ，跳转到下载界面，按提示进行操作即可。注意：为保证购书读者的权益，该操作会给出相关提示，要求输入提取码进行验证。

提交勘误

作者和编辑尽最大努力来确保书中内容的准确性，但难免会存在疏漏。欢迎您将发现的问题反馈给我们，帮助我们提升图书的质量。

当您发现错误时，请登录异步社区，按书名搜索，进入本书页面，单击"提交勘误"，输入勘误信息，单击"提交"按钮即可，如下图所示。本书的作者和编辑会对您提交的勘误进行审核，确认并接受后，您将获赠异步社区的 100 积分。积分可用于在异步社区兑换优惠券、样书或奖品。

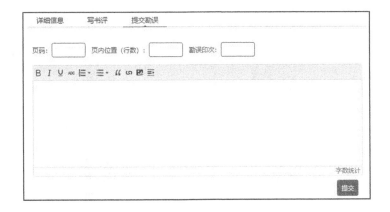

扫码关注本书

扫描下方二维码，您将会在异步社区微信服务号中看到本书信息及相关的服务提示。

与我们联系

我们的联系邮箱是 contact@epubit.com.cn。

如果您对本书有任何疑问或建议，请您发邮件给我们，并请在邮件标题中注明本书书名，以便我们更高效地做出反馈。

如果您有兴趣出版图书、录制教学视频，或者参与图书翻译、技术审校等工作，可以发邮件给我们；有意出版图书的作者也可以到异步社区在线提交投稿（直接访问 www.epubit.com/selfpublish/submission 即可）。

如果您所在的学校、培训机构或企业想批量购买本书或异步社区出版的其他图书，也可以发邮件给我们。

如果您在网上发现有针对异步社区出品图书的各种形式的盗版行为，包括对图书全部或部分内容的非授权传播，请您将怀疑有侵权行为的链接发邮件给我们。您的这一举动是对作者权益的保护，也是我们持续为您提供有价值的内容的动力之源。

关于异步社区和异步图书

"异步社区"是人民邮电出版社旗下 IT 专业图书社区，致力于出版精品 IT 技术图书和相关学习产品，为作译者提供优质出版服务。异步社区创办于 2015 年 8 月，提供大量精品 IT 技术图书和电子书，以及高品质技术文章和视频课程。更多详情请访问异步社区官网 https://www.epubit.com。

"异步图书"是由异步社区编辑团队策划出版的精品 IT 专业图书的品牌，依托于人民邮电出版社近 30 年的计算机图书出版积累和专业编辑团队，相关图书在封面上印有异步图书的 LOGO。异步图书的出版领域包括软件开发、大数据、AI、测试、前端、网络技术等。

异步社区

微信服务号

目　　录

第 0 章

学习本书的必备知识

    Java 是一门功能强大的编程语言，一直雄居各编程语言排行榜的榜首。在学习本书的内容之前，需要读者先掌握一些计算机的基础知识，并了解本书的内容和学习路线，为步入本书后面知识的学习打下基础。

本章内容

▶▶ 计算机应用基础
▶▶ Java 学习路线图
▶▶ 配套资源使用说明

0.1　计算机应用基础

知识点讲解：视频\第 0 章\计算机应用基础.mp4

计算机（Computer）是一种能按照某些预定的程序（这些程序往往体现的是人类的意志）对输入到其中的信息进行处理，并将处理结果输出的高度自动化的电子设备。本节将带领大家认识计算机应用的基础知识，为读者步入本书后面知识的学习打下基础。

↑扫码看视频

0.1.1　中央处理器

中央处理器（Central Processing Unit，CPU）是一块超大规模的集成电路，通常是一台计算机的运算核心和控制核心，主要包括算术和逻辑单元（Arithmetic and Logic Unit，ALU）和控制器（Control Unit，CU）两大部件。此外，还包括若干个寄存器和高速缓冲存储器，以及用于实现它们之间联系的数据、控制及状态总线。CPU 与内部存储器和输入/输出设备合称为电子计算机三大核心部件，其功能主要是执行计算机指令以及处理计算机软件中的数据。计算机的性能在很大程度上由 CPU 的性能决定，而 CPU 的性能主要体现在其运行速度上。

0.1.2　比特

比特音译自英文名词 bit。在现实应用中，比特是表示信息量的一种单位。二进制数中的位是表示信息量的度量单位，为信息量的最小单位。二进制数中的 1 位所包含的信息就是 1 比特，如二进制数 0100 就是 4 比特。在计算机应用中，二进制数 0 和 1 是构成信息的最小单位，被称作"位"或"比特"。例如数字化音响中用电脉冲表达音频信号，"1"代表有脉冲，"0"代表脉冲间隔。如果波形上每个点的信息用 4 位一组的代码表示，则称 4 比特。信息量越大，表达模拟信号就越精确，对音频信号还原能力就越强。

0.1.3　字节

字节（Byte）是计算机信息技术用于计量存储容量的一种计量单位，有时也表示一些计算机编程语言中的数据类型和语言字符。

在计算机应用中，由若干比特位组成 1 字节。字节由多少比特位组成取决于计算机的自身结构。通常来说，微型计算机的 CPU 多用 8 位组成 1 字节，用以表示构成字符的代码，构成 1 字节的 8 位被看作一个整体，字节是存储信息的基本单位。大多数情况下，计算机存储单位的换算关系如下。

1B=8bit

1KB=1024B

1MB=1024KB

1GB=1024MB

上述关系中各个单位的具体说明如下。

（1）B 表示字节。

（2）bit 表示比特。

（3）KB 表示千字节。

（4）MB 表示兆字节。

（5）GB 表示吉字节。

0.1.4　二进制

二进制是计算技术中被广泛采用的一种数制，是使用 0 和 1 两个数码来表示数字的数制。

二进制的基数为 2，进位规则是"逢二进一"，借位规则是"借一当二"，由 18 世纪德国数理哲学大师莱布尼兹发现。当前的计算机系统使用的基本上是二进制系统，数据在计算机中主要是以补码的形式存储的。计算机中的二进制则是一种非常微小的开关，用"开"表示 1，用"关"表示 0。因为只使用 0、1 两个数字符号，所以二进制非常简单方便，易于用电子方式实现。

下面介绍如何从十进制转换成二进制。

（1）正整数转成二进制：转换原则是除以 2 取余，然后倒序排列，高位补零。也就是说，将正的十进制数除以 2，将得到的商再除以 2，依此类推，直到商为 0 或 1 时为止，然后在旁边标出各步的余数，最后倒着写出来，高位补零即可。例如，将十进制数字 42 转换为二进制，将 42 除以 2，得到的余数分别为 010101，然后将得到的余数倒着排一下，就会得到数字 42 对应二进制数是 101010。但是因为计算机内部用于表示数的字节单位是定长的，如 8 位、16 位或 32 位，所以当位数不够时，需要在高位补零。前面将 42 转换成二进制数时得到的结果是 6 位的 101010，在前面缺少两位，所以将十进制 42 转换成二进制的最终结果是 00101010。

（2）负整数转成二进制：转换原则是先将对应的正整数转换成二进制后，对二进制取反，然后对结果加 1。以十进制负整数-42 为例，将 42 的二进制形式 00101010 取反，得到的结果是 11010101，然后再加 1，结果是 11010110。

（3）整数二进制转换成十进制：转换原则是先将二进制数字补齐位数，首位如果是 0，就代表是正整数；首位如果是 1，则代表是负整数。先看首位是 0 的正整数，补齐位数以后，获取"$n \times 2^m$"的计算结果，其中上标"m"表示二进制数字的位数，"n"表示二进制的某个位数。将二进制中的各个位数分别实现"$n \times 2^m$"计算，然后将计算结果相加，得到的值就为十进制。比如，将二进制 1010 转换为十进制的过程如下：

二进制					1	0	1	0
补齐位数	0	0	0	0	1	0	1	0
进行"$n \times 2^m$"计算	0×2^7	0×2^6	0×2^5	0×2^4	1×2^3	0×2^2	1×2^1	0×2^0
计算结果	0	0	0	0	8	0	2	0
将各位求和的结果			10					

所以说，将二进制 1010 转换为十进制的结果是 10。

如果要转换的二进制数补足位数后首位为 1，表示这个二进制数是负整数。此时就需要先进行取反，再进行换算。例如，二进制数 11101011 的首位为 1，那么先取反，得到-00010100，然后按照上面的计算过程得出 10100 对应的十进制数为 20，所以二进制数 11101011 对应的十进制数为-20。

0.1.5 常用的编码格式

1. ASCII 格式

美国信息交换标准代码（American Standard Code for Information Interchange，ASCII）是基于拉丁字母的一套计算机编码系统，主要用于显示现代英语和其他西欧语言。ASCII 是现今最通用的单字节编码系统，并等同于国际标准 ISO/IEC 646。

一个英文字母（不分大小写）占 1 字节的空间，一个中文汉字占 2 字节的空间。一个二进制数字序列，在计算机中作为一个数字单元，一般为 8 位二进制数，换算为十进制后，最小值为 0，最大值为 255。例如，一个 ASCII 码就是 1 字节。

2. Unicode 格式

Unicode（又称统一码、万国码或单一码）是计算机科学领域里的一项业界标准，包括字符集、编码方案等。Unicode 是为了解决传统的字符编码方案存在的局限而产生的，它为每种语言中的每个字符设定统一并且唯一的二进制编码，以满足跨语言、跨平台进行文本转换、处理的要求。

最初的 Unicode 编码采用固定长度的 16 位，也就是 2 字节代表一个字符，这样一共可以表示 65 536 个字符。显然，要表示各种语言中所有的字符，这是远远不够的。Unicode 4.0 规范考虑到了这种情况，定义了一组附加字符编码，附加字符编码采用两个 16 位来表示，这样最多可以定义 1 048 576 个附加字符，在 Unicode 4.0 规范中只定义了 45 960 个附加字符，在 Unicode 5.0 版本中已定义的字符有 238 605 个。

Unicode 只是一种编码规范，目前实际实现的 Unicode 编码只有 UTF-8、UCS-2 和 UTF-16 共 3 种，这 3 种 Unicode 字符集之间可以按照规范进行转换。

3. UTF-8 格式

UTF-8（8-bit Unicode Transformation Format）是一种针对 Unicode 的可变长度字符编码。UTF-8 由 Ken Thompson 于 1992 年创建，现在已经标准化为 RFC 3629。UTF-8 用 1～6 字节编码 Unicode 字符。用在网页上，可以统一页面显示中文简体及其他语言（如英文、日文、韩文）。一个 UTF-8 英文字符等于 1 字节，对于一个中文（含繁体）UTF-8 字符，少数占用 3 字节，多数占用 4 字节。一个 UTF-8 数字占用 1 字节。

0.2　Java 学习路线图

📺 知识点讲解：视频\第 0 章\Java 学习路线图.mp4

图 0-1 所示的是本书所设定的学习路线图，这也是我们认为科学、合理的学习 Java 语言的路线。只要读者严格按照图中所示的流程学习 Java 语言，一定会取得事半功倍的效果。

↑扫码看视频

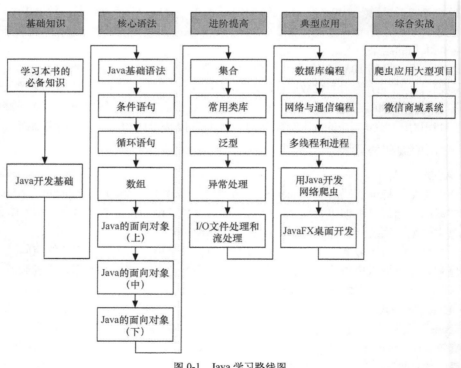

图 0-1　Java 学习路线图

0.3　配套资源使用说明

知识点讲解：视频\第 0 章\配套资源使用说明.mp4

　　本书提供的配套资源信息量大，既包括了书中所有实例的源码，也包括了每个实例对应的范例源码，还包括了视频讲解用到的实例源码。打开本书"配套资源"资料后，主目录界面的效果如图 0-2 所示。

↑扫码看视频

daima　　练习题答案参考　　实例讲解视频　　视频　　演练范例　　资源使用说明

图 0-2　配套资源的主目录界面效果

图 0-2 中各个部分的具体说明如下。

（1）"daima"：该目录中保存了书中正文实例的源码，正文实例是指在书中以"实例×-×"样式体现的例子。例如请看图 0-3，图中的实例 5-1 就是一个正文实例，这个实例的源码保存在"配套资源"文件夹的"daima"目录下，具体路径是"daima\5\Forone1.java"。

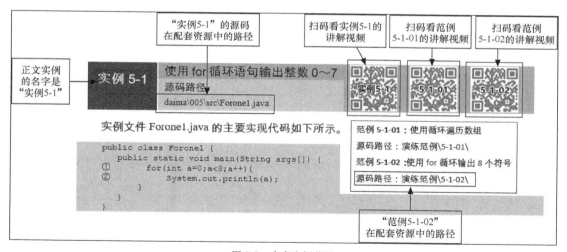

图 0-3　本书实例截图

　　（2）"演练范例"：该目录中保存了本书中所有范例的源码，本书每一个正文实例对应两个范例。例如在图 0-3 中，"范例 5-1-01"和"范例 5-1-01"便是两个范例。在配套资源中，各个范例的源码保存在"演练范例"目录下，一个范例源码独自占用一个子文件夹，具体路径是范例名中的数字。例如在图 0-3 中，"范例 5-1-01"的源码保存在"演练范例"目录的"5-1-01"子目录下，"范例 5-1-02"的源码保存在"演练范例"目录的"5-1-02"子目录下，如图 0-4 所示。

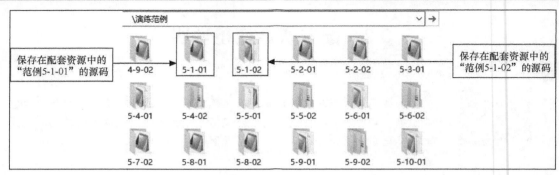

图 0-4　配套资源中的范例源码

（3）"范例讲解视频"：该目录中保存了本书中所有范例的讲解视频，例如文件"1-1-01[自定义].mp4"是书中"范例 1-1-0"的讲解视频。

（4）"实例讲解视频"：保存了本书中所有实例的讲解视频，每一个实例的讲解视频独自占用一个视频文件，并且这个实例下面对应的两个范例讲解也包含在整个视频中，具体视频路径是实例名中的数字。例如"实例 5-1""范例 5-1-01"和"范例 5-1-02"对应的视频讲解文件名是"5-1.mp4"，保存在"实例讲解视频"目录下。"实例 5-2""范例 5-2-01"和"范例 5-2-02"对应的视频讲解文件名是"5-2.mp4"，保存在"范例讲解视频"目录下。

✿ 注意：使用系统自带的播放器打开配套资源中的视频文件时，有可能发生只有声音没有图像的情形，建议读者用暴风影音、QQ 或迅雷等专业播放器观看视频。

（5）"资源使用说明"：该目录中保存了视频教学文档，视频演示了配套资源的使用方法、源码导入方法、实例调试方法、范例调试方法、范例导入方法等。

（6）"视频"：该目录中保存了本书知识点的讲解视频，本书每一个二级目录小节都会包含一个视频。例如在图 0-5 中，"视频\第 5 章\Java 循环语句.mp4"就是本书 5.1 节知识点讲解视频的具体路径。

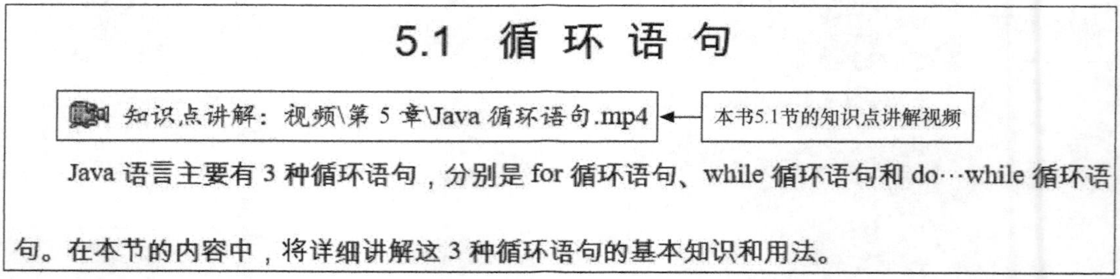

5.1　循 环 语 句

📹 知识点讲解：视频\第 5 章\Java 循环语句.mp4　◀── 本书5.1节的知识点讲解视频

Java 语言主要有 3 种循环语句，分别是 for 循环语句、while 循环语句和 do…while 循环语句。在本节的内容中，将详细讲解这 3 种循环语句的基本知识和用法。

图 0-5　知识点讲解视频

0.4　课 后 练 习

（1）二进制数 00101110 转换成十进制数的结果是＿＿＿＿＿＿＿＿。

（2）二进制数 00101110 转换成十六进制数的结果是＿＿＿＿＿＿。

（3）在网络中寻找几款在线的进制转换工具，练习将不同的数字转换成不同的进制。

第 1 章

Java 开发基础

在学习编写 Java 程序之前，需要先搭建 Java 运行环境。只有在搭建 Java 运行环境之后，才能在自己的计算机中运行 Java 程序。本章将详细讲解搭建 Java 运行环境的知识，并讲解运行 Java 程序的方法，为读者步入本书后面知识的学习打下基础。

本章内容

➤➤ 初步认识 Java 语言
➤➤ 搭建 Java 运行环境
➤➤ 编写第一个 Java 程序
➤➤ 编译并运行 Java 程序

技术解惑

➤➤ 遵循源文件命名规则
➤➤ 忽视系统文件的扩展名
➤➤ 大小写问题
➤➤ 到底用不用 IDE 工具
➤➤ 区分 JRE 和 JDK
➤➤ 充分利用 Java API 文档

1.1　初步认识 Java 语言

知识点讲解：视频\第 1 章\初步认识 Java 语言.mp4

TIOBE 语言排行榜是 IT 界比较权威的榜单，它是展示编程语言流行程度的一个重要指标。在过去的几年中，Java 语言一直位居 TIOBE 语言排行榜的前列。

↑扫码看视频

1.1.1　Java 语言介绍

我们通常所说的 Java，指的是 Sun 公司在 1995 年 5 月推出的一套编程架构，它主要由 Java 程序设计语言（简称 Java 语言）和 Java 运行时环境两部分组成。

Java 程序需要在 Java 平台的支持下运行，Java 平台则主要由 Java 虚拟机（Java Virtual Machine，JVM）和 Java 应用编程接口（Application Programming Interface，API）构成。我们需要在自己的设备上安装 Java 平台之后，才能运行 Java 应用程序。关于这一点，读者倒是不必太担心，因为如今所有操作系统都有相应版本的 Java 平台，我们只需要按照相关的提示安装好它们，然后我们的 Java 程序只需要编译一次，就可以在各种操作系统中运行。

整个 Java 语言分为以下 3 个技术体系。

（1）JavaSE：Java 2 Platform Standard Edition 的缩写，即 Java 平台标准版。它涵盖了 Java 语言的大多数功能，本书将以 JavaSE 平台进行讲解。

（2）JavaEE：Java 2 Platform Enterprise Edition 的缩写，即 Java 平台企业版。它主要用于开发企业级程序。

（3）JavaME：Java 2 Platform Micro Edition 的缩写，即 Java 平台微型版。它主要用于开发移动设备端的程序。

1.1.2　Java 语言的特点

（1）语法简单：如果读者学过 C 和 C++语言，会发现 Java 语言的语法与 C/C++语言十分接近，这样大多数程序员可以很容易地学习和使用 Java。另外，Java 还丢弃了 C++中很少使用、很难理解的那些特性，学习者再也不用为指针发愁了。除此之外，Java 还为我们提供了垃圾回收机制，使得程序员不必再为内存管理而担忧。

（2）支持面向对象：Java 语言支持类、接口和继承等特性，并且为简单起见，Java 只支持类之间的单继承和接口之间的多继承，并且支持类与接口之间的实现机制。

（3）健壮性：Java 的强类型、异常处理、垃圾回收等机制保证了 Java 程序的健壮性。另外，Java 的安全检查机制对保证 Java 程序的健壮性也有很大帮助。

（4）安全性：Java 语言除了具有常见的安全特性以外，还可以通过分配不同的名称空间来防止本地类被外来的同名类意外替代。另外，Java 的字节代码检查和安全管理机制（SecurityManager 类）在 Java 应用程序中也起到"安全哨兵"的作用。

（5）可移植性：Java 语言具有很强的可移植性，一个 Java 程序可以在多种平台上运行，能够在不同的开发环境与应用环境中使用。

（6）支持多线程：当程序需要同时处理多项任务时，就需要用到多线程并行开发。通过使用多线程技术，一个 Java 程序在同一时间可以做多件事情，甚至可以开启多个线程同时做一件事情，以提高效率。

（7）高性能：随着 JIT（Just-In-Time）编译器技术的发展，Java 的运行速度已经越来越接近于 C++语言。Java 语言属于高性能编程语言中的一员。

1.2 搭建 Java 运行环境

 知识点讲解：视频\第 1 章\搭建 Java 运行环境.mp4

在使用 Java 语言进行 Java 开发之前需要先搭建 Java 运行环境，只有在计算机中搭建运行环境后才可以运行 Java 程序。本节将详细讲解搭建 Java 运行环境的知识。

↑扫码看视频

1.2.1 安装 JDK

在进行任何 Java 开发工作之前，必须先安装好 JDK，并配置好相关的环境，这样我们才能在自己的计算机中编译并运行一个 Java 程序。JDK 是整个 Java 运行环境的核心，包括 Java 运行环境（简称 JRE）、Java 工具和 Java 基础的类库，是开发和运行 Java 环境的基础。下面讲解获得适合自己当前所用操作系统对应 JDK 的方法。

（1）虽然 Java 语言是 Sun 公司发明的，但是现在 Sun 公司已经被 Oracle 公司收购，所以，我们安装 JDK 的工作得从 Oracle 中文官方网站上找到相关的下载页面开始，如图 1-1 所示。作者在写作本书时，JDK 的最新版本是 Java SE 14。

图 1-1 Oracle 官网的主页

（2）单击顶部导航栏中的图标 ，在弹出的页面中单击 "Downloads" 链接，如图 1-2 所示。

图 1-2 单击 "Downloads" 链接

（3）在弹出的页面中列出了 Oracle 公司旗下的所有产品的下载链接，例如 Java、Oracle 数据库等。用鼠标往下滚动页面，在此页面的下方找到 Java 的下载界面。单击"Java (JDK) for Developers"链接，如图 1-3 所示。

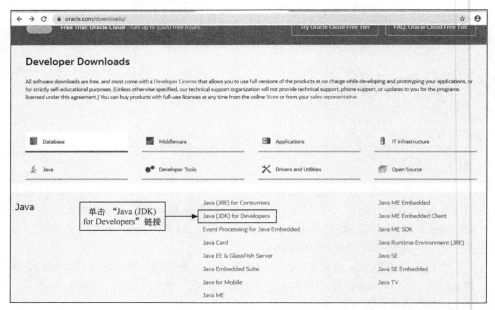

图 1-3　Oracle 产品的下载页面

（4）在弹出的页面中列出了当前 JDK 的所有版本，包括当前最新版本和历史版本。我们下载最新版本（写作本书时的最新版本）Java SE 14，首先单击 Java SE 14 版本右侧的"JDK Download"链接，如图 1-4 所示。

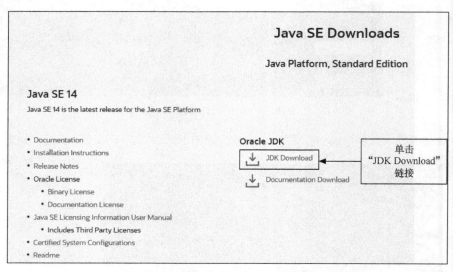

图 1-4　单击"JDK Download"链接

（5）在弹出的下载页面中读者需要根据自己所用的操作系统来下载相应的 JDK。下面，对各 JDK 对应的操作系统进行具体说明。

❑　Linux：基于 64 位 Linux 系统，官网目前提供了 Debian、RPM 和 Compressed 三种类型

的下载包。

- ❏ macOS：基于 64 位苹果操作系统，官网目前提供了 Installer 和 Compressed 两种类型的下载包。
- ❏ Windows：基于 64 位 Windows 系统，官网目前提供了 Installer 和 Compressed 两种类型的下载包。

因为笔者的计算机操作系统是 64 位的 Windows 系统，所以，单击 Windows x64 Installer 右边的"jdk-14_windows-x64_bin.exe"链接进行下载，如图 1-5 所示。

图 1-5　JDK 下载界面

（6）弹出"接收协议"页面，勾选"I reviewed and accept the Oracle…"前面的复选框，然后单击"Download jdk-14_windows-x64_bin.exe"按钮开始下载，如图 1-6 所示。

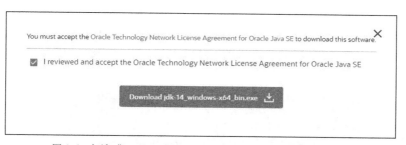

图 1-6　勾选"I reviewed and accept the Oracle…"前面的复选框

❀ 注意：此步骤可能会要求下载者注册成为 Oracle 会员用户，在注册成功后再按照上面的步骤继续下载。另外，如果下载的 JDK 和自己计算机的操作系统不对应，后续在安装 JDK 时就会失败。

（7）待下载完成后，双击下载的".exe"文件，将弹出如图 1-7 所示的对话框。在此单击"下一步"按钮。

（8）安装程序弹出如图 1-8 所示的对话框。我们可以在此选择 JDK 的安装路径，笔者设置的是"C:\Program Files\Java\jdk-14\"。

（9）设置好安装路径后，继续单击"下一步"按钮，安装程序就会提取安装文件并进行安装，如图 1-9 所示。

（10）安装程序在完成上述过程后会弹出如图 1-10 所示的对话框，单击"关闭"按钮即可完成整个安装过程。

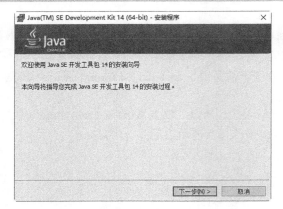

图 1-7　安装程序对话框

图 1-8　安装路径对话框

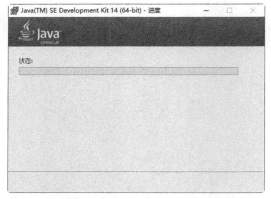

图 1-9　提取安装文件并进行安装

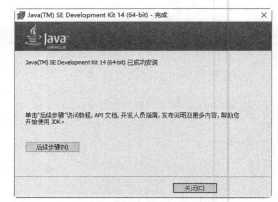

图 1-10　完成安装

（11）最后，我们要检测一下 JDK 是否真的安装成功了。具体做法是，依次单击"开始"｜"运行"项，在"运行"对话框中输入"cmd"并按回车键，在打开的 CMD 窗口中输入 java -version，如果显示如图 1-11 所示的提示信息，则说明安装成功。注意，在 java 和横杠之间有一个空格。

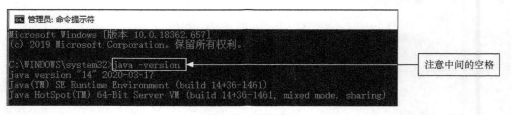

图 1-11　CMD 窗口

1.2.2　配置开发环境——Windows 7

如果在 CMD 窗口中输入 java -version 命令后提示出错信息，表明我们的 Java 并没有完全安装成功。这时候读者将 Java 目录的绝对路径添加到系统的 PATH 中即可解决。以下是该解决办法的流程。

（1）右键依次单击"我的电脑"｜"属性"｜"高级系统设置"，在弹出的窗口中单击"环境变量"项，然后在"系统变量"处选择"新建"，弹出如图 1-12 所示的对话框。在变量名文本框中输入 JAVA_HOME，在变量值文本框中输入刚才设置的 JDK 安装路径，笔者使用的是"C:\Program Files\Java\jdk-14\"。

（2）新建一个变量，名字为 PATH，其变量值如下所示，注意最前面分别有一个英文格式的点和一个分号。

```
.;%JAVA_HOME%\lib;%JAVA_HOME%\lib\tools.jar
```

单击"确定"按钮找到 PATH 变量，单击"编辑"按钮，弹出如图 1-13 所示对话框，在变量值文本框中添加如下值。

```
%JAVA_HOME%/bin;
```

图 1-12　设置系统变量（1）　　　　　图 1-13　设置系统变量（2）

1.2.3　配置开发环境——Windows 10

如果读者使用的是 Windows 10 系统，在设置系统变量 PATH 时，操作会与上面的步骤有所区别。因为在 Windows 10 系统中，选中系统变量 PATH 并单击"编辑"按钮后，会弹出一个与之前 Windows 系统不同的"编辑环境变量"对话框，如图 1-14 所示。我们需要单击右侧的"新建"按钮，然后才能添加 JDK 所在的绝对路径，而不能用前面步骤中使用的"%JAVA_HOME%"，此处需要分别添加 Java 的绝对路径，例如笔者的安装目录是 "C:\Program Files\Java\jdk-14\"，所以需要分别添加如下两个变量值：

```
C:\Program Files\Java\jdk-14\bin
C:\Program Files (x86)\Common Files\Oracle\Java\javapath
```

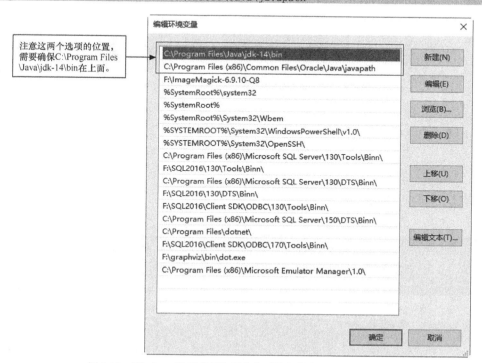

图 1-14　Windows 10 系统添加两个绝对路径的变量值

完成上述操作后，我们可以再依次单击"开始"|"运行"，在"运行"对话框中输入"cmd"并按下回车键，然后在打开的 CMD 窗口中输入 java -version，就会看到图 1-15 所示的提示信

息，输入 javac 就会看到图 1-16 所示的提示信息，这就说明 JDK 14 安装成功。

图 1-15　输入 java -version

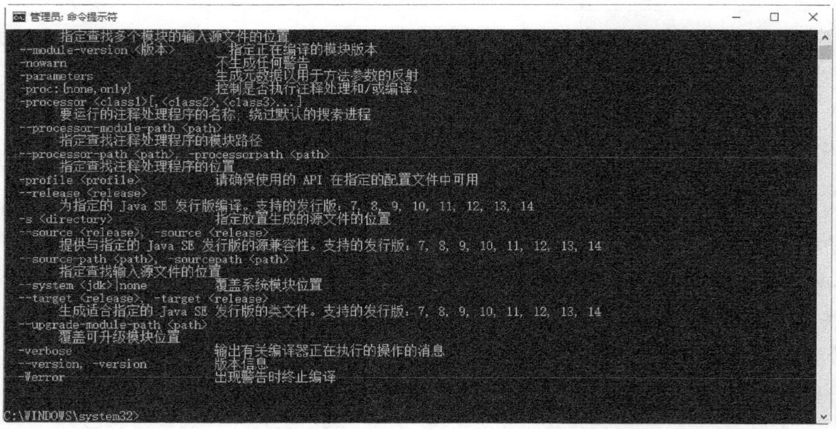

图 1-16　输入 javac 后的显示界面

1.3　编写第一个 Java 程序

知识点讲解：视频\第 1 章\编写第一个 Java 程序.mp4

↑扫码看视频

在完成 Java 运行环境的安装和配置之后，接下来就要开始编写一段 Java 程序了。然后，我们还要编译这段 Java 程序并让它运行起来。本节将详细讲解编写并运行第一个 Java 程序的过程。

1.3.1　第一个 Java 程序

实例 1-1	第一个 Java 程序	
	源码路径：	
	daima\001\First.java	

打开 Windows 系统自带的记事本程序，在其中输入下面的代码。

```java
public class First{
    /*这是一个 main 方法*/
    public static void main(String [] args){
        /* 输出此消息 */
        System.out.println
        ("Java是目前排名第一的编程语言！");
    }
}
```

范例 1-1-01：第二个 Java 程序
源码路径：演练范例\1-1-01\
范例 1-1-02：第三个 Java 程序
源码路径：演练范例\1-1-02\

我们将该文件保存为 First.java。务必注意，该文件名 "First.java" 中的字符 "First" 一定要和代码行"public class First"中的字符"First"一致，并且字母大小写也必须完全一致（举例中是字母 F 大写，其余字母小写），否则后面的编译步骤将会出错，如图 1-17 所示。

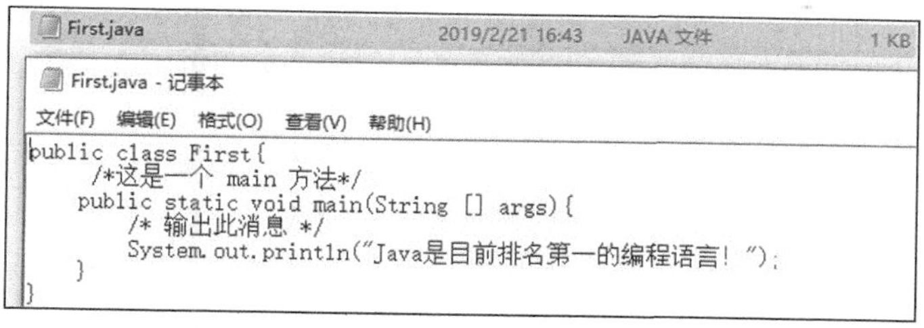

图 1-17　用记事本编辑文件 First.java

注意：可以编写 Java 程序的编辑器

我们可以使用任何无格式的纯文本编辑器来编辑 Java 源代码，在 Windows 操作系统上可以使用记事本（NotePad）、EditPlus 等程序，在 Linux 平台上可使用 vi 命令等。但是不能使用写字板和 Word 等文档编辑器来编写 Java 程序。因为写字板和 Word 等工具是有格式的编辑器，当我们使用它们编辑一份文档时，这个文档中会包含一些隐藏的格式化字符，这些隐藏字符将导致程序无法正常编译和运行。

1.3.2　关键字

关键字指的是 Java 系统保留使用的标识符，也就是说这些标识符只有 Java 系统才能使用，程序员不能使用这样的标识符。例如，在 First.java 中，public 就是一个关键字。另外，关键字还包括 Java 中的特殊保留字。表 1-1 所列是 Java 的关键字。

表 1-1　Java 关键字

abstract	boolean	break	byte	case	catch	char	class	const	continue
default	do	double	else	extends	final	finally	float	for	goto
if	implements	import	instanceof	int	interface	long	nafive	new	package
private	protected	public	return	short	static	strictfp	super	switch	synchronized
this	throw	throws	transient	try	void	volatile	while	assert	

true、false 和 null 也都是 Java 中定义的特殊字符，虽然它们不属于关键字，但也不能被用作为类名、方法名和变量名等。另外，表中的 goto 和 const 是两个保留字(reserved word)。保留字的意思是 Java 现在还未将其作为关键字，但可能在未来的 Java 版本中将其作为关键字。

1.3.3　标识符

标识符指的是赋予类、方法或变量的名称。在 Java 语言中，我们通常会用标识符来识别类名、变量名、方法名、类型名和数组名和文件名。例如，在文件 First.java 中，代码行"public class First"中的"First"就是一个标识符，它标识的是一个类，该类被命名为"First"。

按照 Java 的语法规定，标识符可以由大小写字母、数字、美元符号（$）组成，但不能以数字开头，标识符没有最大长度限制。例如，下面都是合法的标识符。

```
Chongqin$
D3Tf
Two
$67.55
```

关于标识符的合法性，主要可以参考下面的 4 条规则。

（1）标识符不能以数字开头，如 7788。

（2）标识符中不能出现规定以外的字符，如 You're、deng@qq.com。

（3）标识符中不能出现空格。

（4）标识符中只能出现美元字符$，而不能包含@、#等特殊字符。

由于标识符是严格区分大小写的，因此在 Java 语言中，no 和 No 是完全不同的。除此之外，还需要注意的是虽然$符号在语法上是允许使用的，但我们会在编码规范中建议读者尽量不要使用它，因为它很容易带来混淆。

✿ 注意：

（1）在 Java 8 版本中，如果在标识符中使用了下划线"_"，那么 Java 编译器会将其标记为警告。如果在 lambda（正则）表达式中使用了下划线"_"，则直接将其标记为错误。

（2）从 Java 10 版本开始，在任何情况下使用下划线"_"都会被标记为错误。

1.3.4　注释

代码中的注释是程序设计者与程序阅读者之间的通信桥梁，它可以最大限度地提高团队开发的效率。另外，注释也是程序代码可维护性的重要环节之一。所以程序员不能为写注释而写注释，而是应该以提高代码的可读性和可维护性来写注释。

因为注释不会影响程序的运行，与程序代码的功能无关，所以即使没有注释，也不会妨碍程序的功能。尽管如此，我们还是建议读者养成在代码中添加注释的习惯。在 Java 程序中有如下 3 种添加注释的方式。

（1）单行(single-line)注释：使用双斜杠"//"写一行注释内容。

（2）块(block)注释：使用"/*……*/"格式（以单斜杠和一个星号开头，以一个星号和单斜杠结尾）可以写一段注释内容。

（3）文档注释：使用"/**……*/"格式（以单斜杠和两个星号开头，以一个星号和单斜杠结尾）可以生成 Java 文档注释。文档注释一般用于方法或类。通常将 Java 注释分为两种，分别是单行注释和多行注释。

单行注释：单行注释用//表示，只能将注释内容写在一行中，例如：

```
//声明一个int类型的变量count（这就是单行注释，只能写在一行中，不能换行）
int count;
```

多行注释：多行注释以 /* 开头、以*/结尾，可以一次性写多行注释内容，例如：

```
/*
* 先声明int类型变量count
* 然后使用for循环，设置每循环一次count会自动加一
*/
private int count;
for(int i = 0; i < 100; i++) {
    ++count;
}
```

例如，在前面的实例文件 First.java 中，我们可以在代码中添加以下单行注释和多行注释。

```
/*
多行注释开始：
开始定义一个类
类的名字是First
First中的F是大写的
*/
public class First{
    /**
    *文档注释部分
    * main是一个方法，程序的执行总是从这个方法开始
    * @author toppr（作者信息）
    *
    */
    public static void main(String [] args){
        /*虽然是多行注释格式，但是也可以只写一行 */
        System.out.println("Java是目前排名第一的编程语言！");//双斜杠单行注释：能够输出显示一段文本
    }
}
```

在上述代码中，我们对 3 种注释方式都做了示范。其中，单行注释和块注释部分很容易理解；文

档注释通常由多行构成，一般分多行分别介绍某个类或方法的功能、作者、参数和返回值的信息。

1.3.5 方法 main()

在 Java 语言中，方法 main()被认为是应用程序的入口方法。也就是说，在运行 Java 程序的时候，第一个被执行的方法就是 main()方法。这个方法与 Java 中的其他方法有很大的不同，比如方法的名字必须是 main、方法的类型必须是 public static void、方法的参数必须是一个 String[] 类型的对象等。在前面的实例文件 First.java 中，方法 main()就负责了整个程序的加载与运行。如果一个 Java 程序没有 main()方法，该程序就无法运行。

1.3.6 控制台的输入和输出

控制台(Console)的专业名称是命令行终端，通常简称为"命令行"，是无图形界面程序的运行环境，它会显示程序在运行时输入/输出的数据。我们在图 1-15 中看到的就是控制台在输入"java -version"命令之后所显示的信息。当然，控制台程序只是众多 Java 程序中的一类，本书前面章节的实例都是控制台程序。例如，实例文件 First.java 就是一个控制台程序，执行后会显示一个控制台界面效果，如图 1-18 所示。具体执行方法可参看本章后面的内容。

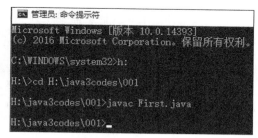

图 1-18 执行效果是一个控制台界面

在 Java 语言中，通常使用 System.out.println() 方法将需要输出的内容显示到控制台中。例如，在前面的实例文件 First.java 中，就是使用如下代码在控制台中输出了文本"Java 是目前排名第一的编程语言！"。

```
System.out.println("Java是目前排名第一的编程语言！");
```

1.4 编译并运行 Java 程序

 知识点讲解：视频\第 1 章\编译并运行 Java 程序.mp4

经过本章前面内容的讲解，相信大家对 Java 程序已经有了一个大致的了解。本节将详细讲解编译并运行 Java 程序的知识。

↑扫码看视频

1.4.1 编译 Java 程序

在运行 Java 程序之前，首先要将它的代码编译成可执行的程序，为此，我们需要用到 javac 命令。由于我们前面已经把 javac 命令所在的路径添加到了系统的 PATH 环境变量中，因此现在可以直接调用该命令来编译 Java 程序。另外，如果直接在命令行终端中输入 javac 命令，后面不跟任何选项和参数，会输出大量与 javac 命令相关的帮助信息，读者在使用 javac 命令时可以参考这些帮助信息。在这里，我们建议初学者掌握 javac 命令的如下用法。

```
javac -d destdir srcFile
```

在上面命令中，-d 是 javac 命令的选项，功能是指定编译生成的字节码文件的存放路径（即 destdir），在这里，destdir 必须是本地磁盘上的一个合法有效路径。而 srcFile 则表示的是 Java 源文件所在的路径，该路径既可以是绝对路径，也可以是相对路径。通常，我们总是会将生成字节码文件放在当前路径下，当前路径可以用点"."来表示。因此，如果我们以之前的 First.java

为例，我们可以先进到它所在的路径，然后输入如下编译命令：

```
javac -d . First.java
```

假设 First.java 所在的路径为"H:\java3codes\001"，则整个编译过程在 CMD 控制台界面中的效果如图 1-19 所示。运行上述命令后会在该路径下生成一个编译后的文件 First.class，如图 1-20 所示。

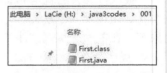

图 1-19   CMD 中的编译过程   图 1-20   生成 First.class 文件

1.4.2   运行 Java 代码

待完成编译之后，我们就需要用到 java 命令来运行程序。关于该命令，我们同样可以通过在命令行终端中直接输入不带任何参数或选项的 java 命令来获得其帮助信息。在这里，我们需要用到的 java 命令的格式如下所示：

```
java <main_class_name>//<main_class_name>表示Java程序中的类名
```

一定要注意，java 命令后的参数应是该 Java 程序的主类名（即其 main 方法所在的类），它既不是字节码文件的文件名，也不是 Java 源文件名。例如，我们可以在命令行终端中进入 First.class 所在的路径，输入如下命令：

```
java First
```

上述命令会输出如下结果：

```
Java是目前排名第一的编程语言!
```

在控制台中的完整编译和运行效果如图 1-21 所示。

```
H:\java3codes\001>java First
Java是目前排名第一的编程语言!
```

图 1-21   在控制台中的完整编译和运行效果

另外需要提醒的是，初学者经常容易忘记 Java 是一门区分字母大小写的语言。例如，在下面的命令中，我们错误地将 First 写成了 first，就会造成命令失败异常。

```
java first
```

1.4.3   Java 11 新特性：新的程序运行方式

从 Java 11 开始新增了一个特性：启动单一文件的源代码程序。单一文件程序是指整个程序只有一个源码文件。这时候我们只需在控制台中使用如下格式即可运行 Java 文件，从而省去上面介绍的编译环节。

```
java Java文件名
```

以上面的 Java 文件 First.java 为例，在运行之前先不编译它，而是希望 Java 启动器能直接运行文件 First.java。此时只需用控制台命令切换到程序目录，然后运行如下所示的命令即可：

```
java First.java
```

假设文件 First.java 位于本地计算机的"H:\daima\001"目录下，则上述直接运行方式在控制台中的完整过程如下所示：

```
C:\Users\apple>h:

H:\>cd H:\daima\001

H:\daima\001>java First.java
```

> 这是运行 Java 文件 First.java 的结果，此方法省去了前面方式中的编译环节。但是在运行前一定要在"H:\daima\001"目录下删除以前生成过的编译文件 First.class

```
Java是目前排名第一的编程语言!
```

1.5　技　术　解　惑

1.5.1　遵循源文件命名规则

在编写 Java 程序时，源文件名字不能随便起，需要遵循下面的两个规则。

（1）Java 源文件的后缀必须是 ".java"，不能是其他文件后缀名。

（2）一般来说，可以任意命名 Java 源文件的名字，但是当 Java 程序代码中定义了一个 public 类时，该源文件的主文件名必须与该 public 类（也就是该类定义使用了 public 关键字修饰）的类名相同。由此可以得出一个结论：因为 Java 程序源文件的文件名必须与 public 类的类名相同，所以一个 Java 源文件里最多只能定义一个 public 类。

1.5.2　忽视系统文件的扩展名

有很多初学者经常犯一个错误，即在保存一个 Java 文件时保存成形如 "*.java.txt" 格式的文件名，因为这种格式文件名从表面看起来太像 "*.java" 了，所以经常会引发错误。要解决这个粗心的错误，我们可以修改 Windows 的默认设置。因为 Windows 系统的默认设置是 "隐藏已知文件类型的扩展名"。在 Windows 系统中，单击顶部 "查看" 选项，然后在下面勾选 "文件扩展名" 复选框即可，如图 1-22 所示。

图 1-22　勾选 "文件扩展名" 复选框

1.5.3　大小写问题

Java 语言是严格区分字母大小写的语言，但是很多初学者对大小写问题往往不够重视。例如，有的读者编写的 Java 程序里的类是 "first"，但当他运行 Java 程序时运行的是 "java First" 的形式。所以提醒读者必须注意，在 Java 程序中的 First 和 first 是不同的，必须严格注意 Java 程序中字母大小写的问题。在此建议广大读者，在按照书中实例程序编写 Java 代码时，必须严格注意 Java 程序中每个单词的大小写，不要随意编写，例如 class 和 Class 是不同的两个词，class 是正确的，但如果写成 Class 则程序无法编译通过。这是因为 Java 程序里的关键字全部是小写的，无需大写任何字母。

1.5.4　到底用不用 IDE 工具

笔者对初学者的建议是：（在学习本书的面向对象内容之前）尽量不要使用 IDE 工具，但现在是一个追求速成的年代，大多数人希望用最快的速度掌握 Java 技术。其实市面中的 IDE 工具较多，除了 Eclipse、Jbuilde 和 NetBeans 之外，还有 IBM 提供的 WSAD、JetBrains 提供的 IntelliJ IDEA、IBM 提供的 VisualAge、Oracle 提供的 JDeveloper、Symantec 提供的 Visual Cafe 以及 BEA 提供的 WorkShop，每个 IDE 都各有特色，各有优势。如果从工具学起，势必造成对工具的依赖，当换用其他 IDE 工具时会变得不好适应。而如果从 Java 语言本身学起，把 Java 语法和基本应用熟记于心，到那时再使用 IDE 工具才会得心应手。

在我们日常使用的 Windows 平台上可以选择记事本来编码，如果认为 Windows 下记事本的颜色太单调，可以选择使用 EditPlus、UltraEdit、VS Code 和 sublime text 等工具。

如果实在要用 IDE 工具，例如 Eclipse，则建议纯粹将它作为一款编辑器来用，将所有代码靠自己一个个字符地输入来完成，而不是靠里面的帮助文档和操作菜单来完成编码工作。

1.5.5　区分 JRE 和 JDK

很多初学者对 JDK 和 JRE 比较迷糊，不知道两者到底有什么异同。

（1）JRE：表示 Java 运行时环境，全称是 Java Runtime Environment，是运行 Java 程序的必需条件。

（2）JDK：表示 Java 标准版开发包，全称是 Java SE Development Kit，是 Oracle 提供的一套用于开发 Java 应用程序的开发包，它提供了编译、运行 Java 程序所需的各种工具和资源，包括 Java 编译器、Java 运行时环境以及常用的 Java 类库等。

Oracle 把 Java 分为 Java SE、Java EE 和 Java ME 共 3 部分，而且为 Java SE 和 Java EE 分别提供了 JDK 和 Java EE SDK (Software Development Kit)两个开发包。如果读者只学习 Java SE 的编程知识，可以下载标准的 JDK，如果学完 Java SE 之后还需要继续用 Java EE 相关内容，就必须下载 Java EE SDK。

一般来说，如果我们只是要运行 Java 程序，可以只安装 JRE，而无需安装 JDK。但是如果要开发 Java 程序，则应该安装 JDK。安装 JDK 之后就包含 JRE 了，也可以运行 Java 程序。

1.5.6　充分利用 Java API 文档

Java API 文档是 Java 官方为广大程序员提供的一份福利，里面详细介绍了类、方法和变量的解释说明。如果开发人员对正在使用的类不熟悉，希望查看类里面定义的变量或方法，可以打开 Java API 文档进行阅读和查看。Oracle 官网上的在线 Java API 文档如图 1-23 所示。

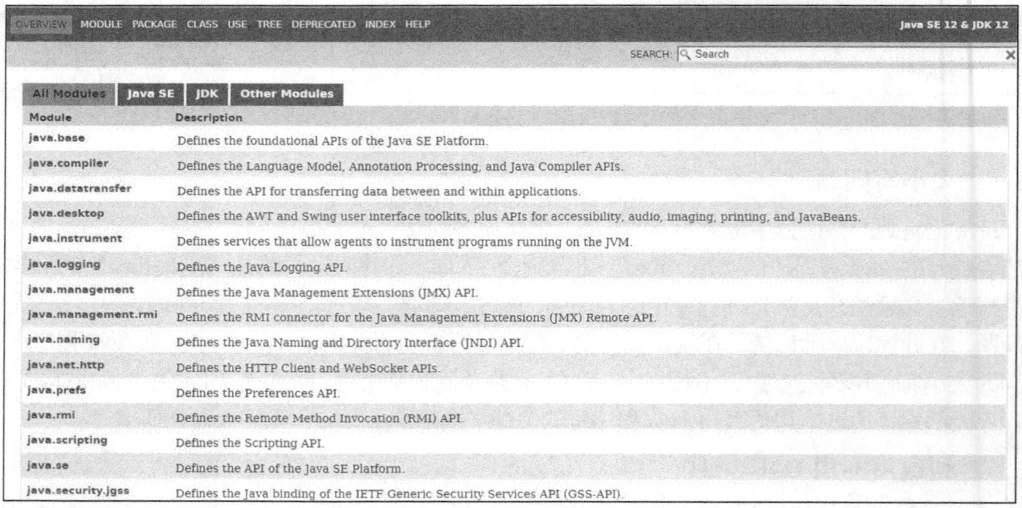

图 1-23　Oracle 官网上的在线 Java API 文档

1.6　课后练习

（1）登录 Java 官网，寻找 Java 8、Java 9 和 Java 14 的官方文档。

（2）登录 Java 官网，了解 Java 13 和 Java 14 的新特性。

第 2 章

选择 Java 开发工具

在前面编写第一个 Java 程序的过程中，我们使用记事本编写 Java 程序，然后使用命令行编译、运行 Java 程序，过程非常烦琐。为了提高开发效率，我们可以使用第三方 IDE 工具来帮助我们。IDE 是集成开发环境（Integrated Development Environment）的英文缩写，是用于提供程序开发环境的应用程序，一般包括代码编辑器、编译器、调试器和图形用户界面等工具。例如，微软的 Visual Studio 可以开发并调试运行 C++和 C#程序，是一款著名的 IDE 工具。本章将详细讲解几款常用的编写 Java 程序的 IDE 工具。

本章内容
▶▶ 使用 Eclipse
▶▶ 使用 IntelliJ IDEA
▶▶ 使用手机开发 Java 程序

2.1　使用 Eclipse

知识点讲解：视频\第 2 章\使用 Eclipse.mp4

　　　　　　Eclipse 是开发并运行 Java 程序的最主流 IDE 工具,深受广大程序员的喜爱。本节将详细讲解安装和使用 Eclipse 工具的知识。

↑扫码看视频

2.1.1　Eclipse 介绍

　　Eclipse 是一款著名的集成开发环境（IDE），最初主要用于开发 Java 语言。但由于其本身同时是一个开放源码框架，后来陆续有人通过插件的形式将其扩展成了支持 Java、C/C++、Python、PHP 等主要编程语言的开发平台。目前，Eclipse 已经成为最受 Java 开发者欢迎的集成开发环境之一。Eclipse 本身附带了一个标准的插件集，它们是 Java 开发工具（Java Development Tools，JDT）。当然，Eclipse 项目的目标是致力于开发一个全功能的、具有商业品质的集成开发环境。

2.1.2　获得并安装 Eclipse

　　（1）打开浏览器，在浏览器中输入网址"http://www.eclipse.org/"，然后单击右上角的"DOWNLOAD"按钮，如图 2-1 所示。

图 2-1　Eclipse 官网首页

　　（2）此时 Eclipse 的官网会自动检测用户当前计算机的操作系统，并提供相应版本的下载链接。例如，笔者的计算机是 64 位 Windows 系统，所以会自动显示 64 位 Eclipse 的下载按钮，如图 2-2 所示。

　　（3）单击 DOWNLOAD 64 BIT"按钮之后，就会看到其弹出一个新的页面，如图 2-3 所示。继续单击"Select Another Mirror"后，我们会在下方看到许多的镜像下载地址。

　　（4）读者既可以根据自身的情况选择一个镜像下载地址，也可以直接单击上方的"DOWNLOAD"按钮进行下载。下载完成后会得到一个".exe"格式的可运行文件，双击这个文件就可以开始安装 Eclipse。安装程序首先会弹出一个欢迎界面，如图 2-4 所示。

　　（5）紧接着安装程序会显示一个选择列表框，其中显示了针对不同语言和平台的 Eclipse 版本。在此读者需要根据自己的情况选择要下载的版本，如图 2-5 所示。

图 2-2 自动显示 64 位 Eclipse 的下载按钮

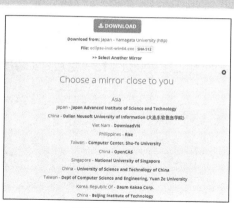

图 2-3 下载页面

图 2-4 Eclipse 安装界面

图 2-5 不同版本的 Eclipse

（6）因为我们将使用 Eclipse 开发 Java 项目，所以只需选择第一项"Eclipse IDE for Java Developers"，因此，接下来我们单击"Eclipse IDE for Java Developers"，然后安装程序会弹出"安装目录"对话框，我们可以在此设置 Eclipse 的安装目录，如图 2-6 所示。

（7）设置好路径之后，我们继续单击"INSTALL"按钮，然后安装程序会首先弹出协议对话框，我们只需单击下方的"Accept Now"按钮继续安装即可，如图 2-7 所示。

图 2-6 设置 Eclipse 的安装目录

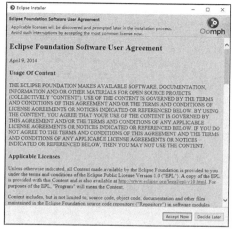

图 2-7 单击"Accept Now"按钮

（8）此时我们会看到一个安装进度条，这说明安装程序已经开始正式安装 Eclipse，如图 2-8 所示。安装过程通常会比较慢，需要读者朋友们耐心等待。

（9）待上述安装进度结束之后，安装程序会在其下方显示一个"LAUNCH"按钮，如图 2-9 所示。

图 2-8　安装进度条　　　　　　　　　　图 2-9　显示一个"LAUNCH"按钮

（10）单击"LAUNCH"按钮，即可启动安装成功的 Eclipse。Eclipse 会在首次运行时弹出一个设置 workspace（工作空间）的对话框，我们在此可以设置一个自己常用的本地路径作为"workspace"，如图 2-10 所示。

注意："workspace"通常被翻译为工作空间，在这个目录中保存 Java 程序文件。"workspace"是 Eclipse 的硬性规定，每次启动 Eclipse 的时候，都要将"workspace"路径下的所有 Java 项目加载到 Eclipse 中。如果没有设置 workspace，则 Eclipse 会弹出图 2-10 所示的选择框界面，只有设置一个路径后才能启动 Eclipse。设置一个本地目录为"workspace"后，会在这个目录中自动创建一个子目录".metadata"，在里面生成了一些文件夹和文件，如图 2-11 所示。

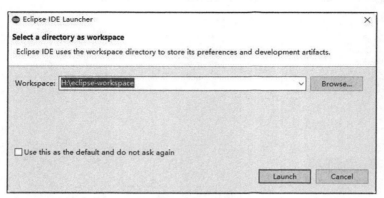

图 2-10　选择框

图 2-11　自动创建的子目录
".metadata"中的内容

（11）设置完 workspace 路径，单击"OK"按钮后会看到启动界面。启动完成后程序会显示一个欢迎使用界面，如图 2-12 所示。

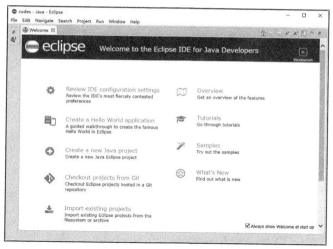

图 2-12　欢迎使用界面

2.1.3　使用 Eclipse 新建一个 Java 工程

（1）打开 Eclipse，在顶部菜单栏中依次单击"File"｜"New"｜"Java Project"命令新建一个项目，如图 2-13 所示。

（2）在打开的"New Java Project"对话框中，在"Project name"文本框中输入项目名称，例如输入"one"，其他选项使用默认设置即可，最后单击"Finish"按钮，如图 2-14 所示。

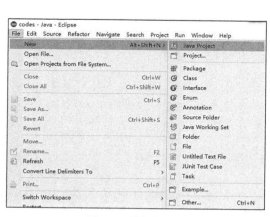

图 2-13　选择命令

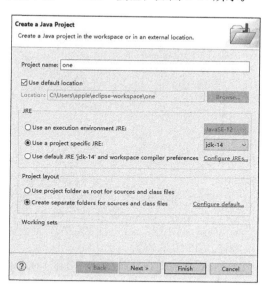

图 2-14　新建项目

（3）在 Eclipse 左侧的"Package Explorer"面板中，用鼠标右键单击工程名称"one"，然后在弹出的快捷菜单中依次选择"New/Class"命令，如图 2-15 所示。

（4）打开"Java Class"对话框，在"Name"文本框中输入类名，如"First"，并分别勾选 ☑ public static void main(String[] args) 和 ☑ Inherited abstract methods ，如图 2-16 所示。

（5）单击"Finish"按钮后 Eclipse 会自动打开刚刚创建的类文件 First.java，如图 2-17 所示。此时会发现 Eclipse 自动创建了一些 Java 代码，提高了开发效率。

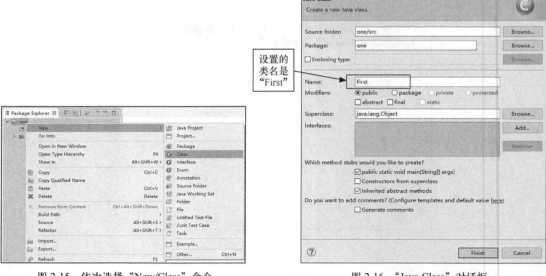

图 2-15　依次选择"New/Class"命令　　　　　　　　　图 2-16　"Java Class"对话框

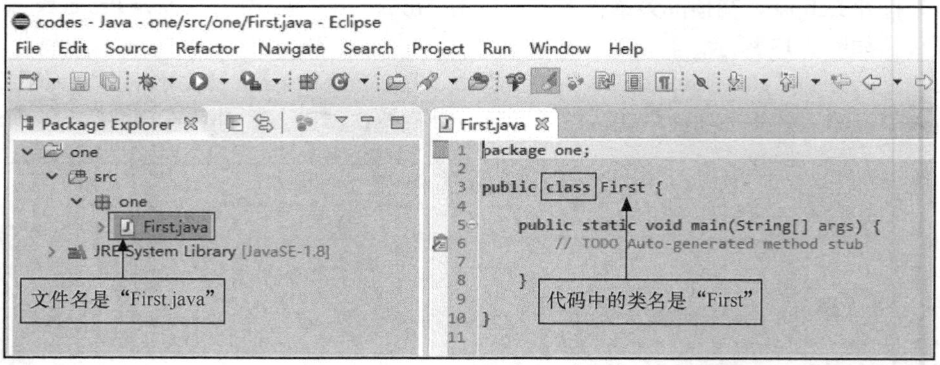

图 2-17　输入代码

注意：在上面的步骤中，设置的类文件名是"First"，在 Eclipse 工程中创建一个名为 First.java 的文件，并且文件里面的代码也体现出了类名是"First"。在图 2-16 和图 2-17 中标注的 3 个"First"必须大小写完全一致，否则程序就会出错。

（6）在自动生成的代码中添加如下一行 Java 代码：

```
System.out.println("Java是目前排名第一的编程语言！");
```

添加后的效果如图 2-18 所示。

（7）刚刚创建的 Java 工程"one"在我们的"workspace"目录中，来到这个目录，会发现在里面自动生成的文件夹和文件，如图 2-19 所示。

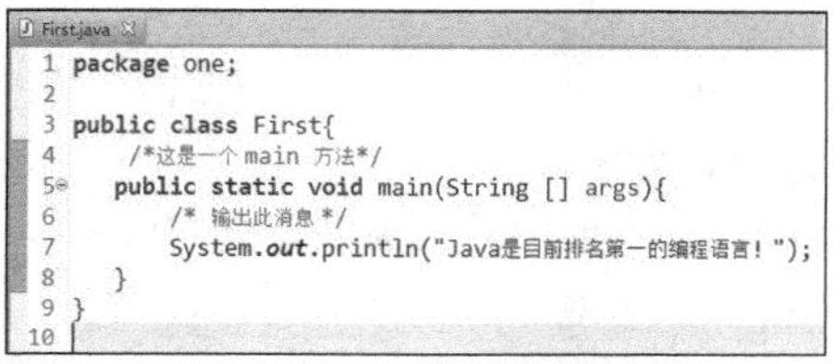

```
1 package one;
2
3 public class First{
4     /*这是一个 main 方法*/
5     public static void main(String [] args){
6         /* 输出此消息 */
7         System.out.println("Java是目前排名第一的编程语言！");
8     }
9 }
10
```

图 2-18　添加一行代码后的效果

图 2-19　工程"one"在"workspace"目录中的文件夹和文件

2.1.4 编译并运行 Eclipse 工程

（1）编译代码的方法非常简单，只单击 Eclipse 顶部的 ⓞ 按钮即可编译运行当前的 Java 项目。例如对于 2.1.3 节中的项目"one"，单击 ⓞ 按钮后会成功编译并运行，执行效果如图 2-20 所示。

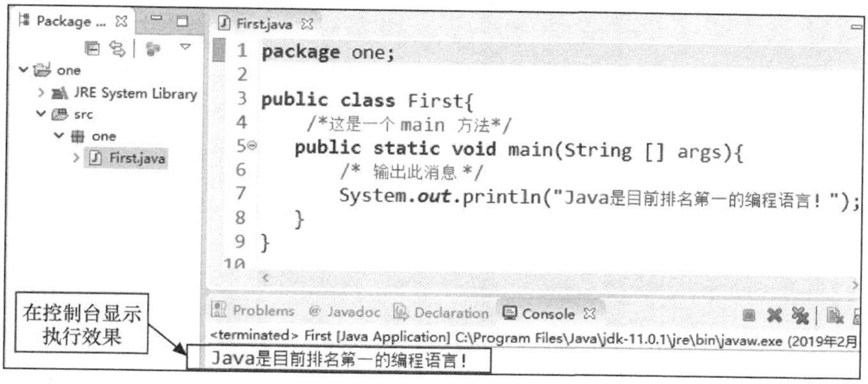

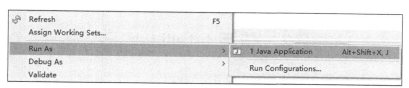

图 2-20　Eclipse 执行效果

（2）如果在一个项目工程中有多个".java"文件，而我们只希望编译调试其中的某一个，应该怎样实现呢？我们可以使用鼠标右键选中要运行的 Java 文件，例如 First.java，然后在弹出命令中依次选择"Run As"|"Java Application"命令（见图 2-21），此时便只会运行文件 First.java，执行效果和图 2-20 完全一样。

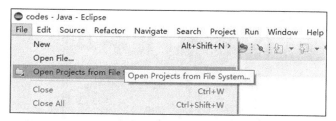

图 2-21　依次选择"Run As"|"Java Application"命令

（3）编译完成后，Eclipse 会在"one"项目工程目录下自动生成编译后的文件 First.class，具体位置是 one/bin/one/First.class。这就说明在 Eclipse 运行 Java 程序时，也需要先编译 Java 文件生成".class"文件，然后运行的是被编译后的文件"First.class"。

2.1.5 使用 Eclipse 打开一个 Java 工程——打开本书配套资源中的项目

（1）读者将配套资源内容复制到本地计算机后，在 Eclipse 顶部依次单击"File" | "Open Projects from File…"选项，如图 2-22 所示。

图 2-22　依次单击"File"|"Open Projects from File…"选项

（2）在弹出的"Import Projects from File…"对话框中，单击"Directory…"按钮，找到在本地计算机复制的本书配套资源源码，然后单击右下角的"Finish"按钮后即可导入并打开配套资源中的源码。例如使用 Eclipse 打开本书第 2 章所有配套源码的界面效果如图 2-23 所示。

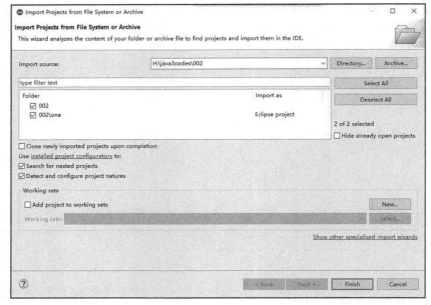

图 2-23 导入配套资源源码

注意：对于初学者来说，建议使用 Eclipse 新建项目后，直接使用 Eclipse 编辑器全部手动编写代码，这样可以帮助快速掌握 Java 语言的语法知识，通过实例巩固所学的知识。

2.2 使用 IntelliJ IDEA

知识点讲解：视频\第 2 章\使用 IntelliJ IDEA.mp4

↑扫码看视频

IntelliJ IDEA 是一款著名的开发 Java 程序的集成环境，在业界被公认为最好的专业级 Java 开发工具之一。IDEA 是 JetBrains 公司的产品，它的旗舰版本还支持 HTML、CSS、PHP、MySQL 和 Python 等。免费版只支持 Java 等少数语言。本节将详细介绍使用 IntelliJ IDEA 开发 Java 语言的基础知识。

2.2.1 搭建 IntelliJ IDEA 开发环境

（1）登录 IntelliJ IDEA 的官方主页，如图 2-24 所示。

图 2-24 IntelliJ IDEA 的官方主页

（2）单击中间的"DOWNLOAD"按钮后弹出选择安装版本界面，如图 2-25 所示。

（3）根据自己计算机的操作系统选择合适的版本，例如笔者选择的是 Windows 系统下的 Ultimate 版本，单击此版本下面的"DOWNLOAD"按钮后开始下载。下载完成后得到一个".exe"格式的安装文件。鼠标右键单击这个文件，在弹出命令中选择"以管理员身份运行"。

（4）开始正式安装，首先弹出"欢迎安装"界面，如图 2-26 所示。

图 2-25　选择安装版本界面

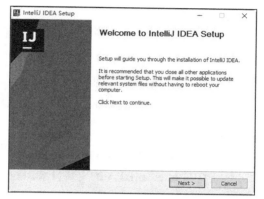

图 2-26　"欢迎安装"界面

（5）单击"Next"按钮后来到"选择安装路径"界面，笔者设置的是 G 盘，如图 2-27 所示。

（6）单击"Next"按钮后来到"安装选项"界面，如图 2-28 所示。

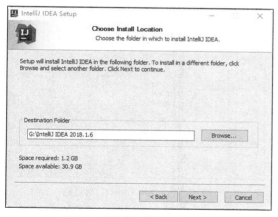

图 2-27　"选择安装路径"界面

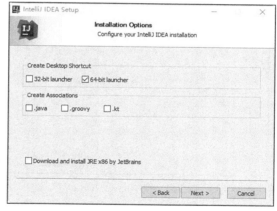

图 2-28　"安装选项"界面

在"安装选项"界面有以下两个选项供开发者选择。

❑ Create Desktop Shortcut 选项：表示在桌面上创建一个 IntelliJ IDEA 的快捷方式，因为笔者的计算机是 64 位，所以勾选"64-bit launcher"选项。

❑ Create Assodations 选项：表示关联.java、.groovy 和.kt 文件，建议不要勾选，否则我们每次打开以上 3 种类型的文件都要启动 IntelliJ IDEA，速度比较慢，而且如果我们仅仅是为了查看文件内容，使用 EditPlus 和记事本之类的轻便编辑器打开会更加方便。

（7）单击"Next"按钮后来到"设置开始菜单中的名称"界面，如图 2-29 所示。

（8）单击"Install"按钮后弹出"安装进度条"界面，如图 2-30 所示。进度条完成时整个安装过程也就完成了。

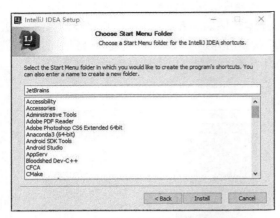

图 2-29　"设置开始菜单中的名称"界面

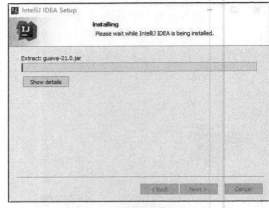

图 2-30　"安装进度条"界面

2.2.2　使用 IntelliJ IDEA 新建 Java 工程

（1）打开 IntelliJ IDEA 的安装目录，鼠标双击"bin"目录下的 idea64.exe 打开 IntelliJ IDEA，如图 2-31 所示。

（2）单击"Create New Project"选项弹出"New Project"对话框，在左侧模板中选择"Java"，然后单击"Next"按钮，如图 2-32 所示。

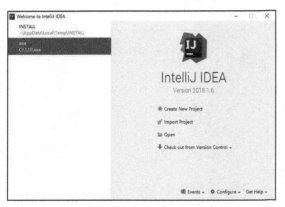

图 2-31　打开 IntelliJ IDEA

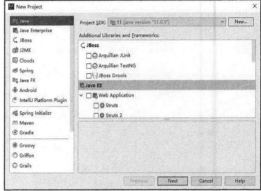

图 2-32　"New Project"对话框

（3）在弹出的新对话框中单击"Next"按钮，如图 2-33 所示。

（4）在弹出的新对话框中设置工程名字和保存路径，例如设置工程名字为"two"，设置保存在"two"目录中。最后单击"Finish"按钮，如图 2-34 所示。

（5）此时会成功创建一个空的 Java 工程，如图 2-35 所示。

（6）将鼠标放在左侧"src"目录上并单击鼠标右键，在弹出的命令中依次选择"New" ｜ "JavaClass"，如图 2-36 所示。

（7）在弹出的对话框中设置程序文件名，例如设置为"First"，单击"OK"按钮，如图 2-37 所示。

（8）此时会创建一个名"First.java"的 Java 程序文件，将本书实例 1-1 文件 First.java 中的代码复制到刚刚新建的文件 First.java 中，如图 2-38 所示。

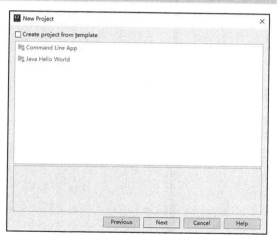

图 2-33 单击"Next"按钮

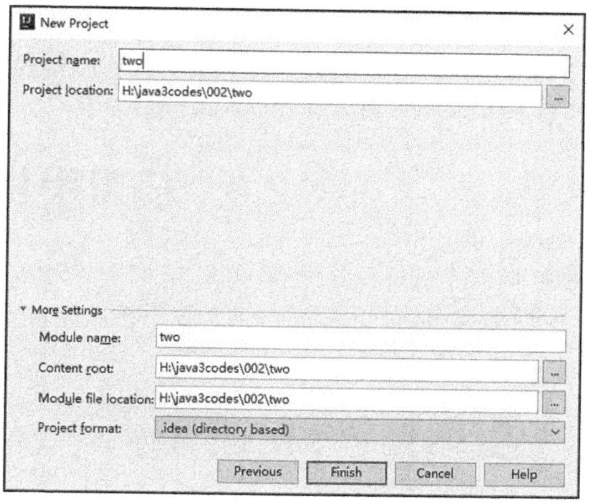

图 2-34 单击"Finish"按钮

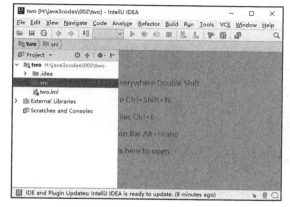

图 2-35 鼠标右键单击"src"

图 2-36 依次选择"New" | "JavaClass"

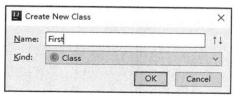

图 2-37 单击"OK"按钮

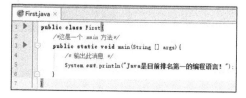

图 2-38 新建的 Java 文件 First.java

2.2.3 使用 IntelliJ IDEA 运行 Java 程序

（1）打开上面刚刚新建的 Java 工程，单击要运行的 Java 文件（如上面的"First.java"），在弹出命令中选择"Run'First.main()'"命令运行文件 First.java，如图 2-39 所示。

（2）运行成功后会在 IntelliJ IDEA 底部显示执行效果，如图 2-40 所示。

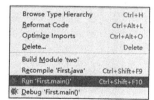

图 2-39 选择"Run'First.main()'"命令

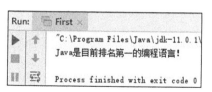

图 2-40 执行效果

注意：使用 IntelliJ IDEA 打开一个已经存在的 Java 工程项目的方法非常简单，具体方法与 Eclipse 相同，只需依次单击 IntelliJ IDEA 工具栏中的"File"｜"Open"命令，然后选择工程所在目录即可打开这个 Java 工程。

2.3　使用手机开发 Java 程序

知识点讲解：视频\第 2 章\使用手机开发 Java 程序.mp4

↑扫码看视频

随着智能手机功能的愈发强大，我们可以使用智能手机编写并运行调试简单的 Java 程序。其中最常用的手机开发工具是 Android Java IDE（AIDE），使用 AIDE 可以开发出 Java、Android 和 Web 等类型的应用程序。目前 Android Java IDE 只能在 Android 手机中使用，不能在 iOS 等其他系统的手机中使用。

使用 Android Java IDE 的方法与使用前面介绍的 Eclipse 和 IntelliJ IDEA 类似，使用 Android Java IDE 开发 Java 程序的部分截图如图 2-41 所示。

新建工程和 Java 文件

编写 Java 程序界面

显示执行效果界面

图 2-41　使用 Android Java IDE 开发 Java 程序的部分截图

注意：读者可以在网络中免费获取上述手机开发工具，也可以进入我们的学习 QQ 群（群号在本书前言）免费获取。

2.4　课 后 练 习

（1）在 Eclipse 官网还有很多版本的工具，尝试在旧版本中安装 Java 12 和 Java 13 控件。
（2）尝试使用 IntelliJ IDEA 运行本书的任意一个 Java 实例程序。

第 3 章

Java 基础语法

　　与学习其他编程语言一样，在学习 Java 语言的伊始需要学习语法知识。本章将详细讲解 Java 语言的基础语法知识，主要包括量、数据类型、运算符、表达式和字符串等方面的知识，为读者步入本书后面知识的学习打下基础。

本章内容

▶▶ 常量和变量
▶▶ 数据类型
▶▶ 运算符
▶▶ 类型转换

技术解惑

▶▶ 在定义常量时的注意事项
▶▶ char 类型中单引号的意义
▶▶ 正无穷和负无穷的问题

3.1 常量和变量

知识点讲解：视频\第 3 章\常量和变量.mp4

↑扫码看视频

在计算机编程语言中，根据某个量是否可变，可以将程序中的量分为变量和常量两种。在下面的内容中，将详细讲解 Java 语言中变量和常量的基本知识。

3.1.1 常量

在程序的执行过程中，值永远不会发生变化的量是常量，在程序中通常用来表示某一固定值的数字、字符或字符串。在 Java 程序中，使用关键字 final 来定义一个常量，其语法如下所示：

```
final double PI=value;
```

在上述代码中，PI 是常量的名称，value 是常量的值。在 Java 语言中，经常会用大写字母表示常量名称。

实例 3-1	定义并使用 Java 常量
	源码路径：
	daima\003\src\ding.java

实例文件 ding.java 的主要实现代码如下所示。

```
public class ding {
    public static void main(String[] args) {
①       final int COUNT=10;
②       final float HEIGHT=10.2f;
③       System.out.println(COUNT);
④       System.out.println(HEIGHT);
    }
}
```

范例 3-1-01：定义并操作常量
源码路径：演练范例\3-1-01\
范例 3-1-02：输出错误信息和调试信息
源码路径：演练范例\3-1-02\

执行后会输出：

```
10
10.2
```

①定义一个 int 类型的常量，常量的名称是 COUNT，常量 COUNT 的值是 10。

②定义一个 float 类型的常量，常量的名称是 HEIGHT，常量 HEIGHT 的值是 10.2f。

③④分别打印输出常量 COUNT 和常量 HEIGHT 的值。

在 Java 中，常量也称为直接量。直接量是指在程序中通过源代码直接指定的值，例如在上面实例的 final int COUNT=10 这行代码中，为 COUNT 分配的初始值 10 就是一个直接量。

并不是所有数据类型都可以赋予直接量，能赋予直接量的通常只有基本类型、字符串类型和 null 类型 3 种类型。具体来说，Java 支持如下 8 种数据类型的直接量。

（1）int 类型的直接量：在程序中直接给出的整型数值，可分为十进制、八进制和十六进制 3 种，其中八进制需要以 0 开头，十六进制需要以 0x 或 0X 开头。例如 123、012（对应十进制的 10）、0x12（对应十进制的 18）等。

（2）long 类型的直接量：整数数值在后面添加 l（字母）或 L 后就变成了 long 类型的直接量。例如 3L、0x12L（对应十进制的 18L）。

（3）float 类型的直接量：浮点数在后面添加 f 或 F 就成了 float 类型的直接量，浮点数既可以是标准小数形式，也可以是科学计数法形式。例如 5.34F、3.14E5f。

（4）double 类型的直接量：直接给出标准小数形式或科学计数法形式的浮点数，就是 double

类型的直接量。例如 5.34、3.14E5。

（5）boolean 类型的直接量：这种类型的直接量只有两个——true 和 false。

（6）char 类型的直接量：char 类型的直接量有 3 种形式，分别是用单引号引起的字符、转义字符以及用 Unicode 值表示的字符。例如'a'、'\n'和'\u0061'。

（7）String 类型的直接量：用双引号引起来的字符序列就是 String 类型的直接量。

（8）null 类型的直接量：这种类型的直接量只有一个——null。

在上面的 8 种类型中，null 类型是一种特殊类型，只有一个直接量 null，而且这个直接量可以赋给任何引用类型的变量，用以表示这个引用类型的变量中保存的地址为空，即还未指向任何有效对象。

注意：有关数据类型的详细知识，将在本章后面的内容中进行讲解。

3.1.2 变量

变量是指在程序运行过程中值会随时发生变化的量，在 Java 程序中声明变量时必须为其分配一种类型，类型决定着该变量被分配的内存空间大小。在运行 Java 程序过程中，变量内存空间中的值是变化的，这个内存空间就是变量的实体。为了操作方便，给这个内存空间取了个名字，称为变量名。因为内存空间是用来存放变量值的，所以即使申请了内存空间，变量也不一定有值。要让变量真正有值，就必须先赋予它一个值。在声明变量的时候，无论是什么样的数据类型，它们都会有默认值，例如 int 数据变量的默认值是"0"，char 数据变量的默认值是 null，byte 数据变量的默认值是"0"。

在 Java 程序中，声明变量的基本格式与声明常量有所不同，具体格式如下所示。

```
typeSpencifier varName=value;
```

（1）typeSpencifier：可以是 Java 语言中所有合法的数据类型，这与常量是一样的。

（2）varName：变量名，变量和常量的最大区别在于 value 的值可有可无，而且还可以对其进行动态初始化。

Java 中的变量分为局部变量和全局变量两种，具体说明如下。

1．局部变量

局部变量是指在一个方法块或一个函数内起作用（例如前面用的 main 就是一个函数，有关函数和方法的知识将在本书后面的内容中详细介绍），如果超出这个范围，局部变量将没有任何作用。

实例 3-2	计算正方形的面积 源码路径： daima\003\src\zheng.java	

实例文件 zheng.java 的主要实现代码如下所示。

```
public class zheng
{
    public static void main(String args[])
    {
        //正方形面积
①       double a1=12.2;
②       double s1=a1*a1;
③       System.out.println("正方形的面积为"+s1);
    }
}
```

范例 3-2-01：计算长方形和三角形的面积
源码路径：演练范例\3-2-01\
范例 3-2-02：从控制台接收输入字符
源码路径：演练范例\3-2-02\

①②分别定义两个 double 类型的变量 a1 和 s1，设置变量 a1 的初始值是 12.2，设置变量 s1 的值是 a1 的平方。

③打印输出变量 s1 的值。执行后的效果如图 3-1 所示。

正方形的面积为148.83999999999997

图 3-1　用变量计算正方形的面积

2. 全局变量

全局变量是作用区域比局部变量的作用区域更大的变量，可以在整个程序内起作用。

实例 3-3	**输出显示变量值** 源码路径： daima\003\src\Quan.java	

实例文件 Quan.java 的主要实现代码如下所示。

```java
public class Quan {
    int z1=2;                    //定义变量z1并赋值为2
    boolean e;                   //定义变量e
    //下面重新设置z1的值，并输出z1的值
    public static void main(String[] args){
        int z1=111;              //重新给z1赋值为111
        System.out.println("打印数据z="+z1);
    }
}
```

範例 3-3-01：演示局部变量的影响

源码路径：演练范例\3-3-01\

範例 3-3-02：重定向输出流以实现程序日志

源码路径：演练范例\3-3-02\

在上述实例代码中，全局变量将对整个程序产生作用，但是在局部可以随时更改全局变量的值。在上面的程序里，定义了全局变量 z1；在局部对这个变量重新赋值，这个变量的值将发生改变。如果未给变量定义初始值，系统将赋予其默认值，执行后会输出变量的新值：

```
打印数据z=111
```

3.2　数 据 类 型

知识点讲解：视频\第 3 章\数据类型.mp4

可以将 Java 语言中的数据类型分为基本数据类型和引用数据类型两种。基本数据类型是 Java 的基础类型，包括整数类型、浮点类型、字符类型和布尔类型，这些是本章将重点讲解的内容。本节将详细讲解 Java 数据类型的基本知识。

↑扫码看视频

3.2.1　Java 数据类型的分类

对程序员来讲，如果一个变量可以是任何形式的值，那么对该变量的操作就很难定义，而且很容易出错。通过引入数据类型，我们可以人为地限制变量的可操作范围，从而降低出错率、提高计算机内存的使用率。Java 语言数据类型的具体分类如图 3-2 所示。

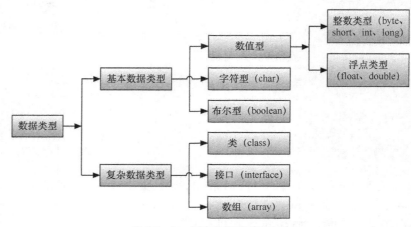

图 3-2　Java 语言数据类型的分类

注意：引用数据类型是由基本数据类型组成的，是用户根据自己的需要定义并实现其意图的类型，包括类、接口、数组。当然，为了便于读者快速理解，也可以将 Java 中的数据类型分成更简单明了的两大类，即基本类型和引用类型。

3.2.2　基本数据类型的取值范围

基本数据类型是本章的重点，Java 中的基本数据类型共有 3 大类、8 个品种，分别是字符类型 char，布尔类型 boolean 以及数值类型 byte、short、int、long、float、double。数值类型又可以分为整数类型 byte、short、int、long 和浮点类型 float、double。Java 中的数值类型不存在无符号的情况，它们的取值范围是固定的，不会随着硬件环境或操作系统的改变而改变。

Java 语言中的基本数据类型主要由 byte、short、int、long、char、float、double 和 boolean 组成，这 8 种基本类型的具体取值范围如下。

（1）byte：8 位，1 字节，最大数据存储量是 255，数值范围是 $-128 \sim 127$。

（2）short：16 位，2 字节，最大数据存储量是 65 536，数值范围是 $-32\ 768 \sim 32\ 767$。

（3）int：32 位，4 字节，最大数据存储容量是 $2^{32}-1$，数值范围是 $-2^{31} \sim 2^{31}-1$。

（4）long：64 位，8 字节，最大数据存储容量是 $2^{64}-1$，数值范围是 $-2^{63} \sim 2^{63}-1$。

（5）float：32 位，4 字节，数值范围是 $3.4\mathrm{e}{-45} \sim 1.4\mathrm{e}38$，直接赋值时必须在数字后加上 f 或 F。

（6）double：64 位，8 字节，数值范围是 $4.9\mathrm{e}{-324} \sim 1.8\mathrm{e}308$，赋值时可以加 d 或 D，也可以不加。

（7）boolean：只有 true 和 false 两个取值。

（8）char：16 位，2 字节，存储 Unicode 码，用单引号赋值。

Java 决定了每种简单类型的大小，这些大小并不随机器结构的变化而变化，这种大小的不可更改性正是 Java 程序具有很强移植能力的原因之一。

3.2.3　字符型

在 Java 程序中，存储字符的数据类型称为字符型，用 char 表示。字符型通常用于表示单个字符，字符常量必须使用单引号"'"引起来。Java 语言使用 16 位的 Unicode 编码集作为编码方式，而 Unicode 被设计成支持世界上所有书面语言的字符，包括中文字符，所以 Java 程序支持各种语言的字符。

在 Java 程序中，字符型常量有以下 3 种表示形式。

（1）直接通过单个字符来指定字符常量，例如'A' '9'和'0'等。

（2）通过转义字符表示特殊字符常量，例如'\n'和'\f'等。

（3）直接使用 Unicode 值来表示字符常量，格式是'\uXXXX'，其中 XXXX 代表一个十六进制整数。

实例 3-4	输出字符型变量的值 源码路径： daima\003\src\Zifu.java	

实例文件 Zifu.java 的主要实现代码如下所示。

```java
public static void main(String args[])
{
    char ch1='\u0001'; //声明char类型的变量ch1
    char ch2='\u0394'; //声明char类型的变量ch2
    char ch3='\uffff'; //声明char类型的变量ch3
    System.out.println(ch1); //打印输出ch1的值
    System.out.println(ch2); //打印输出ch2的值
    System.out.println(ch3); //打印输出ch2的值
}
```

范例 3-4-01：输出文本字符
源码路径：演练范例\3-4-01\
范例 3-4-02：自动类型转换/强制类型转换
源码路径：演练范例\3-4-02\

执行后的结果如图 3-3 所示。

上述实例的执行结果是只显示一些图形，为什么呢？这是使用 Unicode 码表示的结果。Unicode 定义的国际化字符集能表示到今天为止的所有字符集，如拉丁文、希腊语等几十种语言，大部分字符我们是看不懂的，用户不需要掌握。注意，在执行结果处有一个问号，它有可能是真的问号，也有可能是不能显示的符号。但是为了正常地输出这些符号，该怎么处理？Java 提供了转义字符，以"\"开头，十六进制下以"\"和"U"字开头，后面跟着十六进制数。常用的转义字符如表 3-1 所示。

图 3-3　执行结果

表 3-1　　　　　　　　　　　　　　　　　　常用的转义字符

转义字符	描述	转义字符	描述
\0x	八进制字符	\r	回车
\u	十六进制 Unicode 字符	\n	换行
\'	单引号字符	\f	走纸换页
\"	双引号字符	\t	横向跳格
\\	反斜杠	\b	退格

3.2.4　整型

整型是有符号的 32 位整数数据类型，整型 int 用在数组、控制语句等多个地方，Java 系统会把 byte 和 short 自动提升为整型 int。int 是最常用的整数类型，通常情况下，Java 整数常量默认就是 int 类型。

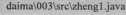

实例 3-5　计算正方形的周长和面积

源码路径：

daima\003\src\zheng1.java

实例文件 zheng.java 的主要实现代码如下所示。

```
①public static void main(String args[]){
②    int b=7;      //赋值b
③    int L=b*4;    //赋值L
④    int s=b*b;    //赋值s
⑤    System.out.println("正方形的周长为"+L);//输出周长
⑥    System.out.println("正方形的面积为"+s);//输出面积
}
```

> 范例 3-5-01：演示 int 类型的提升处理
> 源码路径：演练范例\3-5-01\
> 范例 3-5-02：自动提升数据类型
> 源码路径：演练范例\3-5-02\

①Java 程序的入口函数 main()。

②③④分别定义 3 个 int 类型的变量 b、L 和 s。其中变量 b 的初始值是 7，变量 L 的初始值是变量 b 的值乘以 4，变量 s 的初始值是变量 b 的值的平方。

⑤⑥分别使用 println() 函数打印输出变量 L 和 s 的值。执行后会输出：

```
正方形的周长为28
正方形的面积为49
```

其实我们可以把一个较小的整数常量（在 int 类型的数值表示范围以内）直接赋给一个 long 类型的变量，Java 并不会把这个较小的整数常量当成 long 类型来处理，Java 依然会把这个整数常量当成 int 类型来处理，只是这个 int 类型变量的值会自动将类型转换为 long 类型。

3.2.5　浮点型

整型数据在计算机中肯定是不够用的，这时候就出现了浮点型数据。浮点型数据用来表示 Java 中的浮点数，浮点型数据表示有小数部分的数字，有单精度浮点型（float）和双精度浮点型（double）两种类型，它们的取值范围比整型大许多，下面对其进行讲解。

1．单精度浮点型——float

单精度浮点型是专指占用 32 位存储空间的单精度数据类型，在编程过程中，当需要小数部分且对精度要求不高时，一般使用单精度浮点型，这种数据类型很少用，这里不详细讲解。

2. 双精度浮点型——double

双精度浮点型占用 64 位存储空间，在计算中占有很大的比重，能够保证数值的准确性。

double 类型代表双精度浮点数，float 类型代表单精度浮点数。double 类型的数值占 8 字节，64 位；float 类型的数值占 4 字节，32 位。更详细地说，Java 语言的浮点数有两种表示形式。

（1）十进制形式：这种形式就是平常简单的浮点数，例如 5.12、512.0、0.512。浮点数必须包含一个小数点，否则会被当成 int 类型处理。

（2）科学计数法形式：例如 5.12e2（即 5.12×10^2）或 5.12E2（也是 5.12×10^2）。必须指出的是，只有浮点类型的数值才可以使用科学计数法形式表示。例如，51 200 是 int 类型的值，但 512E2 则是浮点型的值。

Java 语言的默认浮点型是 double 型，如果希望把一个浮点型数值当成 float 型处理，应该在这个浮点型数值的后面加上 f 或 F。例如："5.12" 代表的是一个 double 型常量，它占用 64 位的内存空间；5.12f 或 5.12F 表示一个 float 型常量，它占用 32 位的内存空间。当然，也可以在一个浮点数的后面添加 d 或 D 后缀，以强制指定 double 类型，但通常没必要。

实例 3-6	使用浮点型计算正方形的面积 源码路径： daima\003\src\Syuan.java	

实例文件 Syuan.java 的主要实现代码如下所示。

```
public class Syuan {
    public static void main(String args[]){
①        double r=45.0324;
②        double area=r*r;
③        System.out.println("正方形的面积是: S="+area);
    }
}
```

范例 3-6-01：演示不同浮点型的用法
源码路径：演练范例\3-6-01\
范例 3-6-02：实现自动类型转换
源码路径：演练范例\3-6-02\

①定义一个 double 类型的变量 r，表示正方形的边长，设置初始值是 45.0324。

②定义一个 double 类型的变量 area，表示正方形的面积，设置其值是变量 r 的平方。

③使用 println() 函数输出变量 area 的值，执行后会输出：

正方形的面积是：S=2027.9170497600003

3.2.6 布尔型

布尔型是一种表示逻辑值的简单类型，它的值只能是真或假这两个值中的一个。它是所有诸如 a<b 这样的关系运算的返回类型。Java 中的布尔型对应只有一种——boolean 类型，用于表示逻辑上的"真"或"假"。boolean 类型的值只能是 true 或 false，不能用 0 或非 0 来代表。

实例 3-7	使用布尔型变量并输出结果 源码路径： aima\003\src\Bugu.java	

实例文件 Bugu.java 的主要实现代码如下所示。

```
public static void main(String args[]) {
①        boolean b;  //定义变量b
②        b = false;  //赋值变量b
③        System.out.println("b的值是" + b);
④        b = true;  //赋值b
⑤        System.out.println("b的值是" + b);
         //输出b的值
         //布尔值可以控制if语句的运行
⑥        if(b) System.out.println("如果b的值是true,则会显示这行文本.");
}
```

范例 3-7-01：定义两个布尔型变量并赋值
源码路径：演练范例\3-7-01\
范例 3-7-02：实现强制类型转换
源码路径：演练范例\3-7-02\

①定义一个 boolean 类型的变量 b。

②设置变量 b 的初始值是 false。

③⑤ 使用 println()函数输出变量 b 的值。

④重新设置变量 b 的值是 true。

⑥在 Java 程序中，布尔值可以控制 if 语句的运行。因为本行中变量 b 的值是 true，所以会运行 if(b)后面的输出语句，在后面使用 println()函数输出文本"如果 b 的值是 true，则会显示这行文本."。

本实例执行后会输出：

```
b的值是 false
b的值是true
如果b的值是true，则会显示这行文本.
```

3.3 运 算 符

知识点讲解：视频\第 3 章\运算符.mp4

↑扫码看视频

运算符是程序设计语言中重要的构成元素之一，能够针对一个及一个以上的操作数项目进行运算。本节将详细讲解 Java 运算符的基本知识，为读者步入本书后面知识的学习打下基础。

3.3.1 算术运算符

算术运算符（Arithmetic Operator）是用来处理数学运算的符号，几乎在所有的数字处理中都会用到算术运算符。可以将 Java 语言中的算术运算符分为基本运算符、取余运算符和递增或递减运算符等几大类。具体说明如表 3-2 所示。

表 3-2 算术运算符

类型	运算符	说明
基本运算符	+ − * /	加 减 乘 除
取余运算符	%	取余
递增和递减运算符	++ --	递增 递减

1. 基本运算符

实例 3-8	**使用加、减运算符** 源码路径： daima\003\src\JiBen1.java	

实例文件 JiBen1.java 的主要实现代码如下所示。

```
public static void main(String args[]) {
①    int a=12;
②    int b=4;
     //下面开始使用两种运算符
③    System.out.println(a-b);
④    System.out.println(a+b);
}
```

范例 3-8-01：演示基本运算的过程

源码路径：演练范例\3-8-01\

范例 3-8-02：实现加密处理

源码路径：演练范例\3-8-02\

①②分别定义两个 int 类型的变量 a 和 b，设置 a 的初始值是 12，设置 b 的初始值是 4。

③使用 println()函数输出变量 a 和变量 b 的差。

④使用 println()函数输出变量 a 和变量 b 的和。执行后会输出：

```
8
16
```

2. 取余运算符

在 Java 程序中，取余运算符用于计算除法操作中的余数。由于取余运算符也需要进行除法运算，因此如果取余运算的两个运算数都是整数类型，则取余运算的第二个运算数不能是 0，否则将引发除以零异常。如果取余运算的两个操作数中有 1 个或 2 个是浮点数，则允许第二个操作数是 0 或 0.0，只是取余运算的结果将会是 NaN（NaN 是 Java 中的特殊数字，表示非数字类型）。0 或 0.0 对零以外的任何数取余都将得到 0 或 0.0。

❀ 注意：取余运算符是一种很奇怪的运算符，在数学运算中很少被提及，其实可以很简单地理解它。取余运算符一般用在除法中，它的取值不是商，而是余数。例如 5/2，取余运算符取的是余数，所以结果是 1，而不是商值结果 2.5。

3. 递增和递减运算符

递增和递减运算符分别是指"++"和"--"，每执行一次，变量将增加 1 或减少 1，它们可以放在变量的前面，也可以放在变量的后面。无论哪一种形式都能改变变量的结果，但它们有一些不同，这种变化让初学编程的人感到疑惑。递增、递减对于刚学编程的人来说是难点，读者一定要加强理解。理解的不是++与--的问题，而是在变量前用还是在变量后用的问题。

实例 3-9	使用递增和递减运算符
	源码路径： daima\003\src\Dione.java

实例文件 Dione.java 的主要实现代码如下所示。

```
public static void main(String args[]){
①      int a=199;
②      int b=1009;
        //数据的递增与递减
③      System.out.println(a++);
④      System.out.println(a);
⑤      System.out.println(++a);
⑥      System.out.println(b--);
⑦      System.out.println(b);
⑧      System.out.println(--b);
```

范例 3-9-01：演示递增和递减运算符的用法
源码路径：演练范例\3-9-01\
范例 3-9-02：更精确地运用浮点数
源码路径：演练范例\3-9-02\

①②分别定义两个 int 类型的变量 a 和 b，设置 a 的初始值是 199，设置 b 的初始值是 1 009。

③使用 println()函数输出 a++的值，此处先输出，然后才加 1，所以结果是 199。

④使用 println()函数输出 a 的值，因为在行③的最后加 1，所以这里的结果是 200。

⑤使用 println()函数输出++a 的值，此处先加 1，再输出。这里要紧接着行④中 a 的值 200，所以本行的结果是 201。

⑥使用 println()函数输出 b--的值，此处先输出 b 的值，再将 b 减 1，所以本行的结果是 1 009。

⑦使用 println()函数输出 b 的值，因为在行⑥的最后减 1，所以这里的结果是 1 008。

⑧使用 println()函数输出--b 的值，此处先减 1，然后执行程序。这里要紧接着行⑦中 b 的值 1 008，所以本行的结果是 1 007。

执行后会输出：

```
199
200
201
1009
1008
1007
```

3.3.2　关系运算符和布尔逻辑运算符

1. 关系运算符

在 Java 程序中，关系运算符的功能是定义值与值之间的相互关系。在数学运算中有大于、小于、等于、不等于关系，在程序中可以使用关系运算符来表示这些关系。表 3-3 中列出了 Java 中的关系运算符，通过这些关系运算符会产生一个结果，这个结果是一个布尔值，即 true 或 false。在 Java 中，任何类型的数据都可以用 "=="比较是否相等，用 "!="比较是否不相等，只有数字才能比较大小，关系运算的结果可以直接赋予布尔变量。

表 3-3　　　　　　　　　　　　　　关系运算符

类型	说明	类型	说明
==	等于	<	小于
! =	不等于	>=	大于或等于
>	大于	<=	小于或等于

2. 布尔逻辑运算符

布尔逻辑运算符用于对布尔型操作数进行布尔逻辑运算，Java 中的布尔逻辑运算符如表 3-4 所示。

表 3-4　　　　　　　　　　　　　　布尔逻辑运算符

类型	说明	类型	说明
&&	与（AND）	|	简化或（Short-Circuit OR）
||	或（OR）	&	简化并（Short-Circuit AND）
∧	异或（XOR）	!	非（NOT）

布尔逻辑运算符与关系运算符运算后得到的结果一样，都是布尔类型的值。在 Java 程序中，"&&"和 "||"布尔逻辑运算符不总是对运算符右边的表达式求值，如果使用逻辑与 "&"和逻辑或 "|"，则表达式的结果可以由运算符左边的操作数单独决定。通过表 3-5 可以了解常用逻辑运算符 "&&""||""!"运算后的结果。

表 3-5　　　　　　　　　　　　　　逻辑运算符

A	B	A&&B	A||B	!A
false	false	false	false	true
false	true	false	true	true
true	false	false	true	false
true	true	true	true	false

在接下来的内容中，将通过一个具体实例说明关系运算符的基本用法。

实例 3-10　**使用关系运算符**
源码路径：
daima\003\src\guanxi.java

实例文件 guanxi.java 的主要实现代码如下所示。

```
public static void main(String[] args) {
    int a = 10;  //定义int类型变量a，设置其值为10
    int b = 20;  //定义int类型变量b，设置其值为20
    System.out.println("a == b吗? " + (a == b) );
    System.out.println("a != b吗? " + (a != b) );
    System.out.println("a > b吗? " + (a > b) );
    System.out.println("a < b吗? " + (a < b) );
    System.out.println("b >= a吗? " + (b >= a) );
    System.out.println("b <= a吗? " + (b <= a) );
}
```

范例 3-10-01：演示逻辑运算符的用法
源码路径：演练范例\3-10-01\

范例 3-10-02：不用乘法运算符实现 2×16
源码路径：演练范例\3-10-02\

执行后会输出：

```
a == b吗? false
a != b吗? true
a > b吗? false
a < b吗? true
b >= a吗? true
b <= a吗? false
```

3.3.3 位逻辑运算符

在 Java 程序中，使用位逻辑运算符来操作二进制数据。注意，位逻辑运算符只能操作二进制数据。如果用在其他进制的数据中，需要先将其他进制的数据转换成二进制数据。位逻辑运算符（Bitwise Operator）可以直接操作整数类型的位，这些整数类型包括 long、int、short、char 和 byte。Java 语言中位逻辑运算符的具体说明如表 3-6 所示。

表 3-6　　　　　　　　　　　　　位逻辑运算符

位逻辑运算符	说明	位逻辑运算符	说明
~	按位取反运算	>>	右移
&	按位与运算	>>>	右移并用 0 填充
|	按位或运算	<<	左移
^	按位异或运算		

因为位逻辑运算符能够在整数范围内对位操作，所以这样的操作对一个值产生什么效果是很重要的。具体来说，了解 Java 如何存储整数值并且如何表示负数是非常有用的。表 3-7 演示了操作数 A 和操作数 B 按位逻辑运算的结果。

表 3-7　　　　　　　　　　　　　位逻辑运算结果

操作数 A	操作数 B	A|B	A&B	A^B	~A
0	0	0	0	0	1
0	1	1	0	1	1
1	0	1	0	1	0
1	1	1	1	0	0

移位运算符把数字的位向右或向左移动，产生一个新的数字。Java 的右移运算符有 >> 和 >>> 两个。

（1）>> 运算符：能够把第一个操作数的二进制码右移指定位数后，将左边空出来的位以原来的符号位填充。即，如果第一个操作数原来是正数，则左边补 0；如果第一个操作数原来是负数，则左边补 1。

（2）>>> 运算符：能够把第一个操作数的二进制码右移指定位数后，将左边空出来的位总是以 0 填充。

实例 3-11　使用位逻辑运算符

源码路径：daima\003\src\wei.java

实例文件 wei.java 的主要实现代码如下所示。

```
public class wei {
    public static void main(String[] args){
①      int a=129;
②      int b=128;
③      System.out.println("a和b 与的结果是: "+(a&b));
    }
}
```

范例 3-11-01：演示与运算符的用法
源码路径：演练范例\3-11-01\
范例 3-11-02：演示非运算符的用法
源码路径：演练范例\3-11-02\

①② 分别定义两个 int 类型的变量 a 和 b，并分别设置它们的初始值。

③ 使用 println() 函数输出 a&b 的结果。a 的值是 129，转换成二进制就是 10000001；b 的

值是 128，转换成二进制就是 10000000。根据与运算符的运算规则，只有两个位都是 1，运算结果才是 1，所以 a&b 的运算过程如下。

```
a       10000001
b       10000000
a&b     10000000
```

由此可以知道 10000000 的结果就是 10000000，转换成十进制就是 128。执行后会输出：

```
a和b  与的结果是：128
```

3.3.4　条件运算符

条件运算符是一种特殊的运算符，也称为三目运算符。条件运算符的目的是决定把哪个值赋给前面的变量。在 Java 语言中使用条件运算符的语法格式如下所示。

```
变量布尔表达式 ？ 表达式1 ： 表达式2
```

上述格式的运算过程是：如果布尔表达式的值为 true，则返回表达式 1 的值，否则返回表达式 2 的值。

实例 3-12	判断成绩是否及格 源码路径： daima\003\src\tiao.java	

实例文件 tiao.java 的主要实现代码如下所示。

```java
public static void main(String[] args) {
    int score=68;
    String mark =(68>60)? "及格":"不及格";
    System.out.println("考试成绩如何: "+mark);
}
```

范例 3-12-01：根据条件的不同实现赋值
源码路径：演练范例\3-12-01\
范例 3-12-02：实现两个变量的互换
源码路径：演练范例\3-12-02\

执行后会输出：

```
考试成绩如何：及格
```

3.3.5　赋值运算符

Java 语言中的赋值运算符是等号"="，起赋值的作用。在 Java 中使用赋值运算符的格式如下所示。

```
var = expression;
```

其中，变量 var 的类型必须与表达式 expression 的类型一致。

赋值运算符有一个有趣的属性，它允许我们对一连串变量进行赋值。请看下面的代码。

```
int x, y, z; x = y = z = 100;
```

在上述代码中，使用一条赋值语句将变量 x、y、z 都赋值为 100。这是因为"="运算符产生右边表达式的值，因此 z=100 的值是 100，然后该值被赋给 y，并再被赋给 x。

实例 3-13	赋值类型的不匹配错误 源码路径： daima\003\src\fuzhi.java	

实例文件 fuzhi.java 的主要实现代码如下所示。

```java
public static void main(String args[]){
    //定义的字节数据
    byte a=9;
    byte b=7;
①   byte c=a+b;
    System.out.println(c);
}
```

范例 3-13-01：扩展赋值运算符的功能
源码路径：演练范例\3-13-01\
范例 3-13-02：演示运算符的应用
源码路径：演练范例\3-13-02\

①因为 Java 语言规定：byte 类型的变量在进行加、减、乘、除和余数运算时会自动变为 int 类型。所以，本行的变量 a 和 b 会在计算时自动转换成 int 类型，但是本行在左侧已经明确声明为了 byte 类型，所以会出错。执行后会提示如下类型不匹配错误：

```
Exception in thread "main" java.lang.Error: Unresolved compilation problem:
    Type mismatch: cannot convert from int to byte

    at fuzhi.main(fuzhi.java:8)
```

3.3.6 运算符的优先级

前面学习的 Java 运算符有不同的优先级。优先级是指在表达式运算中的先后顺序，例如"先计算乘除、后计算加减"就是一种优先级规则，乘除运算符的优先级要高于加减运算符。表 3-8 中列出了包括分隔符在内的所有运算符的优先级，上一行中的运算符总是优先于下一行中的运算符。

表 3-8 　　　　　　　　　　　　　Java 运算符的优先级

运算符	Java 运算符
分隔符	.　　[]　　()　　{}　　,　　;
单目运算符	++　--　~　!
强制类型转换运算符	(type)
乘法/除法/取余	*　　/　　%
加法/减法	+　　-
移位运算符	<<　　>>　　>>>
关系运算符	<　　<=　　>=　　>　　instanceof
等价运算符	==　　!=
按位与	&
按位异或	^
按位或		
条件与	&&
条件或	||
三目运算符	?:
赋值	=　+=　-=　*=　/=　&=　|=　^=　%=　<<=　>>=　>>>=

根据表 3-8 所示的运算符的优先级，假设 int a=3，分析下面变量 b 的计算过程。

```
int b= a+2*a
```

程序先执行 2*a 得到 6，再计算 a+6 得到 9。使用圆括号()可以改变程序的执行过程，例如：

```
int b=(a+2)*a
```

先执行 a+2 得到 5，再用 5*a 得到 15。

❀ 注意：书写 Java 运算符有两点注意事项。

（1）不要把一个表达式写得过于复杂。如果一个表达式过于复杂，就把它分成几步来完成。

（2）不要过多地依赖运算符的优先级来控制表达式的执行顺序，这样可读性太差。尽量使用圆括号()来控制表达式的执行顺序。

3.4　类　型　转　换

知识点讲解：视频\第 3 章\类型转换.mp4

↑扫码看视频

在 Java 程序中，经常需要在不同类型之间进行转换。Java 语言提供的 7 种数值类型之间可以相互转换。类型转换有自动类型转换和强制类型转换两种方式。本节将详细讲解 Java 类型转换的知识。

3.4.1　自动类型转换

当把一个取值范围小的数值或变量直接赋给另一个取值范围大的变量时，系统可以进行自动类型转换。Java 中的所有数值型变量之间可以进行类型转换，取值范围小的可以向取值范围大的进行自动类型转换。就好比有两瓶水，当把小瓶里的水倒入大瓶时不会有任何问题。Java 支持自动类型转换的类型如图 3-4 所示。

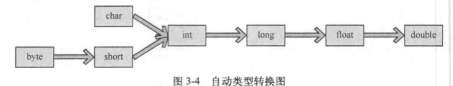

图 3-4　自动类型转换图

在图 3-4 所示的类型转换中，箭头左边的数值可以自动转换为箭头右边的数值。当对任何基本类型的值和字符串进行连接运算时，基本类型的值将自动转换为字符串类型，尽管字符串类型不再是基本类型，而是引用类型。因此，如果希望把基本类型的值转换为对应的字符串，可以对基本类型的值和一个空字符串进行连接。

实例 3-14	使用自动类型转换 源码路径： daima\003\src\zidong.java

实例文件 zidong.java 的主要实现代码如下所示。

```
public static void main(String[] args) {
    int a  = 6;       //定义int型变量a
    float f = a;      //int可以自动转换为float型
    System.out.println(f);//打印输出6.0
    byte b = 9;       //定义一个byte型的整数变量
     //char c = b;
    //这行代码将出错，byte型不能自动类型转换为char型
    //下面这行代码正确，byte型变量可以自动类型转换为double型
    double d = b;
    System.out.println(d); //此行将输出9.0
}
```

范例 3-14-01：把基本类型转换为字符串
源码路径：演练范例\3-14-01\
范例 3-14-02：判断用户名是否正确
源码路径：演练范例\3-14-02\

执行后会输出：
```
6.0
9.0
```

3.4.2　强制类型转换

如果希望把图 3-4 中箭头右边的类型转换为左边的类型，则必须使用强制类型转换。在 Java 语言中使用小括号实现强制类型转换，具体语法格式如下所示：
```
(targetType)value
```
小括号"( )"里面的 targetType 是被转换为的类型。

实例 3-15	使用强制类型转换 源码路径： daima\003\src\qiangzhi.java

实例文件 qiangzhi.java 的主要实现代码如下所示。

```
public static void main(String[] args){
    int x;
    double y;
    x = (int)34.56 + (int)11.2;       //丢失精度
    y = (double)x + (double)10 + 1;   //提高精度
    System.out.println("x=" + x);
    System.out.println("y=" + y);
}
```

范例 3-15-01：使用基本强制类型转换
源码路径：演练范例\3-15-01\
范例 3-15-02：将浮点数强制转换为整型
源码路径：演练范例\3-15-02\

在上述代码中，因为在 34.56 前面有一个 int 类型的强制类型转换，所以 34.56 就变成了 34。

同样道理，11.2 会变成了 11，所以 x 的结果就是 45。在 x 前有一个 double 类型的强制转换，所以 x 的值变为 45.0，而且 10 也被强制成 double 类型，即变成 10.0，所以最后 y 的值变为 56.0。执行后会输出：

```
x=45
y=56.0
```

3.5 技 术 解 惑

3.5.1 在定义常量时的注意事项

在 Java 语言中，主要利用 final 关键字（在 Java 类中灵活使用 Static 关键字）来进行 Java 常量的定义。当常量被设定后，一般情况下不允许再进行更改。在定义常量时，需要注意以下 3 点：

（1）在定义 Java 常量的时候，就需要对常量进行初始化。

（2）注意关键字 final 的使用范围。关键字 final 不仅可以用来修饰基本数据类型的常量，而且可以用来修饰对象的引用或方法，比如数组就是对象引用。

（3）注意常量的命名规则。在 Java 中定义常量时，比如在给常量取名时，一般用大写字母。在 Java 语言中，区分大小写字母。之所以采用大写字母，主要是为了与变量进行区分。虽然说给常量取名时采用小写字母，也不会有语法上的错误，但是为了在编写代码时能够一目了然地判断变量与常量，最好还是能够将常量设置为大写字母。

3.5.2 char 类型中单引号的意义

char 类型使用单引号引起来，而字符串使用双引号引起来。关于 string 类的具体用法以及对应的各个方法，读者可以参考查阅 API 文档中的信息。其实 Java 语言中的单引号、双引号和反斜线都有特殊的用途，如果在一个字符串中包含这些特殊字符，应该使用转义字符。例如希望在 Java 程序中表示绝对路径"c:\daima"，但这种写法得不到我们期望的结果，因为 Java 会把反斜线当成转义字符，所以应该写成"c:\\daima"的形式。

3.5.3 正无穷和负无穷的问题

Java 还提供了正无穷大、负无穷大和非数 3 个特殊的浮点数值，用于表示溢出和出错。例如，使用一个正浮点数除以 0 将得到正无穷大，使用一个负浮点数除以 0 将得到负无穷大，用 0.0 除以 0.0 或对一个负数开方将得到一个非数。正无穷大通过 Double 或 Float 的 POSITIVE_INFINITY 表示，负无穷大通过 Double 或 Float 的 NEGATIVE_INFINITY 表示，非数通过 Double 或 Float 的 NaN 表示。

注意，只有用浮点数除以 0 才可以得到正无穷大或负无穷大，因为 Java 语言会自动把与浮点数运算的 0（整数）当成 0.0（浮点数）来处理。如果用一个整数除以 0，则会抛出"ArithmeticException：/by zero"（除以 0 异常）。

3.6 课 后 练 习

（1）编写一个 Java 程序，输入摄氏温度后可以转换为华氏温度。

（2）编写一个 Java 程序，使用以下的公式计算并显示半径为 5.8 的圆的面积和周长。

周长=2×半径×π

面积=半径×半径×π

第 4 章

条件语句

条件语句在很多教程中被称为选择语句,在 Java 程序中,通过使用条件语句,可以判断选择执行指定的程序语句。本章将详细讲解 Java 语言中条件语句的知识,并通过具体实例的实现过程来讲解各个知识点的使用方法和技巧。

本章内容

▶▶ 使用 if 语句

▶▶ 使用 switch 选择语句

▶▶ switch 语句和表达式（Java 14 新特性）

技术解惑

▶▶ if…else 语句的意义

▶▶ switch 语句和 if…else if 语句的选择

▶▶ if 和 switch 的选择

4.1 使用 if 语句

 知识点讲解：视频\第 4 章\if 语句详解.mp4

↑扫码看视频

Java 语言中一共有 3 种 if 语句，分别是 if 语句、if…else 语句和嵌套 if…else 语句。本节将向读者详细讲解上述 3 种 if 语句的基本知识，并通过具体实例来讲解 if 语句的基本用法。

4.1.1 if 语句

在 Java 程序中，if 语句由保留字 if、表达式和位于后面的语句组成。其中，条件语句通常是一个布尔表达式，结果为 true 和 false。如果条件为 true，则执行语句并继续处理其后的下一条语句；如果条件为 false，则跳过语句并继续处理紧跟整个 if 语句的下一条语句。

在 Java 中使用 if 语句的语法格式如下所示。

```
if (条件表达式)
Statement
```

语法说明：if 是该语句中的关键字，后续紧跟一对小括号，这对小括号任何时候都不能省略。小括号的内部是具体的条件，语法上要求条件表达式的结果为 boolean 类型。后续为 Statement，也就是当条件成立时执行的代码。在书写程序时，为了直观地表达包含关系，功能代码一般需要缩进。

例如下面的演示代码。

```
int a = 10;                        //定义int型变量a的初始值是10
    if (a >= 0)
      System.out.println("a是正数");    //a大于或等于0时的输出内容
    if ( a % 2 == 0)
      System.out.println("a是偶数");    //a能够整除2时的输出内容
```

在上述演示代码中，第一个 if 条件判断变量 a 的值是否大于或等于 0，如果该条件成立，输出"a 是正数"；第二个 if 条件判断变量 a 是否为偶数，如果成立，输出"a 是偶数"。

实例 4-1	判断成绩是否及格
	源码路径：
	daima\004\src\Ifkong.java

实例文件 Ifkong.java 的主要实现代码如下所示。

```
public static void main(String args[]){
①      int chengji = 45;
②      if(chengji>60){
③          System.out.println("及格");
     }
④      System.out.println("不及格");
}
```

范例 4-1-01：检查成绩是否优秀
源码路径：演练范例\4-1-01\
范例 4-1-02：判断某年是否为闰年
源码路径：演练范例\4-1-02\

① 定义 int 型变量 chengji，设置初始值为 45。

② 使用 if 语句，如果变量 chengji 的值大于 60，则输出③中的提示文本"及格"。

④ 如果变量 chengji 的值不大于 60，则输出本行中的提示文本"不及格"。

在上述实例中，因为没有满足 if 语句中的条件，所以没有执行 if 语句里面的内容。执行后会输出：

```
不及格
```

4.1.2 使用 if…else 语句

在本章前面使用的 if 语句中，不能对条件不符合的情况进行处理。为此 Java 引入了另外一种条件语句 if…else，其语法格式如下所示。

```
if(condition)          //设置条件condition
    statement1;        //如果条件condition成立，执行statement1这一行代码
else                   //如果条件condition不成立
    statement2;        //执行statement2这一行代码
```

实例 4-2　判断成绩是否大于 60

源码路径：

daima\004\src\pan.java

实例文件 pan.java 的主要实现代码如下所示。

```
    public static void main(String args[]){
     int a = 70;// 定义int类型变量a，设置初始值为70
①   if(a>60){
②       System.out.println("大于60");
    }
③    else{
④       System.out.println("小于或等于60");
    }
⑤System.out.println("检验完毕");
```

范例 4-2-01：根据两种条件给出处理结果
源码路径：演练范例\4-2-01\
范例 4-2-02：验证登录信息的合法性
源码路径：演练范例\4-2-02\

①　使用 if 语句进行判断，如果变量 a 的值大于 60，输出②中的提示文本"大于 60"。在③，如果变量 a 的值不大于 60，输出④中的提示文本"小于或等于 60"。在⑤，无论变量 a 的值是否大于 60，程序都会执行本行代码，输出文本"检验完毕"。执行后会输出：

```
大于60
检验完毕
```

注意：在 Java 程序设计里，变量可以是中文。但在熟悉各种编码格式之前，不建议读者在代码中使用中文形式的变量。

4.1.3　对多种情况进行判断

在 Java 语言中，可以使用 if…else if…else 语句对多种情况进行判断，具体语法格式如下所示。

```
if (condition1)
        statement1;
else if (condition2)
        statement2;
else
        statement3
```

上述语法格式的执行流程如下。

（1）判断第一个条件 condition1，当为 true 时执行 statement1，并且程序运行结束。当 condition1 为 false 时，继续执行后面的代码。

（2）当 condition1 为 false 时，接下来先判断 condition2 的值，当 condition2 为 true 时执行 statement2，并且程序运行结束。当 condition2 为 false 时，执行后面的 statement3。也就是说，当前面的两个条件 condition1 和 condition2 都不成立（为 false 时），才会执行 statement3。

注意：在 Java 语句中，if…else 可以嵌套无限次。可以说，只要遇到值为 true 的条件，就会执行对应的语句，然后结束整个程序的运行。

实例 4-3　判断高考成绩

源码路径：

daima\004\src\IfDuo.java

实例文件 IfDuo.java 的主要实现代码如下所示。

```
public static void main(String args[]){
①   int 总成绩 = 700;
②   if(总成绩>610)
③       System.out.println("一本");
④   else if(总成绩>570)
⑤       System.out.println("二本");
⑥   else if(总成绩>450)
⑦       System.out.println("三本");
⑧   else if(总成绩>390)
```

范例 4-3-01：判断某年是否为闰年
源码路径：演练范例\4-3-01\
范例 4-3-02：为新员工分配部门
源码路径：演练范例\4-3-02\

```
⑨              System.out.println("专科");
⑩         else
⑪              System.out.println("落榜");
⑫         System.out.println("检查完毕");
}
```

在①，定义 int 型变量"总成绩"，设置初始值为 700。这说明变量名可以是中文，但是不建议读者这么做，本实例采用中文变量的目的只是向大家展示 Java 语言的这个功能。

在②，使用 if 语句，如果变量"总成绩"的值大于 610，输出③中的提示文本"一本"。

在④，如果变量"总成绩"的值大于 570 且小于或等于 610，输出⑤中的提示文本"二本"。

在⑥，如果变量"总成绩"的值大于 450 且小于或等于 570，输出⑦中的提示文本"三本"。

在⑧，如果变量"总成绩"的值大于 390 且小于或等于 450，输出⑨中提示文本"专科"。

在⑩，如果变量"总成绩"不满足②④⑥⑧列出的 4 个条件，说明此时变量"总成绩"的值小于或等于 390，此时输出⑪中的提示文本"落榜"。

在⑫，无论变量"总成绩"的值是多少，程序都执行本行代码，输出文本"检查完毕"。

执行后会输出：

```
一本
检查完毕
```

注意：要按照逻辑顺序书写 else if 语句。

在使用 if…else if…else（缩写为 if…else if）语句时，在书写其中的每个 else if 子句时都是有顺序的。在实际书写时，必须按照逻辑上的顺序进行书写，否则将出现逻辑错误。if-else if else 语句是 Java 语言中提供的一种多分支条件语句，但是在判断某些问题时，书写会比较麻烦，所以在语法中提供了另一种语句——switch 语句，以更好地实现多分支语句的判别。

4.2　使用 switch 选择语句

知识点讲解：视频\第 4 章\使用 switch 选择语句.mp4

↑扫码看视频

在 Java 程序中，switch 语句用于判断多个条件。使用 switch 语句的方法和使用 if 嵌套语句的方法十分相似，但是 switch 语句更直观、更容易理解。本节将详细讲解使用 switch 语句的知识。

4.2.1　switch 语句的形式

在 Java 程序中，switch 语句能够多次判断条件信息，具体语法格式如下所示。

```
switch(expression){
    case value1 :
        //语句1
        break;                          //可选
    case value2 :
        //语句2
        break;                          //可选
    //可以有任意数量的case语句
    ……
    default :                           //可选
        //语句
}
```

上述格式中，expression 是"整数选择因子"必须是 byte、short、int 和 char 类型，每个整数必须是与"整数选择因子"类型兼容的一个常量，而且不能重复。"整数选择因子"是一个特殊的表达式，能产生整数。switch 能将整数选择因子的结果与每个整数进行比较。发现相符的，就执行对应的语句（简单或复合语句）；没有发现相符的，就执行 default 语句。

在上面的定义中，大家会注意到每个 case 均以一个 break 结尾。这样可使执行流程跳转至 switch 主体的末尾。这是构建 switch 语句的一种传统方式，但 break 是可选的。若省略 break，将继续执行后面的 case 语句的代码，直到遇到 break 为止。另外，读者需要注意，最后的 default 语句没有 break，因为执行流程已到达 break 的跳转目的地。当然，如果考虑到编程风格方面的原因，完全可以在 default 语句的末尾放置一个 break，尽管它并没有任何实际用处。

实例 4-4	使用 switch 语句 源码路径： daima\004\src\switchtest1.java

实例文件 switchtest1.java 的主要实现代码如下所示。

```java
public static void main(String args[]){
    int a=567;  //定义int型变量a，设置a的初始值为567
    switch(a){
        case 555:
        //如果a的值等于555，则输出文本提示"现在a的值是555"
            System.out.println("现在a的值是555");
            break;
        case 557:  //如果a的值等于557，则输出文本提示"现在a的值是557"
            System.out.println("现在a的值是557");
            break;
        case 567:  //如果a的值等于567，则输出文本提示"现在a的值是567"
            System.out.println("现在a的值是567");
            break;
        default:  //如果前面的3个case条件都不成立，则输出下面文本提示"no"
            System.out.println("no");
    }
}
```

范例 4-4-01：使用 switch 语句
源码路径：演练范例\4-4-01\
范例 4-4-02：根据消费金额计算折扣
源码路径：演练范例\4-4-02\

在上述代码中，因为变量 a 的值是 567，所以执行后会输出：

```
现在a的值是567
```

4.2.2 无 break 的情况

在本章前面演示的代码中，多次出现 break 语句，其实在 switch 语句中可以没有 break 这个关键字。一般来说，当 switch 遇到一些"break"关键字时，程序会自动结束 switch 语句。如果把 switch 语句中的 break 关键字去掉，程序将继续向下执行，直到整个 switch 语句结束。

实例 4-5	在 switch 语句中不使用 break 源码路径： daima\004\src\wubr.java

实例文件 wubr.java 的主要实现代码如下所示。

```java
public static void main(String args[])
{
    int a=11;
    switch(a)
    {
        case 11:
            System.out.println("a=11");

        case 22:
            System.out.println("a=22");

        case 33:
            System.out.println("a=33");
            break;
        default:
            System.out.println("no");
    }
}
```

范例 4-5-01：去掉 break 后引发的问题
源码路径：演练范例\4-5-01\
范例 4-5-02：判断用户所输入月份的季节
源码路径：演练范例\4-5-02\

在上述代码中，没有在前两个 switch 分支语句中使用 break，执行后将输出：

```
a=11
a=22
a=33
```

通过上述执行结果可以看出 break 关键字的作用，程序在找到符合条件的内容后仍将继续执行下去。

4.2.3 default 可以不在末尾

通过前面的学习，很多初学者可能会误认为 default 一定位于 switch 的结尾。其实不然，它可以位于 switch 中的任意位置。请看下面的实例。

实例 4-6	**default 可以不在末尾** 源码路径： daima\004\src\switch1.java	

实例文件 switch1.java 的主要实现代码如下所示。

```
public static void main(String args[]){
    int a=1997;  //定义int型变量a的初始值是1997
    switch(a)
        //使用switch语句，设置整数选择因子是变量a
        case 1992: //如果a的值等于1992
            System.out.println("a=1992");
            //输出文本提示"a=1992"
        default:   //如果所有的case条件都不成立
            System.out.println("no"); //输出默认文本提示"no"
        case 1997:
            System.out.println("a=1997");    //如果a的值等于1997
            //输出文本提示"a=1997"
        case 2008:
            System.out.println("a=2008");    //如果a的值等于2008
            //输出文本提示"a=2008"
    }
}
```

> 范例 4-6-01：根据月份获得每个月的天数
> 源码路径：演练范例\4-6-01\
> 范例 4-6-02：获取每月天数的简写形式
> 源码路径：演练范例\4-6-02\

上述代码很容易理解，就是变量 a 对应着哪一年，就从哪一条语句向下执行，直到程序结束为止。如果没有对应的年份，则从 default 开始执行，直到程序结束为止。执行后将输出：

```
a=1997
a=2008
```

4.3 switch 语句和表达式（Java 14 新特性）

知识点讲解：视频\第 4 章\switch 语句和表达式.mp4

在 Java 12 和 Java 13 版本中，switch 不仅可以作为语句来使用，而且可以作为表达式。这样不但可以减少编写 Java 代码的工作量，并且可以降低出错率。但是这个新特性在 Java 12 和 Java 13 中只是预览版本（还不能成功调试运行），正式版在 Java 14 中发布，读者可以调试运行了。

↑扫码看视频

下面的实例演示了使用 Java 14 中 switch 语句新特性的方法。

实例 4-7	**使用 Java 14 switch 语句新特性** 源码路径： daima\004\src\switch3.java	

实例文件 switch3.java 的主要实现代码如下所示。

```
public class switch3
{
    public static void main(String args[])
    {
        String day = "FRIDAY";
        switch (day) {
```

> 范例 4-7-01：一种 switch 语句的用法
> 源码路径：演练范例\4-6-01\
> 范例 4-7-02：新特性的另一种用法
> 源码路径：演练范例\4-6-02\

```
        case "MONDAY", "FRIDAY", "SUNDAY" -> System.out.println(6);
        case "TUESDAY "                   -> System.out.println(7);
        case "THURSDAY", "SATURDAY" -> System.out.println(8);
        case "WEDNESDAY"            -> System.out.println(9);
        }
    }
}
```

执行后将输出：

```
6
```

如果用以前版本的 switch 语句，需要通过如下代码实现上述实例的功能。

```
public static void main(String args[]) {
    String day = "FRIDAY";
    switch (day) {
    case "MONDAY":
    case "FRIDAY":
    case "SUNDAY":
        System.out.println(6);
        break;
    case "TUESDAY":
        System.out.println(7);
        break;
    case "THURSDAY":
    case "SATURDAY":
        System.out.println(8);
        break;
    case "WEDNESDAY":
        System.out.println(9);
        break;
    }
}
```

由此可见，使用 Java 14 的 switch 语句新特性，将大大减少我们的编程工作量。

4.4 技 术 解 惑

4.4.1 if…else 语句的意义

前面介绍的 if 语句只有一种状态，这种假设很少。而 if…else 语句能够针对两种状态，不管条件是否符合，都会给出结果。

对于 if…else 语句来说，因为 if 的条件和 else 的条件是互斥的，所以在实际执行时，只有一条语句中的功能代码会得到执行。当程序中有多个 if 时，else 语句与最近的 if 匹配。在实际开发中，有些企业在书写条件时，即使 else 语句中不书写代码，也要求必须书写 else，这样可以让条件封闭。这在语法上不是必需的。

4.4.2 switch 语句和 if…else if 语句的选择

我们知道，switch 语句和 if 语句的作用各有千秋，但是何时用 switch 语句会比较好呢？这要因具体情况而定。采用 if…else 嵌套语句格式实现多分支结构，实际上是将问题细化成多个层次，并对每个层次使用单、双分支结构的嵌套。采用这种方法时，一旦嵌套层次过多，就会造成编程、阅读、调试十分困难。当某种算法要用某个变量或表达式单独测试每一个可能的整数常量，然后做出相应的动作时，if…else if 语句处理起来会很麻烦。正因为如此，Java 语言提供的 switch 语句横空出世，用于直接处理多分支选择结构。

switch 语句与 if 语句不同，switch 语句只能对整型（包括字符型、枚举）等式进行测试（从 Java 12 开始，switch 语句可以针对字符串进行处理测试），而 if 语句可以处理任意数据类型的关系表达式、逻辑表达式。如果有两个以上基于同一整型变量的条件表达式，则最好使用 switch 语句。

4.4.3 if 和 switch 的选择

在 Java 语言中，if 和 switch 语句很像，那么在具体场景下如何选择使用呢？

（1）能用 switch 语句实现的都可以用 if 语句替换，并且 if 语句的条件表达式没有任何限制，但是 switch 语句条件表达式的类型是 byte、short、int、char，以及后加入的枚举和 string，并且要注意 break 的使用。

（2）if 语句一般用于分支语句比较少的结构，而 switch 用于分支较多的结构。

（3）如果判断具体数值不多，而且符合 byte、short、int、char 类型，虽然两个语句都可以使用，建议使用 switch 语句，这样执行效率稍高。其他情况，对区间判断、对结果为 boolean 型的判断，使用 if 语句，if 的使用范围更广。

4.5 课后练习

（1）编写一个 Java 程序，能够根据输入的月份判断月份的所属季节。

（2）编写一个 Java 程序，判断在控制台中输入的年份是否为闰年。

第 5 章

循环语句和跳转语句

在 Java 程序中，循环语句的作用是重复执行多次某个程序语句，跳转语句的功能是将程序的运行跳转到一个指定的位置。本章将详细讲解使用循环语句和跳转语句的方法，为读者步入本书后面知识的学习打下基础。

本章内容

▸▸ 循环语句
▸▸ 使用跳转语句

技术解惑

▸▸ 使用 for 循环的技巧

5.1　循　环　语　句

知识点讲解：视频\第 5 章\Java 循环语句.mp4

Java 语言主要有 3 种循环语句，分别是 for 循环语句、while 循环语句和 do…while 循环语句。本节将详细讲解这 3 种循环语句的基本知识和用法。

↑扫码看视频

5.1.1　基本 for 循环

在 Java 程序中，使用 for 循环语句的语法格式如下所示。

```
for(initialization;condition;iteration){
    statements;
}
```

（1）initialization：实现初始化操作，通常用于初始化循环变量。

（2）condition：循环条件，是一个布尔表达式，用于判断循环是否持续。

（3）iteration：循环迭代器，用于迭代循环变量。

（4）statements：要循环执行的语句（可以拥有多条语句的语句块）。

上述每一部分都用分号分隔，如果只有一条语句需要重复执行，大括号就没有必要使用。

在 Java 程序中，for 循环的执行过程如下。

（1）当循环启动时，先执行初始化操作，通常这里会设置一个用于主导循环的循环变量。重要的是要理解初始化表达式仅被执行一次。

（2）计算循环条件 condition。condition 必须是一个布尔表达式，它通常会对循环变量与目标值进行比较。如果这个布尔表达式为真，则继续执行循环体 statements；如果为假，则循环终止。

（3）执行循环迭代器。这部分通常是用于递增或递减循环变量的一个表达式，以便接下来重新计算循环条件，判断是否继续循环。

实例 5-1	使用 for 循环语句输出整数 0～7	
	源码路径： daima\005\src\Forone1.java	

实例文件 Forone1.java 的主要实现代码如下所示。

```
public class Forone1 {
    public static void main(String args[]) {
①       for(int a=0;a<8;a++){
②           System.out.println(a);
        }
    }
}
```

范例 5-1-01：使用循环遍历数组
源码路径：演练范例\5-1-01\
范例 5-1-02：使用 for 循环输出 8 个符号
源码路径：演练范例\5-1-02\

① 定义一个 for 循环语句，在 initialization（初始化）部分定义了一个 int 类型的变量 a，并设置其初始值是 0。在 condition 部分设置的循环条件是 a 小于 8，只要 a 小于 8，就一直循环执行 iteration 表达式"a++"。也就是说，每循环一次，变量 a 的值就递增 1。

② 输出循环结果，执行后的效果如图 5-1 所示。

一般情况下，在 for 循环语句的循环迭代器中只迭代一个变量，但也可以迭代多个变量。同样，我们在执行初始化操作时也可以声明多个变量，每个变量之间用逗号隔开。

```
0
1
2
3
4
5
6
7
```

图 5-1　执行效果

实例 5-2　在 for 循环表达式中有多个变量

源码路径：

daima\005\src\fortwo2.java

实例文件 fortwo2.java 的主要实现代码如下所示。

```java
public class fortwo2 {
 public static void main(String args[]){
    //for语句，只要变量a小于变量b，就执行后面的循环
    for(int a=2,b=12;a<b;a++,b--){
        System.out.println("a="+a);
        System.out.println("b="+b);
    }
 }
}
```

范例 5-2-01：计算整数 1 到 100 的和
源码路径：演练范例\5-2-01\
范例 5-2-02：两头两两相加的方法
源码路径：演练范例\5-2-02\

上述代码中，设置变量 a 的初始值是 2，设置变量 b 的初始值是 12。只要变量 a 小于变量 b，就分别循环执行 a++ 和 b-- 操作。即每循环一次，变量 a 的值就递增 1，变量 b 的值就递减 1。执行上述代码后的效果如图 5-2 所示。

```
a=2
b=12
a=3
b=11
a=4
b=10
a=5
b=9
a=6
b=8
```

图 5-2　执行效果

5.1.2　for 循环语句的嵌套

在 Java 程序中使用 for 循环语句时，for 语句是可以嵌套的。也就是说，可以在一个 for 语句中使用另一个 for 语句。for 语句的嵌套形式是：for(m){for(n){}}，执行的方式是 m 循环执行第一次，内循环执行 n 次，然后外循环执行第二次，内循环再执行 n 次，直到外循环执行完为止，内循环也会终止。

实例 5-3　使用 for 嵌套语句输出小星星

源码路径：

daima\005\src\fortwo3.java

实例文件 fortwo3.java 的主要实现代码如下所示。

```java
public static void main(String[] args) {
    //外层控制行数
    for (int i = 1; i <=5; i++) {
        //内层控制星号的个数
        for(int j=1;j<=i;j++){
            System.out.print("*");
        }
        System.out.println();
    }
}
```

范例 5-3-01：计算学生 5 门成绩的和
源码路径：演练范例\5-3-01\
范例 5-3-02：中文方式的实现过程
源码路径：演练范例\5-3-02\

在上面的代码中，我们在一个 for 语句中嵌套了另一个 for 语句。这种双重嵌套形式是最常用的 for 语句嵌套形式。外层循环设置输出 5 行小星星，内层循环设置每一行小星星的个数递增 1。执行后将输出：

```
*
**
***
****
*****
```

5.1.3　使用 while 循环语句

在 Java 程序中，while 语句的特点和功能与 for 语句类似，其最大特点是不知道循环多少次。在 Java 程序中，当不知道某个语句块或语句需要重复运行多少次时，通过使用 while 语句可以实现这样的循环功能。当循环条件为真时，while 语句重复执行一条语句或某个语句块。使用 while 循环语句的基本格式如下所示。

```
while (condition)        // condition表达式是循环条件，其结果是一个布尔值
{
```

```
        statements;
    }
```

实例 5-4 循环输出 0～10 共计 11 个数字
源码路径:
daima\005\src\whileone.java

实例文件 whileone.java 的主要实现代码如下所示。

```
public class whileone {
  public static void main(String args[]){
①      int X=0;
②      while(X<=10){
③          System.out.print(X+",");
④          X++;
        }
    }
}
```

范例 5-4-01: 输出累加和不大于 30 的所有自然数

源码路径: 演练范例\5-4-01\

范例 5-4-02: 使用嵌套循环输出九九乘法表

源码路径: 演练范例\5-4-02\

① 定义 int 类型的变量 X,设置其初始值为 0。

② 使用 while 循环,循环条件设为 X 小于等于 10。

③④ 输出变量 X 的值,每个数字后面紧跟一个人和逗号。只要满足循环条件,就循环输出 X 的值,并且每次循环中 X 值都会递增 1,直到 X 不小于等于 10 为止。由此可以看出,while 语句和 for 语句在结构上有很大不同。执行后将输出:

```
0,1,2,3,4,5,6,7,8,9,10,
```

注意: 如果 while 循环的循环体部分和迭代语句合并在一起,并且只有一行代码,那么可以省略 while 循环后面的花括号。但这种省略花括号的做法,可能会降低程序的可读性。在使用 while 循环时,一定要保证循环条件能变成 false,否则这个循环将成为死循环,即永远无法结束这个循环。

5.1.4 使用 do…while 循环语句

在 Java 语言中,因为条件表达式放在循环的最后,所以 do…while 循环语句的特点是至少会执行一次循环体。使用 do…while 循环语句的格式如下所示。

```
do{
    statements;
}
while (condition)      // condition表示循环条件,是一个布尔值
```

在上述格式中,do…while 语句先执行"程序语句"一次,然后判断循环条件。如果结果为真,循环继续;如果结果为假,循环结束。也就是说,在 do…while 语句中无论如何都要执行代码一次。

实例 5-5 循环输出整数 0～4
源码路径:
daima\005\src\doone.java

实例文件 doone.java 的主要实现代码如下所示。

```
public static void main(String args[]){
①      int x=0;
②      do{
③          System.out.println(x);
④          x++;
⑤      }while(x<5);
    }
```

范例 5-5-01: 使用 do…while 语句

源码路径: 演练范例\5-5-01\

范例 5-5-02: 计算 1+1%2!+1%3!

源码路径: 演练范例\5-5-02\

① 定义 int 型变量 x,设置其初始值为 0。

②③④⑤ 使用 do…while 循环的部分,在⑤设置循环条件是 x 小于 5。只要 x 的值小于 5,就循环打印输出 x 的值,并且每次循环时对 x 的值递增 1。

③④ 打印输出变量 x 的值。只要满足循环条件 x 小于 5,就循环输出 x 的值,并且每次循

环 x 值都会递增 1，执行后将输出：

```
0
1
2
3
4
```

下面的实例演示了使用 do…while 计算不大于 100 的所有自然数的累加和的方法。

实例 5-6　计算不大于 100 的自然数的和
源码路径：
daima\005\src\dothree.java

实例文件 dothree.java 的主要实现代码如下所示。

```java
public static void main(String args[]){
    int i = 1;//设置int型变量i，设置其初始值为1
    int sum = 0;//设置int型变量sum，设置其初始值为0
    do                 //开始do…while循环
    {
        sum += i;
        i++;//先运行sum = sum+i，再运行i=i+1
    }
    while(i<=100);              //do…while循环的条件是i小于或等于100
    System.out.println(sum);    //打印输出sum的值
}
```

范例 5-6-01：do…while 语句至少执行一次
源码路径：演练范例\5-6-01\
范例 5-6-02：使用 do…while 语句求和
源码路径：演练范例\5-6-02\

执行后将输出：

```
5050
```

注意：在编写上述 do…while 代码时，一定不要忘记 while 语句后面的分号 "；"，初学者容易漏掉这个分号，这会造成编译和运行时报错。

5.2　使用跳转语句

知识点讲解：视频\第 5 章\使用跳转语句.mp4

↑扫码看视频

在用 Java 编程使用循环语句的过程中，有时候会遇到不需要程序再执行下去的情况，此时就需要有特定的语句来实现跳转功能，例如 break、return 等。本节将详细讲解在 Java 程序中使用跳转语句的基本知识。

5.2.1　break 语句的应用

在 Java 程序中，break 语句的功能是在 switch 语句中终止执行或在 for、while 语句中退出循环。break 语句根据使用语境的不同，可以分为无标号退出循环和有标号退出循环两种。

1. 无标号退出循环

无标号退出循环是指直接退出循环，当在循环语句中遇到 break 语句时，循环会立即终止，循环体外面的语句也将重新开始执行。

实例 5-7　使用 break 终止循环的执行
源码路径：
daima\005\src\break1.java

实例文件 break1.java 的主要实现代码如下所示。

```java
public static void main(String args[]){
    for(int dd=0;dd<19;dd++)  //使用for循环，只要dd的值小于19，就设置每次循环时对dd的值递增1
    {
```

```
    if(dd==3)  //使用if语句,如果dd的值等于3,
则使用下面的break跳转
    {
       break;            //跳转功能从此开始
    }
            System.out.println(dd);//打印输出dd的值
    }
}
```

| 范例 5-7-01: 跳出循环继续执行 |
| 源码路径:演练范例\5-7-01\ |
| 范例 5-7-02: 跳出双循环中的一个 |
| 源码路径:演练范例\5-7-02\ |

在上面的代码中,不管 for 循环有多少次循环,都会在"d==3"时终止程序。执行后将输出:

```
0
1
2
```

在 Java 程序中,不但可以在 for 语句中使用 break 语句,而且可以在 while 和 do…while 语句中使用 break。

实例 5-8　在 while 循环中使用 break 语句
源码路径:
daima\005\src\break2.java

实例文件 break2.java 的主要实现代码如下所示。

```
public static void main(String args[]){
①       int A=0;
②       while(A<10){
③          if(A==3){
④             break;
            }
⑤          System.out.println(A);
⑥          A++;
        }
    }
```

| 范例 5-8-01: 在 do…while 语句中使用 break 语句 |
| 源码路径:演练范例\5-8-01\ |
| 范例 5-8-02: 循环输出空心的菱形 |
| 源码路径:演练范例\5-8-02\ |

① 定义 int 型变量 A,设置其初始值为 0。

② 开始使用 while 循环,如果 A 的值小于 10,执行②~⑥的 while 循环。

③④ 使用 if 语句,如果 A 的值等于 3,执行④中的 break 语句。

⑤⑥ 输出 A 的值,每循环一次,设置 A 的值递增 1。执行后的效果如图 5-3 所示。

2. 有标号退出循环

在 Java 程序中,只有在嵌套循环中才可以使用有标号的 break 语句。在嵌套的循环语句中,可以在循环语句的前面加一个标号,在使用 break 语句时,可以在 break 的后面紧跟一个标号,当执行到 break 时,表示退出标号所在的循环。

图 5-3　执行效果

实例 5-9　使用有标号的 break 语句
源码路径:
daima\005\src\breakyou.java

实例文件 breakyou.java 的主要实现代码如下所示。

```
public static void main(String args[]){
①   out:for(int X=0;X<10;X++){
②      System.out.println("X="+X);
③      for(int Y=0;Y<10;Y++){
④         if(Y==7){
⑤            break out;
            }
⑥         System.out.println("Y="+Y);
        }
    }
}
```

| 范例 5-9-01: 将 break 用于嵌套语句的外层 |
| 源码路径:演练范例\5-9-01\ |
| 范例 5-9-02: 演示初学者很容易犯的错误 |
| 源码路径:演练范例\5-9-02\ |

① 为外层 for 循环设置标号"out",在循环中设置变量 X 的初始值是 0,只要 X 的值小于 10,就执行 for 循环,并且每次循环时设置 X 的值递增 1。

②⑥ 分别输出 X 和 Y 的值。

③ 在内层 for 循环中设置变量 Y 的初始值是 0，只要 Y 的值小于 10，就执行 for 循环，并且每次循环时设置 Y 的值递增 1。

④⑤ 使用 if 语句设置当 Y 的值等于 7 时，执行⑤中的 break 语句，break 语句的功能是终止 out 循环语句的执行。

程序运行后，先执行外层循环，再执行内层循环。输出 X=0，然后内层循环语句输出 Y=0，接着依次输出 Y=1、Y=2、Y=3、Y=4，等等。当 Y=7 时，将执行 break 语句，退出 out 循环（外层循环）语句，从而退出循环。执行后的效果如图 5-4 所示。

```
X=0
Y=0
Y=1
Y=2
Y=3
Y=4
Y=5
Y=6
```

图 5-4 执行效果

❉ 注意：标号要有意义。带标号的 break 语句只能放在这个标号所指的循环里面，如果放到别的循环体里面，会出现编译错误。另外，break 后面的标号必须有效，即这个标号必须在 break 语句所在的循环之前定义，或者在它所在循环的外层循环之前定义。当然，如果把这个标号放在 break 语句所在的循环之前定义，会失去标号的意义，因为 break 的默认功能就是结束其所在的循环。通常，紧跟 break 之后的标号，必须在 break 所在循环的外层循环之前定义才有意义。

5.2.2 使用 return 语句

在 Java 程序中，return 语句的功能是返回一个方法的值，并把控制权交给调用它的语句。使用 return 语句的语法格式如下所示。

```
return [expression];
```

"expression" 表示表达式，是可选参数，表示要返回的值，它的数据类型必须与方法声明中返回值的类型一致，这可以通过强制类型转换实现。

在编写 Java 程序时，如果 return 语句放在方法的最后，它将用于退出当前的程序，并返回一个值。如果把单独的 return 语句放在一个方法的中间，会出现编译错误。如果一定要把 return 语句放在方法的中间，可以使用条件语句 if，然后将 return 语句放在这个方法的中间，用于实现将程序中未执行的全部语句退出。

实例 5-10	使用 return 语句 源码路径： daima\005\src\return1.java	

实例文件 return1.java 的主要实现代码如下所示。

```
public static void main(String[] args) {
①        System.out.println
         ("---------分界线---------");
②        for (int i = 1;i <= 100 ; i++) {
③            if (i == 4) return;
④            System.out.println("i = " + i);
         }
}
```

范例 5-10-01：演示 return 语句的高级用法
源码路径：演练范例\5-10-01\
范例 5-10-02：foreach 循环优于 for 循环
源码路径：演练范例\5-10-02\

①输出指定的文本 "---------分界线---------"。

②使用 for 循环，i 的初始值为 1，设置只要 i 的值小于或等于 100，就执行循环。

③使用 if 语句，如果 i 的值等于 4，就立即结束当前方法。

④输出变量 i 的值，执行后将输出：

```
---------分界线---------
i = 1
i = 2
i = 3
```

5.2.3 使用 continue 跳转语句

在 Java 语言中，continue 跳转语句的功能是强制当前这轮迭代提前返回，也就是让循环继续执行，但不执行当前迭代中 continue 语句生效之后的语句。

实例 5-11	使用 continue 语句
	源码路径：
	daima\005\src\conone.java

实例文件 conone.java 的主要实现代码如下所示。

```
public static void main(String args[]){
    for(int i = 0;i<=5;i++){
        if(i ==3)continue;
        System.out.println("值是: "+i);
    }
}
```

范例 5-11-01：使用 continue 输出九九乘法口诀表
源码路径：演练范例\5-11-01\
范例 5-11-02：终止循环体
源码路径：演练范例\5-11-02\

在上述代码中，先进入 for 循环，循环输出 i 的值 0、1、2。当 i 的值等于 3 时执行 continue 语句，此时不会执行后面的打印语句。然后循环重新开始，打印输出整数 4 和 5。也就是说，在循环语句中使用 continue 时会跳出本次循环，继续执行下一次循环。本实例执行后将输出：

```
值是: 0
值是: 1
值是: 2
值是: 4
值是: 5
```

5.3　技 术 解 惑

使用 for 循环的技巧

控制 for 循环的变量经常只用于该循环，而不用在程序的其他地方。这种情况下，可以在循环的初始化部分中声明该循环变量。

其实在使用 for 循环时，还可以把初始化条件定义在循环体之外，把循环迭代语句放在循环体内。把 for 循环的初始化语句放在循环之前定义还有一个好处，那就是可以扩大初始化语句中定义的变量的作用域。在 for 循环里定义的变量，其作用域仅在该循环内有效。for 循环终止以后，这些变量将不可被访问。

5.4　课 后 练 习

（1）编写一个 Java 程序，统计出在 100 之内可以被 7 整除的数的个数。

（2）编写一个 Java 程序，可以统计出 1 到某个值以内所有奇数的和。

第 6 章

数组

数组是大多数编程语言中常见的一种数据结构，在 Java 程序中，通过使用数组能够将相同类型的数据用一个标识符封装到一起，构成一个对象序列或基本类型序列。本章将详细讲解 Java 语言中数组的知识，为读者步入本书后面知识的学习打下基础。

本章内容
- ▸▸ 使用一维数组
- ▸▸ 使用二维数组
- ▸▸ 使用三维数组
- ▸▸ 操作数组

技术解惑
- ▸▸ 动态初始化数组的规则
- ▸▸ 数组的初始化

6.1　使用一维数组

知识点讲解：视频\第6章\使用一维数组.mp4

在一个数组中可以拥有多个元素，这些元素可以是基本数据类型或复合类型。按照数组元素类型的不同，可以将数组分为数值数组、字符数组、对象数组、结构数组等各种类型；按照数组内的维数来划分，可以将数组分为一维数组和多维数组。在Java编程应用中，一维数组最为常见，本节将详细讲解Java一维数组的基本知识。

↑扫码看视频

6.1.1　声明一维数组

数组本质上就是一组相同类型数据元素的集合，每个元素在数组中都拥有对应的索引值，只需要指定索引值就可以取出对应的数据。在Java中声明一维数组的格式如下所示。

```
int[] array;
```

也可以用下面的格式。

```
int array[];
```

虽然这两种格式的形式不同，但含义是一样的，各个参数的具体说明如下。

（1）int：数组元素的类型。

（2）array：数组名称。

（3）[]：一个声明数组的符号，一对中括号表示一维数组。

除上面声明的整型数组外，还可以声明多种数据类型的数组，例如下面的代码。

```
boolean[] array;        //声明布尔型数组
float[] array;          //声明浮点型数组
double[] array;         //声明双精度型数组
```

6.1.2　创建一维数组

创建数组实质上就是为数组申请相应的存储空间，数组的创建需要用大括号"{}"括起来，然后将一组相同类型的数据放在该存储空间里，Java编译器负责管理存储空间的分配。创建一维数组的方法十分简单，例如下面的演示代码。

```
int[] a={1,2,3,5,8,9,15};
```

上述代码创建了一个名为a的整型数组，但是为了访问数组中的特定元素，应指定数组元素的位置序号，也就是索引（又称下标）。一维数组的内部结构如图6-1所示。

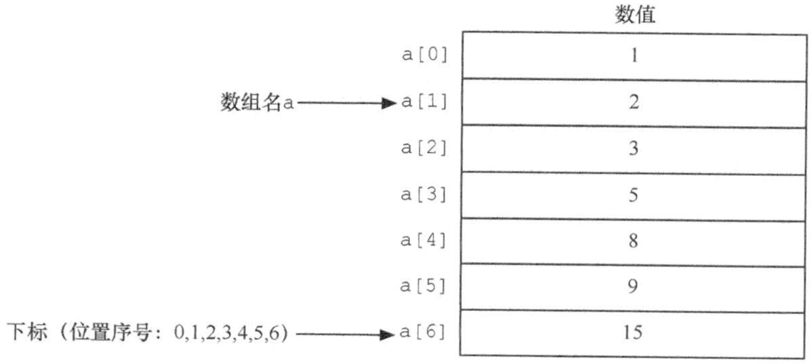

	数值
a[0]	1
a[1]	2
a[2]	3
a[3]	5
a[4]	8
a[5]	9
a[6]	15

数组名a ——→ a[1]

下标（位置序号：0,1,2,3,4,5,6）——→ a[6]

图6-1　一维数组的内部结构

上面数组的名称是a，方括号内的数值表示数组元素的索引，这个序号通常也称为下标。

这样就可以很清楚地表示每一个数组元素，数组 a 的第一个值就用 a[0]表示，第二个值就用 a[1]表示，依此类推。

实例 6-1　创建并输出一维数组中的数据

源码路径：

daima\006\src\shuzu01.java

实例文件 shuzu01.java 的主要实现代码如下所示。

```
public static void main(String[] args) {
①    int[] X={12,13,24,77,68,39,60};
②    for(int i=0;i<X.length;i++){
③        System.out.println("X["+i+"]="+X[i]);
    }
```

① 定义一个 int 类型的数组 X，在里面存储了 7 个数组元素。

② 使用 for 循环遍历数组，设置 i 的初始值为 0。如果 i 的值小于数组 X 的长度，执行将 i 的值递增 1 的循环。

③ 打印输出数组 X 中各个元素的值。因为数组下标都是从 0 开始的，所以最大数组下标为"length-1"。执行后将输出：

```
X[0]=12
X[1]=13
X[2]=24
X[3]=77
X[4]=68
X[5]=39
X[6]=60
```

范例 6-1-01：对数组 Y 赋值

源码路径：演练范例\6-1-01\

范例 6-1-02：获取一维数组中的最小值

源码路径：演练范例\6-1-02\

6.1.3 初始化一维数组

在 Java 程序中，一定要将数组看作一个对象，它的数据类型与前面的基本数据类型相同。很多时候我们需要对数组进行初始化处理，在初始化的时候需要规定数组的大小，当然也可以初始化数组中的每一个元素。下面的代码演示了 3 种初始化一维数组的方法。

```
int[] a=new int[8];                    //使用new关键字创建一个含有8个元素的int类型的数组a
int[] a=new int[]{1,2,3,4,5,6,7,8};    //初始化并设置数组a中的8个数组元素
int[] a={1,2,3,4};                     //初始化并设置数组a中的4个数组元素
```

对上述代码的具体说明如下所示。

（1）int：数组元素的类型。

（2）a：数组名称。

（3）new：使用关键字 new 为数组分配内存空间。

在初始化数组的时候，当使用关键字 new 创建数组后，一定要明白它只是一个引用，直到将值赋给引用，开始进行初始化操作后才算真正结束。在上面 3 种初始化数组的方法中，读者可以根据自己的习惯选择一种。

实例 6-2　初始化并输出一维数组中的值

源码路径：

daima\006\src\shuzu02.java

实例文件 shuzu02.java 的主要实现代码如下所示。

```
①import java.util.Random;
  public static void main(String[] args) {
②    Random rand=new Random();
③    int[] x=new int[rand.nextInt(5)];
     //随机产生0~4的数作为数组的长度
④    System.out.println("x的长度为"+x.length);
⑤    for(int i=0;i<x.length;i++){
⑥        x[i]=rand.nextInt(5);
⑦        System.out.println("x["+i+"]="+x[i]);
```

范例 6-2-01：初始化两个不同类型的数组

源码路径：演练范例\6-2-01\

范例 6-2-02：将二维数组中的行和列互换

源码路径：演练范例\6-2-02\

```
        }
    }
```

① 插入 Random 类，通过该类生成随机数。

② 实例化 Random 类，创建一个随机数对象 rand。

③ 定义 double 类型的数组 x，随机产生 0~4 的数作为数组的长度。

④ 输出数组 x 的长度。

⑤ 使用 for 循环，设置如果 i 的值小于数组 x 的长度，则执行将 i 的值递增 1 的循环。

⑥ 随机产生 0~4 的数并赋给数组 a 中的第 i 个元素。

⑦ 输出数组 x 中的第 i 个元素。

需要注意，本实例的执行结果是随机的，例如在笔者计算机的某次执行后会输出：

```
数组x的长度为1
x[0]=0
```

6.2　使用二维数组

知识点讲解：视频\第 6 章\二维数组.mp4

↑扫码看视频

　　二维数组是指有两个索引的数组，初学者可以将二维数组理解成围棋的棋盘，要描述某个数组元素的位置，必须通过纵横两个索引来描述。本节将详细讲解 Java 二维数组的知识，为读者步入本书后面的学习打下基础。

6.2.1　声明二维数组

声明二维数组的方法与声明一维数组的方法十分相似，我们可以将二维数组看作一种特殊的一维数组，其中的每个元素又是一个数组。声明二维数组的语法格式如下所示。

```
float A[][];            //float类型的二维数组A
char B[][];             //char类型的二维数组B
int C[][];              //int类型的二维数组C
```

上述代码中各个参数的具体说明如下所示。

（1）float、char 和 int：表示数组的类型。

（2）A、B 和 C：表示数组的名称。

6.2.2　创建二维数组

在 Java 语言中，创建二维数组的过程实际上就是在计算机上申请一块存储空间的过程。下面是创建二维数组的演示代码。

```
int A[][]={
{1,3,5},
{2,4,6,8}};
```

上述代码创建了一个二维数组，数组名是 A，实质上这个二维数组相当于一个 3 行 4 列的矩阵。当需要获取二维数组中的值时，可以使用索引来显示，具体格式如下所示：

```
array[i-1][j-1]
```

上述代码中各个参数的具体说明如下所示。

（1）i：数组的行数。

（2）j：数组的列数。

如表 6-1 所示是一个 3 行 4 列的二维数组的内部结构。

表 6-1   二维数组的内部结构

列号 行号	列 0	列 1	列 2	列 3
行 0	A[0] [0]	A[0] [1]	A[0] [2]	A[0] [3]
行 1	A[1] [0]	A[1] [1]	A[1] [2]	A[1] [3]
行 2	A[2] [0]	A[2] [1]	A[2] [2]	A[2] [3]

实例 6-3 创建二维数组并输出里面的值

源码路径：

daima\006\src\shuzu03.java

实例文件 shuzu03.java 的主要实现代码如下所示。

```java
public static void main(String[] args)
{
    double[][] class_score={{100,99,99},{100,98,97},{100,100,99.5},{99.5,99,98.5 }};
    for(int i=0;i<class_score.length;i++)
    { //遍历行
        for(int j=0;j<class_score[i].length;j++)
        {
            System.out.println("class_score["+i+"]["+j+"]="+class_score[i][j]);
        }
    }
}
```

在上述代码中使用嵌套 for 循环语句输出二维数组。在输出二维数组时，第一个 for 循环语句表示以行进行循环，第二个 for 循环语句表示以列进行循环，这样就实现了获取二维数组中每个元素的值的功能。执行后将输出：

```
class_score[0][0]=100.0
class_score[0][1]=99.0
class_score[0][2]=99.0
class_score[1][0]=100.0
class_score[1][1]=98.0
class_score[1][2]=97.0
class_score[2][0]=100.0
class_score[2][1]=100.0
class_score[2][2]=99.5
class_score[3][0]=99.5
class_score[3][1]=99.0
class_score[3][2]=98.5
```

> 范例 6-3-01：将二维数组的值赋给另外的数组
> 源码路径：演练范例\6-3-01\
> 范例 6-3-02：利用数组随机抽取幸运观众
> 源码路径：演练范例\6-3-02\

6.2.3 初始化二维数组

初始化二维数组与初始化一维数组的方法一样，具体语法格式如下所示：

```
array=new int[]…[]{第一个元素的值，第二个元素的值，第三个元素的值，…};
```

或者用对象数组的语法来实现：

```
array=new int[]…[]{new构造方法(参数列)，{new构造方法(参数列)，…};
```

上述代码中各个参数的具体说明如下所示。

（1）array：数组名称。

（2）new：对象实例化语句。

（3）int：数组元素的类型。

二维数组是多维数组中的一种，为了使数组的结构显得更加清晰，建议使用多个大括号"{}"括起来。以二维数组为例，如果希望第一维有 3 个索引，第二维有 2 个索引，可以使用下列语法指定元素的初始值。

```java
integer[][]array=new Integer[][]{
    {new Integer(1), new Integer(2)},
    {new Integer(3), new Integer(4)},
    {new Integer(5), new Integer(6)},
}
```

上述代码中各个参数的具体说明如下所示。

（1）array：数组名称。

（2）int：数组元素的类型。

（3）new：对象实例化语句。

（4）Integer：数组类型。

实例 6-4 找出二维数组中的最大值

源码路径：

daima\006\src\shuzu04.java

实例文件 shuzu04.java 的主要实现代码如下所示。

```
public static void main(String args[]){
①    int[][] a = {{12,32},{10,34},{18,36}};
②    int max =a[0][0] ;
③    for(int i = 0;i<a.length;i++){
④        for(int j = 0;j<a[i].length;j++){
⑤            if(a[i][j]>max){
                max = a[i][j];
            }
        }
    }
    System.out.println("这个二维数组中的最大值:"+max);
}
```

范例 6-4-01：计算二维数组中的最大值和最小值

源码路径：演练范例\6-4-01\

范例 6-4-02：设置 JTable 表格的列名与列宽

源码路径：演练范例\6-4-02\

①定义一个 int 类型的二维数组 a，并设置这个二维数组的初始值。

②假设二维数组中的第一个元素为最大值。

在③，第一个 for 循环语句以行进行循环，取得二维数组每行中的最大值。

在④，第二个 for 循环语句以列进行循环，取得二维数组每列中的最大值。

在⑤，在该数组中，如果有比③和④中最大值都大的值，那么这个值就是数组中的最大值。

所以执行后将输出：

这个二维数组中的最大值:36

6.3 使用三维数组

知识点讲解：视频\第 6 章\三维数组.mp4

↑扫码看视频

在大多数情况下，只用一维数组和二维数组即可解决日常项目中的问题。但有时需要处理一些复杂的功能，可以考虑使用三维数组。三维数组是二维数组和一维数组的升级，本节将详细讲解使用三维数组的知识。

6.3.1 声明三维数组

声明三维数组的方法与声明一维、二维数组的方法相似，具体语法格式如下所示。

```
float a[][][];
char b[][][];
```

上述代码中各个参数的具体说明如下所示。

（1）float 和 char：数组类型。

（2）a 和 b：数组名称。

6.3.2 创建并初始化三维数组

在 Java 程序中，创建三维数组的方法也十分简单，例如下面的演示代码。

```
int[][][] a=new int[2][2][3];
```

在上面创建数组的代码中，定义了一个 2×2×3 的三维数组，可以将之想象成一个 2×3 的二维数组。

在 Java 程序中，初始化三维数组的方法十分简单，例如下面的代码初始化了一个三维数组。

```
int[][][]a={
  //初始化三维数组
{{1,2,3}, {4,5,6}}
{{7,8,9},{10,11,12}}
}
```

通过上述代码，可以定义并且初始化三维数组中元素的值。

实例 6-5　使用三层循环遍历三维数组

源码路径：

daima\006\src\shuzu05.java

实例文件 shuzu05.java 的主要实现代码如下所示。

```
public static void main(String[] args) {
①    int array[][][] = new int[][][]{
     { { 1, 2, 3 }, { 4, 5, 6 } },
     { { 7, 8, 9 }, { 10, 11, 12 } },
                   { { 13,14,15 },
                   { 16, 17, 18 } }
             };
②        array[1][0][0] = 97;
③        for (int i = 0; i < array.length; i++) {
④            for (int j = 0; j < array[0].length; j++) {
⑤                for (int k = 0; k < array[0][0].length; k++) {
⑥                    System.out.print(array[i][j][k] + "\t");
                 }
⑦                System.out.println();
             }
         }
}
```

范例 6-5-01：产生一个随机数

源码路径：演练范例\6-5-01\

范例 6-5-02：数组的下标和下界

源码路径：演练范例\6-5-02\

① 定义一个 int 类型的三维数组 array，然后在大括号中初始化数组中元素的值。

② 改变数组中 array[1][0][0]元素的值为 97。

③④⑤ 使用 for 循环遍历数组中的所有元素，因为这是一个三维数组，所以需要用到 3 次 for 循环。在⑥输出数组中的所有元素。

⑦ 设置每输出多维数组中的一维数组后即换行，换行后输出下一维的数组元素。执行后将输出：

```
1    2    3
4    5    6
97   8    9
10   11   12
13   14   15
16   17   18
```

6.4　操 作 数 组

知识点讲解：视频\第 6 章\操作数组.mp4

↑扫码看视频

读者在学习 Java 的过程中，除了要掌握数组的定义和初始化知识外，还需要掌握操作数组的知识，操作数组在 Java 编程中具有极大的意义。本节将详细讲解几种常用的操作数组的方法。

6.4.1　复制数组中的元素

在 Java 中可以使用 System 中的方法 arraycopy()实现数组复制功能。方法 arraycopy()有两种语法格式，其中第一种语法格式如下所示。

```
System.arraycopy(arrayA,0,arrayB,0,a.length);
```

（1）arrayA：来源数组名称。

（2）0：来源数组的起始位置。

（3）arrayB：目的数组名称。

（4）0：目的数组的起始位置。

（5）a.length：要从来源数组复制的元素个数。

上述数组复制方法 arraycopy()有一定局限，可以考虑使用方法 arraycopy()的第二种格式，使用第二种格式可以复制数组内的任何元素。第二种方法的语法格式如下所示。

```
System.arraycopy(arrayA,2,arrayB,3,3);
```

（1）arrayA：来源数组名称。

（2）2：来源数组从起始位置开始的第二个元素。

（3）arrayB：目的数组名称。

（4）3：目的数组从起始位置开始的第三个元素。

（5）3：从来源数组的第二个元素开始复制 3 个元素。

实例 6-6	复制一维数组中的数据 源码路径： daima\006\src\shuzu06.java	

实例文件 shuzu06.java 的主要实现代码如下所示。

```
import java.util.Arrays;
public static void main(String[] args) {
    int X;                    //定义int型变量X
    int Y[] = { 10, 9, 8, 7, 6, 5, 4, 3, 2, 1 };
    //定义int型数组Y，并赋值10个整数
    System.arraycopy(Y, 0, Y, 0, Y.length);
    //开始复制数组
    for (X = 0; X < Y.length; X++)
    //遍历输出数组Y中的元素
        System.out.print(Y[X] + " ");
        System.out.println();
    }
}
```

范例 6-6-01：复制数组元素
源码路径：演练范例\6-6-01\
范例 6-6-02：实现计数器界面
源码路径：演练范例\6-6-02\

执行后将输出：

```
10 9 8 7 6 5 4 3 2 1
```

6.4.2 比较数组的大小

在 Java 程序中，可以使用方法 equals()比较两个数组是否相等，具体语法格式如下所示。

```
Arrays.equals(arrayA,arrayB);
```

（1）arrayA：待比较数组的名称。

（2）arrayB：待比较数组的名称。

如果两个数组相等，返回 true；如果两个数组不相等。则返回 false。

实例 6-7	比较两个一维数组 源码路径： daima\006\src\shuzu07.java	

实例文件 shuzu07.java 的主要实现代码如下所示。

```
import java.util.Arrays;
public static void main(String[] args){
①    int[] a1={1,2,3,4,5,6,7,8,9,0};
②    int[] a2=new int[9];
③        System.out.println(Arrays.equals(a1, a2));
    }
```

范例 6-7-01：比较两个数组的元素
源码路径：演练范例\6-7-01\
范例 6-7-02：复选框控件数组
源码路径：演练范例\6-7-02\

① 定义 int 类型的数组 a1，并给数组 a1 赋初始值。

② 定义 int 类型的数组 a2，设置数组 a2 有 9 个元素。

③ 输出数组 a1 和数组 a2 的比较结果。执行后将输出：

```
false
```

❋ 注意：在比较数组的时候，一定要在程序的前面加上一句 "import.java.util.Arrays;"，否则程序将自动报错。

6.4.3　对数组中的元素排序

数组排序是指对数组中的元素进行排序。在 Java 程序中，可以使用方法 sort() 实现排序功能，并且排序规则是默认的。方法 sort() 的语法格式如下所示。

```
Arrays.sort(a);
```

参数 a 是待排序数组的名称。

实例 6-8	使用 sort() 对数组中的元素排序 源码路径： daima\006\src\shuzu08.java

实例文件 shuzu08.java 的主要实现代码如下所示。

```java
import java.util.Arrays;
public class shuzu08 {
    //对数组排序
    public static void main(String[] args) {
        int[] arr = {1,4,6,333,8,2};
        //定义并初始化int类型的数组arr
        //使用java.util.Arrays对象的sort方法
        Arrays.sort(arr);                    //对数组arr中的元素排序
        for(int i=0;i<arr.length;i++){       //遍历数组arr内的每一个元素
            System.out.println(arr[i]);      //输出排序后的元素
        }
    }
}
```

范例 6-8-01：基本数据类型的数组的排序

源码路径：演练范例\6-8-01\

范例 6-8-02：复合数据类型的数据的排序

源码路径：演练范例\6-8-02\

在上述代码中，使用方法 sort() 对数组 arr 中的元素进行了排序，然后使用 for 循环语句打印输出了排序后数组 arr 内的元素。执行后将输出：

```
1
2
4
6
8
333
```

6.4.4　搜索数组中的元素

在 Java 程序中，可以使用方法 binarySearch() 搜索数组中的某个元素，语法格式如下所示。

```
int i=binarySearch(a, "abcde");
```

（1）a：要搜索的数组的名称。

（2）abcde：需要在数组中查找的内容。

实例 6-9	快速搜索数组中的某个元素 源码路径： daima\006\src\shuzu09.java

实例文件 shuzu09.java 的主要实现代码如下所示：

```java
import java.util.Arrays;              //引入数组类库

    public static void main(String[] args) {
        int[] a={6,2,5,4,6,2,3};
        //定义int类型的数组a，并设置数组的初始值
        int location=Arrays.binarySearch(a, 4);
        //查找整数4在数组a中的位置
```

范例 6-9-01：检索出数组元素的索引

源码路径：演练范例\6-9-01\

范例 6-9-02：另一种搜索方案

源码路径：演练范例\6-9-02\

```
            System.out.println("查找4的位置是"+location+",a["+location+"]="+a[location]);
        }
    }
```

执行将输出：

```
查找4的位置是3, a[3]=4
```

6.4.5　使用 foreach 遍历数组

在实例文件 shuzu08.java 中，使用 for 循环语句遍历输出了数组中的元素。在 Java 语言中，还可以使用 foreach 语句遍历数组。从实质上说，foreach 语句是 for 语句的特殊简化版本，虽然 foreach 语句并不能完全取代 for 语句，但是任何 foreach 语句都可以改写为 for 语句版本。

在 Java 语言中，使用 foreach 语句的语法格式如下所示。

```
for(type var x : obj){
    引用了x的Java语句;
}
```

其中，"type"是数组元素或集合元素的类型，"var x"是一个形参，foreach 循环自动将数组元素、集合元素依次赋给变量 x；"obj"是遍历对象，通常是一个数组或集合。

实例 6-10	使用 foreach 遍历数组元素 源码路径： daima\006\src\shuzu10.java	

实例文件 shuzu10.java 的主要实现代码如下所示。

```
public static void main(String[] args) {
    String[] books = {"Java","C语言","Python"};
        //使用foreach循环遍历数组元素
        //其中book将自动迭代每个数组元素
        for (String book : books)
        {
            System.out.println(book);
            //输出数组中的元素
        }
}
```

> 范例 6-10-01：演示不对循环变量赋值
> 源码路径：演练范例\6-10-01\
> 范例 6-10-02：用数组翻转字符串
> 源码路径：演练范例\6-10-02\

从上面的程序中可以看出，使用 foreach 循环遍历数组元素时无需获得数组长度，也无需根据索引来访问数组元素。foreach 循环和普通循环的区别是无需循环条件，也无需循环迭代语句，这些部分都由系统完成，foreach 循环自动迭代数组的每个元素，当每个元素都被迭代一次后，foreach 循环自动结束。执行后将输出：

```
Java
C语言
Python
```

6.5　技 术 解 惑

6.5.1　动态初始化数组的规则

在执行动态初始化时，程序员只需要指定数组的长度即可，即为每个数组元素指定所需的内存空间，系统将负责为这些数组元素分配初始值。在指定初始值时，系统按如下规则分配初始值。

（1）数组元素的类型是基本类型中的整数类型（byte、short、int 和 long），数组元素的值是 0。

（2）数组元素的类型是基本类型中的浮点类型（float、double），数组元素的值是 0.0。

（3）数组元素的类型是基本类型中的字符类型（char），数组元素的值是'\u0000'。

（4）数组元素的类型是基本类型中的布尔类型（boolean），数组元素的值是 false。

（5）数组元素的类型是引用类型（类、接口和数组），数组元素的值是 null。

6.5.2　数组的初始化

在 Java 中不存在只分配内存空间而不赋初始值的情况。因为一旦为数组的每个元素分配内存空间,内存空间里存储的内容就是该元素的值,即使内存空间存储的内容为空,"空"也是值,用 null 表示。不管以哪一种方式初始化数组,只要为数组元素分配了内存空间,数组元素就有了初始值。获取初始值的方式有两种,一种由系统自动分配,另一种由程序员指定。

6.6　课后练习

（1）编写一个 Java 程序,初始化两个不同类型的数组。
（2）编写一个 Java 程序,将二维数组中的行列互换。

第 7 章

面向对象基础

　　面向对象是一种软件开发方法，目前其概念和应用已经超越程序设计和软件开发的范畴，被扩展到如数据库系统、交互式界面、应用结构、应用平台、分布式系统、网络管理结构、CAD技术、人工智能等领域。面向对象是一种对现实世界理解和抽象的方法，是计算机编程技术发展到一定阶段后的产物。Java 是一门面向对象的语言，它为我们提供了定义类与接口的能力。本章将详细讲解 Java 面向对象的一些基础知识与特性，重点讲述类和方法的相关知识。

本章内容

▶▶ 面向对象的基础
▶▶ 创建类
▶▶ 修饰符
▶▶ 使用方法
▶▶ 使用 this
▶▶ 使用类和对象
▶▶ 使用抽象类和抽象方法
▶▶ 使用包

技术解惑

▶▶ static 修饰的作用
▶▶ 数组内是同一类型的数据

7.1 面向对象的基础

知识点讲解：视频\第 7 章\面向对象的基础.mp4

在学习本章的内容之前，我们需要先弄清楚什么是面向对象，掌握面向对象编程思想是学好 Java 语言的前提。本节将简要介绍面向对象编程的基础知识。

↑扫码看视频

7.1.1 面向对象的定义

在目前的软件开发领域中有两种主流的开发方法，分别是结构化开发方法和面向对象开发方法。早期的编程语言如 C、Basic、Pascal 等都是结构化编程语言，随着软件开发技术的逐渐发展，人们发现面向对象可以提供更好的可重用性、可扩展性和可维护性，于是催生了大量面向对象的编程语言，如 C++、Java、C#和 Ruby 等。

对象的产生通常基于两种基本方式，它们分别是以原型对象为基础产生新对象和以类为基础产生新对象。

7.1.2 Java 的面向对象编程

面向对象编程方法是 Java 编程的指导思想。在使用 Java 语言进行编程时，应该首先利用对象建模技术（OMT）来分析目标问题，抽象出相关对象的共性，对它们进行分类，并分析各类之间的关系。然后再用类来描述同一类对象，归纳出类之间的关系。Coad 和 Yourdon（Coad/Yourdon 方法由 P. Coad 和 E. Yourdon 于 1990 年推出，Coad 是指 Peter Coad，Yourdon 是指 Edward Yourdon）在对象建模技术、面向对象编程和知识库系统的基础之上设计了一整套面向对象的方法，具体分为面向对象分析（OOA）和面向对象设计（OOD）。它们共同构成了系统设计的过程，如图 7-1 所示。

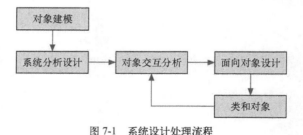

图 7-1　系统设计处理流程

7.1.3 Java 面向对象的几个核心概念

1. 类

只要是一门面向对象的编程语言（例如 C++、C#等），就一定会有类这个概念。类是指将相同属性的东西放在一起，类是一个模板，能够描述一类对象的行为和状态。请看下面两个例子。

（1）在现实生活中，可以将人看成一个类，这类称为人类。

（2）如果某个男孩想找一个对象（女朋友），那么所有的女孩都可能是这个男孩的女朋友，所有的女孩就是一"类"。

　　Java 中的每一个源程序至少会有一个类，例如在本书前面介绍的实例中，用关键字 class 定义的都是类。Java 是面向对象的程序设计语言，类是面向对象的重要内容，我们可以把类当成一种自定义数据类型，可以使用类来定义变量，这种类型的变量统称为引用型变量。也就是说，所有类都引用数据类型。

　　2．对象

　　对象是实际存在的、从属于某个类的一个个实体，因而也称为实例（instance）。简而言之，对象的抽象是类，类的具体化就是对象。类用来描述一系列对象，类会概述每个对象包括的数据和行为特征。因此，我们可以把类理解成某种概念、定义，它规定了某类对象所共同具有的数据和行为特征。

　　接着前面的两个例子。

　　（1）人这个"类"的范围实在是太笼统了，人类里面的秦始皇是一个具体的人，是一个客观存在的人，我们就将秦始皇称为一个对象。

　　（2）想找对象（女朋友）的男孩已经找到目标了，他的女朋友名叫"大美女"。假设叫这个名字的女孩人类中仅有这一个，那么此时名叫"大美女"的这个女孩就是一个对象。

　　在面向对象的程序中，首先要将一个对象看作一个类，假定人是对象，任何一个人都是一个对象，类只是一个大概念而已，而类中的对象是具体的，它们具有自己的属性（例如漂亮、身材好）和方法（例如会作诗、会编程）。

　　3．Java 中的对象

　　通过上面的讲解可知，我们的身边有很多对象，例如车、狗、人等。所有这些对象都有自己的状态和行为。以一条狗为例，它的状态有名字、品种、颜色等，行为有叫、摇尾巴和跑等。

　　现实对象和软件对象之间十分相似。软件对象也有状态和行为，软件对象的状态就是属性，行为通过方法来体现。在软件开发过程中，方法操作对象内部状态的改变，对象的相互调用也是通过方法来完成的。

　　注意：类和对象有以下区别。

　　（1）类描述客观世界里某一类事物的共同特征，而对象则是类的具体化，Java 程序使用类的构造器来创建该类的对象。

　　（2）类是创建对象的模板和蓝图，是一组类似对象的共同抽象定义。类是一个抽象的概念，不是一个具体的事物。

　　（3）对象是类的实例化结果，是真实的存在，代表现实世界的某一事物。

　　4．属性

　　属性有时也称为字段，用于定义该类或该类的实例所包含的数据。在 Java 程序中，属性通常用来描述某个对象的具体特征，是静态的。例如姚明（对象）身高为 2.26m、小白（对象）的毛发是棕色的、二郎神（对象）额头上有只眼睛等，都是属性。

　　5．方法

　　方法用于定义该类或该类实例的行为特征或功能实现。每个对象都有自己的行为或者使用它们的方法，比如说一只狗（对象）会跑、会叫等。我们把这些行为称为方法，它是动态的，可以使用这些方法来操作一个对象。

　　6．类的成员

　　属性和方法都被称为所在类的成员，因为它们是构成一个类的主要部分，如果没有这两样东西，则类的定义也就没有内容了。

7.2 创 建 类

知识点讲解：视频\第 7 章\创建类.mp4

在 Java 程序中，创建类的方法十分简单，只需按照语法格式进行构造即可。本节将详细讲解在 Java 程序中创建类的知识和具体用法。

↑扫码看视频

7.2.1 定义类

在 Java 语言中，使用关键字 class 定义类，具体语法格式如下所示。

```
public/final/static  class classsname
{
    //定义属性部分
    <property type><property1>;
    <property type><property2>;
    <property type><property3>;
    …
    //定义方法部分
    function1();
    function2();
    function3();
}
```

在上面定义类的语法格式中，public、final 或 static 是修饰符，也可以完全省略它们，类名只要是一个合法的标识符即可，但这仅满足了 Java 的语法要求；如果从程序的可读性方面来看，建议用一个或多个有意义的单词构成 Java 类名，其中每个单词的首字母大写，其他字母全部小写，单词与单词之间不要使用任何分隔符。

在定义一个类时，它可以包含构造器、属性和方法 3 个最常见的成员。这 3 个成员可以定义 0 个或多个。如果 3 个成员都只定义了 0 个，则说明定义了一个空类，这没有太大的实际意义。类中各个成员之间的定义顺序没有任何影响，各个成员之间可以相互调用。需要注意的是，一个类的 static 方法需要通过实例化其所在的类来访问该类的非 static 成员。

下面的代码定义了一个名为 person 的类，这是具有一定特性（人类）的一类事物，而 Tom 则是类的一个对象实例。

```
class person {
int age;                    //人具有age属性
String name;                //人具有name属性
  void speak(){             //人具有speak方法
    System.out.println("My name is"+name);
  }
public static void main(String args[]){
//类及类属性和方法的使用
person Tom=new person();    //创建一个对象
Tom.age=27;                 //对象的age属性是27
Tom.name="TOM";            //对象的name属性是TOM
Tom.speak();                //对象的方法是speak
}
```

一个类需要具备对应的属性和方法，其中属性用于描述对象，方法可让对象实现某个具体功能。例如在上述实例代码中，类、对象、属性和方法的具体说明如下所示。

（1）类：代码中的 person 就是一个类，它代表人类。

（2）对象：代码中的 Tom（注意各个字母的大小写）就是一个对象，它代表一个具体的人。

（3）属性：代码中有 age 和 name 两个属性，其中属性 age 表示对象 Tom 这个人的年龄是 27，属性 name 表示对象 Tom 这个人的名是 TOM。

（4）方法：代码中的 speak 是一个方法，它表示对象 Tom 这个人具有说话这一技能。

7.2.2　定义属性

在 Java 程序中，定义属性的语法格式如下所示。

```
public/final/static type property_name [=default];
```

（1）public/final/static：修饰符，这里的修饰符可以省略，也可以是 protected、private，其中 public、protected、private 最多只能出现一个，它们可以与 static、final 组合起来修饰属性。

（2）type：属性类型可以是 Java 语言允许的任何数据类型，它包括基本类型和复合类型。

（3）property name：属性名只要是一个合法的标识符即可，但这只是从语法角度来说的。如果从程序可读性角度来看，则笔者建议属性名应该由一个或多个有意义的单词构成，第一个单词的首字母小写，后面每个单词的首字母大写，其他字母全部小写，单词与单词之间不需使用任何分隔符。

（4）default：在定义属性时可以定义一个由用户指定的默认值。如果用户没有指定默认值，则该属性的默认值就是其所属类型的默认值。

7.2.3　定义方法

在 Java 程序中，定义方法的语法格式如下所示。

```
public/final/static type var name [=list];
{
  body
}
```

（1）public/final/static 它可以省略，也可以是 public、protected、private、static、final、abstract，其中 public、protected、private 是三选一的关系，abstract 和 final 是二选一的关系，它们可以与 static 组合起来共同修饰方法。

（2）type 方法返回值类型，返回值类型可以是 Java 语言允许的任何数据类型，包括基本类型、复合类型与 void 类型。如果声明了方法的返回值类型，则方法体内就必须有一个有效的 return 语句，该语句可以是 return 关键字加一个变量或一个表达式，这个变量或表达式的类型必须与该方法声明的返回值类型相匹配。当然，如果一个方法中没有返回值，我们也可以将返回值声明成 void 类型。

（3）var name 方法名，方法名的命名规则与属性的命名规则基本相同，我们建议方法名以英文的动词开头。

（4）list 形参列表，形参列表用于定义该方法可以接受的参数，形参列表由零到多组"类型+形参名"组合而成，参数之间以英文逗号（,）隔开，形参类型和形参名之间以英文空格隔开。一旦在定义方法时指定了形参列表，则在调用该方法时必须传入对应的参数值——谁调用方法，谁负责为形参赋值。

（5）body 由零条或多条可执行语句组成的方法体，在方法体中的多条可执行性语句之间有着严格的执行顺序，在方法体前面的语句总是先执行，在方法体后面的语句总是后执行。

注意：我们实际上在前面的章节中已经多次接触过方法，例如"public static void main（String args[]）{}"这段代码中就使用了方法 main()。在下面的代码中也定义了几个方法。

```
public class test_class {
//定义一个无返回值的方法
public void cheng(){                     //方法名是cheng
    System.out.println("我已经长大了");    //方法cheng的功能是打印输出文本"我已经长大了"
    //…
}
//定义一个有返回值的方法
public int Da(){                          //方法名是Da
int a=100;                                //定义变量a，设置初始值100
return a;                                 //方法Da的功能返回变量a的值
}
}
```

7.2.4　定义构造器

构造器是一个创建对象时自动调用的特殊方法，作用是执行初始化操作。构造器的名称应该与类的名称一致。当 Java 程序在创建一个对象时，系统会默认初始化该对象的属性，基本类型的属性值为 0（数值类型）、false（布尔类型），把所有的引用类型设置为 null。构造器是类创建对象的根本途径，如果一个类没有构造器，则这个类通常将无法创建实例。为此 Java 语言提供构造器机制，系统会为该类提供一个默认的构造器。一旦程序员为类提供了构造器，则系统将不再为该类提供构造器。

定义构造器的语法格式与定义方法的语法格式非常相似，在调用时，我们可以通过关键字 new 来调用构造器，从而返回该类的实例。下面，我们先来看一下定义构造器的语法格式。

```
[修饰符] 构造器名 (形参列表);
{
    由零条或多条可执行语句组成的构造器执行体
}
```

上述格式的具体说明如下所示。

（1）修饰符：修饰符可以省略，也可以是 public、protected、private 中的一个。

（2）构造器名：构造器名必须与类名相同。

（3）形参列表：这与定义方法中的形参列表的格式完全相同。

与一般方法不同的是，构造器不能定义返回值的类型，也不能使用 void 定义构造器没有返回值。如果为构造器定义了返回值的类型，或使用 void 定义构造器没有返回值，那么在编译时就不会出错，但 Java 会把它当成一般方法来处理。下面的代码演示了使用构造器的过程。

```java
public class Person {                              //定义Person类
    public String name;                           //定义属性name
    public int age;                               //定义属性age

    public Person(String name, int age) {         //构造器函数Person()
        this.name = name;                         //开始自定义构造器，添加name属性
        this.age = age;                           //继续自定义构造器，添加age属性
    }
    public static void main(String[] args) {
        // 使用自定义的构造器创建对象（构造器是创建对象的重要途径）
        Person p = new Person("小明", 12);        //创建对象p，名字是"小明"，年龄是12
        System.out.println(p.age);                //输出对象p的年龄
        System.out.println(p.name);               //输出对象p的名字
    }
}
```

7.3　修　饰　符

知识点讲解：光盘\视频\第 7 章\修饰符.mp4

↑扫码看视频

在 Java 语言中，为了严格控制访问权限，特意引入了修饰符这一概念。本节将详细讲解 Java 语言修饰符的知识，为读者步入本书后面知识的学习打下基础。

7.3.1　使用 public 修饰符

在 Java 程序中，如果将属性和方法定义为 public 类型，那么此属性和方法所在的类及其子类、同一个包中的类、不同包中的类都可以访问这些属性和方法。

实例 7-1	在类中创建 public 属性和方法		
	源码路径： daima\007\src\Leitwo1.java		

实例文件 Leitwo1.java 的主要实现代码如下所示。

```
public class aaaa{          //定义Leitwo1类
    public int a;           //定义public的int类型变量a
    public void print(){    //定义方法print()
        System.out.println("a的值为"+a);//打印输出a的值
    }
}
class Leitwo1 {             //定义Leitwo1类
    public static void main(String args[]){
        aaaa aa=new aaaa();     //定义aaaa类的对象aa
        aa.a=4478;              //因为a是public类型的，所以这里它可用，可以设置对象aa中的a值为4478
        aa.print();            //调用函数print()输出a的值
    }
}
```

范例 7-1-01：使用 public 修饰符

源码路径：演练范例\7-1-01\

范例 7-1-02：温度单位转换工具

源码路径：演练范例\7-1-02\

在上面的实例代码中， textone 类可以随意访问 Leitwo1 的方法和属性。执行后将输出：

```
a的值为4478
```

7.3.2 使用 private 修饰符

在 Java 程序中，如果将属性和方法定义为 private 类型，那么该属性和方法只能在自己的类中访问，在其他类中不能访问。下面的实例代码很好地说明了这一特点：私有属性和私有方法可以在本类中发挥作用。

实例 7-2 计算机专业某同学的资料

源码路径：

daima\007\src\LeiPub.java

实例文件 LeiPub.java 的主要实现代码如下所示。

```
public class LeiPub{              //定义Leitwo3类
 private String uname;           //定义私有属性uname
 private int uid;                //定义私有属性uid
    public String getuname(){    //定义公有方法getuname()
        return uname;            //方法getuname()的返回值uname
    }
    private int getuid(){        //定义私有方法getuid()
        return uid;              //方法getuid()的返回值是uid
    }
    //此方法与类同名，所以它是一个构造方法，参数是uname和uid
    public LeiPub(String uname,int uid) {
        this.uname=uname;        //为属性uname赋值
        this.uid=uid;            //为属性uid赋值
    }
    public static void main(String args[]){
        //定义第一个对象PrivateUse1，设置uname的值是Java，uid值是2019
        LeiPub PrivateUse1=new LeiPub("Java同学",2019);
        //定义第二个对象PrivateUse2，设置uname的值是Python，uid值是2018
        LeiPub PrivateUse2=new LeiPub("Python同学",2018);
        String a1=PrivateUse1.getuname();   //定义字符串对象a1，在对象PrivateUse1中调用公有方法getuname()
        System.out.println("姓名："+a1);     //打印输出uname的姓名信息
        int a2=PrivateUse1.getuid();        //定义字符串对象a2，在对象PrivateUse1中调用私有方法getuid()
        System.out.println("学号："+a2);     //打印输出uid的学号信息
        String a3=PrivateUse2.getuname();   //定义字符串对象a3，在对象PrivateUse2中调用公有方法getuname
        System.out.println("姓名："+a3);     //打印输出uname的姓名信息
        int a4=PrivateUse2.getuid();        //定义字符串对象a4，在对象PrivateUse2中调用私有方法getuid()
        System.out.println("学号："+a4);     //打印输出uid的学号信息
    }
}
```

范例 7-2-01：使用 4 种方法访问修饰符

源码路径：演练范例\7-2-01\

范例 7-2-02：使用 private 私有修饰符

源码路径：演练范例\7-2-02\

执行上述代码后会输出：

```
姓名：Java同学
学号：2019
姓名：Python同学
学号：2018
```

7.3.3 使用 protected 修饰符

在编写 Java 程序时，如果使用修饰符 protected 修饰属性和方法，则该属性和方法只能在自己的子类和类中访问。

实例 7-3　使用 protected 修饰符

源码路径：

daima\007\src\LeiPro.java

实例文件 LeiPro.java 的主要实现代码如下所示。

```java
public class LeiPro{              //定义Leitwo4类
 protected  int a;               //定义保护变量a
 protected void print(){         //定义保护方法print()
    System.out.println("a="+a);  //打印输出变量a的值
 }
 public static void main(String args[]){
    LeiPro a1=new LeiPro();      //定义对象a1
    a1.a=2019;                   //设置对象a1、a的值是2019
    a1.print();                  //调用保护方法print()
    LeiPro a2=new LeiPro();      //定义对象a2
    a2.a=2012;                   //设置对象a2、a的值是2012
    a2.print();                  //调用保护方法print()
 }
}
```

范例 7-3-01：跨文件使用修饰符

源码路径：演练范例\7-3-01\

范例 7-3-02：必须用 public 的 clone()

源码路径：演练范例\7-3-02\

执行上述代码后将输出：

```
a=2019
a=2012
```

7.4　使 用 方 法

知识点讲解：视频\第 7 章\使用方法.mp4

方法是类或对象行为特征的抽象，是类或对象中最重要的组成部分之一。Java 语言中的方法不能独立存在，所有的方法都必须定义在类中。方法在逻辑上要么属于类，要么属于对象。

↑扫码看视频

7.4.1　传递方法参数

在 Java 语言里，方法不能独立存在，方法必须属于类或对象。在 Java 中如果需要定义一个方法，则只能在类体内定义，不能独立定义一个方法。一旦将一个方法定义在某个类体内，并且这个方法使用 static 来修饰，则这个方法属于这个类，否则这个方法属于这个类的对象。

Java 语言中的方法是不能独立存在的，在调用方法时也必须使用类或对象作为主调者。如果在声明方法时包含形参声明，则调用方法时必须给这些形参指定参数值，调用方法时实际传给形参的参数值也称为实参。究竟 Java 中的实参值是如何传入方法的呢？这是由 Java 方法的参数传递机制来控制的。传递 Java 方法的参数方式只有一种，即使用值传递方式。值传递是指将实际参数值的副本（复制品）传入方法中，而参数本身不会受到任何影响。

实例 7-4　传递方法的参数

源码路径：

daima\007\src\chuandi.java

实例文件 chuandi.java 的主要实现代码如下所示。

```
public class chuandi
{
    public static void swap(int a , int b) {
        //下面3行代码实现a、b变量值的交换
        int tmp = a;    //定义一个临时变量来保存变量a的值
        a = b;          //把b的值赋给a
        b = tmp;        //把临时变量tmp的值赋给a
        System.out.println("在swap方法里, a的值是" + a + "; b的值是" + b);
    }
    public static void main(String[] args) {
        int a = 6;              //设置a的值是6
        int b = 9;              //设置b的值是9
        swap(a , b);            //调用函数swap()交换a和b的值
        System.out.println("交换结束后, 实参a的值是" + a + "; 实参b的值是" + b);
    }
}
```

范例 7-4-01: 传递引用类型参数
源码路径: 演练范例\7-4-01\
范例 7-4-02: 编写同名的方法
源码路径: 演练范例\7-4-02\

执行后将输出:

```
在swap方法里, a的值是9; b的值是6
交换结束后, 实参a的值是6; 实参b的值是9
```

从上述执行结果可以看出, main()方法里的变量 a 和 b 并不是 swap()方法里的 a 和 b, a 和 b 只是 main()方法里变量 a 和 b 的副本。Java 程序总是从 main()方法开始执行, main()方法开始定义了 a、b 两个局部变量。当程序执行 swap()方法时, 系统进入 swap()方法, 并将 main()方法中的 a、b 变量作为参数值传入 swap()方法, swap()方法中的只是变量 a、b 的副本, 而不是 a、b 本身, 进入 swap()方法后系统中产生了 5 个变量。由于在 main()方法中调用 swap()方法时, main()方法还未结束, 因此, 系统分别为 main()方法和 swap()方法分配两块栈区, 用于保存 main()方法和 swap()方法的局部变量。main()方法中的变量 a、b 作为参数值传入 swap()方法, 但实际上是在 swap()方法栈区中重新产生 a、b 两个变量, 并将 main()方法栈区中变量 a、b 的值分别赋给 swap()方法栈区中的 a、b (即 swap()方法的 a、b 形参进行了初始化)。此时, 系统存在两个 a 变量、两个 b 变量, 只是存在于不同的方法栈区中。程序在 swap()方法中交换 a、b 两个变量的值, 实际上是对覆盖区域中的 a、b 进行交换, 交换结束后在 swap()方法中输出 a、b 变量的值, 看到 a 的值为 9、b 的值为 6。由此可以得出, main()方法栈区中 a、b 的值并未有任何改变, 程序改变的只是 swap()方法栈区中 a、b。由此可知值传递的实质是: 当系统开始执行方法时, 系统初始化形参, 即把实参变量的值赋给方法的形参变量, 方法里操作的并不是实际的实参变量。

7.4.2　长度可变的方法

自 JDK 1.5 之后, 在 Java 中可以定义形参长度可变的参数, 从而允许为方法指定数量不确定的形参。如果在定义方法时, 在最后一个形参类型后增加 3 点 "...", 则表明该形参可以接受多个参数值, 它们当成数组传入。

实例 7-5　定义一个形参长度可变的方法
源码路径:
daima\007\src\Len_Chan_Args.java

实例文件 Len_Chan_Args.java 的主要实现代码如下所示。

```
class  Chan_Args{
①    public void chan_Args(String x,String y){
        System.out.printf("字符串值是: %s %s\n",x,y);
    }
②    public  double max(double ... args){ //在参数args前面有3个点, 这表示长度是可变的
        double largest=Double.MIN_VALUE;
③        for (double x:args){
            if(x>largest){
                largest=x;
            }
        }
        return largest;
    }
```

范例 7-5-01: 固定和非固定的选择
源码路径: 演练范例\7-5-01\
范例 7-5-02: 两个可变参数会出问题
源码路径: 演练范例\7-5-02\

```
    }

public class Len_Chan_Args {
    public static void main(String[] args){
④      Chan_Args chang=new Chan_Args();
⑤      chang.chan_Args("tom","jack");
⑥      System.out.printf("现在最大数值是: %f",chang.max(1,2,3,5));
    }
```

① 定义普通方法 chan_Args()，设置两个文本类型的参数。

② 定义方法 max()，其中参数 args 是一个可变参数。Double.MIN_VALUE 为常量，表示 double 类型的最小值。

③ 将参数 args 看作一个数组，我们可以对其进行遍历。

在④新建 Chan_Args chang 对象的实例 chang，在⑤设置参数并打印输出结果。

在⑥设置 max()的参数是一个具体的数组，并根据参数打印输出结果。执行后将输出：

```
字符串值是: tom jack
现在最大数值是: 5.000000
```

7.4.3 递归方法

如果一个方法在其方法体内调用自身，那么这个方法称为递归方法。递归方法包含一种隐式的循环，它会重复执行某段代码，但这种重复执行无需循环控制。例如有如下数学题。

已知有一个数列：$f(0)=1$，$f(1)=4$，$f(n+2)=2 \times f(n+1)+f(n)$，其中 n 是大于 0 的整数，求 $f(10)$ 的值。

上述数学题可以使用递归来求解。在下面的实例代码中，定义了 fn 方法来计算 $f(10)$。

实例 7-6 使用递归方法计算 f(10)的值
源码路径：
daima\007\src\digui.java

实例文件 digui.java 的主要实现代码如下所示。

```
public class digui{
    public static int fn(int n) {              //定义方法fn(),参数是n
        if (n == 0) {         //如果n等于0
            return 1;         //返回1
        }
        else if (n == 1) {    //如果n等于1
            return 4;         //返回4
        }
        else {     //如果n是其他值（不是0也不是4）

            //方法中调用自身，即方法递归
            return 2 * fn(n - 1) + fn(n - 2);  //返回2 * fn(n - 1) + fn(n - 2)
        }
    }
    public static void main(String[] args) {
        //输出fn(10)的结果
        System.out.println(fn(10));            //打印输出fn(10)的结果
    }
}
```

范例 7-6-01：递归 5 的值
源码路径：演练范例\7-6-01\
范例 7-6-02：计算 1 到 1000 的和
源码路径：演练范例\7-6-02\

在上述代码中，fn（10）等于 2*fn（9）+fn（8），其中 fn（9）又等于 2*fn（8）+fn（7），以此类推，最终得到 fn（2）等于 2*fn（1）+fn（0），fn（2）是可计算的，然后一路反算回去，就可以最终得到 fn（10）的值。执行后将输出：

```
10497
```

仔细看上面的递归过程可以发现，当一个方法不断地调用本身时，在某个时刻方法的返回值必须是确定的，即不再调用本身。否则这种递归就变成了无穷递归，类似于死循环。因此定义递归方法时规定：递归一定要向已知方向递归。

7.5 使用 this

知识点讲解：视频\第 7 章\使用 this.mp4

　　在 Java 程序中，当局部变量和全局变量的数据类型和名称都相同时，全局变量将被隐藏而不能使用。为了解决这个问题，Java 语法规定，可以使用关键字 this 访问全局变量。

↑扫码看视频

在 Java 语言中，使用 this 的语法格式如下所示。

```
this.成员变量名
this.成员方法名()
```

实例 7-7	讲解 this 的用法 源码路径： daima\007\src\leithree1.java

实例文件 leithree1.java 的主要实现代码如下所示。

```
public class leithree1{
    public String color="粉红"; //定义全局变量
    //定义一个方法
    public void hu(){
        String color="咖啡";      //定义局部变量
        System.out.println ("她的外套是
        "+color+"色的");              //使用局部变量
        System.out.println("她的外套是"+this.color+"色的");//使用全局变量

    }
    public static void main(String args[]){
        leithree1 bb=new leithree1();                    //定义对象bb
        bb.hu();        //调用函数hu()

    }
}
```

> 范例 7-7-01：this 引用类的属性和方法
> 源码路径：演练范例\7-7-01\
> 范例 7-7-02：在有参数的构造函数中赋值
> 源码路径：演练范例\7-7-02\

上述代码中，在 main() 方法中调用 hu() 方法。执行后将输出：

```
她的外套是咖啡色的
她的外套是粉红色的
```

如果在使用全局变量时去掉上面的"this"，则不会使用全局变量"粉红"，而是默认使用局部变量"咖啡"，此时执行后将输出：

```
她的外套是咖啡色的
她的外套是咖啡色的
```

Java 中的关键字 this 总是指向调用当前方法的对象。根据 this 出现的位置不同，this 作为对象的默认引用有以下两种情形。

（1）在构造器中引用该构造器执行初始化的对象。

（2）在方法中引用调用该方法的对象。

7.6 使用类和对象

知识点讲解：视频\第 7 章\使用类和对象.mp4

　　在 Java 程序中，使用对象实际上就是引用对象的方法和变量，通过点"."可以实现对变量的访问和对方法的调用。在 Java 程序中，方法和变量都有一定的访问权限，例如 public、protected 和 private 等，通过一定的访问权限可以允许或者限制其他对象的访问。本节将详细讲解在 Java 中使用类和对象的基本知识。

↑扫码看视频

7.6.1　创建和使用对象

在 Java 程序中，一般通过关键字 new 来创建对象，计算机会自动为对象分配空间，然后访问变量和方法。对于不同的对象，变量也是不同的，方法由对象调用。

实例 7-8　在类中创建和使用对象

源码路径：

daima\007\src\leidui1.java

实例文件 leidui1.java 的主要实现代码如下所示。

```
public class leidui1 {
    int X=12;                           //定义int类型变量X的初始值是12
    int Y=23;                           //定义int类型变量Y的初始值是23
    public void printFoo(){             //定义函数printFoo()
      System.out.println("X="+X+",Y="+Y);//函数printFoo()的功能是打印输出X和Y的值
    }
    public static void main(String args[]){
        leidui1 Z=new leidui1();        //定义对象Z
        Z.X=41;            //使用点设置X的值是41
        Z.Y=75;            //使用点设置Y的值是75
        Z.printFoo();      //使用点调用函数printFoo()
        leidui1 B=new leidui1();        //定义对象B
        B.X=23;            //使用点设置X的值是23
        B.Y=38;            //使用点设置Y的值是38
        B.printFoo();      //使用点调用函数printFoo()
    }
}
```

范例 7-8-01：修改实例 7-8 的代码

源码路径：演练范例\7-8-01\

范例 7-8-02：使用单例模式

源码路径：演练范例\7-8-02\

上述代码执行后将输出：

```
X=41,Y=75
X=23,Y=38
```

7.6.2　使用静态变量和静态方法

在 Java 程序中，使用 static 修饰的变量和方法称作静态变量和静态方法。静态变量和静态方法的访问只需要类名，通过运算 "." 即可以实现对变量的访问和对方法的调用。

实例 7-9　使用静态变量和静态方法

源码路径：

daima\007\src\leijing1.java

实例文件 leijing1.java 的主要实现代码如下所示。

```
public class leijing1 {                       //定义leijing1类
    static int X;                             //定义静态变量X
    static int Y;                             //定义静态变量Y
        public void printJingTai(){           //定义函数printJingTai()，功能是打印输出X和Y的值
            System.out.println("X="+X+",Y="+Y);
        }
        public static void main(String args[]){
        leijing1 Aa=new leijing1();//定义对象Aa
        Aa.X=4;           //由于对象设置静态变量X，它被后面的声明覆盖，所以执行后无效
        Aa.Y=5;           //由于对象设置静态变量Y，它被后面的声明覆盖，所以执行后无效
        leijing1.X=112;   //类设置静态变量X，有效
        leijing1.Y=252;   //类设置静态变量Y，有效
        Aa.printJingTai(); //对象调用公有方法，有效
        leijing1 Bb=new leijing1();//定义对象Bb
        Bb.X=3;           //对象设置静态变量X，无效
        Bb.Y=8;           //对象设置静态变量Y，无效
        leijing1.X=131;   //类设置静态变量X，有效
        leijing1.Y=272;   //类设置静态变量Y，有效
        Bb.printJingTai(); //对象调用公有方法，有效
    }
}
```

范例 7-9-01：使用静态成员 1

源码路径：演练范例\7-9-01\

范例 7-9-02：使用静态成员 2

源码路径：演练范例\7-9-02\

在上述代码中，new 运算符创建了一个对象。执行后将输出：

```
X=112,Y=252
X=131,Y=272
```

7.7　使用抽象类和抽象方法

知识点讲解：视频\第 7 章\抽象类和抽象方法.mp4

　　　　　　在 Java 程序中，在某个类之前加关键字 abstract 就构成了抽象类。有了抽象类后，就必定有抽象方法，抽象方法就是抽象类里的方法。本节将详细讲解抽象类和抽象方法的知识，为读者学习本书后面的知识打下基础。

↑扫码看视频

7.7.1　抽象类和抽象方法的基础

　　抽象方法和抽象类必须使用 abstract 修饰符来定义，有抽象方法的类只能定义成抽象类，类里可以没有抽象方法。所谓抽象类是指只声明方法的存在而不去实现它的类，抽象类不能实例化，也就是不能创建对象。在定义抽象类时，要在关键字 class 前面加上关键字 abstract，其具体格式如下所示。

```
abstract class 类名{
    类体
```

在 Java 中使用抽象方法和抽象类的规则如下所示。

　　（1）抽象类必须使用 abstract 修饰符来修饰，抽象方法也必须使用 abstract 修饰符来修饰，方法不能有方法体。

　　（2）抽象类不能实例化，无法使用关键字 new 来调用抽象类的构造器创建抽象类的实例。

　　（3）抽象类里不能包含抽象方法，这个抽象类也不能创建实例。

　　（4）抽象类可以包含属性、方法（普通方法和抽象方法都可以）、构造器、初始化块、内部类、枚举类 6 种。抽象类的构造器不能创建实例，主要用于被其子类调用。

　　（5）含有抽象方法的类（包括直接定义一个抽象方法；继承一个抽象父类，但没有完全实现父类包含的抽象方法；实现一个接口，但没有完全实现接口包含的抽象方法）只能定义成抽象类。

　　由此可见，抽象类同样能包含与普通类相同的成员。只是抽象类不能创建实例，普通类不能包含抽象方法，而抽象类可以包含抽象方法。

　　抽象方法和空方法体的方法不是同一个概念。例如 public abstract void test()是一个抽象方法，它根本没有方法体，即方法定义后没有一对花括号；但 public void test(){}是一个普通方法，它已经定义了方法体，只是这个方法体为空而已，即它的方法体什么也不做，因此这个方法不能使用 abstract 来修饰。

实例 7-10	使用抽象类和抽象方法 源码路径： daima\007\src\Fruit.java pingguo.java、Juzi.java、zong.java	

首先新建一个名为 Fruit 的抽象类，其代码（daima\007\src\Fruit.java）如下所示。

```
public abstract class Fruit {//定义一个抽象类
    //定义抽象类
    public String color;        //定义颜色变量
    //定义构造方法
    public Fruit(){
        color="红色";           //对变量color进行初始化
    }
    //定义抽象方法
    public abstract void harvest();  //收获方法
}
```

范例 7-10-01：直接实例化抽象类的对象
源码路径：演练范例\7-10-01\

范例 7-10-02：子类和抽象类的问题
源码路径：演练范例\7-10-02\

抽象类是不会具体实现的，如果不实现，那么这个类将不会有任何意义。接下来可以新建一个类来继承这个抽象类（继承的知识将在后面讲解），其代码（daima\007\src\pingguo.java）如下所示。

```
public class pingguo extends Fruit{          //定义一个子pingguo类
    public void harvest(){                   //开始编写方法harvest()的具体实现
        System.out.println("苹果已经收获!");  //方法harvest()的功能是打印输出文本"苹果已经收获!"
        }
}
```

接下来新建一个名为 Juzi 的类，其代码（daima\007\src\Juzi.java）如下所示。

```
public class Juzi      {                     //定义Juzi类
    public void harvest(){                   //开始编写方法harvest()的具体实现
        System.out.println("橘子已经收获!");  //方法harvest()的功能是打印输出文本"橘子已经收获!"
        }
}
```

新建一个名为 zong 的类，其代码（daima\007\src\zong.java）如下所示。

```
public class zong {                          //定义zong类
    public static void main(String[] args){
        System.out.println("调用苹果类的harvest()方法的结果:");    //打印显示提示文本
        pingguo pingguo=new pingguo();       //新建苹果对象
        pingguo.harvest();                   //调用pingguo类中的harvest()方法
        System.out.println("调用橘子类的harvest()方法的结果:");    //打印显示提示文本
        Juzi orange=new Juzi();              //新建橘子对象
        orange.harvest();                    //调用orange类中的harvest()方法
        }
}
```

到此为止，整个程序编写完毕，执行后将输出：

```
调用苹果类的harvest()方法的结果:
苹果已经收获!
调用橘子类的harvest()方法的结果:
橘子已经收获!
```

7.7.2　抽象类必须有一个抽象方法

在 Java 程序中，创建抽象类最大的要求是必须有一个抽象方法。

实例 7-11　抽象类必须有一个抽象方法
源码路径：
daima\007\src\leichou.java

实例文件 leichou.java 的主要实现代码如下所示。

```
abstract class Cou {          //定义一个抽象类
    int a1;                   //定义int类型变量a1
    int b1;                   //定义int类型变量b1
    Cou(int a,int b)          //定义构造方法
    {
        a1=a;                 //赋值a1
        b1=b;                 //赋值b1
    }
    abstract int mathtext();  //定义抽象方法mathtext()
}
class Cou1 extends Cou        //定义Cou类的子Cou1类
{
    Cou1(int a,int b)         //定义构造方法
    {
        super(a,b);           //使用super调用父类中的某一个构造方法（其应该为构造方法中的第一条语句）
    }
    int mathtext()            //定义
    {
        return a1+b1;
    }
}
class Cou2 extends Cou{
    Cou2(int a,int b)         //定义构造方法
    {
        super(a,b);           //使用super调用父类中的某一个构造方法（其应该为构造方法中的第一条语句）
```

范例 7-11-01：抽象类中的构造方法
源码路径：演练范例\7-11-01\

范例 7-11-02：使用内部抽象类
源码路径：演练范例\7-11-02\

```
    int mathtext(){
        return a1-b1;
    }
}
public class leichou        //定义leichou类
{
 public static void main(String args[]){
    Cou1 abs1=new Cou1(3,2);        //定义Cou1的对象abs1，分别为a和b赋值3和2
    Cou2 abs2=new Cou2(4,2);        //定义Cou2的对象abs2，分别为a和b赋值4和2
    Cou abs;                        //定义Cou的对象abs
    abs=abs1;                       //设置abs的值等于abs1
    System.out.println("加过后，它的值是"+abs.mathtext());
    abs=abs2;
    System.out.println("减过后，它的值是"+abs.mathtext());
 }
}
```

在上述代码中，abs.mathtext()调用的是 Cou1 类中的方法 mathtext()，它实现了 a 加 b 的操作，所以 abs.mathtext()的结果是 5。abs.mathtext()调用的是 Cou2 类中的方法 mathtext()，它实现了 a 减 b 的操作，所以 abs.mathtext()的结果是 2。执行后将输出：

```
加过后，它的值是5
减过后，它的值是2
```

7.8 使 用 包

知识点讲解：视频\第 7 章\使用包.mp4

↑扫码看视频

为了更好地组织类，Java 提供了包机制，用于区别类名的命名空间。包的功能是，将相似或相关的类或接口组织在同一个包中，方便类的查找和使用。本节将详细讲解 Java 语言中包的知识。

7.8.1 定义软件包

定义软件包的方法十分简单，只需要在 Java 代码程序的第 1 行中添加一段定义包的代码即可。在 Java 中定义包的格式如下所示。

```
package 包名;
```

package 声明了多程序中的类属于哪个包，在一个包中可以包含多个程序，在 Java 程序中还可以创建多层次的包，具体格式如下所示。

```
package 包名1[.包名2[.包名3]];
```

如同文件夹一样，包也采用树形目录的存储方式。同一个包中的类名字是不同的，不同的包中的类的名字是可以相同的，当同时调用两个不同包中相同类名的类时，应该加上包名加以区别。因此，包可以避免名字冲突。另外，包也限定了访问权限，拥有包访问权限的类才能访问某个包中的类。

7.8.2 在 Eclipse 中定义软件包

使用 Eclipse 定义软件包的方法十分简单，其具体操作过程如下所示。

（1）使用鼠标选择项目，单击鼠标右键，在弹出的快捷菜单中依次选择"New"｜"Package"，如图 7-2 所示。

（2）在打开的"Java Package"对话框中输入需要建立的软件包名。如果需要建立多级包，只需用点"."隔开即可，如图 7-3 所示。

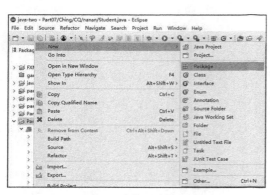

图 7-2　新建软件包　　　　　　　　　　　　　图 7-3　命名软件包

（3）单击"Finish"按钮，然后开始建立源代码。选择新建的包，单击鼠标右键，在弹出的快捷菜单中依次选择"new"｜"class"命令，在打开的新窗口中输入一个类名，例如 student，如图 7-4 所示。

（4）单击"Finish"按钮后，这个类将自动添加软件包名，如图 7-5 所示。

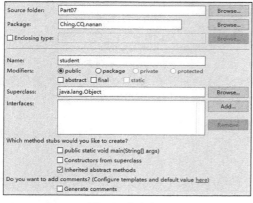

图 7-4　命名类

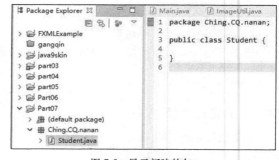

图 7-5　显示新建的包

7.8.3　在程序中插入软件包

在 Java 程序中插入软件包的方法十分简单，只需使用 import 语句插入所需的类即可。在第 6 章中，已经对插入软件包这个概念进行了初次的接触。在 Java 程序中插入软件包的格式如下所示。

```
import 包名1[.包名2...].(类名1*);
```

上述格式中各个参数的具体说明如下所示。

（1）包名 1：一级包。

（2）包名 2：二级包。

（3）类名：是需要导入的类名。也可使用*号，它表示将导入这个包中的所有类。

实例 7-12　**在类中插入一些特定的包**
源码路径：
daima\007\src\leibao.java

实例文件 leibao.java 的主要实现代码如下所示。

```
import java.util.*;           //加载util包中的所有内容
import java.awt.*;            //加载awt包中的所有内容
import java.util.Date;        //加载util包中的Date子类
class aaa{                    //定义aaa类
    int a;                    //定义int类型变量a
    int b;                    //定义int类型变量b
        public void print(){  //定义打印方法print()分别输出a的值和b的值
            System.out.println("a="+a+",b="+b);
        }
}
public class leibao{          //定义leibao类
    public static void main(
String args[]){
        aaa a1=new aaa();     //定义aaa类的对象a1
        a1.a=121;             //设置a的值是121
        a1.b=232;             //设置b的值是232
        a1.print();           //调用打印方法print()
    }
}
```

范例 7-12-01：导入包输出当前日期
源码路径：演练范例\7-12-01\
范例 7-12-02：导入外部文件中的方法
源码路径：演练范例\7-12-02\

执行上述代码后将输出：
```
a=121,b=232
```

7.9　技　术　解　惑

7.9.1　static 修饰的作用

使用 static 修饰的方法属于其所在的类，或者说属于该类的所有实例共有。使用 static 修饰的方法不但可以使用类作为调用者来调用，而且可以使用对象作为调用者来调用。值得指出的是，因为使用 static 修饰的方法还是属于其所在的类的，所以使用该类的任何对象来调用这个方法都将得到相同的执行结果，这与使用类作为调用者的执行结果完全相同。

不使用 static 修饰的方法则属于其所在类的对象，它不属于该类。因此不使用 static 修饰的方法只能用对象作为调用者来调用，不能使用类作为调用者来调用。使用不同对象作为调用者来调用同一个普通方法，可能得到不同的结果。

7.9.2　数组内是同一类型的数据

Java 是一门是面向对象的编程语言，能很好地支持类与类之间的继承关系，这样可能产生一个数组里可以存放多种数据类型的假象。例如有一个水果数组，要求每个数组元素都是水果，实际上数组元素既可以是苹果，也可以是香蕉，但这个数组中的元素类型还是唯一的，只能是水果类型。

7.10　课　后　练　习

（1）编写一个 Java 程序，使用下面的方法计算一个整数中各位数字之和。
```
public static int sumDig(long n);
```
例如，sumDig(854)返回 17。

（2）编写一个 Java 程序，使用方法获取一个整数的回文数。

（3）编写一个 Java 程序，使用方法反向显示一个整数。例如，输入 123，返回 321。

第 8 章

面向对象编程进阶

　　第 7 章讲解了类和方法的知识，并通过具体实例演示了类和方法在 Java 程序中的作用。本章将进一步讲解 Java 语言面向对象方面的知识，包括继承、重载、接口和构造器等，为读者步入本书后面知识的学习打下基础。

本章内容

▸▸ 继承

▸▸ 重写和重载

▸▸ 使用接口

技术解惑

▸▸ 重写方法的注意事项

▸▸ 重写和重载的区别

▸▸ 接口和抽象类的区别与联系

8.1 继 承

↑扫码看视频

📹 知识点讲解：视频\第 8 章\类的继承.mp4

类的继承是指从已经定义的类中派生出一个新类，是指在定义一个新类时，可以基于另一个已存在的类，从已存在的类中继承有用的功能（例如属性和方法）。这时已存在的类便被称为父类，而这个新类则被称为子类。本节将详细讲解 Java 语言中继承的知识。

8.1.1 定义继承

在 Java 中定义类继承的语法格式如下所示。

```
<修饰符>class<子类名>extends<父类名>{
    [<成员变量定义>]…
    [<方法定义>]…
}
```

我们通常所说的子类一般指的是某父类的直接子类，而父类也可称为该子类的直接超类。如果存在多层继承关系，比如，A 类继承的是 B 类，则它们之间的关系就必须符合下面的要求。

（1）若存在另外一个 C 类，C 类是 B 类的子类， A 类是 C 类的子类，那么可以判断出 A 类是 B 类的子类。

（2）在 Java 程序中，一个类只能有一个父类，也就是说在关键字 extends 前面只能有一个类，它不支持多重继承。

实例 8-1	使用类的继承	
	源码路径：	
	daima\008\src\ji01.java	

实例文件 ji01.java 的主要实现代码如下所示。

```
class Person {                       //定义Person类，在后面将被作为父类
    public void eat() {              //父类中的方法
        System.out.println("eat");
    }
    static void show(Person p) {     //父类中的方法
        p.eat();
    }
}
public class ji01 extends Person{  //定义父Person类的子ji01类
    public static void main(String[] args) {
        ji01 s = new ji01();                 //新建子类对象
①       Person.show(s);
    }
}
```

范例 8-1-01：演示类的继承
源码路径：演练范例\8-1-01\
范例 8-1-02：不能重写的方法
源码路径：演练范例\8-1-02\

上述代码中，在 Person 中定义的方法 show()的形参类型是 Person，但是在①处接收的却是 ji01 对象的引用。这是因为 ji01 对象是 Person 对象的子成员。在 show()方法中，传入的实参（对象的引用）可以是 Person 对象以及 Person 的衍生类对象。这种将 ji01 类对象转换成 Person 类对象的行为称为上溯造型。执行后将输出：

```
eat
```

8.1.2 调用父类的构造方法

在 Java 程序中，一个子类可以访问父类的构造方法，具体格式如下所示。

```
super(参数);
```

实例 8-2　在子类中调用父类的构造方法

源码路径：

daima\008\src\ji02.java

实例文件 ji02.java 的主要实现代码如下所示。

```
class Ren {                              //定义父Ren类
    public static void prt(String s)//定义方法prt()
    {
            System.out.println(s); //输出参数s
    }

    Ren() {        //没有参数的构造方法Ren
        prt("A Person.");      //输出文本
    }

    Ren(String name) {              //有参数的构造方法Ren
        prt("A person name is:" + name);      //输出文本
    }
}
public class ji02 extends Ren {                  //定义子ji02类
    ji02()                               //定义没有参数的构造方法ji02
    {
①       super();                         //调用父类无参构造方法
②       prt("A chinese.");               //调用父类中的方法prt()
    }
    ji02(String name) {                  //定义有参构造方法ji02
③       super(name);                     //调用父类具有相同形参的构造函数
      prt("his name is:" + name); //调用父类中的方法prt()
    }
    ji02(String name, int age) {         //定义有参构造方法ji02
④       this(name);                      //具有两个形参的构造函数可调用只有一个形参的构造函数
        prt("his age is:" + age);        //调用父类的方法prt()
    }

    public static void main(String[] args) {
        Chinese cn = new Chinese();      //定义对象cn
        cn = new ji02("kevin");          //调用具有一个参数的构造方法
        cn = new ji02("kevin", 22);      //调用具有两个参数的构造方法
    }
}
```

> 范例 8-2-01：自动调用父类中默认的构造方法
> 源码路径：演练范例\8-2-01\
> 范例 8-2-02：将字符串转换为整数
> 源码路径：演练范例\8-2-02\

在上述代码中，this 和 super 不再像前面实例那样用点"."来调用一个方法或成员，而是直接在其后加上适当的参数，因此它的意义也就有了变化。在 super 后加参数调用的是父类中具有相同形参的构造函数，如①和③。在 this 后加参数调用的是当前类具有另一形参的构造函数，如④。当然，在 ji02 类的各个构造函数中，this 和 super 在一般方法中的各种用法也仍可使用，比如②处，我们可以将其替换为"this.prt"（因为它继承了父类中的那个方法）或者"super.prt"（因为它是父类中的方法且可由子类访问）的形式，这时它可以正确运行，只是有一点画蛇添足的味道而已。执行后将输出：

```
A Person.
A chinese.
A person name is:kevin
his name is:kevin
A person name is:kevin
his name is:kevin
his age is:22
```

8.1.3　访问父类的属性和方法

在 Java 程序中，子类也可以访问父类的属性和方法，具体语法格式如下所示。

```
Super.[方法和全局变量];
```

实例 8-3　用子类访问父类的属性

源码路径：

daima\008\src\SubClass.java

实例文件 SubClass.java 的主要实现代码如下所示。

```
class BaseClass          //定义父BaseClass类
{
①      public int a = 5; //定义int类型变量a的值是5
}
class SubClass extends BaseClass
//定义子SubClass类，其父类为BaseClass
{
②      public int a = 7;
        //定义公用的int类型变量a的值是7
        public void accessOwner()          //定义方法accessOwner()
        {
                System.out.println(a);     //输出变量a的值
        }
        public void accessBase()           //定义方法accessBase()
        {
③               System.out.println(super.a);
        }
        public static void main(String[] args){
④               SubClass sc = new SubClass(); //定义SubClass对象sc
                 System.out.println(sc.a);    //直接访问SubClass对象的a属性将输出7
                 //输出7
                 sc.accessOwner();            //调用方法accessOwner()
                 //输出5
                 sc.accessBase();             //调用方法accessBase()
        }
}
```

范例 8-3-01：把基本类型转换为字符串

源码路径：演练范例\8-3-01\

范例 8-3-02：实现整数进制转换器

源码路径：演练范例\8-3-02\

在①②，分别在父类和子类中创建了一个同名变量属性 a，a 的初始值不同，此时子 SubClass 类中的 a 将覆盖父 BaseClass 类中的 a。

在③，通过 super 访问与方法调用者对应的父类对象。

在④，当系统创建 SubClass 对象 sc 时，它会对应创建一个 BaseClass 对象。其中 SubClass 对象中 a 的值为 7，对应 BaseClass 对象中 a 的值为 5。只是 5 这个数值只有在 SubClass 类定义的实例方法中使用 super（Java 的关键字）作为调用者才可以访问到。执行后将输出：

```
7
7
5
```

8.1.4 多层继承

假如 B 类继承了 A 类， C 类继承了 B 类，则这种情况叫作 Java 的多层继承。

实例 8-4	使用多重继承
	源码路径：
	daima\008\src\zero.java

实例文件 zero.java 的主要实现代码如下所示。

```
class Duolei {        //定义Duolei类
    String bname;     //定义String类型的属性变量bname
    int   bid;        //定义int类型的属性变量bid
    int   bprice;     //定义int类型的属性变量bprice
    Duolei(){         //定义构造方法Duolei()用于初始化
        bname="羊肉串";  //设置bname的值是"羊肉串"
        bid=14002;      //设置bid的值是14002
        bprice=45;      //设置bprice的值是45
    }
    Duolei(Duolei a) {    //定义构造方法Duolei()，并且它有参数
        bname=a.bname;    //为bname赋值
        bid=a.bid;        //为bid赋值
        bprice=a.bprice;  //为bprice赋值
    }
    Duolei(String name,int id,int price) { //定义构造方法Duolei()，并且它有参数
        bname=name;       //为bname赋值
        bid=id;           //为bid赋值
        bprice=price;     //为bprice赋值

    }
    void print()        {   //定义方法print()，打印输出小吃信息
```

范例 8-4-01：用子类访问父类的属性

源码路径：演练范例\8-4-01\

范例 8-4-02：实现多重继承

源码路径：演练范例\8-4-02\

```
        System.out.println("小吃名: "+bname+"   序号: "+bid+"   价格: "+bprice);
    }
}
class Badder extends Duolei      {//定义子Badder类，父类是Duolei
    String badder;                    //定义String类型的属性变量badder
    Badder()                          //定义无参构造方法
    {
        super();                      //调用父类同参构造方法
        badder="沙县小吃";            //badder赋值为"沙县小吃"
    }
    Badder( Badder b)                 //定义有参构造方法
    {
        super(b);                     //调用父类同参构造方法
        badder=b.badder;              //为badder赋值
    }

    Badder(String x,int y,int z,String aa)      //定义有参构造方法
    {
        super(x,y,z);                 //调用父类同参构造方法
        badder=aa;                    //为badder赋值
    }
}
//定义子Factory类，父类是Badder，根据继承关系可知，Factory类是Duolei类的孙类
class Factory extends Badder
{
    String factory;                   //定义String类型的属性变量factory
    Factory()                         //定义无参构造方法
    {
        super();                      //调用父类同参构造方法
        factory="成都小吃";          //赋值factory
    }

    Factory(Factory c)                //定义有参构造方法
    {
        super(c);                     //调用父类同参构造方法
        factory=c.factory;            //赋值factory
    }
    //定义有参构造方法
    Factory(String x,int y,int z,String l,String n)
    {
        super(x,y,z,l);               //调用父类同参构造方法
        factory=n;                    //赋值factory
    }
}

public class zero{
    public static void main(String args[]){
        Factory a1=new Factory();        //Factory对象a1调用孙类中的构造方法Factory()
        //Factory对象a1调用孙类中的构造方法Factory()，注意参数
        Factory a2=new Factory("希望火腿",92099,25,"沙县蒸饺","金华小吃");
        Factory a3=new Factory(a2);      //Factory对象a1调用孙类中的构造方法Factory()
        System.out.println(a1.badder);   //输出a1的badder值
        System.out.println(a1.factory);  //输出a1的factory值
        a1.print();                      //调用print()方法
        System.out.println(a2.badder);   //输出a2的badder值
        System.out.println(a2.factory);  //输出a2的factory值
        a2.print();                      //调用print()方法
        a3.print();                      //调用print()方法
    }
}
```

执行上述代码后将输出：

```
沙县小吃
成都小吃
小吃名：羊肉串　序号：14002　价格：45
沙县蒸饺
金华小吃
小吃名：希望火腿　序号：92099　价格：25
小吃名：希望火腿　序号：92099　价格：25
```

8.2 重写和重载

知识点讲解：视频\第 8 章\重写和重载.mp4

在 Java 语言中，重写和重载都体现了 Java 面向对象的优越性。虽然两者的名字十分接近，但是实际上却相差得很远，它们并不是同一概念。本节将详细讲解重写和重载的基本知识，为读者学习本书后面的知识打下基础。

↑扫码看视频

8.2.1 重写

重写是建立在继承关系之上的，它能够使 Java 程序的结构变得更加丰富。对于初学者来说很难理解重写，但是只要明白它的思想就变得十分简单了。重写实际上就是在子类中重新编写来自父类的方法以达到自己的需求。

实例 8-5	使用方法重写 源码路径： daima\008\src\chongxie.java

实例文件 chongxie.java 的主要实现代码如下所示。

```
public class chongxie        //定义父类
{
    void print()//定义方法print()，使其输出文本"父类的方法"
    {
        System.out.println("父类的方法");
    }
}
class Chongxieone extends chongxie //定义子Chongxieone类，其父类是chongxie
{
    void print()              //在子类中也定义了方法print()，这就是重写方法
    {
        System.out.println("子类，重写了父类的方法");
    }
}
```

范例 8-5-01：实现方法的重写
源码路径：演练范例\8-5-01\
范例 8-5-02：简单方法的重写
源码路径：演练范例\8-5-02\

上述代码不会产生任何的结果，但是在父类中"有 void print(){}"方法，可在子类中重写此方法来达到子类的要求。在编写 Java 程序时避免不了子类重写父类，新定义的类必然有新的特征，不然这个类就没有意义。上述代码的目的只是让读者明白如何重写，没有实际的意义。

注意：Java 中的重写具有自己的规则，初学者需要牢记这些规则。

（1）重写方法不能比被重写方法限制更严格的访问级别，即访问权限可以扩大但不能缩小。

（2）标识为 final 的方法不能重写，静态方法不能重写。

（3）重写方法的返回类型必须与被重写方法的返回类型相同。

（4）重写方法的参数列表必须与被重写方法的参数列表相同。

（5）无论被重写的方法是否抛出异常，重写的方法都可以抛出任何非强制异常。但是，重写的方法不能抛出新的强制性异常，或者比被重写方法声明的范围更广的强制性异常，反之则可以。

（6）抽象方法必须在具体类中重写。

实例 8-6	注意重写方法的权限问题 源码路径： daima\008\src\Cguize.java

实例文件 Cguize.java 的主要实现代码如下所示。

```
class aaa{
    String sname;
    int sid;
    int snumber;
①      private void print(){
        System.out.println("公司名:"+sname+"  序号:"+sid+"  公司人数:"+snumber);
    }
    aaa( String name,int id,int number){
        sname=name;
        sid=id;
        snumber=number;
}
}
class CguizeOne extends aaa{
String sadder;
CguizeOne(String x,int y,int z,String aa){
    super(x,y,z);
    sadder=aa;
}
②  private void print()//重写方法降低访问权限
    {
        System.out.println("公司名为:"+sname+"序号:"+sid+"总人数:"+snumber+"公司地址:"+sadder);
    }
}
public class Cguize{
    public static void main(String args[]){
        CguizeOne a1=new CguizeOne("重庆金区公司",72221,7001,"渝南大道");
③      a1.print();
    }
}
```

范例 8-6-01：演示子类重写父类的方法
源码路径：演练范例\8-6-01\
范例 8-6-02：查看数字的取值范围
源码路径：演练范例\8-6-02\

在①，定义方法 print()用于输出文本信息。

在②，定义一个与①同名的方法 print()，这说明方法 print()在子类中被重写了。由于这里重写方法的权限是 private，小于父类方法 print()的 public，所以这是错误的。

在③，由于调用了错误的重写方法，因此执行 texttwo 后会出现编译错误，效果如图 8-1 所示。要改正这个错误，只需将②中的 private 修改为 public 即可。

```
Exception in thread "main" java.lang.Error: Unresolved compilation problem:
        The method print() from the type CguizeOne is not visible

        at texttwo.main(Cguize.java:29)
```

图 8-1　执行结果

8.2.2　重载

在 Java 程序中，同一类中可以有两个或者多个方法具有相同的方法名，只要它们的参数不同即可，这就是方法的重载。Java 中的重载规则十分简单，参数决定重载方法的调用。当调用重载方法时，要确定调用哪个方法是基于其参数的。如果是 int 类型实参调用该方法，则调用带 int 类型形参的方法；如果是 double 类型实参调用该方法，则调用带 double 类型形参的方法。

实例 8-7　演示方法的重载
源码路径：
daima\008\src\chongzai.java

实例文件 chongzai.java 的主要实现代码如下所示。

```
public class chongzai {
    int max(int a, int b) {
        System.out.println
        ("调用的是int max(int a, int b)方法");
        return a > b ? a : b;
    }

    int max(short a, short b) {
        System.out.println("调用的是int max(short a, short b)方法");
```

范例 8-7-01：演示 Java 重载的规则
源码路径：演练范例\8-7-01\
范例 8-7-02：ASCII 码查看器
源码路径：演练范例\8-7-02\

```
            return a > b ? a : b;
        }
    public static void main(String[] args) {
        chongzai t= new chongzai();
①       t.max(3,4);    //这里调用的是max(int a , int b)这个方法
        short a = 3;
        short b = 4;
②       t.max(a, b);   //这里调用的是max(short a , short b)这个方法
        }
}
```

虽然在上述代码中有两个名为 max() 的方法，但是这两个方法的形参类型不一样，所以可以构成重载。因为当编译器一看到整数，就会把它当作 int 类型。所以当把整数传进来的时候，在①调用的是 max(int a , int b) 这个方法，在②调用的是 max(short a ,short b) 这个方法。执行后将输出：

```
调用的是int max(int a, int b)方法
调用的是int max(short a, short b)方法
```

8.3　使用接口

知识点讲解：视频\第 8 章\接口.mp4

在 Java 语言中，定义接口的方法和定义类的方法十分相似，并且在接口里面也有方法，在接口中可以派出新的类。本节将详细讲解使用 Java 接口的基本知识。

↑扫码看视频

8.3.1　定义接口

接口的方法和抽象类中的方法一样，它的方法是抽象的，也就是说接口是不能具体化成对象的，它只是指定要做什么，而不管具体怎么做。一旦定义了接口，任何继承了该接口的类都可以实现这个接口。它与类不同，一个类只可以有一个父类。一个类可以实现多个接口，这在编写程序时，解决了一个类要具备多方面特征的问题。在 Java 中创建接口的语法格式如下所示。

```
[public] interface<接口名>{
       [<常量>]
       [<抽象方法>]
}
```

（1）public：接口的修饰符只能是 public，因为只有这样接口才能被任何包中的接口或类访问。

（2）interface：接口的关键字。

（3）接口名：它的定义规则与类名一样。

（4）常量：在接口中不能声明变量，因为接口要具备 public、static 和 final 这 3 个特征。

8.3.2　接口中的常量

在 Java 接口中定义变量时，只能使用关键字 public、static 和 final，在接口中只能声明常量，不能声明变量。

	在接口中定义常量	
实例 8-8	源码路径：	
	daima\008\src\jiechang.java	

实例文件 jiechang.java 的主要实现代码如下所示。

```
①interface bbb{
    int a=100;              //定义变量a并赋值
    int b=200;              //定义变量b并赋值
    int c=323;              //定义变量c并赋值
    int d=234;              //定义变量d并赋值
```

```
    int f=523;              //定义变量f并赋值
    void print();
    void print1();
}
②class Jiedo implements bbb{
③    public void print(){
        System.out.println(a+b);
    }

④    public void print1(){
        System.out.println(c+d+f);
    }
}
class Jie{
    public static void main(String args[]) {
        Jiedo a1=new Jiedo();
⑤      a1.print();
⑥      a1.print1();
    }
}
```

范例 8-8-01：演示在定义接口常量时出错

源码路径：演练范例\8-8-01\

范例 8-8-02：double 类型的比较处理

源码路径：演练范例\8-8-02\

在①，使用关键字 interface 定义接口 bbb，此处不但定义并赋值了变量 a、b、c、d、f，而且定义了 print()和 print1()两个方法。

在②，定义 Jiedo 类，通过关键字设置 Jiedo 类继承接口 bbb。

在③，定义方法 print()，输出变量 a 和 b 的和。

在④，定义方法 print1()，输出 3 个变量 c、d 和 f 的和。

在⑤⑥，分别调用方法 print()和 print1()输出计算结果，执行后将输出：

```
300
1080
```

注意：extends 与 implements 的区别要重视。在 Java 语言中，extends 关键字用于继承父类，只要那个类没有声明为 final 或者那个类定义为 abstract 就能继承。Java 不支持多重继承（这是指一个类不能同时继承两个及两个以上的类），但是这可以借助于接口来实现，这样就用到了implements。虽然只能继承一个类，但是使用 implements 可以实现多个接口，此时只需用逗号分开即可。例如，在下面的代码中，A 是子类名，B 是父类名，C、D 和 E 是接口名。

```
class A extends B implements C,D,E {}
```

8.3.3　接口中的方法

在 Java 接口中，因为所有的方法都是抽象的、公有的，因此在声明方法时，可以省略关键字 public 和 abstract。当然，添加修饰符也没有关系。

实例 8-9　**在接口中使用方法**

源码路径：

daima\008\src\cuofang.java

实例文件 cuofang.java 的主要实现代码如下所示。

```
interface newjie        //定义接口newjie
{
  void print();            //在接口中定义方法print()
  public void print1();    //在接口中定义方法print1()
  abstract void print2();  //在接口中定义方法print2()
  public abstract void print3();
                           //在接口中定义方法print3()
  abstract public void print4();
                           //在接口中定义方法print4()
}

class newjie1 implements newjie    //定义newjie1类，此类继承接口newjie
{
  public void print()                  //接口方法print()的具体实现代码
  {
    System.out.println("newjie接口里第一个方法没有修饰符");
  }
```

范例 8-9-01：使用在接口中定义的方法

源码路径：演练范例\8-9-01\

范例 8-9-02：在接口中增加新功能

源码路径：演练范例\8-9-02\

```
    public void print1()                          //接口方法print1()的具体实现代码
    {
      System.out.println("newjie接口里第二个方法有修饰符public");
    }

    public void print2()                          //接口方法print2()的具体实现代码
    {
      System.out.println("newjie接口里第三个方法有修饰符abstract");
    }

    public   void print3()                        //接口方法print3()的具体实现代码
  {
      System.out.println("newjie接口里第四个方法有修饰符public和abstract");
    }

    public void print4()                          //接口方法print4()的具体实现代码
    {
      System.out.println("newjie接口里第五个方法有修饰符abstract和public");
    }
}

public class coufang                              //定义测试coufang类
{
    public static void main(String args[]){
        newjie1 a1=new newjie1();                 //定义newjie1类的对象a1
        a1.print();                               //调用接口方法print()
        a1.print1();                              //调用接口方法print1()
        a1.print2();                              //调用接口方法print2()
        a1.print3();                              //调用接口方法print3()
        a1.print4();                              //调用接口方法print4()
    }
}
```

上述代码定义了一个接口，在接口里定义了方法，其实这5个方法是相同的。在编写程序时，建议读者使用第一种方法。执行上述代码后将输出：

```
newjie接口里第一个方法没有修饰符
newjie接口里第二个方法有修饰符public
newjie接口里第三个方法有修饰符abstract
newjie接口里第四个方法有修饰符public和abstract
newjie接口里第五个方法有修饰符abstract和public
```

8.3.4 引用接口

在引用接口前需要先实现这个接口，前面已经多次演示了接口的实现方法。在接口的实现过程规定，一是能为所有的接口提供实现的功能，二是能遵循重写的所有规则，三是能保持相同的返回数据类型。在Java中实现接口的语法格式如下所示。

```
[<修饰符>] class<类名> implements <接口名>{
    ……
}
```

实例 8-10 编写一个类实现一个接口
源码路径：
daima\008\src\jieshi.java

实例文件jieshi.java的主要实现代码如下所示。

```
①interface JieOne{
    int add(int a,int b);
}
②interface JieTwo{
    int sub(int a,int b);
}
③interface JieThree{
    int mul(int a,int b);
}
④interface JieFour{
    int umul(int a,int b);
}
⑤class JieDuo implements JieOne,JieTwo,JieThree,JieFour{
    public int add(int a,int b){
```

范例 8-10-01：实现接口继承
源码路径：演练范例\8-10-01\
范例 8-10-02：经理和员工的差异
源码路径：演练范例\8-10-02\

```
        return a+b;
    }
      public int sub(int a,int b){
      return a-b;
    }
      public int mul(int a,int b){
      return a*b;
    }
  public int umul(int a,int b){
      return a/b;
    }
}
public class jieshi{
  public static void main(String args[]){
⑥    JieDuo aa=new JieDuo();
⑦    System.out.println("a+b="+aa.add(2400,1200));    //提供具体实现方法
⑧    System.out.println("a-b="+aa.sub(2400,1200));    //提供具体实现方法
⑨    System.out.println("a*b="+aa.mul(2400,1200));    //提供具体实现方法
⑩    System.out.println("a/b="+aa.umul(2400,1200));   //提供具体实现方法
      }
}
```

在①②③④，分别定义了 JieOne、JieTwo、JieThree 和 JieFour 共 4 个接口，并在这 4 个接口中分别定义了各自的内置方法 add()、sub()、mul() 和 umu()。

在⑤，定义 JieDuo 类，设置此类同时继承前面定义的接口 JieOne、JieTwo、JieThree 和 JieFour。在 JieDuo 类中编写了 4 个接口内置方法的具体实现，这 4 个方法分别实现四则运算的功能。

在⑥，定义 JieDuo 类的对象 aa，开始测试前面定义的接口方法。

在⑦⑧⑨⑩，分别调用接口方法 add()、sub()、mul() 和 umu() 实现四则运算功能。执行后将输出：

```
a+b=3600
a-b=1200
a*b=2880000
a/b=2
```

8.3.5　接口间的继承

接口的继承和类的继承不一样，接口完全支持多继承，即一个接口可以有多个直接父接口。与类继承相似，子接口扩展某个父接口，并会获得父接口里定义的所有抽象方法、常量属性、内部类和枚举类定义。当一个接口继承多个父接口时，多个父接口排在 extends 关键字之后，多个父接口之间以英文逗号"，"隔开。例如，在下面的实例中定义了 3 个接口，其中第三个接口继承了前面两个接口。

实例 8-11	接口之间的继承 源码路径： daima\008\src\jicheng.java	

实例文件 jicheng.java 的主要实现代码如下所示。

```
interface interfaceA  //定义接口interfaceA
{
    int PROP_A = 5;
    //int类型的属性变量PROP_A，其初始值是5
    void testA();           //定义接口方法testA()
}
interface interfaceB         //定义接口interfaceB
{
    int PROP_B = 6;  //int类型的属性变量PROP_B，其初始值是6
    void testB();           //定义接口方法testB()
}
//定义接口interfaceC，设置此接口同时继承接口interfaceA和interfaceB
interface interfaceC extends interfaceA, interfaceB
{
    int PROP_C = 7;                     //int类型的属性变量PROP_C，其初始值是7
    void testC();                       //定义接口方法testC()
}
public class jicheng {
    public static void main(String[] args){
        System.out.println(interfaceC.PROP_A);        //子接口调用父接口中PROP_A的值
```

> 范例 8-11-01：由 static 修饰的方法
> 源码路径：演练范例\8-11-01\
> 范例 8-11-02：Java 接口的基本用法
> 源码路径：演练范例\8-11-02\

```
        System.out.println(interfaceC.PROP_B);        //子接口调用父接口中PROP_B的值
        System.out.println(interfaceC.PROP_C);        //子接口调用自己的PROP_C的值
    }
}
```

在上面的代码中，接口 interfaceC 继承了接口 interfaceA 和 interfaceB，所以 interfaceC 获得了它们的常量。在方法 main 中通过 interfaceC 来访问 PROP_A、PROP_B 和 PROP_C 常量属性。执行后将输出：

```
5
6
7
```

8.3.6　接口的私有方法（Java 9 新增）

在 Java 7 及更早版本中，在一个接口中只能定义常量或抽象方法这两种元素，不能在接口中提供方法实现。如果要提供抽象方法和非抽象方法（方法与实现）的组合，则只能使用抽象类。

Java 8 版本特意在接口中引入了默认方法和静态方法这两个新功能。开发者可以在 Java 8 的接口中编写默认方法和静态方法的实现，在实现时仅需要使用"default"关键字来定义。由此可见，在 Java 8 的接口中，可以定义的成员有常量、抽象方法、默认方法和静态方法。例如，下面是一段在 Java 8 中接口的主要实现代码。

```
public interface JavaEight{
        String TYPE_NAME = "java seven interface";
        int TYPE_AGE = 20;
        String TYPE_DES = "java seven interface description";
        default void method01(String msg){
            //TODO
        }
        default void method02(){
            //TODO
        }
        // Any other abstract methods
        void method03();
        void method04(String arg);
        ...
        String method05();
}
```

如果仔细观察上面的代码，可以发现有些代码冗余。如果要将冗余代码提取为常用方法，则应该使用公共方法。但是，如果 API 开发人员不希望向客户端公开任何其他方法，那么应如何解决这个问题呢？我们应该使用抽象类来解决 Java 8 中遇到的上述情况。为了解决上述的问题，在 Java 9 版本中提供了新的功能：在接口中使用 private 私有方法，使用"private"访问修饰符在接口中编写私有方法。

在 Java 9 中，一个接口可以定义的成员有常量、抽象方法、默认方法、静态方法、私有方法和私有静态方法。例如，下面是一段在 Java 9 中的接口代码。

```
public interface JavaNine{
        String TYPE_NAME = "java seven interface";
        int TYPE_AGE = 20;
        String TYPE_DES = "java seven interface description";

        default void method01(){
            //TODO
        }
        default void method02(String message){
            //TODO
        }

        private void method(){
            //TODO
        }

        // Any other abstract methods
        void method03();
        void method04(String arg);
        ...
        String method05();
}
```

在下面的实例中，分别演示了在 Java 7、Java 8 和 Java 9 中接口方法的用法。

实例 8-12	使用接口中的私有方法	
	源码路径：	
	daima\008\src\CustomClass7.java	
	daima\008\src\CustomInterface7.java	
	daima\008\src\CustomInterface8.java	
	daima\008\src\CustomInterface9.java	

（1）在 Java 7 及更早版本的接口中可能只包含抽象方法，这些接口方法必须由实现接口的类来实现。本实例在 Java 7 版本中的实现代码是 CustomClass7.java 和 CustomInterface7.java，其中在接口文件 CustomInterface7.java 中定义了接口 CustomInterface7，它里面只包含一个抽象方法 method()。实例文件 CustomInterface7.java 的主要实现代码如下所示。

```
public interface CustomInterface7 {      //定义接口CustomInterface7
    public abstract void method();       //定义抽象方法method()
}
```

在文件 CustomClass7.java 中定义接口中方法 method() 的主要实现代码如下所示。

```
public class CustomClass7 implements CustomInterface7 {
    @Override
    public void method() {//实现抽象方法method()
        System.out.println("Hello World");
    }
    public static void main(String[] args){
        CustomInterface7 instance =
        new CustomClass7();
        //创建接口CustomInterface7实例instance
        instance.method();
    }
}
```

> 范例 8-12-01：接口中的抽象方法
> 源码路径：演练范例\8-12-01\
> 范例 8-12-02：继承抽象类并实现接口
> 源码路径：演练范例\8-12-02\

执行上述 Java 7 版本的实例代码后将输出：

```
Hello World
```

（2）从 Java 8 版本开始，在接口中除了可以包含公共抽象方法外，还可以包含公共静态方法和公共默认方法。本实例 Java 8 版本的实现代码是 CustomClass8.java 和 CustomInterface8.java，其中在接口文件 CustomInterface8.java 中定义了接口 CustomInterface8，在其里面包含一个抽象方法 method1()、一个公共默认方法 method2()、一个公共静态方法 method3()。实例文件 CustomInterface8.java 的主要实现代码如下所示。

```
public interface CustomInterface8 {      //定义接口CustomInterface8
    public abstract void method1();      //定义抽象方法method1()
    public default void method2() {      //定义默认方法method2()
        System.out.println("default method");
    }
    public static void method3() {       //定义静态方法method3()
        System.out.println("static method");
    }
}
```

在文件 CustomClass8.java 中定义接口中方法 method1()、method2()和 method3()的主要实现代码如下所示。

```
public class CustomClass8 implements CustomInterface8 {
    @Override
    public void method1() {                     //实现抽象方法method1()
        System.out.println("abstract method");
    }
    public static void main(String[] args){
        CustomInterface8 instance = new CustomClass8();//创建接口CustomInterface8实例instance
        instance.method1();              //接口实例instance调用方法method1()
        instance.method2();              //接口实例instance调用方法method2()
        CustomInterface8.method3();      //调用方法method3()
    }
}
```

执行上述 Java 8 版本的实例代码后将输出：

```
abstract method
default method
static method
```

（3）从 Java 9 版本开始，可以在接口中添加私有方法和私有静态方法，这些私有方法可以提高代码的可重用性。例如两个默认方法需要共享代码，一个私有接口方法将允许它们这样做，但不能将私有方法暴露到它的实现类中。本实例 Java 9 版本的实现代码是 CustomClass9.java 和 CustomInterface9.java，其中在接口文件 CustomInterface8.java 中定义了接口 CustomInterface9，在其里面包含一个静态方法 method3()、一个私有方法 method4()、一个私有静态方法 method5()。实例文件 CustomInterface9.java 的主要实现代码如下所示。

```
public interface CustomInterface9 {          //定义接口CustomInterface9
    public abstract void method1();          //定义抽象方法method1()
    public default void method2() {
        //定义默认方法method2()
        method4();
        //在default方法中的私有方法method4()
        method5();
        //私有静态方法method5()
        System.out.println("default method");
    }
    public static void method3() {    //定义静态方法method3()
        method5();                    //私有静态方法method5()
        System.out.println("static method");
    }
    private void method4(){           //实现私有方法 method4()
        System.out.println("private method");
    }
    private static void method5(){  //实现私有静态方法 method4()
        System.out.println("private static method");
    }
}
```

在文件 CustomClass9.java 中调用在接口 CustomInterface9 中定义的方法的主要实现代码如下所示。

```
public class CustomClass9 implements CustomInterface9 {
    public void method1() {                       //实现抽象方法method1()
        System.out.println("abstract method");
    }
    public static void main(String[] args){
        CustomInterface9 instance = new CustomClass9();//创建接口CustomInterface9实例instance
        instance.method1();                 //接口实例instance调用方法method1()
        instance.method2();                 //接口实例instance调用方法method1()
        CustomInterface9.method3();         //调用方法method3()
    }
}
```

执行上述 Java 9 版本的实例代码后将输出：

```
abstract method
private method
private static method
default method
private static method
static method
```

注意：在 Java 9 接口中编写私有方法时，开发者应该遵循如下所示的规则。

（1）应该使用私有修饰符(private)来定义这些方法。

（2）不能同时使用 private 和 abstract 来定义这些方法。

（3）"private" 意味着完全实现的方法，因为子类不能继承并覆盖此方法。

（4）"abstract" 意味着无实现方法，此时子类应该继承并覆盖此方法。

（5）接口的私有方法必须包含方法体，且必须是具体方法。

（6）接口的私有方法仅在该接口内是有用的或可访问的，我们无法从接口访问或继承私有方法到另一个接口或类。

8.4　技术解惑

8.4.1　重写方法的注意事项

（1）当子类覆盖父类方法后，子类对象将无法访问父类中被覆盖的方法，但我们还可以在子类方法中调用父类中被覆盖的方法。如果需要在子类方法中调用父类中被覆盖的方法，则可以使用 super（当被覆盖的是实例方法时）或者父类类名（当被覆盖方法是类方法时）作为调用者来调用父类中被覆盖的方法。

（2）如果父类方法具有私有访问权限，则该方法对其子类是隐藏的，其子类无法访问该方法，也就是说无法重写该方法。如果在子类中定义了一个与父类私有方法具有相同名字、相同形参列表、相同返回值类型的方法，则依然还不是重写，只是在子类中重新定义了一个新方法。

8.4.2　重写和重载的区别

重写和重载十分好理解，重写实际上通常应用在具有继承关系的类之间，而重载则是在同一个类中有多个同名的方法，它们功能相近，主要通过参数来区别。初学者只要记住口诀"继承可重写，方法可重载"即可理解重写和重载。

其实把重载和重写放在一起比较本身没有太大的意义。事实上，它们之间的联系很少，除了两者都是发生在方法之间并要求方法名相同之外，它们并没有太大的相似之处。当然，父类方法和子类方法之间也可能发生重载，因为子类会获得父类方法。如果子类定义一个与父类方法有相同方法名但参数列表不同的方法，则会形成父类方法和子类方法的重载。如果子类定义了与父类同名的属性，也会发生子类属性覆盖父类属性的情形。在正常情况下，当子类里定义的方法或子类的属性直接访问该属性时，都会访问到覆盖属性，但无法访问父类中被覆盖的属性。

8.4.3　接口和抽象类的区别与联系

接口和抽象类有很多相似之处，它们都具有以下特征。

（1）接口和抽象类都不能实例化，它们都位于继承树的顶端，被其他类实现和继承。

（2）接口和抽象类都可以包含抽象方法。实现接口或继承抽象类的普通子类都必须实现这些抽象方法。

接口和抽象类之间也有区别，这种差别主要体现在两者的设计目的上。作为系统与外界交互的窗口，接口体现的是一种规范。对于接口的实现者而言，接口规定了实现者必须向外提供哪些服务（以方法的形式来提供）；对于接口的调用者而言，接口规定了调用者可以调用哪些服务，以及如何调用这些服务（就是如何调用方法）。当在一个程序中使用接口时，接口是多个模块间的耦合标准；当在多个应用程序之间使用接口时，接口是多个程序之间的通信标准。

在具体用法上，接口和抽象类存在以下 3 点差别。

（1）接口不包含构造器。抽象类里可以包含构造器，抽象类里的构造器并不创建对象，而是让其子类调用这些构造器来完成属于抽象类的初始化操作。

（2）接口里不能包含初始化块，但抽象类完全可以包含初始化块。

（3）一个类最多只能有一个直接父类，这包括抽象类；但一个类可以直接实现多个接口，通过实现多个接口可以弥补 Java 单继承的不足。

8.5　课后练习

（1）编写一个 Java 程序，在对象中调用静态方法。

（2）编写一个 Java 程序，解决祖先的止痒药方的问题。"祖先的止痒药方"请百度。

第 9 章

构造器、多态和引用类型

在本书第 7 章和第 8 章中讲解了 Java 面向对象的基本知识，并通过具体实例演示了各个知识点的用法。本章将进一步讲解 Java 在面向对象方面的核心技术，逐一讲解构造器、多态、块初始化、包装类、类成员、final 修饰符、内部类和枚举类的知识，为读者学习本书后面的知识打下基础。

本章内容

➤➤ 使用构造器
➤➤ 使用多态
➤➤ 引用类型
➤➤ 组合
➤➤ 初始化块

技术解惑

➤➤ this 在构造器中的作用
➤➤ 强制类型转换的局限性
➤➤ 继承和组合的选择

9.1 使用构造器

知识点讲解：视频\第 9 章\构造器详解.mp4

构造器是一个特殊的方法，这个方法能够创建类的实例。因为构造器是创建对象的重要途径，所以在一个 Java 类中必须包含一个或多个构造器。本节将详细讲解 Java 构造器的知识，为读者学习本书后面的知识打下基础。

↑扫码看视频

9.1.1 初始化构造器

构造器最大的用处就是在创建对象时执行初始化操作。因为构造器不是函数，所以它没有返回值。这里要说明的是，尽管构造器中可以存在 return 语句，但是 return 什么都不返回。假如我们指定了返回值，虽然编译器不会报出任何错误，但 JVM 会认为它是一个与构造器同名的函数，这样就会出现一些莫名其妙的无法找到构造器的错误，这是要加倍注意的。例如，在下面的实例代码中自定义了一个构造器，通过这个构造器可以自定义初始化操作。

实例 9-1	**Java 书的累积销量** 源码路径： daima\009\chuyin.java	

实例文件 chuyin.java 的主要实现代码如下所示。

```
public class chuyin{                  //定义chuyin类
  public String name;
  public int count;
//提供自定义的构造器，该构造器包含两个参数
  public chuyin(String name, int count){
    //构造器里的this代表初始化对象
    //下面两行代码将传入的两个参数赋值给this代表对象的name和count属性
    this.name = name;
    this.count = count;
  }
  public static void main(String[] args){
    //使用自定义的构造器来创建chuyin对象
    //系统将对该对象执行自定义的初始化
    chuyin tc = new chuyin("Java书销量：",70000);
    //输出TestConstructor对象的name和count属性
    System.out.println(tc.name);
     System.out.println(tc.count+"册");
  }
}
```

范例 9-1-01：自定义一个构造器
源码路径：演练范例\9-1-01\
范例 9-1-02：使用 Java 构造器
源码路径：演练范例\9-1-02\

上述代码在输出对象 chuyin 时，属性 name 不再为 null，属性 count 也不再为 0，这就是提供自定义构造器的作用。因为 Java 规定，一旦在程序中创建了构造器，那么系统将不会再提供默认的构造器。所以在上述代码中，chuyin 类不可以通过"new chuyin()"方式创建实例，因为此类不再包含无参数的构造器。执行上述代码后将输出：

```
Java书销量：
70000册
```

9.1.2 构造器重载

如果用户希望该类能保留无参数的构造器，或者希望有多种初始化方式，则可以为该类提供多个构造器。如果一个类里提供了多个构造器，则形成了构造器的重载。构造器重载与方法重载基本相似，它们都要求构造器的名字相同，这一点无需特别要求。因为构造器必须与类名相同，所以同一个类中的所有构造器名肯定相同。为了让系统能区分不同的构造器，多个构造器的形参列表必须不同。

实例 9-2 Python 书的销量统计

源码路径：

daima\009\chong.java

实例文件 chong.java 的主要实现代码如下所示。

```java
public class chong
{
    public String name;
    public int count;
    //提供无参数的构造器
    public chong()
    {
    }
    //提供带两个参数的构造器，对该构造器返回的Java对象执行初始化
    public chong(String name , int count)
    {
        this.name = name;
        this.count = count;
    }
    public static void main(String[] args)
    {
        //通过无参数构造器创建ConstructorOverload对象
        chong oc1 = new chong();
        //通过有参数构造器创建ConstructorOverload对象
        chong oc2 = new chong("Python书的销量", 18000);
        System.out.println(oc1.name + " " + oc1.count);
        System.out.println(oc2.name + " " + oc2.count);
    }
}
```

> 范例 9-2-01：在构造器中使用另一个构造器
> 源码路径：演练范例\9-2-01\
> 范例 9-2-02：重写父类中的方法
> 源码路径：演练范例\9-2-02\

在上面的 chong 类中提供了两个重载的构造器，虽然这两个构造器的名字相同，但是形参列表不同。系统通过 new 调用构造器时，将根据传入的实参列表来决定调用哪个构造器。执行后将输出：

```
null 0
Python书的销量 18000
```

9.1.3 调用父类构造器

在 Java 程序中，子类不会获得父类的构造器，但有时在子类的构造器中需要调用父类构造器的初始化代码，就如同 9.1.2 节介绍的一个构造器需要调用另一个重载的构造器一样。在一个构造器中调用另一个重载的构造器需要使用 this 来实现，在子类构造器中调用父类构造器需要使用 super 来实现。

实例 9-3 调用父类中的构造器

源码路径：

daima\009\fugou.java

本实例的功能是，在 fugou 类的构造器中使用 super 调用 Base 类构造器里的初始化代码，实例文件 fugou.java 的主要实现代码如下所示。

```java
class Base                      //定义父类Base
{
    public double size;  //定义属性变量size
    public String name;  //定义属性变量name
    public Base(double size, String name)
//定义构造方法
    {
        //构造器里的this代表初始化对象
        //将传入的两个参数赋给this代表对象的size和name属性
        this.size = size;
        this.name = name;
    }
}
public class fugou extends Base        //定义子fugou类，父类是Base
{
    public String color;            //定义新的属性color
    public fugou(double size, String name, String color){
```

> 范例 9-3-01：演示构造器之间的调用关系
> 源码路径：演练范例\9-3-01\
> 范例 9-3-02：计算几何图形的面积
> 源码路径：演练范例\9-3-02\

```
        super(size, name);              //通过super调用父类构造器方法,实现初始化过程
        this.color = color;             //子类属性赋值
    }
    public static void main(String[] args) {
        fugou s = new fugou(100.1, "测试", "红色");   //定义fugou对象s
        //输出Sub对象的3个属性
        System.out.println(s.size + "--" + s.name + "--" + s.color);
    }
}
```

在上述代码中定义了 Base 类和 fugou 类,其中 fugou 类是 Base 类的子类,程序在 fugou 类的构造器中使用 super 调用 Base 构造器的初始化代码。由整个过程可以看出,使用 super 调用和使用 this 调用非常相似,区别在于 super 调用的是父类构造器,而 this 调用的是同一个类中重载的构造器。因此使用 super 调用的父类构造器也必须出现在子类构造器执行体的第一行。由此可见,不会同时出现 this 调用和 super 调用的情形。执行上述代码后将输出:

```
100.1--测试--红色
```

9.2 使 用 多 态

知识点讲解:视频\第 9 章\多态.mp4

多态是面向对象程序中一个重要的代码重用机制,它是面向对象语言中很普遍的一个概念。本节将详细讲解在 Java 语言中使用多态的知识。

↑扫码看视频

9.2.1 定义多态

多态是同一个行为具有多个不同表现形式或形态的能力。多态就是同一个接口使用不同的实例而执行不同操作。例如,我们在计算机键盘中按下 F1 键:

❑ 如果当前在 Flash 界面下,弹出的就是 AS 3 的帮助文档;
❑ 如果当前在 Word 下,弹出的就是 Word 的帮助;
❑ 如果当前在 Windows 下,弹出的就是 Windows 的帮助和支持。

多态是指程序中定义的引用变量(把类名当作一种数据类型来声明变量,这种变量叫引用变量。有关引用类型的知识,在本章后面的 9.3 节中进行详细介绍)。所指向的具体类型和通过该引用变量发出的方法调用在程序编译时并不确定,而是在程序运行期间才确定,即一个引用变量到底会指向哪个类的实例对象,该引用变量发出的方法调用到底是哪个类中实现的方法,必须在程序运行期间才能决定。因为在程序运行时才确定具体的类,这样,不用修改源程序代码,就可以让引用变量绑定到各种不同的类实现上,从而导致该引用调用的具体方法随之改变,即不修改程序代码就可以改变程序运行时所绑定的具体代码,让程序可以选择多个运行状态,这就是多态性。

9.2.2 使用多态

前面一节讲解了 Java 多态的理论知识,接下来将通过一段实例代码来讲解多态在 Java 程序中的作用。

实例 9-4	使用多态输出是可乐还是雪碧	
	源码路径:	
	daima\009\duotai.java	

实例文件 duotai.java 的主要实现代码如下所示。

```
class Wine {
    private String name;

    public String getName() {
        return name;
    }

    public void setName(String name) {
        this.name = name;
    }

    public Wine(){
    }

    public String drink(){
        return "喝的是 " + getName();
    }

    //重写toString()
    public String toString(){
        return null;
    }
}

class JNC extends Wine{
    public JNC(){
        setName("可乐");
    }

    //重写父类方法,实现多态
    public String drink(){
        return "喝的是 " + getName();
    }

    //重写toString()
    public String toString(){
        return "Wine : " + getName();
    }
}

class JGJ extends Wine{
    public JGJ(){
        setName("雪碧");
    }

    //重写父类方法,实现多态
    public String drink(){
        return "喝的是 " + getName();
    }

    //重写toString()
    public String toString(){
        return "Wine : " + getName();
    }
}

public class duotai {
    public static void main(String[] args) {
        //定义父类数组
        Wine[] wines = new Wine[2];
        //定义两个子类
        JNC jnc = new JNC();
        JGJ jgj = new JGJ();

        //父类引用子类对象
        wines[0] = jnc;
        wines[1] = jgj;

        for(int i = 0 ; i < 2 ; i++){
            System.out.println(wines[i].toString() + "--" + wines[i].drink());
        }
        System.out.println("------------------------------");

    }
}
```

> 范例 9-4-01：基于继承实现的多态
> 源码路径：演练范例\9-4-01\
> 范例 9-4-02：基于接口实现的多态
> 源码路径：演练范例\9-4-02\

执行后将输出：

```
Wine ： 可乐--喝的是 可乐
Wine ： 雪碧--喝的是 雪碧
--------------------------------
```

在上述代码中， JNC 类和 JGJ 类继承于 Wine 类，并且重写了 drink()、toString()方法，程序运行结果是调用子类中方法，分别输出 JNC、JGJ 的名称，这就是多态的表现。不同的对象可以执行相同的行为，但是它们都需要通过自己的实现方式来执行，这得益于向上转型。

✾ 注意：多态的核心是类型的一致性。对象上的每一个引用和静态的类型检查器都要确认这样的依附。当一个引用成功地依附于另一个不同的对象时，有趣的多态现象就产生了。我们也可以把几个不同引用依附于同一个对象。

多态依赖于类型和实现的分离、接口和实现的分离。多态行为会用到类的继承关系所建立起来的子类型关系。Java 接口同样支持用户定义的类型，相应地，Java 的接口机制启动了建立在类型层次结构上的多态行为。

9.3　引　用　类　型

📺 知识点讲解：视频\第 9 章\引用类型.mp4

↑扫码看视频

本节将详细讲解在 Java 语言中使用引用类型的知识，并通过具体实例来讲解引用类型的用法，为读者学习本书后面知识的学习打下基础。

9.3.1　4 种引用类型

对于需要长期运行的应用程序来说，如果无用对象所占用的内存空间不能得到及时释放，虽然 Java 的内存管理机制确保了其应用程序整体上不会存在理论上的内存泄露，但在某一个局部时间段内它依然会形成事实上的内存泄露。如果想有效地解决这个问题，我们就需要及时地释放内存，在 Java 中最稳妥的方法就是，在使用完对象之后立刻执行 "object=null" 语句。当然，这也是一种理想状态。

在 JDK 中引入了 4 种对象引用类型,通过这 4 种引用类型强行调用垃圾回收方法"System. gc()"来解决内存泄露问题。

（1）强引用：在日常编程中所用的大多数引用类型属于强引用类型，方法是显式执行 "object=null" 语句。

（2）软引用：对于软引用的对象，如果内存空间足够，那么垃圾回收器是不会回收它的；如果内存空间不足，那么垃圾回收器将回收这些对象占用的内存空间。在 Java 中软引用对应 java.lang.ref.SoftReference 类，如果要软引用一个对象，只需将其作为参数传入 SoftReference 类的构造方法中即可。

（3）弱引用：与软引用相比，被弱引用的对象拥有更短的内存时间（也就是生命周期）。垃圾回收器一旦发现了弱引用对象，不管当前内存空间是否足够，都会回收它的内存，弱引用对应着 java.lang.ref.WeakReference 类。同样的道理，如果要弱引用一个对象，则只需将其作为参数传入 WeakReference 类的构造方法中。

（4）虚引用：虚引用不是一种真实可用的引用类型，完全可以被视为一种 "形同虚设" 的引用类型。设计虚引用的目的在于结合引用关联队列，实现对对象引用关系的跟踪。在 Java 中虚引用对应 java.lang.ref.PhantomReference 类。如果要虚引用一个对象，则只需将其作为参数传入 PhantomReference 类的构造方法中，同时作为参数传入的还有引用关联队列

java.lang.ref.ReferenceQueue 的对象实例。

实例 9-5 使用弱引用
源码路径：
daima\009\TestReference.java

本实例演示了弱引用所引用的对象被系统回收的过程，实例文件 TestReference.java 的主要实现代码如下所示。

```
import java.lang.ref.*;
public class TestReference{
    public static void main(String[] args) throws Exception{
        //创建一个字符串对象
①      String str = new String("Java语言从入门实践");
        //创建一个弱引用，让此弱引用引用"Java从入门实践"字符串
②      WeakReference<String> wr = new WeakReference<String>(str);
        //切断str引用和"Java开发从入门到精通"字符串之间的引用
        str = null;
        //取出弱引用所引用的对象
③      System.out.println(wr.get());
        //强制垃圾回收
        System.gc();
④      System.runFinalization();
        //再次取出弱引用所引用的对象
⑤      System.out.println(wr.get());
    }
}
```

| 范例 9-5-01：使用按值传递 |
| 源码路径：演练范例\9-5-01\ |
| 范例 9-5-02：使用按引用传递 |
| 源码路径：演练范例\9-5-02\ |

在①，创建一个字符串对象，并让引用变量 str 引用这个对象。

在②，创建一个弱引用对象，并让这个对象和引用变量 str 引用同一个对象。

在③，切断 str 与字符串"Java 语言从入门实践"之间的引用关系，此时这个字符串只有一个弱引用对象引用它。这个时候程序依然可以通过这个弱引用来访问该字符串常量，当程序执行"System.out.println(wr.get())"时依然可以输出"Java 语言从入门实践"。

在④，程序会强制垃圾回收。如果系统垃圾回收器启动，则将只有弱引用所引用的对象会清除掉。

当执行⑤代码的时候，就只能输出 null 的值。执行后将输出：

```
Java语言从入门到实践
null
```

9.3.2 引用变量的强制类型转换

在编写 Java 程序时，引用变量只能调用编译时类型的方法，不能调用运行时类型的方法，即使实际所引用对象确实包含该方法。如果需要让这个引用变量调用运行时类型的方法，则必须使用强制类型转换把它转换成运行时类型。强制类型转换需要借助于类型转换运算符。

在 Java 程序中，类型转换运算符是小括号"()"。使用类型转换运算符的格式如下所示。

```
(type)variable
```

上述格式可以将变量 variable 转换成一个 type 类型的变量，这种类型转换运算符可以将一个基本类型变量转换成另一个类型。除此之外，此类型的转换运算符还可以将一个引用类型变量转换成其子类类型。

实例 9-6 使用强制转换
源码路径：
daima\009\qiangzhuan.java

实例文件 qiangzhuan.java 的主要实现代码如下所示。

```
public class qiangzhuan {
    public static void main(String[] args) {
        double d = 18.8;
        long l = (long)d;
        System.out.println(l);
        int in = 5;
        //下面代码试图把一个数值型变量转换为boolean
        //型的，所以会出错
```

| 范例 9-6-01：使用自动转换 |
| 源码路径：演练范例\9-6-01\ |
| 范例 9-6-02：使用强制转换 |
| 源码路径：演练范例\9-6-02\ |

```
        //boolean b = (boolean)in;
        Object obj = "Hello";
        //obj变量的编译类型为Object，它是String类型的父类，可以强制类型转换
        //而且obj变量实际上的类型也是String类型，所以运行时也可以通过
        String objStr = (String)obj;
        System.out.println(objStr);
        //定义一个objPri变量，编译类型为Object，实际类型为Integer
        Object objPri = new Integer(5);
        //objPri变量的编译类型为Object，它是String类型的父类，可以强制类型转换
        //而objPri变量实际上的类型是Integer类型，所以下面代码运行时会引发ClassCastException异常
        String str = (String)objPri;
    }
}
```

在上述代码中，因为变量 objPri 的实际类型是 Integer，所以运行上述代码时会引发 ClassCastException 异常。执行后将输出：

```
18
Hello
Exception in thread "main" java.lang.ClassCastException: class java.lang.Integer cannot be
cast to class java.lang.String (java.lang.Integer and java.lang.String are in module java.
base of loader 'bootstrap')
    at qiangzhuan.main(qiangzhuan.java:23)
```

为了解决上述异常，在进行类型转换之前应先通过 instanceof 运算符来判断是否可以转换成功。

9.4　组　合

知识点讲解：视频\第 9 章\组合.mp4

↑扫码看视频

　　本书前面已经讲解继承的知识，继承是实现类重用的重要手段，但继承会破坏封装。相比之下，在 Java 中通过组合也可以实现类重用，且采用组合方式来实现类重用能提供更好的封装性。

　　如果需要重用一个类，除了把这个类当成基类来继承之外，还可以把该类当成另一个类的组合，从而允许新类直接重用该类的 public 方法。不管是继承还是组合，都允许在新类（在继承关系中就是子类）中直接重用旧类的方法。在继承关系中，子类可以直接获得父类的 public 方法。当程序使用子类时，可以直接访问该子类从父类中继承的方法。而组合能够把旧类对象作为新类的属性来嵌入，用以实现新类的功能。我们看到的只是新类的方法，而不能看到嵌入在对象中的方法。因此，通常需要在新类中使用 private 来修饰嵌入的旧类对象。

　　如果仅从类复用的角度来看，则很容易发现父类的功能等同于嵌入类，它们都是将自身的方法提供给新类使用。子类和组合关系里的整体类都可以复用原有类的方法，这样可以实现自身功能。

实例 9-7 对比继承与组合两种重用形式
源码路径：
daima\009\jiben.java 和 haiyou.java

在实例文件 jiben.java 中定义 3 个类，其中 dongwu 类是父类，下面有 niao 和 nnn 两个子类，主要实现代码如下所示。

```
class dongwu              //父类
{
    private void beat() //方法beat()输出文本"休息..."
    {
        System.out.println("休息...");
    }
    public void breath() //方法breath()输出文本"走路..."
```

范例 9-7-01：组合和继承的区别
源码路径：演练范例\9-7-01\
范例 9-7-02：组合基本类型
源码路径：演练范例\9-7-02\

```
        {
            beat();
            System.out.println("走路...");
        }
    }
//继承dongwu，直接复用父类的breath方法
class niao extends dongwu                //定义子niao类
{
    public void fly(){
        System.out.println("飞翔...");
    }
}
//继承dongwu，直接复用父类的breath方法
class nnn extends dongwu                //定义子dongwu类
{
    public void run(){
        System.out.println("奔跑...");
    }
}
public class jiben{
    public static void main(String[] args){
        niao b = new niao();             //定义子类对象
        b.breath();                      //调用父类中的breath()方法
        b.fly();                         //调用自身中的fly()方法
        nnn w = new nnn();               //定义子类对象w
        w.breath();                      //调用父类中的breath()方法
        w.run();                         //调用自身中的run()方法
    }
}
```

在上述代码中，niao 类和 nnn 类继承了 dongwu 类，从而 nnn 和 niao 可以获得 dongwu 的方法，从而复用了 dongwu 提供的 breath()方法。这种方式相当于让 nnn 类和 niao 类同时具有父类 dongwu 的 breath()方法，这样 niao 类和 nnn 都可以直接调用 dongwu 里定义的 breath()方法。执行后将输出：

```
休息...
走路...
飞翔...
休息...
走路...
奔跑...
```

❀ 注意：上述实例在鸟类对象中设置了一个动物的属性。这样的设置看起来可能有点怪异，好像其他属性就不是动物属性了。建议读者无需纠结这么多，上述实例的目的只是简单地对比重用的效果，只要理解并掌握继承这种重用形式即可。

我们知道编程都讲究代码复用的原则，可以借助组合来实现代码复用。编写可以实现复用功能并且可以实现上述功能的文件 haiyou.java，主要实现代码如下所示。

```
class dongwu                         //定义父类dongwu
{
    private void beat(){
        System.out.println("休息...");
    }
    public void breath(){
        beat();
        System.out.println("走路...");
    }
}
class niao{
    //将原来的父类嵌入原来的子类中，作为子类的一个组合成分
    private dongwu a;
    public niao(dongwu a){
        this.a = a;
    }
    //重新定义一个自己的breath()方法
    public void breath(){
        //直接复用dongwu提供的breath()方法来实现niao的breath()方法
        a.breath();
    }
    public void fly(){
        System.out.println("飞翔...");
```

```
    }
}
class nnn{
    //将原来的父类嵌入原来的子类中，作为子类的一个组合成分
    private dongwu a;
    public nnn(dongwu a){
        this.a = a;
    }
    //重新定义一个自己的breath()方法
    public void breath(){
        //直接复用dongwu提供的breath()方法来实现niao的breath()方法
        a.breath();
    }
    public void run(){
        System.out.println("奔跑...");
    }
}
public class haiyou{
    public static void main(String[] args){
        //此时需要显式创建被嵌入的对象
        dongwu a1 = new dongwu();
        niao b = new niao(a1);
        b.breath();
        b.fly();
        //此时需要显式创建被嵌入的对象
        dongwu a2 = new dongwu();
        nnn w = new nnn(a2);
        w.breath();
        w.run();
    }
}
```

在上述代码中，对象 nnn 和 niao 由对象 dongwu 组合而成，在上述代码创建对象 nnn 和 niao 之前，首先要创建对象 dongwu，并利用对象 dongwu 来创建对象 nnn 和 niao。此时执行后将输出：

```
休息...
走路...
飞翔...
休息...
走路...
奔跑...
```

9.5 初 始 化 块

知识点讲解：视频\第 9 章\初始化块.mp4

在 Java 语言中，初始化块的功能是对 Java 对象实现初始化操作。本节将详细讲解在 Java 程序中使用初始化块的方法，为读者步入本书后面知识的学习打下基础。

↑扫码看视频

9.5.1 初始化块介绍

在 Java 语言的类中，初始化块和属性、方法、构造器处于平等的地位。在一个类里可以有多个初始化块，在相同类型的初始化块之间是有顺序的，其中前面定义的初始化块先执行，后面定义的初始化块后执行。在 Java 中实现初始化块的语法格式如下所示。

```
修饰符 {
    //初始化块的可执行代码
}
```

在 Java 语言中有两种初始化块，它们分别是静态初始化块和非静态初始化块。

（1）静态初始化块：它使用 static 定义，当类装载到系统时执行一次。如果在静态初始化块中希望初始化变量，则只能初始化类变量，即由 static 修饰的数据成员。

（2）非静态初始化块：它在生成每个对象时都会执行一次，可以初始化类的实例变量。非静态初始化块会在其构造器的主体代码之前执行。

当 Java 创建一个对象时，系统先为该对象的所有实例变量分配内存，接着程序开始对这些实例变量进行初始化，其初始化的顺序是：先执行初始化块或声明实例变量时指定的初始值（这两个地方指定初始值的执行允许与它们在源代码中的排列顺序相同），再执行构造器里指定的初始值。

如果两个构造器中有相同的初始化代码，且这些初始化代码无需接受参数，就可以把它们放在初始化块中定义。

实例 9-8	使用初始化块	
	源码路径： daima\009\kuai.java	

实例文件 kuai.java 的主要实现代码如下所示。

```
public class kuai {
    {
        a = 6;
    }
    int a = 9;
    public static void main(String[] args) {
        // TODO Auto-generated method stub
        //输出结果为9
        System.out.println(new kuai().a);
    }
}
```

> 范例 9-8-01：说明初始化块的执行顺序
> 源码路径：演练范例\9-8-01\
> 范例 9-8-02：提高产品的质量
> 源码路径：演练范例\9-8-02\

执行后将输出：

```
9
```

由此可见，普通初始化块、声明实例变量指定的默认值都可以是对象的初始化代码，它们的执行顺序与源代码中的排列顺序相同。

注意：当 Java 创建一个对象时，系统先为该对象的所有实例属性分配内存，然后程序开始对这些实例属性执行初始化操作，初始化顺序是先执行初始化块或声明属性时指定的初始值，然后执行构造器里指定的初始值。初始化块虽然也是 Java 类的一种成员，但因为它没有名字和标识，所以无法通过类和对象来调用初始化块。只有在创建 Java 对象时才能隐式地执行初始化块，并且应在执行构造器之前执行。

9.5.2 使用静态初始化块

如果在 Java 中使用 static 修饰符定义了初始化块，则称这个初始化块为静态初始化块。静态初始化块是类相关的，系统将在类初始化阶段执行静态初始化块，而不是在创建对象时才执行。因此静态初始化块总是比普通初始化块先执行。

静态初始化块能够初始化整个类。它通常用于对类属性执行初始化处理，但是不能初始化实例属性。与普通初始化块类似的是，系统在类初始化阶段执行静态初始化块时，不仅会执行本类的静态初始化块，而且会一直上溯到 java.lang.Object 类（如果它包含静态初始化块），先执行 java.lang.Object 类的静态初始化块，然后执行其父类的静态初始化块……最后才执行该类的静态初始化块。经过上述过程才能完成该类的初始化过程。完成类的初始化工作后，才可以在系统中使用这个类，这包括访问这个类的方法和属性，或者用此类来创建实例。

实例 9-9	使用静态初始化块	
	源码路径： daima\009\jing.java	

本实例演示了在 Java 程序中使用静态初始化块的用法，实例文件 jing.java 的主要实现代码如下所示。

```
class gen                           //定义第一个gen类，这是父类
{
    static{                         //定义静态初始化块，使其输出文本"gen的静态初始化块"
        System.out.println("gen的静态初始化块");
    }
    {
        System.out.println("gen的普通初始化块");
    }
    public gen()                    //构造器方法gen()，使其打印输出文本"gen的无参数构造器"
    {
        System.out.println("gen的无参数构造器");
    }
}
class zhong extends gen             //定义子zhong类
{
    static{                         //定义静态初始化块
        System.out.println("zhong的静态初始化块");
    }
    {
        System.out.println("zhong的普通初始化块");
    }
    public zhong()                  //构造器方法zhong()
    {
        System.out.println("zhong的无参数构造器");
    }
    public zhong(String msg)        //重载方法
    {
        //通过this调用同一类中重载的构造器
        this();
        System.out.println("zhong的带参数构造器，其参数值:" + msg);
    }
}
class xiao extends zhong            //定义子xiao类
{
    static{                         //定义静态初始化块
        System.out.println("xiao的静态初始化块");
    }
    {
        System.out.println("xiao的普通初始化块");
    }
    public xiao()                   //构造方法xiao()
    {
        //通过super调用父类中有一个字符串参数的构造器
        super("AAAA");
        System.out.println("执行xiao的构造器");
    }
}

public class jing                   //定义测试jing类
{
    public static void main(String[] args) {
        new xiao();                 //第一个调用构造方法，创建第一个xiao对象
        new xiao();                 //第二个调用构造方法，创建第二个xiao对象
    }
}
```

> 范例 9-9-01：不使用初始化块
> 源码路径：演练范例\9-9-01\
> 范例 9-9-02：使用初始化块
> 源码路径：演练范例\9-9-02\

　　上述代码定义了 gen、zhong 和 xiao 共 3 个类，它们都提供了静态初始化块和普通初始化块，并且在 zhong 类中使用 this 调用了重载构造器，而在 xiao 中使用 super 显式调用了其父类指定的构造器。上述代码执行了两次 "new xiao();"，创建两个 xiao 对象。当我们第一次创建 xiao 类的一个对象时，因为系统中还不存在 xiao 类，因此需要先加载并初始化 xiao 类。在初始化类时 xiao 会先执行其顶层父类的静态初始化块，然后执行父类的静态初始化块，最后才执行 xiao 本身的静态初始化块。当初始化 xiao 类成功后，xiao 类将在该虚拟机中一直存在。当第二次创建实例 xiao 时，无需再次初始化 xiao 类。执行后的结果如图 9-1 所示。

```
gen的静态初始化块
zhong的静态初始化块
xiao的静态初始化块
gen的普通初始化块
gen的无参数构造器
zhong的普通初始化块
zhong的无参数构造器
zhong的带参数构造器，其参数值: AAAA
xiao的普通初始化块
执行xiao的构造器
gen的普通初始化块
gen的无参数构造器
zhong的普通初始化块
zhong的无参数构造器
zhong的带参数构造器，其参数值: AAAA
xiao的普通初始化块
执行xiao的构造器
```

图 9-1　执行结果

9.6 技 术 解 惑

9.6.1 this 在构造器中的作用

假设有 A 和 B 两个构造器，其中构造器 B 完全包含构造器 A。对于这种完全包含的情况，如果是两个方法之间存在这种关系，则可以在方法 B 中调用方法 A。但是构造器不能直接被调用，必须使用 new 关键字来调用构造器。一旦使用关键字 new 来调用构造器，则将导致系统重新创建一个对象。为了在构造器 B 中调用构造器 A 中的初始化代码，且不会重新创建一个 Java 对象，可以使用 this 关键字来调用相应构造器。上面的例子演示了 this 的这种妙用。

还有很多初学者认为用 this 来调用另一个重载的构造器是没有必要的，因为可以将一个构造器中的代码复制、粘贴到这个构造器的方法上来解决上述问题。虽然这也可以实现，但这种做法不提倡。因为从软件工程的角度来看，这样操作是相当"菜"的。在软件开发中有一个规则：不要把相同的代码段写两次以上。因为几乎所有的软件产品都需要不断更新，如果需要更新构造器 A 的初始化代码，假设构造器 B、构造器 C……都包含了相同的初始化代码，则需要同时打开构造器 A、构造器 B、构造器 C……这样会涉及修改许多代码。反之，如果构造器 B、构造器 C……是通过 this 调用了构造器 A 的初始化代码，则只需打开构造器 A 进行修改即可。在此提醒广大读者，在同一个程序中应该尽量避免相同的代码重复出现，要充分复用每一段代码，尽量让程序代码更加简单并高效。

9.6.2 强制类型转换的局限性

Java 中的强制类型转换并不是万能的，在进行强制类型转换时需要注意以下两点。

（1）基本类型之间的转换只能在数值类型之间进行，这里所说的数值类型包括整型、字符型和浮点型。数值型不能与布尔型之间进行类型转换。

（2）引用类型之间的转换只能把一个父类变量转换成子类类型。如果是两个没有任何继承关系的类型，则无法进行类型转换，否则编译时就会出现错误。如果试图把一个父类实例转换成子类类型，则这个对象实际上必须是子类实例才行（即编译时类型为父类类型，而运行时类型为子类类型），否则会在运行时引发 ClassCastException 异常。

9.6.3 继承和组合的选择

在 Java 编程中，经常会遇到是选择继承还是选择组合的问题。继承是对已有的类进行一番改造，目的是获得一个特殊的版本。也就是说将一个较为抽象的类改造成能适用于某些特定需求的类，例如前面演示代码中 nnn 类和 dongwu 的关系，使用继承更能表达其现实意义。毕竟用一只动物来合成一只老虎毫无意义，原因是老虎并不是由动物组成的。反之，如果两个类之间有明确的整体、部分的关系，例如 Person 类需要复用 Arm 类的方法（Person 对象由 Arm 对象组合而成），则此时就应该采用组合关系来实现复用，把 Arm 作为 Person 类的嵌入属性，借助 Arm 的方法实现 Person 的方法。

概括起来说，继承要表达的是一种"是（is）"的关系，而组合表达的是"有（has）"的关系。

9.7 课 后 练 习

（1）编写一个 Java 程序，然后通过创建的 displayObjectClass() 方法演示 instanceof 关键字的用法。

（2）编写一个 Java 程序，在构造函数中使用 Enum（枚举）关键字。

（3）编写一个 Java 程序，然后通过创建的 sumvarargs() 方法统计所有数字的值，要求使用 varargs 来实现。

第 10 章

内部类、匿名类和枚举类

本章将进一步讲解 Java 面向对象的知识，逐一讲解内部类、匿名类和枚举类的知识，为读者学习本书后面的知识打下基础。

本章内容
- 使用内部类
- 使用匿名类
- 使用枚举类
- 嵌套访问控制（Java 11 新增）

技术解惑
- 类的 4 种权限
- 手工实现枚举类的缺点

10.1 使用内部类

知识点讲解：视频\第 10 章\内部类.mp4

在 Java 程序中，内部类是指在某个类的内部再定义一个类。在这种情况下，内部类作为其外部类的一个成员，是依附于外部类而存在的。内部类可以是静态的，可以使用 protected 和 private 来修饰，而外部类只能使用 public 和默认的包访问权限。Java 中的内部类主要有成员内部类、局部内部类、静态内部类和匿名内部类等。

↑ 扫码看视频

10.1.1 内部类概述

在 Java 程序中，人们通常会把类定义成一个独立的程序单元。在某些情况下，我们也可以把类定义在另一个类的内部，这个定义在其他类内部的类称为内部类（有时也叫嵌套类），包含内部类的类称为外部类（有时也叫宿主类）。Java 从 JDK 1.1 开始引入内部类，内部类的主要作用如下。

（1）内部类提供了更好的封装，可以把内部类隐藏在外部类之内，不允许同一个包中的其他类访问该类。譬如说，假设我们需要创建一个名为 mmm 的类，mmm 类需要组合一个 mmmLeg 类型的属性，并且 mmmLeg 类型只有在 mmm 类里才有效，离开了 mmm 类之后它就没有任何意义。在这种情况下，我们可以把 mmmLeg 定义成 mmm 的内部类，不允许其他类访问 mmmLeg 类。

（2）内部类的成员可以直接访问外部类的私有数据，因为内部类被当成了外部类的成员，同一个类的成员之间当然是可以互相访问的。但外部类不能访问内部类的实现细节，例如内部类的属性。

（3）匿名内部类适合创建那些仅使用一次的类。当需要传入一个 Command 对象时，重新专门定义 PrintCommand 和 AddCommand 两个实现类可能没有太大的意义，因为这两个实现类可能仅需使用一次。在这种情况下，使用匿名内部类会更加方便。

因为内部类是一个编译时的概念，所以一旦编译成功它们就会成为完全不同的两类。举个例子，对于一个名为 outer 的外部类和在其内部定义的名为 inner 的内部类来说，编译完成后会生成两个类的编译文件，它们分别是 outer.class 和 outer$inner.class。

❀ 注意：为什么需要内部类呢？典型的情况是，内部类继承某个类或实现某个接口，内部类的操作创建其外部类的对象。可以认为内部类提供了某种进入外部类的窗口。使用内部类最吸引人的原因是每个内部类都能独立地继承一个（接口的）实现，所以无论外部类是否已经继承了某个（接口的）实现，这些对于内部类都没有影响。如果没有内部类提供的可以继承多个具体或抽象类的能力，则一些设计与编程问题就很难解决。从这个角度看，内部类使得多重继承的解决方案变得更完整。接口解决了部分问题，而内部类则有效地实现了"多重继承"。

10.1.2 非静态内部类

定义内部类的方法非常简单，只要把一个类放在另一个类的内部定义即可。此处的"类的内部"可以是类中的任何位置，甚至在方法中也可以定义内部类（方法里定义的内部类称为局部内部类）。在 Java 中定义内部类的语法格式如下所示。

```
public class 类名{
    //此处定义内部类
}
```

在大多数情况下，内部类作为成员内部类来定义，而不是作为局部内部类。成员内部类是一种与属性、方法、构造器和初始化块相似的类成员，局部内部类和匿名内部类则不是类成员。

Java 中的成员内部类分别是静态内部类和非静态内部类，使用 static 修饰的成员内部类是静态内部类，没有使用 static 修饰的成员内部类是非静态内部类。因为内部类可以作为其外部类的成员，所以它可以使用任意访问控制符来修饰，例如 private 和 protected 等。

实例 10-1	编写第一个 Java 程序 源码路径： daima\010\src\feijing.java	

实例文件 feijing.java 的主要实现代码如下所示。

```
public class feijing                    //这是一个外部类
{
    private double weight;
    //下面两行是外部类的两个重载构造器
    public feijing(){}
    public feijing(double weight){
        this.weight = weight;
    }
    //定义一个内部类
①   private class feijingLeg{
        //内部类的两个属性
        private double length;
        private String color;
        public feijingLeg(double length , String color)
        {
            this.length = length;
            this.color = color;
        }
        //内部类方法
        public void info(){
            System.out.println("产品颜色是: " + color + ", 坐标: " + length);
            //直接访问外部类的private属性: weight
②           System.out.println("产品单价是: " + weight);
        }
    }
③   public void test(){
④       feijingLeg cl = new feijingLeg(1.12 , "中国红");
        cl.info();
    }
    public static void main(String[] args){
        feijing feijing = new feijing(21.1);
        feijing.test();
    }
}
```

范例 10-1-01：使用 this 限定
源码路径：演练范例\10-1-01\
范例 10-1-02：重新计算对象的散列码
源码路径：演练范例\10-1-02\

在①，在 feijing 类中定义了一个名为 feijingLeg 的非静态内部类，并在 feijingLeg 类的实例方法中直接访问 feijing 类的私有访问权限的实例属性。feijingLeg 类的代码是一个普通的类定义，因为把此类定义放在了另一个类的内部，所以它就成为了一个内部类，我们可以使用 private 修饰符来修饰这个类。

在②④，因为在非静态内部类中可以直接访问外部类的私有成员，所以本行代码就是在 feijingLeg 类的方法内直接访问其外部类的私有属性。这是因为在非静态内部类对象中保存了一个它寄存的外部类对象的引用（当调用非静态内部类的实例方法时，必须有一个非静态内部类实例，而非静态内部类实例必须寄存在外部类实例里）。

在③，在外部 feijing 类中定义了 test()方法，在该方法里创建了一个对象 feijingLeg，并调用了该对象的 info()方法。当在外部类中使用非静态内部类时，这与平时使用的普通类并没有太大的区别。

编译上述程序，将看到在文件所在路径下生成了两个类文件，一个是 feijing.class，另一个是 feijing$feijingLeg.class，前者是外部 feijing 类的类文件，后者是内部 feijingLeg 类的类文件。执行后将输出：

```
产品颜色是: 中国红, 坐标: 1.12
产品单价是: 21.1
```

10.1.3　成员内部类

成员内部类作为外部类的一个成员存在，与外部类的属性、方法并列。在 Java 程序中，成员内部类可以访问外部类的静态与非静态的方法和成员变量。成员内部类和静态内部类非常相似，都是定义在一个类中的成员位置，与静态内部类唯一的区别是，成员内部类没有 static 修饰。或者也可以这么理解：我们知道一个类有成员变量、有成员方法，那么这些成员定义在类中的哪个位置，则成员内部类也就定义在哪个位置。

实例 10-2	使用成员内部类 源码路径： daima\010\src\MemberInner.java	

实例文件 MemberInner.java 的主要实现代码如下所示。

```
class MemberInner{                       //定义MemberInner类，这是一个外部类
    private int a = 1;
    public void execute(){
        //在外部类中创建成员内部类
        InnerClass innerClass = this.new InnerClass();
    }
    public class InnerClass{        /**成员内部类*/
        //内部类可以创建与外部类同名的成员变量
        private int a = 2;
        public void execute(){
            System.out.println(this.a);
            //在内部类中使用外部类成员变量的方法
            System.out.println(MemberInner.this.a);
        }
    }
    public static void main(String[] args) {
        MemberInner.InnerClass innerClass = new MemberInner().new InnerClass();
        innerClass.execute();
    }
}
```

范例 10-2-01：使用成员内部类
源码路径：演练范例\10-2-01\
范例 10-2-02：使用局部内部类
源码路径：演练范例\10-2-02\

在①，使用 this 关键字引用的是内部类。

在②，创建一个成员内部类对象 innerClass，调用了外部类和内部类的共同方法 execute()。

本实例的功能与实例 10-1 的类似，只不过实例 10-1 使用的是 private 的内部类，而本实例使用的是 public 的内部类。执行后将输出：

```
2
1
```

10.1.4　使用局部内部类

在 Java 程序中，在方法中定义的内部类称为局部内部类。与局部变量类似，局部内部类不能有访问说明符，因为它不是外部类的一部分，但是它可以访问当前代码块内的常量和此外部类的所有成员。在 Java 语言中，类似于局部变量，不能将局部内部类定义为 public、protected、private 或者 static 类型。并且，在定义方法的过程中，只能在方法中声明 final 类型的变量。

实例 10-3	使用局部内部类 源码路径： daima\010\src\jubu.java	

实例文件 jubu.java 的主要实现代码如下所示。

```
public class jubu {

    public int field1 = 1;
    protected int field2 = 2;
    int field3 = 3;
    private int field4 = 4;
```

范例 10-3-01：使用匿名内部类
源码路径：演练范例\10-3-01\
范例 10-3-02：带参数的构造函数
源码路径：演练范例\10-3-02\

```
public jubu() {
    System.out.println("创建 " + this.getClass().getSimpleName() + " 对象");
}

private void localInnerClassTest() {
    // 局部内部类 A，只能在当前方法中使用
    class A {
        // static int field = 1; // 编译错误! 局部内部类中不能定义 static 字段
        public A() {
            System.out.println("创建 " + A.class.getSimpleName() + " 对象");
            System.out.println("其外部类的 field1 字段的值为: " + field1);
            System.out.println("其外部类的 field2 字段的值为: " + field2);
            System.out.println("其外部类的 field3 字段的值为: " + field3);
            System.out.println("其外部类的 field4 字段的值为: " + field4);
        }
    }
    A a = new A();
    if (true) {
        // 局部内部类 B，只能在当前代码块中使用
        class B {
            public B() {
                System.out.println("创建 " + B.class.getSimpleName() + " 对象");
                System.out.println("其外部类的 field1 字段的值为: " + field1);
                System.out.println("其外部类的 field2 字段的值为: " + field2);
                System.out.println("其外部类的 field3 字段的值为: " + field3);
                System.out.println("其外部类的 field4 字段的值为: " + field4);
            }
        }
        B b = new B();
    }
    // B b1 = new B(); // 编译错误! 不在类 B 的定义域内，找不到类 B
}

public static void main(String[] args) {
    jubu outObj = new jubu();
    outObj.localInnerClassTest();
}
}
```

在局部内部类中可以访问外部类对象的 public 权限的字段，而外部类却不能访问局部内部类中定义的字段，因为局部内部类的定义只在其特定的方法体或代码块中有效。一旦超出这个定义域，其定义就失效了，就像上述代码注释中描述的那样，即外部类不能获取局部内部类的对象，因而无法访问局部内部类的字段。本实例在删除了被标记错误的代码之后，执行将输出：

```
创建 jubu 对象
创建 A 对象
其外部类的 field1 字段的值为: 1
其外部类的 field2 字段的值为: 2
其外部类的 field3 字段的值为: 3
其外部类的 field4 字段的值为: 4
创建 B 对象
其外部类的 field1 字段的值为: 1
其外部类的 field2 字段的值为: 2
其外部类的 field3 字段的值为: 3
其外部类的 field4 字段的值为: 4
```

10.2　使用匿名类

知识点讲解：视频\第 10 章\匿名类.mp4

↑扫码看视频

匿名类是指没有名称的类，其名称由 Java 编译器给出，一般形如"外部类名称+$+匿名类"顺序，没有名称也就意味着该类在其他地方就不能被引用，不能被实例化，只用一次，当然也不能有构造器。本节将详细讲解 Java 匿名类的基本知识和用法。

10.2.1　定义匿名类

在 Java 程序中，因为匿名类没有名字，所以它的创建方式有些特殊，具体创建格式如下。

```
new 类/接口名（参数列表）|实现接口() {
    //匿名内部类的类体部分
}
```

（1）new："新建"操作符关键字。

（2）类/接口名：它可以是接口名称、抽象类名称或普通类的名称。

（3）（参数列表）：小括号表示为构造函数的参数列表（如果是接口则没有构造函数，也没有参数，只有一个空括号）。

（4）大括号{…}：中间的代码表示匿名类内部的一些结构。在这里可以定义变量的名称、方法，它与普通的类一样。

在 Java 程序中，因为匿名类是没有名称的类，所以其名称由 Java 编译器给出，一般形式如下所示。

```
外部类名称+$+匿名类
```

在 Java 语言中，匿名类不能使用任何访问控制符，匿名类与局部类访问规则一样，只不过内部类显式定义了一个类，然后通过 new 的方式创建这个局部类实例。而匿名类直接使用 new 新建一个类实例，并没有定义这个类。匿名类最常见的方式就是使用回调模式，通过默认实现一个接口创建一个匿名类，然后 new 这个匿名类的实例。

因为 Java 程序中的匿名类没有名称，所以不能在其他地方引用，也不能实例化，只能使用一次，当然它也就不能有构造器。

在 Java 程序中，匿名类根据存在位置不同分为成员匿名类和局部匿名类两类。

实例 10-4	使用成员匿名类和局部匿名类 源码路径： daima\010\src\niming.java	

实例文件 niming.java 的主要实现代码如下所示。

```
public class niming {
    InterfaceA a = new InterfaceA() {}; //成员匿名类
    public static void main(String[] args){
        InterfaceA a = new InterfaceA() {};
        //局部匿名类
        //以上两种是通过接口实现匿名类的,
        称为接口式匿名类，也可以通过继承类
        niming test = new niming(){};//继承式匿名类
    }
    private interface InterfaceA{}
}
```

范例 10-4-01：实现类似构造器的效果
源码路径：演练范例\10-4-01\
范例 10-4-02：实现内部类的继承
源码路径：演练范例\10-4-02\

上述代码在 main 方法外部使用了成员匿名类，在 main 方法内部使用了局部匿名类。

10.2.2　匿名内部类

在 Java 程序中，匿名内部类也没有名字，具体创建格式如下所示。

```
new 父类构造器（参数列表）|实现接口() {
    //匿名内部类的类体部分
}
```

可见，使用匿名内部类时必须继承一个父类或者实现一个接口，当然也仅能继承一个父类或者实现一个接口。同时它也没有 class 关键字，这是因为匿名内部类是直接使用 new 来生成一个对象引用的，当然这个引用是隐式的。下面的实例演示了使用匿名内部类的过程。

实例 10-5

使用匿名内部类

源码路径：

daima\010\src\Bird.java

daima\010\src\niming2.java

（1）因为匿名内部类不能是抽象类，所以必须实现它的抽象父类或者接口里面的所有抽象方法。在文件 Bird.java 中定义抽象 Bird 类，主要实现代码如下所示。

```
public abstract class Bird {          //定义抽象Bird类
    private String name;              //定义私有成员属性name
    public String getName() {
        return name;
    }
    public void setName(String name) {
        this.name = name;
    }

    public abstract int fly();
}
```

> 范例 10-5-01：不用匿名内部类实现抽象方法
> 源码路径：演练范例\10-5-01\
> 范例 10-5-02：实现基本的匿名内部类
> 源码路径：演练范例\10-5-02\

（2）编写文件 niming2.java 进行测试，在 niming 类中，test()方法接受一个 Bird 类型的参数，同时我们知道没有办法直接 new（新建）一个抽象类，所以必须先实现类才能 new（新建）它的实现类实例。在 mian 方法中直接使用匿名内部类来创建一个 Bird 实例。文件 niming2.java 的主要实现代码如下所示。

```
public class niming2 {

    public void test(Bird bird){
        System.out.println(bird.getName() + "能跑" + bird.fly() + "米");
    }

    public static void main(String[] args) {
        niming2 test = new niming2();
        test.test(new Bird() { //直接使用匿名内部类来创建一个Bird实例
            public int fly() {
                return 10000;
            }

            public String getName() {
                return "Java作者";
            }
        });
    }
}
```

执行后将输出：

```
Java作者能跑 10000米
```

❀ 注意：Java 的匿名内部类有一个特点。在创建匿名内部类时会立即创建一个该类的实例，因为该类的定义会立即消失，所以匿名内部类不能重复使用。对于上面的实例，如果需要对 test()方法里面的内部类使用多次，则建议重新定义一个类，而不是使用匿名内部类。

10.2.3　匿名内部类使用 final 形参

在 Java 程序中，当需要给匿名内部类传递参数时，并且如果在该类中使用该形参，那么该形参就必须是由 final 修饰的。也就是说，该匿名内部类所在方法的形参必须加上 final 修饰符。下面的实例文件演示了匿名内部类通过实例初始化实现类似构造器功能的过程。

实例 10-6

匿名内部类使用 final 形参

源码路径：

daima\010\src\ff.java

daima\010\src\buxuyao.java

实例文件 ff.java 的主要实现代码如下所示。

```
interface aaa{
    void f();
}
public class ff {
    public aaa destination(final int x){
        return new aaa(){
            public void f(){
                System.out.println(x);
            }
        };
    }
    public static void main(String[] argv){
        ff outer = new ff();
        aaa inner = outer.destination(5);
        inner.f();
    }
}
```

范例 10-6-01：在接口上使用匿名内部类
源码路径：演练范例\10-6-01\
范例 10-6-02：Thread 类的匿名内部类实现
源码路径：演练范例\10-6-02\

执行后将输出：

5

在 Java 8 之前的版本中，如果在外部类中定义一个匿名内部类时，在使用在其外部的参数时需要在调入参数的时候给参数加 final。如果不加，运行后会发生编译错误。但是如果不需要使用在其外部的参数时，就不用添加 final。下面的实例文件 buxuyao.java 演示了不需要使用在其外部的参数时的用法。

```
interface ddd{
    void f();
}
public class buxuyao {
    public ddd destination(int x){
        return new ddd(){
            public void f(){
                System.out.println("I don't use x");
            }
        };
    }
    public static void main(String[] argv){
        buxuyao outer = new buxuyao();
        ddd inner = outer.destination(5);
        inner.f();
    }
}
```

为什么一定要添加 final 标记呢？原因是为了保持内部类和外部的数据一致性。但是从 Java 8 开始取消了这一语法规定，在 Java 8 以后的版本中运行上面的实例文件 ff.java，不会出现编译错误。

10.3　使用枚举类

知识点讲解：视频\第 10 章\枚举类.mp4

↑扫码看视频

　　在大多数情况下，我们要实例化的类对象是有限而且固定的，例如季节类只有春、夏、秋、冬 4 个对象。在 Java 语言中，将这种实例数量有限而且固定的类称为枚举类。本节将详细讲解 Java 枚举类的基本知识和具体用法。

10.3.1　模拟枚举类

Java 的早期版本是不提供枚举类型的，我们可以通过如下方式来模拟一个枚举类。

（1）通过 private 将构造器隐藏起来。

（2）把此类需要用到的所有实例都以 public static final 属性的形式保存起来。

（3）提供一些静态方法以允许其他程序根据特定参数来获取与之匹配的实例。

实例 10-7	模拟一个枚举类
	源码路径：
	daima\010\src\jijie.java
	daima\010\src\Testjijie.java

首先定义一个名为 jijie 的类，然后在里面分别为 4 个季节定义 4 个对象，这样 jijie 类就定义为了一个枚举类。实例文件 jijie.java 的主要实现代码如下所示。

```java
public class jijie{
    //把Season类定义成不可变的，将其属性定义成final
    private final String name;
    private final String desc;
    public static final jijie SPRING = new jijie("春天", "小桥流水");
    public static final jijie SUMMER = new jijie("夏天", "烈日高照");
    public static final jijie FALL = new jijie("秋天", "天高云淡");
    public static final jijie WINTER = new jijie("冬天", "唯余莽莽");
    public static jijie getSeaon(int jijieNum){
        switch(jijieNum){
            case 1 :
                return SPRING;
            case 2 :
                return SUMMER;
            case 3 :
                return FALL;
            case 4 :
                return WINTER;
            default :
                return null;
        }
    }
    //将构造器定义成private访问权限
    private jijie(String name, String desc){
        this.name = name;
        this.desc = desc;
    }
    //只为name和desc属性提供getter方法
    public String getName(){
        return this.name;
    }
    public String getDesc(){
        return this.desc;
    }
}
```

> 范例 10-7-01：简单实用的枚举类型
> 源码路径：演练范例\10-7-01\
> 范例 10-7-02：使用自定义函数
> 源码路径：演练范例\10-7-02\

在上述代码中，jijie 类是一个不可变类，此类包含了 4 个 static final 常量属性，这 4 个常量属性代表了该类所能创建的对象。当其他程序需要使用 jijie 对象时，不但可以使用 Season.SPRING 方式来获取 jijie 对象，也可通过 getjijie 静态工厂方法获得 jijie 对象。

接下来，我们就可以编写文件 Testjijie.java 使用上面定义的 jijie 类来实现具体的功能。

```java
public Testjijie(jijie s){
    System.out.println(s.getName() + ", 是一个"+ s.getDesc() + "的季节");
}
public static void main(String[] args) {
    //直接使用jijie的FALL常量代表一个Season对象
    new Testjijie(jijie.SPRING);    //设置当前季节值是SPRING，表示春天
}
```

从上面的演示代码可以看出，使用枚举类的好处是使程序更加健壮，避免创建对象的随意性。代码执行后将输出：

```
春天，是一个小桥流水的季节
```

10.3.2　枚举类的方法

由于在 Java 中所有的枚举类都继承自 java.lang.Enum 类，所以枚举类可以直接使用 java.lang.Enum 类中所包含的方法。在 java.lang.Enum 类中提供了以下几个常用的方法。

（1）int compareTo(E o)：用于比较与指定枚举实例之间的顺序，同一个枚举实例只能与相同类型的枚举实例进行比较。如果参数字符串等于此字符串，则返回值为 0；如果此字符串小

于字符串参数，则返回一个小于 0 的值。

（2）String name()：返回此枚举实例的名称，这个名称就是定义枚举类时列出的所有枚举值之一。与此方法相比，大多数程序员应该优先考虑使用 toString()方法，因为 toString()方法能够返回用户友好的名称。

（3）int ordinal()：返回枚举值在枚举类中的索引值（就是枚举值在枚举声明中的位置，第一个枚举值的索引值为 0）。

（4）String toString()：返回枚举常量的名称，它与 name 方法相似，但 toString()方法更加常用。

（5）public static <T extends Enum<T>>T valueOf(Class<T> enumType, String name)：这是一个静态方法，能够返回指定枚举类中指定名称的枚举值。名称必须与在该枚举类中声明枚举值时所用的标识符完全匹配，不允许使用额外的空字符。

10.3.3 枚举类型

枚举类型是从 JDK 1.5 开始引入的，Java 引进了一个全新的关键字 enum 来定义枚举类。下面的代码就是典型枚举类型的定义。

```
public enum Color{
    RED, BLUE, BLACK, YELLOW, GREEN
}
```

为了说明 enum 的用法，接下来通过一个实例来说明枚举类的具体使用流程。

实例 10-8　　**使用枚举类**
源码路径：
daima\010\src\jijieEnum.java
daima\010\src\TestEnum.java

（1）在程序中定义一个枚举类，文件 jijieEnum.java 的主要实现代码如下所示。

```
public enum jijieEnum{
    SPRING,SUMMER,FALL,WINTER;
}
```

编译上述程序后将生成一个 jijieEnum.class 文件，这表明枚举类是一个特殊的类，其关键字与 class、interface 等关键字的作用大致相似。在定义枚举时需要显式列出所有枚举值，如上面的"SPRING""SUMMER""FALL""WINTER"，在所有枚举值之间用逗号","隔开，枚举值列举结束后以英文分号作为结束。这些枚举值代表了该枚举类中的所有可能实例。如果要使用该枚举类的某个实例，则可以使用 EnumClass.variable 的形式，如 jijieEnum.SPRING。

（2）编写代码测试上面定义的枚举 jijieEnum 类，实例文件 TestEnum.java 的主要实现代码如下所示。

```
public void judge(jijieEnum s){
    //switch语句里的表达式可以是枚举值
    switch (s){
        case SPRING:
            System.out.println("万物复苏的春天");
            break;
        case SUMMER:
            System.out.println("盛夏的果实");
            break;
        case FALL:
            System.out.println("天高云淡之秋");
            break;
        case WINTER:
            System.out.println("唯余莽莽之冬日");
            break;
    }
}
public static void main(String[] args){
    //所有枚举类都有一个values方法，它返回该枚举类的所有实例
```

范例 10-8-01：枚举类遍历和 switch 操作
源码路径：演练范例\10-8-01\
范例 10-8-02：使用枚举类的常用方法
源码路径：演练范例\10-8-02\

```
    for (jijieEnum s : jijieEnum.values()){
        System.out.println(s);
    }
    new TestEnum().judge(jijieEnum.SPRING);
}
```

　　上述代码演示了枚举 jijieEnum 类的用法。该类通过 values 方法返回了 jijieEnum 枚举类中的所有实例，并通过循环迭代输出了 jijieEnum 枚举类的所有实例。同时，switch 表达式中还使用了 jijieEnum 对象作为表达式，这是 JDK 1.5 增加枚举后 switch 扩展的功能，switch 表达式可以是任何枚举类实例。不仅如此，而且当 switch 表达式使用枚举类型变量时，后面 case 表达式中的值直接使用枚举值的名字，无需添加枚举类作为限定。执行后将输出：

```
SPRING
SUMMER
FALL
WINTER
万物复苏的春天
```

10.4　嵌套访问控制（Java 11 新增）

 知识点讲解：视频\第 10 章\嵌套访问控制.mp4

　　在 Java 程序中，嵌套是一种访问控制上下文，它允许多个类同属一个逻辑代码块，但是被编译成多个分散的类文件，它们在访问彼此的私有成员时无需通过编译器添加访问扩展方法。本节将详细讲解 Java 嵌套访问控制的知识。

↑扫码看视频

10.4.1　嵌套访问控制基础

　　很多 JVM（Java 虚拟机）支持在一个源文件中放入多个类的做法，这对于用户是透明的，用户认为它们在一个类中，所以希望它们共享同一套访问控制体系。为了达到目的，编译器需要经常通过附加的 Access Bridge 把私有成员的访问权限扩大到包中。这种方式与封装相违背，并且会轻微地增加程序的大小，干扰用户和工具。所以开发者希望用一种更直接、更安全、更透明的方式来实现。

　　另外，在反射的时候也会有一个更大的问题。当使用 java.lang.reflect.Method.invoke 从一个 nestmate 调用另一个 nestmate 私有方法时会发生 IllegalAccessError 错误。这是让人不能理解的，因为反射应该与源码级访问拥有相同的权限。

　　我们来看下面的一段代码。

```
public class JEP181 {
    public static class Nest1 {
        private int varNest1;
        public void f() throws Exception {
            final Nest2 nest2 = new Nest2();
            //这里没问题
            nest2.varNest2 = 2;
            final Field f2 = Nest2.class.getDeclaredField("varNest2");
            //这里在Java 8环境下会报错，在Java 11中是没问题的
            f2.setInt(nest2, 2);
            System.out.println(nest2.varNest2);
        }
    }

    public static class Nest2 {
        private int varNest2;
    }
    public static void main(String[] args) throws Exception {
        new Nest1().f();
    }
}
```

在 Java 11 之前的版本中，classfile 用 InnerClasses 和 EnclosingMethod 两种属性来帮助编译器确认源码的嵌套关系，每一个嵌套的类型会编译到自己的类文件中，再使用上述属性来连接其他类文件。这些属性对于 JVM 确定嵌套关系已经足够，但是它们不直接适用于访问控制，并且与 Java 语言绑定得太紧。

为了提供一种更大、更广泛并且不仅仅是 Java 语言的嵌套类型，同时弥补访问控制检测的不足，Java 11 引入如下两种新的类文件属性定义了两种嵌套成员。

（1）一种是嵌套主机（也叫顶级类），它包含一个 NestMembers 属性，用于确定其他静态的嵌套成员。

（2）另一种嵌套成员包含一个 NestHost 属性，用于确定它的嵌套主机。

针对 Java 11 的上述新特性，JVM 新增了一条访问规则：一个 field 或 method R 可以被 class 或 interface D 访问，当且仅当如下任意条件为真。

（1）R 是私有的，声明在另一个类或接口 C 中，并且 C 和 D 是 NestMembers 的。

（2）C 和 D 是 NestMembers 表名，它们肯定有一个相同的主机。

10.4.2 在 Java 11 程序中访问嵌套成员

实例 10-9　不能访问私有成员

源码路径：

daima\010\src\qiantao.java

实例文件 qiantao.java 的主要实现代码如下所示。

```java
import java.lang.reflect.Field;
public class qiantao {
    public static class Nest1 {
        private int varNest1;
        public void f() throws Exception {
            final Nest2 nest2 = new Nest2();
            //下面是正确的
            nest2.varNest2 = 2;
            //下面是错误的
①          final Field f2 = Nest2.class.getDeclaredField("varNest2");
            f2.setInt(nest2, 2);
            //发生java.lang.IllegalAccessException:异常
        }
    }
    public static class Nest2 {
        private int varNest2;
    }
    public static void main(String[] args) throws Exception {
        new Nest1().f();
    }
}
```

范例 10-9-01：java.lang.Class Changes 01
源码路径：演练范例\10-9-01\
范例 10-9-02：java.lang.Class Changes 02
源码路径：演练范例\10-9-02\

在上述代码中，Nest1 不能访问 Nest2 中的私有成员，所以①会发生错误。再看下面的实例，它演示了在一个 Java 11 程序中同时嵌套两个类的访问情形。

实例 10-10　同时嵌套两个类的访问情形

源码路径：

daima\010\src\Entity.java

daima\010\src\Nestmate.java

（1）在实例文件 Entity.java 中定义 Entity 类，然后在此类中同时嵌套两个子类。具体实现代码如下所示。

```java
class Entity {

    String name;
```

```
    public static class InnerEntity {
        String detail;
    }

    public static class AnotherInnerEntity {
        String quality;
    }
}
```

> 范例 10-10-01：定义两个私有类
> 源码路径：演练范例\10-10-01\
> 范例 10-10-02：嵌套访问控制
> 源码路径：演练范例\10-10-02\

（2）在实例文件 Nestmate.java 中演示了访问文件 Entity.java 中嵌套成员的过程。

```
import java.util.Arrays;
import java.util.List;

public class Nestmate {

    public static void main(String[] args) {
        System.out.println(Entity.class.isNestmateOf(Entity.class));
        System.out.println(Entity.class.isNestmateOf(Entity.InnerEntity.class));
        System.out.println(Entity.class.isNestmateOf(Entity.AnotherInnerEntity.class));
        System.out.println(Entity.InnerEntity.class.isNestmateOf(Entity.
        AnotherInnerEntity.class));
        System.out.println(List.class.getNestHost());
        System.out.println(Arrays.class.getNestHost());
    }
}
```

执行后将输出：

```
true
false
false
false
interface java.util.List
class java.util.Arrays
```

10.5　技 术 解 惑

10.5.1　类的 4 种权限

由于外部类的上一级程序单元是包，所以它只有两个作用域，一个是同一个包，另一个是任何位置。包访问权限和公开访问权限正好对应省略访问控制符和 public 访问控制符。省略访问控制符是包访问权限，即同一包中的其他类可访问省略访问控制符的成员。如果一个外部类不使用任何访问控制符修饰，则只能被同一个包中的其他类访问。而内部类的上一级程序单元是外部类，它具有 4 个作用域，它们分别是同一个类、同一个包、父子类和任何位置，对应可以使用 4 种访问控制权限。

10.5.2　手工实现枚举类的缺点

在 Java 程序中手工实现枚举类会存在以下几个问题。

（1）类型不安全：前面演示每个季节的代码是一个整数，我们完全可以把一个季节当成一个整数来使用。假如进行加法运算 jijie_SPRING+jijie_SUMMER，此种运算完全正常。

（2）没有命名空间：当需要使用季节时，必须在 SPRING 前使用 jijie_前缀。

（3）输出的意义不明确：当我们打印输出某个季节时，例如输出 jijie_SPRING，实际上输出的是 1，这个 1 让我们很难猜测它代表了春天。

由此可见，手工定义的枚举类既有存在的意义，也存在手工定义枚举类代码量比较大的问题，所以 Java 从 JDK 1.5 后开始增加了对枚举类的支持。

10.6　课 后 练 习

（1）编写一个 Java 程序，实现 Java 继承和接口的功能演示。

（2）编写一个 Java 程序，实现多接口之间的继承。

第 11 章

集合

在 Java 语言中，集合是一组特别有用的工具类，通过使用集合能够储存数量不等的多个对象，并实现一些常用的数据结构，例如栈和队列等。除此之外，集合还可以保存具有映射关系的关联数组。本章将详细讲解 Java 集合的知识和用法，为读者步入本书后面知识的学习打下基础。

本章内容

▶▶ Java 中的集合类

▶▶ 使用 Collection 接口和 Iterator 接口

▶▶ 使用 Set 接口

▶▶ 使用 List 接口

▶▶ 使用 Map 接口

▶▶ 使用 Queue 接口

▶▶ 使用集合工具 Collections 类

▶▶ 创建不可变的 List、Set 和 Map
（Java 9 新增）

▶▶ 使用 var 类型推断（Java 10 新增）

▶▶ 使用新的默认方法（Java 11 新增）

技术解惑

▶▶ 使用 EnumSet 类的注意事项

▶▶ ArrayList 和 Vector 的区别

▶▶ 分析 Map 类的性能

▶▶ LinkedList、ArrayList、Vector 的
性能问题

11.1　Java 中的集合类

知识点讲解：视频\第 11 章\Java 集合概述.mp4

　　　　　　在 Java 语言中，与集合相关的类大致上可分为 4 种，分别是 Set、List、Map 和 Queue。本节将简要介绍 Java 语言中集合的体系结构，为读者步入本书后面知识的学习打下基础。

↑扫码看视频

　　在 Java 语言中有以下 4 种常见的集合。

　　（1）Set：代表的是无序、不可重复元素的集合。

　　（2）List：代表的是有序、可重复元素的集合。

　　（3）Map：代表的是具有映射关系元素的集合。

　　（4）Queue：从 JDK 1.5 以后增加的一种集合体系，代表的是一种有优先关系元素的集合。

　　从本质上来说，这些集合类就是一个容器，我们可以把多个对象（实际上是对象的引用，但习惯上都称对象）"丢进"该容器中。在 JDK 1.5 之前，这些集合类通常会导致容器中所有对象丢失原有的数据类型，即它们会把所有对象都当成 Object 类来处理；自从 JDK 1.5 引入泛型以后，这些集合类可以记住容器中对象的数据类型，我们也因而可以编写出更简洁、健壮的代码。

　　Java 集合类的框架结构如图 11-1 所示。

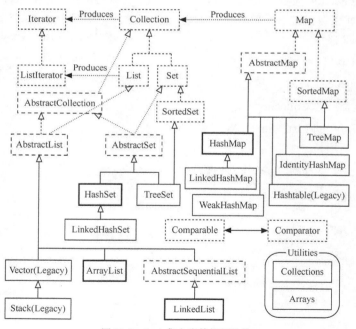

图 11-1　Java 集合类的框架结构

　　在图 11-1 中，可以看到 Java 集合类的框架结构由以下 3 部分组成。

　　（1）集合接口：有 6 个接口（用短虚线表示），分别表示不同集合类型。它们是集合框架的基础。

　　（2）抽象类：有 5 个抽象类（用长虚线表示），这些是集合接口的部分实现。它们可进一步扩展为自定义集合类。

（3）实现类：有 8 个实现类（用实线表示），这些是接口的完全具体化。

在很大程度上，只要我们能理解集合接口，就基本上可以掌握整个集合框架。虽然总要根据特定的功能来实现接口，但实际访问这些集合的方法基本上还是限制在既有的接口方法上的。这样我们在更改基本数据结构的同时就不必改变其他代码。下面，先来看一下这些集合接口，它们主要有如下 4 种。

（1）Collection 接口：在上述框架结构中，这是所有构造类集合的基础，是 Java 中所有集合类的根接口。

（2）Set 接口：继承的 Collection，但它不允许元素重复，使用自己内部的一个排列机制。

（3）List 接口：继承的 Collection，它允许元素重复，以插入的次序来放置元素，不会重新排列。

（4）Map 接口：在这类接口下，集合元素应该是一组成对的"键—值"对象，即它所持有的元素应该都是"键—值"对。Map 中不能有重复的键，它拥有自己的内部排列机制。

容器中的元素类型都为 Object，从容器中取得元素时必须将它转换成原来的类型。

11.2　使用 Collection 接口和 Iterator 接口

知识点讲解：视频\第 11 章\Collection 接口和 Iterator 接口.mp4

↑扫码看视频

在 Java 程序中，Collection 接口可处理任何容器对象或元素组，如果我们希望尽可能地以常规方式处理一组元素，可以使用这一接口。本节将详细讲解 Collection 接口和 Iterator 接口的基本知识。

11.2.1　Collection 接口概述

在 Java 语言中，在 Collection 接口中包含如下所示的方法。

1. 元素的添加、删除操作

（1）boolean add (Object o)：将对象 o 添加到集合中。

（2）boolean remove (Object o)：如果集合中有与 o 相匹配的对象，则删除对象 o。

2. 查询操作

（1）int size()：返回当前集合中元素的数量。

（2）boolean isEmpty()：判断集合中是否有元素。

（3）boolean contains (Object o)：查找集合中是否含有对象 o。

（4）Iterator iterator()：返回一个迭代器，它用来访问集合中的各个元素。

3. 批量操作（即作用于一组元素或整个集合的操作）

（1）boolean containsAll (Collection c)：查找集合中是否含有集合 c 中的所有元素。

（2）boolean addAll (Collection c)：将集合 c 中的所有元素添加到集合中。

（3）void clear()：删除集合中的所有元素。

（4）void removeAll (Collection c)：从集合中删除集合 c 中的所有元素。

（5）void retainAll (Collection c)：从集合中删除集合 c 中不包含的元素。

4. 将实现 Collection 接口的容器转换为 Object 数组

（1）Object[] toArray()：返回一个包含此集合中所有元素的数组。

（2）Object[] toArray (Object[] a)：返回按适当顺序包含列表中的所有元素的数组（从第一个元素到最后一个元素）。

11.2.2　Iterator 接口概述

在 Java 程序中，接口 Iterator 能以迭代方式逐个访问集合中的元素，并将指定元素安全地从 Collection 中移除。在 Iterator 接口中包含如下所示的方法。

（1）boolean hasNext()：判断是否存在另一个可访问的元素。

（2）Object next()：返回要访问的下一个元素。如果到达集合结尾，则抛出 NoSuchElementException 异常。

（3）void remove()：删除上次访问返回的对象。此方法必须紧跟在一个元素访问后执行，如果上次访问后集合已被修改，则它会抛出 IllegalStateException 异常。

11.2.3　使用 Collection 接口中的方法操作集合里的元素

在下面的实例中，演示了使用 Collection 接口操作集合元素的方法。

实例 11-1	使用 Collection 操作集合中的元素 源码路径： daima\011\src\yongCollection.java	

实例文件 yongCollection.java 的主要实现代码如下所示。

```
import java.util.*;
public class yongCollection {
    public static void main(String[] args) {
        @SuppressWarnings("rawtypes")
        Collection<Comparable> c = new ArrayList
        <Comparable>();            //添加元素
        //虽然集合里不能有基本类型的值，但Java支持自动装箱
        c.add(6);                  //添加元素6
        System.out.println("集合c的元素个数为:" + c.size());
        c.remove(6);               //删除指定元素6
        System.out.println("集合c的元素个数为:" + c.size());
        //判断是否包含指定字符串
        System.out.println("集合c中是否包含美美字符串:" + c.contains("美美"));
        c.add("android江湖");    //添加元素 "android江湖"
        System.out.println("集合c的元素:" + c);
        Collection books = new HashSet();
        books.add("android江湖");    //添加元素 "android江湖"
        books.add("会当凌绝顶");     //添加元素 "会当凌绝顶"
        System.out.println("集合c是否完全包含books集合?" + c.containsAll(books));
        //用集合c删除books集合中的元素
        c.removeAll(books);
        System.out.println("集合c的元素:" + c);
        c.clear();                 //删除c集合中所有元素
        System.out.println("集合c的元素:" + c);
        //books集合中只剩下集合c中也同时包含的元素
        books.retainAll(c);
        System.out.println("集合books的元素:" + books);
    }
}
```

范例 11-1-01：使用 Iterator 遍历元素
源码路径：演练范例\11-1-01\
范例 11-1-02：用 HashSet 删除学生
源码路径：演练范例\11-1-02\

执行上述代码后将输出：

```
集合c的元素个数为:2
集合c的元素个数为:1
集合c中是否包含美美字符串:true
集合c的元素: [美美, android江湖]
集合c中否完全包含books集合? false
集合c的元素: [美美]
集合c的元素: []
集合books的元素:[]
```

在上述代码中创建了两个 Collection 对象，一个是集合 c，另一个是集合 books。其中，集合 c 是 ArrayList 的实例，而集合 books 则是 HashSet 的实例，虽然它们使用的实现类不同。当把它们当成 Collection 来使用时，在使用 remove、clear 等方法来操作集合元素时它们是没有任何区别的。另外，当我们使用 System.out 的 println 方法输出集合对象时，它将输出[ele1,ele2,...]的形式，这显然是因为 Collection 的实现类重写了 toString()方法，所有 Collection 集合实现类都重写了 toString()方法，此方法能够一次性地输出集合中的所有元素。

11.3　使用 Set 接口

 知识点讲解：视频\第 11 章\Set 接口.mp4

　　Set 如同一个容器，我们可以把对象"丢进"Set 集合里面，集合里多个对象之间没有明显的顺序。Set 接口与 Collection 接口基本类似，它们之间唯一的区别就是 Set 类容器不允许存储相同的元素，如果试图把两个相同元素加入同一个 Set 集合中，则其 add 方法就会返回 false 以宣告元素添加失败。本节将详细讲解使用 Set 接口的知识。

↑扫码看视频

11.3.1　Set 接口概述

　　在 Java 语言中，Set 是一个不包含重复元素的集合，无序且唯一。Java 集合框架中支持 Set 接口的实现通常有 3 种形式，分别是 HashSet 和 TreeSet（TreeSet 实现 SortedSet 接口）。

　　1．HashSet 类

　　（1）HashSet()：构建一个空的散列集。

　　（2）HashSet (Collection c)：构建一个散列集，并且添加集合 c 中所有元素。

　　（3）HashSet (int initialCapacity)：构建一个拥有特定容量的空散列集。

　　（4）HashSet (int initialCapacity, float loadFactor)：构建一个拥有特定容量和加载因子的空散列集。加载因子是 0.0～1.0 的一个数。

　　2．TreeSet 类

　　（1）TreeSet()：构建一个空的树集。

　　（2）TreeSet (Collection c)：构建一个树集，并且添加集合 c 中的所有元素。

　　（3）TreeSet (Comparator c)：构建一个树集，并且使用特定的比较器对其中的元素进行排序。比较器没有任何数据，它只是比较方法的存放器。这种对象有时称为函数对象。函数对象通常在"运行过程中"定义为匿名内部类的一个实例。

　　（4）TreeSet (SortedSet s)：构建一个树集，添加有序集合 s 中的所有元素，并且使用与有序集合 s 相同的比较器排序。

　　3．LinkedHashSet 类

　　LinkedHashSet 类扩展了 HashSet，功能是按照元素的插入顺序来访问各个元素。LinkedHashSet 提供了一个可以快速访问各个元素的有序集合，但这也增加了实现的代价，因为散列表元中的各个元素是通过双重链接式列表链接在一起的。

　　（1）LinkedHashSet()：构建一个空的链接式散列集。

　　（2）LinkedHashSet (Collection c)：构建一个链接式散列集，并且添加集合 c 中的所有元素。

　　（3）LinkedHashSet (int initialCapacity)：构建一个拥有特定容量的空链接式散列集。

　　（4）LinkedHashSet (int initialCapacity, float loadFactor)：构建一个拥有特定容量和加载因子的空链接式散列集。加载因子是 0.0～1.0 之间中的一个数。

11.3.2　使用 HashSet

　　HashSet 是 Set 接口的典型实现，大多数时候在使用 Set 集合时就是使用这个实现类。HashSet 按散列算法来存储其中的元素，因此它具有很好的存取和查找功能。当向 HashSet 集合中保存一个元素时，HashSet 会调用该对象的 hashCode()方法来得到该对象的散列码，然后根据该散列码来决定该对象在 HashSet 中的存储位置。如果有两个元素通过 equals()方法比较返回 true，但它们的 hashCode() 方法返回值不相等，那么 HashSet 将把它们存储在不同位置。

<table>
<tr><td>实例 11-2</td><td>使用 HashSet 判断两个值是否相同
源码路径：
daima\011\src\useHashSet.java</td><td></td></tr>
</table>

实例文件 useHashSet.java 的主要实现代码如下所示。

```java
import java.util.HashSet;
import java.util.Set;
class Person{

    // 性别
    String sex;
    // 姓名
    String name;
    // 身高
    Double hei;
    // 体重
    Double wei;

    public Person(String n, String s, Double h, Double w){
        this.name=n;
        this.sex=s;
        this.hei=h;
        this.wei=w;
    }

    public String toString(){
        return "\n姓名: "+this.name+" 性别: "+this.sex+" 身高: "+this.hei+" 体重: "+this.wei;
    }

}

public class useHashSet {

    private static Set<Person> mySet = new HashSet<Person>();
    public static void main(String[] args) {
        mySet.add(new Person("Tom","Male",170.0,70.0));
        mySet.add(new Person("Peter","Male",175.0,70.0));
        mySet.add(new Person("Kate","Female",168.0,60.0));
        mySet.add(new Person("Alice","Female",161.0,55.0));
        mySet.add(new Person("Jack","Male",190.0,95.0));    //添加第一个Jack
        mySet.add(new Person("Jack","Male",190.0,95.0));    //添加第二个Jack
        System.out.println(mySet);
    }
}
```

范例 11-2-01：向 HashSet 添加一个可变对象
源码路径：演练范例\11-2-01\
范例 11-2-02：生成一个不重复的随机序列
源码路径：演练范例\11-2-02\

在上述代码中先定义了 Person 类，然后定义了一个 HashSet，并加入了 5 个 Person 到该集合，其中添加了两次 Jack，执行后将输出：

```
[
姓名: Jack  性别: Male  身高: 190.0  体重: 95.0,
姓名: Kate  性别: Female  身高: 168.0  体重: 60.0,
姓名: Alice  性别: Female  身高: 161.0  体重: 55.0,
姓名: Peter  性别: Male  身高: 175.0  体重: 70.0,
姓名: Jack  性别: Male  身高: 190.0  体重: 95.0,
姓名: Tom  性别: Male  身高: 170.0  体重: 70.0]
```

由此可见 Jack 是同一个人，但是在集合中出现了两次，这是什么原因呢？这是因为 Person 是 Object 的子类，而 Object 类的 equals() 方法是根据对象的内存地址来判断两个对象是否相等的。由于两次插入的 Jack 的内存地址肯定不相同，所以判断的结果是不相等的，所以两次都插入了。于是需要覆写 equals() 方法来判断两个对象是否是同一个对象，具体代码如下所示。

```java
// 覆写equals方法
public boolean equals (Object obj){
    // 地址相等，则肯定是同一个对象
    if(this==obj){
        return true;
    }
    // 类型不同，则肯定不是同一类对象
```

```
    if(!(obj instanceof Person)){
        return false;
    }
    // 类型相同, 向下转型
    Person per=(Person) obj;
    // 如果两个对象的姓名和性别都相同, 则是同一个人
    if(this.name.equals(per.name)&&this.sex.equals(per.sex))
        return true;
    return false;
}
```

此时执行后将输出:

```
[
姓名: Jack    性别: Male    身高: 190.0   体重: 95.0,
姓名: Kate    性别: Female  身高: 168.0   体重: 60.0,
姓名: Alice   性别: Female  身高: 161.0   体重: 55.0,
姓名: Peter   性别: Male    身高: 175.0   体重: 70.0,
姓名: Jack    性别: Male    身高: 190.0   体重: 95.0,
姓名: Tom     性别: Male    身高: 170.0   体重: 70.0]
```

由此可见, Jack 仍然被插入了两次, 这是什么原因呢? 这是因为 Object 的 Hash 码返回的是对象的 Hash 地址, 而两个对象的 Hash 地址肯定是不相等的, 所以 6 次插入的对象被存储在 6 个存储区域, equals()方法根本没有运行。所以接下来还需要覆写 hashCode()方法, 根据姓名来计算对象的 Hash 码。具体实现代码如下所示。

```
// 覆写hashCode方法
public int hashCode(){
    return this.name.hashCode();
}
```

此时执行后将输出:

```
[
姓名: Tom     性别: Male    身高: 170.0   体重: 70.0,
姓名: Kate    性别: Female  身高: 168.0   体重: 60.0,
姓名: Alice   性别: Female  身高: 161.0   体重: 55.0,
姓名: Peter   性别: Male    身高: 175.0   体重: 70.0,
姓名: Jack    性别: Male    身高: 190.0   体重: 95.0]
```

由此可见, Jack 只被插入了一次。如果根据性别来计算对象的 Hash 码, 执行结果也是正确的, Jack 也只会被插入一次。

11.3.3　使用 TreeSet 类

在 Java 语言中, TreeSet 是 SortedSet 接口的唯一实现, 可以确保集合元素处于排序状态。

实例 11-3　**使用 TreeSet 类**
源码路径:
daima\011\src\useTestTreeSet.java

实例文件 useTestTreeSet.java 的主要实现代码如下所示。

```
public static void main(String[] args) {
    TreeSet<Integer> nums = new TreeSet<Integer>();
    //向TreeSet中添加4个Integer对象
    nums.add(5);              //添加整数5
    nums.add(2);              //添加整数2
    nums.add(10);             //添加整数10
    nums.add(-9);             //添加整数-9
    //输出集合元素, 看到集合元素已经处于排序状态
    System.out.println(nums);
    //输出集合中的第一个元素
    System.out.println(nums.first());
    //输出集合中的最后一个元素
    System.out.println(nums.last());
    //返回小于4的子集, 不包含4
    System.out.println(nums.headSet(4));
    //返回大于5的子集, 如果Set中包含5, 则子集中还包含5
    System.out.println(nums.tailSet(5));
    //返回大于等于-3且小于4的子集
    System.out.println(nums.subSet(-3 , 4));
}
```

范例 11-3-01: 实现基本排序功能
源码路径: 演练范例\11-3-01\

范例 11-3-02: 实现 Comparable 接口
源码路径: 演练范例\11-3-02\

TreeSet 并不是根据元素的插入顺序进行排序的,而是根据元素的实际值来排序的。与 HashSet 集合采用散列算法来决定元素的存储位置不同,TreeSet 采用红黑树的数据结构对元素进行排序。执行后将输出:

```
[-9, 2, 5, 10]
-9
10
[-9, 2]
[5, 10]
[2]
```

11.4 使用 List 接口

 知识点讲解:视频\第 11 章\List 接口.mp4

在 Java 程序中,List 接口继承于 Collection 接口,我们通常用它来定义一个允许出现重复项的有序集合,该接口不但能够对列表进行子集处理,而且添加了面向位置的操作。本节将详细讲解 Java 语言中 List 接口的基本知识。

↑扫码看视频

11.4.1 List 接口基础

实现 List 接口的集合应该是一个有序集合,它的默认顺序就是元素添加进来的先后顺序。每个元素都有对应的顺序索引,我们可以通过其索引访问相应位置上的元素。例如,第一次添加的元素索引为 0,第二次添加的元素索引为 1,依此类推。正因为如此,List 接口的集合才允许人们使用重复元素。

1. ListIterator 接口

ListIterator 接口继承于 Iterator 接口,它支持添加或更改底层集合中的元素,还支持双向访问。ListIterator 没有当前位置,光标位于调用 previous()和 next()方法返回值之间。

(1)void add (Object o):将对象 o 添加到当前位置的前面。

(2)void set (Object o):用对象 o 替代 next(或 previous)方法访问上一个元素。如果上次调用后列表结构已经修改,则将抛出 IllegalStateException 异常。

(3)boolean hasPrevious():判断向后迭代时是否有元素可访问。

(4)Object previous():返回上一个对象。

(5)int nextIndex():返回下次调用 next()方法时将返回元素的索引。

(6)int previousIndex():返回下次调用 previous()方法时将返回元素的索引。

2. LinkedList 类和 ArrayList 类

ArrayList 和 LinkedList 都实现了 Cloneable 接口,并且都提供了两个构造函数,其中一个是无参的,另一个则接受另一个 Collection 类的实参。首先来看 LinkedList 类,它主要包含如下处理列表两端元素的方法。

(1)void addFirst (Object o):将对象 o 添加到列表的开头。

(2)void addLast (Object o):将对象 o 添加到列表的结尾。

(3)Object getFirst():返回列表开头的元素。

(4)Object getLast():返回列表结尾的元素。

(5)Object removeFirst():删除并且返回列表开头的元素。

(6)Object removeLast():删除并且返回列表结尾的元素。

(7)LinkedList():构建一个空的链接列表。

（8）LinkedList（Collection c）：构建一个链接列表，并且添加集合 c 的所有元素。

通过上述方法可知，我们可以把 LinkedList 当作一个堆栈、队列或其他面向端点的数据结构。

再来看 ArrayList 类。在 ArrayList 中封装了一个可进行动态再分配的 Object[]数组，每个 ArrayList 对象都有一个初始容量。当元素添加到 ArrayList 时，该容量会在常量时间内自动增加。在向一个 ArrayList 对象添加大量元素时，我们可以使用 ensureCapacity 方法增加它的容量。这可以减少重新分配内存的次数。

（1）void ensureCapacity（int minCapacity）：将 ArrayList 对象当前的容量增加 minCapacity。

（2）void trimToSize()：整理 ArrayList 对象容量为列表当前大小。程序可使用这个操作减少 ArrayList 对象的存储空间。

11.4.2　根据索引操作集合内的元素

List 接口作为 Collection 接口的子接口，可以使用 Collection 接口中的全部方法。

实例 11-4	根据索引操作集合内的元素	
	源码路径：	
	daima\011\src\yongList.java	

实例文件 yongList.java 的主要实现代码如下所示。

```
public static void main(String[] args){
  List<String> books = new ArrayList<String>();
  //向books集合中添加3个元素AAA、BBB、CCC
  books.add(new String("AAA"));
  books.add(new String("BBB"));
  books.add(new String("CCC"));
  System.out.println(books);
  //将新字符串DDD插入第二个位置
  books.add(1 , new String("DDD"));
  for (int i = 0 ; i<books.size();i++){
  //使用for循环输出books中的元素
    System.out.println(books.get(i));
  }
  books.remove(2); //删除第三个元素
  System.out.println(books);
  //判断指定元素在List集合中的位置:输出1表明位于第二位
  System.out.println(books.indexOf(new String("DDD")));
  //将第二个元素替换成新的字符串对象
  books.set(1, new String("BBB"));
  System.out.println(books);
  //将books集合的第二个元素（包括）到第三个元素（不包括）截取成子集合
  System.out.println(books.subList(1 , 2));
```

> 范例 11-4-01：用 equals 方法判断两个对象是否相等
> 源码路径：演练范例\11-4-01\
> 范例 11-4-02：通过 add 方法向 List 集合中添加元素
> 源码路径：演练范例\11-4-02\

在上面的实例代码中，我们演示了 List 类集合的独特用法。因为这类集合可以根据位置索引来访问集合中的元素，所以在 List 中增加了一种新的遍历集合元素的方法，即用普通 for 循环遍历集合元素。程序执行后将输出：

```
[AAA, BBB, CCC]
AAA
DDD
BBB
CCC
[AAA, DDD, CCC]
1
[AAA, BBB, CCC]
[BBB]
```

11.5　使用 Map 接口

📽 知识点讲解：视频\第 11 章\Map 接口.mp4

↑扫码看视频

在 Java 语言中，在 Map 接口中包含的接口和类有 Entry 接口、SortedMap 接口、AbstractMap 抽象类、HashMap 类、TreeMap 类和 LinkedHashMap 类。本节将详细讲解 Java 语言中 Map 接口的基本知识。

11.5.1　Map 接口中的方法

在 Java 语言中，实现 Map 接口的集合可保存具有映射关系的数据，因此在 Map 集合里通常保存了两组值，一组值保存 Map 里的 key，另一组值保存 Map 里的 value，key 和 value 可为任何引用类型的数据。其中，key 不允许重复，即同一个 Map 对象中任何两个 key 通过 equals 方法比较总是返回 false。key 和 value 之间存在单向一对一关系，即通过指定 key 总能找到唯一确定的 value。当从 Map 中取出数据时，只要给出指定的 key，就可以取出对应的 value。

Java 的 Map 接口中主要包含如下几类常用的内置方法。

1.　添加、删除操作

（1）Object put (Object key, Object value)：将互相关联的一个 key/value 对放入该 Map 中。如果该 key 已经存在，则与此关键字相关的新 value 将取代旧 value，方法返回该 key 的旧 value；如果 key 原先并不存在，则返回 null。

（2）Object remove (Object key)：从 Map 中删除与 key 相关的映射。

（3）void putAll (Map t)：将来自特定 Map 中的所有元素添加给该 Map。

（4）void clear()：从 Map 中删除所有映射。

Map 接口中的 key 和 value 都可以为 null，但是不能把 Map 作为一个 key 或 value 添加给自身。

2.　查询操作

（1）Object get (Object key)：获得与 key 相关的 value，并且返回与 key 相关的对象。如果没有在 Map 中找到该 key，则返回 null。

（2）boolean containsKey (Object key)：判断 Map 中是否存在 key。

（3）boolean containsValue (Object value)：判断 Map 中是否存在 value。

（4）int size()：返回当前 Map 中映射的数量。

（5）boolean isEmpty()：判断 Map 中是否有任何映射。

3.　视图（子集）操作（用于处理 Map 中 key/value 对）

（1）Set keySet()：返回 Map 中所有关键字的视图集。因为映射中 key 的集合必须是唯一的，所以应用 Set 来支持。我们还可以从视图中删除元素，此时 key 和它相关的 value 将从源 Map 中删除，但是不能添加任何元素。

（2）Collection values()：返回 Map 中所有值的视图集。因为映射中 value 的集合不是唯一的，所以要用 Collection 来支持。我们还可以从视图中删除元素，此时 value 和它的 key 将从源 Map 中删除，但是不能添加任何元素。

（3）Set entrySet()：返回 Map.Entry 对象的视图集，即 Map 中的 key/value 对。

❀ 注意：因为映射是唯一的，所以要用 Set 来支持。我们还可以从视图中删除元素，此时这些元素将从源 Map 中删除，但是不能添加任何元素。

11.5.2　使用 HashMap 和 Hashtable 实现类

因为 HashMap 里的 key 不能重复，所以在 HashMap 中最多只有一项 key/value 对的 key 为 null，但可以有无数多项 key/value 对的 value 为 null。下面的实例代码演示了用 null 值作为 HashMap 的 key 和 value 的情形。

实例 11-5

HashMap 的 key 和 value 为空

源码路径：

daima\011\src\useNullHashMap.java

实例文件 useNullHashMap.java 的主要实现代码如下所示。

```java
import java.util.*;
public class useNullHashMap{
 public static void main(String[] args) {
//新建HashMap对象实例hm
    HashMap hm = new HashMap();
    //将两个key为null的"key/value"对放入HashMap中
    hm.put(null , null);
    hm.put(null , null);
    hm.put("a" , null);          //将一个value为null且key为"a"的key/value对放入HashMap中
    System.out.println(hm);      //输出Map对象
    }
}
```

范例 11-5-01：使用 HashMap 的简单例子
源码路径：演练范例\11-5-01\
范例 11-5-02：HashMap 结合 List 的用法
源码路径：演练范例\11-5-02\

上述代码试图向 HashMap 中放入 3 个 key/value 对，其中 "hm.put(null , null);" 代码行无法放入 key/Value 对，这是因为 Map 中已经有一个 key/value 对的 key 为 null 的情形，所以无法再放入 key 为 null 的 key/value 对。而在 "hm.put(null , null);" 处可以放入该 key/value 对，因为一个 HashMap 中可以有多项 value 为 null。执行后将输出：

```
{null=null, a=null}
```

注意：Hashtable 是一个线程安全的 Map 实现，而 HashMap 是线程不安全的实现，所以 HashMap 比 Hashtable 的性能高一点。如果有多条线程访问同一个 Map 对象，那么使用 Hashtable 实现类会更好。Hashtable 是一个古老的类，它的类名甚至没有遵守 Java 的命名规范——每个单词的首字母都应该大写。也许因为当初开发 Hashtable 的工程师也没有注意到这一点，越来越多的程序员在大量的 Java 程序中使用了 HashTable 类，所以这个类名也就不能改为 HashTable 了，否则将导致大量程序需要改写。与前面介绍的 Vector 类似，建议读者尽量少用 Hashtable 实现类，即使需要创建线程安全的 Map 实现类。可以通过本章后面介绍的 Collections 工具类把 HashMap 变成线程安全的。

11.5.3 使用 SortedMap 接口和 TreeMap 实现类

在 Java 程序中，Map 接口派生了一个子接口 SortedMap，而 SortedMap 有一个 TreeMap 实现类。TreeMap 基于红黑树算法对 TreeMap 中所有的 key 进行排序，从而保证所有 TreeMap 中的 key/value 对处于有序状态。在 TreeMap 中有如下两种排序方式。

（1）自然排序：TreeMap 中的所有 key 必须实现 Comparable 接口，而且所有 key 应该是同一类对象，否则将抛出 ClassCastException 异常。

（2）定制排序：在创建 TreeMap 时，传入一个 Comparator 对象，该对象负责对 TreeMap 中的所有 key 进行排序。采用定制排序时不要求 Map 的 key 实现 Comparable 接口。

实例 11-6

实现自然排序和定制排序

源码路径：

daima\011\src\lianhe.java

实例文件 lianhe.java 的主要实现代码如下所示。

```java
import java.util.TreeMap;

public class lianhe {
    public static void main(String[] args)
    {
        System.out.println("使用自然排序: ");
        TreeMap<IdNumber2, String> treeMap=new TreeMap<IdNumber2,String>();
```

范例 11-6-01：按 key 降序操作处理
源码路径：演练范例\11-6-01\
范例 11-6-02：按 key 升序操作处理
源码路径：演练范例\11-6-02\

```
        treeMap.put(new IdNumber2(1000), "f程序员");
        treeMap.put(new IdNumber2(1001), "b程序员");
        treeMap.put(new IdNumber2(1002), "e程序员");
        treeMap.put(new IdNumber2(1003), "c程序员");
        treeMap.put(new IdNumber2(1004), "a程序员");
        System.out.println("treeMap="+treeMap);
        System.out.println("使用定制排序：（从小到大排序）");
        //使用降序排序，指明比较器
        TreeMap<IdNumber2, String> treeMap2=
                new TreeMap<IdNumber2,String>(new MyComparatorBigToSmall());
        treeMap2.put(new IdNumber2(1000), "f程序员");
        treeMap2.put(new IdNumber2(1001), "b程序员");
        treeMap2.put(new IdNumber2(1002), "e程序员");
        treeMap2.put(new IdNumber2(1003), "c程序员");
        treeMap2.put(new IdNumber2(1004), "d程序员");
        System.out.println("treeMap2="+treeMap2);
        System.out.println("使用定制排序：（从大到小排序）");
        TreeMap<IdNumber2, String> treeMap3=
                new TreeMap<IdNumber2,String>(new MyComparatorSmallToBig());
        treeMap3.put(new IdNumber2(1000), "f程序员");
        treeMap3.put(new IdNumber2(1001), "b程序员");
        treeMap3.put(new IdNumber2(1002), "e程序员");
        treeMap3.put(new IdNumber2(1003), "c程序员");
        treeMap3.put(new IdNumber2(1004), "d程序员");
        System.out.println("treeMap2="+treeMap3);
    }
}
//自定义比较器：实现comparator接口
class MyComparatorBigToSmall implements Comparator<IdNumber2> //使用泛型
{

    @Override
    public int compare(IdNumber2 o1, IdNumber2 o2) {
        return o1.getIdNumber()-o2.getIdNumber();//从小到大排序
    }
}
class MyComparatorSmallToBig implements Comparator<IdNumber2>
{
    @Override
    public int compare(IdNumber2 o1, IdNumber2 o2) {
        return o2.getIdNumber()-o1.getIdNumber();//从小到大排序
    }
}
//z作为键的类实现Comparable接口
class IdNumber2 implements Comparable<IdNumber2>
{
    //成员属性
    private int IdNumber;
    public int getIdNumber()
    {
        return IdNumber;
    }
    //构造函数
    public IdNumber2() {
    }
    //构造函数
    public IdNumber2(int IdNumber)
    {
        this.IdNumber=IdNumber;
    }
    //重写toString()方法
    @Override
    public String toString() {
        return "["+this.IdNumber+"]";
    }
    //重写equals()方法
    @Override
    public boolean equals(Object obj)
    {
        if(obj==this)//自己与自己比较
            return true;//那就是同一个相等了
        //传入的引用不为空，而且两个的类型一样
        if(obj!=null&&obj.getClass()==this.getClass())
```

```
            {
                IdNumber2 idNumber2=(IdNumber2) obj;//类型转换
                return this.IdNumber==idNumber2.IdNumber;
                //如果两个的编号一样，则认为相等
            }
            return false;
        }
        //重写hashCode()方法
        @Override
        public int hashCode() {
            return this.IdNumber*100;
        }
        //重写compareTo()方法实现自然排序
        @Override
        public int compareTo(IdNumber2 o)
        {
            return o.IdNumber-this.IdNumber;//从大到小排序
        }
    }
```

执行后将输出：

```
使用自然排序：
treeMap={[1004]=a程序员, [1003]=c程序员, [1002]=e程序员, [1001]=b程序员, [1000]=f程序员}
使用定制排序：（从小到大排序）
treeMap2={[1000]=f程序员, [1001]=b程序员, [1002]=e程序员, [1003]=c程序员, [1004]=d程序员}
使用定制排序：（从大到小排序）
treeMap2={[1004]=d程序员, [1003]=c程序员, [1002]=e程序员, [1001]=b程序员, [1000]=f程序员}
```

11.6　使用 Queue 接口

知识点讲解：视频\第 11 章\Queue 接口.mp4

↑扫码看视频

接口 Queue 用于模拟队列数据结构，队列通常是指"先进先出"（FIFO）的容器。队列头部保存队列中存放时间最长的元素，队列尾部保存队列中存放时间最短的元素。新元素 offer（插入）到队列的尾部，访问元素（poll）操作会返回队列头部的元素，通常不允许随机访问队列中的元素。

11.6.1　Queue 接口中的成员

在 Queue 接口中定义了如下常用的操作方法。

（1）void add (Object e)：将指定元素加入此队列的尾部。

（2）Object element()：获取队列头部的元素，但是不删除该元素。

（3）boolean offer (Object e)：将指定元素加入此队列的尾部。当使用有容量限制的队列时，此方法通常比 add (Object e)方法更好。

（4）Object peek()：获取队列头部的元素，但是不删除该元素。如果此队列为空，则返回 null。

（5）Object poll()：获取队列头部的元素，并删除该元素。如果此队列为空，则返回 null。

（6）Object remove()：获取队列头部的元素，并删除该元素。

在接口 Queue 中有两个常用的实现类，它们分别是 LinkedList 和 PriorityQueue，下面将详细介绍这两个实现类的基本知识。

11.6.2　LinkedList 类

LinkedList 类是 List 接口的实现类，也是一个 List 集合，可以根据索引随机访问集合中的元素。另外，在 LinkedList 中还实现了 Deque 接口。接口 Deque 是 Queue 接口的子接口，它代表一个双向队列。在 Deque 接口中定义了如下可以双向操作队列的方法。

（1）void addFirst (Object e)：将指定元素插入该双向队列的开头。

（2）void addLast (Object e)：将指定元素插入该双向队列的末尾。

（3）Iterator descendinglterator()：返回与该双向队列对应的迭代器，该迭代器将以逆向顺序迭代队列中的元素。

（4）Object getFirst()：获取但不删除双向队列的第一个元素。

（5）Object getLast()：获取但不删除双向队列的最后一个元素。

（6）boolean offerFirst (Object e)：将指定的元素插入该双向队列的开头。

（7）boolean offerLast (Object e)：将指定的元素插入该双向队列的末尾。

（8）Object peekFirst()：获取但不删除该双向队列的第一个元素，如果此双端队列为空，则返回 null。

（9）Object peekLast()：获取但不删除该双向队列的最后一个元素，如果此双端队列为空，则返回 null。

（10）Object pollFirst()：获取并删除该双向队列的第一个元素，如果此双端队列为空，则返回 null。

（11）Object pollLast()：获取并删除该双向队列的最后一个元素，如果此双端队列为空，则返回 null。

（12）Object pop()：压出该双向队列所表示栈中的第一个元素。

（13）void push (Objecte)：将一个元素压进该双向队列所表示的栈中（即该双向队列的头部）。

（14）Object removeFirst()：获取并删除该双向队列的第一个元素。

（15）Object removeFirstOccurrence (Object o)：删除该双向队列中第一次的出现元素 o。

（16）removeLast()：获取并删除该双向队列的最后一个元素。

（17）removeLastOccurrence (Object o)：删除该双向队列中最后一次出现的元素 o。

> 注意：因为在 LinkedList 类中还包含了 pop(出栈)和 push(入栈)这两个方法，所以 LinkedList 类不仅可以作为双向队列来使用，而且可以当成 "栈" 来使用。除此之外，由于 LinkedList 还实现了 List 接口，所以它也经常当成 List 来使用。

实例 11-7　**演示 LinkedList 类的用法**
源码路径：
daima\011\src\useLinkedList.java

实例文件 useLinkedList.java 的主要实现代码如下所示。

```java
import java.util.*;
public class yongLinkedList{
    public static void main(String[] args) {
        LinkedList<String> books =
        new LinkedList<String>();
        //将字符串元素加入队列的尾部
        books.offer("华为手机");
        //将一个字符串元素入栈
        books.push("苹果手机");
        //将字符串元素添加到队列的头部
        books.offerFirst("三星手机");
        for (int i = 0; i < books.size() ; i++ ){    //使用for循环输出books中的元素
                System.out.println(books.get(i));
        }
        System.out.println(books.peekFirst());        //访问并不删除队列的第一个元素
        System.out.println(books.peekLast());         //访问并不删除队列的最后一个元素
        System.out.println(books.pop());              //采用出栈的方式将第一个元素出栈队列
        System.out.println(books);                    //下面输出将看到队列中第一个元素被删除
        System.out.println(books.pollLast());         //访问并删除队列的最后一个元素
        System.out.println(books);                    //在输出中将看到队列中只剩下中间一个元素
    }
}
```

范例 11-7-01：演示数组的最好性能
源码路径：演练范例\11-7-01\
范例 11-7-02：演示 PriorityQueue 的用法
源码路径：演练范例\11-7-02\

上述实例代码演示了 LinkedList 作为双向队列、栈和 List 集合的用法。由此可见，LinkedList 是一个功能非常强大集合类。执行上述代码后将输出：

```
三星手机
苹果手机
华为手机
三星手机
华为手机
三星手机
[苹果手机, 华为手机]
华为手机
[苹果手机]
```

11.7 使用集合工具 Collections 类

知识点讲解：视频\第 11 章\集合工具 Collections 类.mp4

在 Java 语言中，通过使用集合操作工具 Collections 类方便地操作集合。Collections 是一个能操作 Set、List 和 Map 等集合的工具类。在该工具类里提供的大量方法可对集合元素进行排序、查询和修改等操作，它还提供了将集合对象设置为不可变和对集合对象实现同步等方法。

↑扫码看视频

11.7.1 排序操作

在 Java 工具 Collections 类中，提供了如下方法对 List 集合元素进行排序。

（1）static void reverse (List list)：反转指定 List 集合中的元素顺序。

（2）static void shuffle (Listlist)：对 List 集合中的元素进行随机排序（shuffle 方法模拟了"洗牌"动作）。

（3）static void sort (List list)：根据元素的自然顺序对指定 List 集合中的元素按升序进行排序。

（4）static void sort (List list, Comparator c)：根据指定 Comparator 产生的顺序对 List 集合中的元素进行排序。

（5）static void swap (List list,int i,int j)：在指定 List 集合中交换 i 处元素和 j 处元素。

（6）static void rotate (Listlist.int distance)：当 distance 为正数时，将 List 集合中后 distance 个元素移到前面；当 distance 为负数时，将 List 集合中前 distance 个元素移到后面。该方法不会改变集合的长度。

实例 11-8	使用 Collections 操作 List 集合
	源码路径：
	daima\011\src\useTestSort.java

文件 useTestSort.java 的主要实现代码如下所示。

```java
import java.util.*;

public class TestSort{
    public static void main(String[] args) {
        ArrayList<Integer> nums = new ArrayList
        <Integer>();//新建ArrayList对象实例nums
        nums.add(2);      //向nums中添加元素2
        nums.add(-5);     //向nums中添加元素-5
        nums.add(3);                    //向nums中添加元素3
        nums.add(0);                    //向nums中添加元素0
        System.out.println(nums);       //输出:[2, -5, 3, 0]
        Collections.reverse(nums);      //将List集合中的元素的次序反转
        System.out.println(nums);       //输出:[0, 3, -5, 2]
        Collections.sort(nums);         //将List集合中的元素按自然顺序排序
        System.out.println(nums);       //输出:[-5, 0, 2, 3]
        Collections.shuffle(nums);      //将List集合中的元素按随机顺序排序
        System.out.println(nums);       //输出集合信息。注意,此行每次输出的次序不固定
    }
}
```

范例 11-8-01：用 sort()方法对集合进行排序
源码路径：演练范例\11-8-01\
范例 11-8-02：增加所需要的元素
源码路径：演练范例\11-8-02\

执行上述代码后将输出：

```
[2, -5, 3, 0]
[0, 3, -5, 2]
[-5, 0, 2, 3]
[3, 0, 2, -5]
```

11.7.2　查找和替换操作

在 Collections 中还提供了如下用于查找、替换集合元素的方法。

（1）static int binarySearch（List list, Object key）：使用二分搜索法搜索指定 List 集合，以获得指定对象在 List 集合中的索引。如果要使该方法正常工作，必须保证 List 中的元素已经处于有序状态。

（2）static Object max（Collection coll）：根据元素的自然顺序，返回给定集合中的最大元素。

（3）static Object max（Collection coll, Comparator comp）：根据指定 Comparator 产生的顺序，返回给定集合中的最大元素。

（4）static Object min（Collection coll）：根据元素的自然顺序，返回给定集合中的最小元素。

（5）static Object min（Collection coll, Comparator comp）：根据指定 Comparator 产生的顺序，返回给定集合中的最小元素。

（6）static void fill（List list, Object obj）：使用指定元素 obj 替换指定 List 集合中的所有元素。

（7）static int frequency（Collection c, Object o）：返回指定集合中等于指定对象的元素数量。

（8）static int indexOfSubList（List source, List target）：返回子 List 对象在母 List 对象中第一次出现的位置索引。如果母 List 中没有出现这个子 List，则返回-1。

（9）static int lastIndexOfSubList（List source, List target）：返回子 List 对象在母 List 对象中最后一次出现的位置索引。如果母 List 中没有出现这个子 List，则返回-1。

（10）static boolean replaceAll（List list, Object oldVal, Object newVal）：使用一个新值 newVal 替换 List 对象中所有的旧值 oldVal。

实例 11-9	使用 Collections 实现查找处理	
	源码路径： daima\011\src\yongSearch.java	

实例文件 yongSearch.java 的主要实现代码如下所示。

```java
import java.util.*;
public class yongSearch{
    public static void main(String[] args){
        ArrayList nums = new ArrayList();
        nums.add(2);
        nums.add(-5);
        nums.add(3);
        nums.add(0);
        //输出:[2, -5, 3, 0]
        System.out.println(nums);
    System.out.println(Collections.max(nums)); //输出最大元素, 将输出3
    System.out.println(Collections.min(nums)); //输出最小元素, 将输出-5
        //将nums中的0用1代替
        Collections.replaceAll(nums , 0 , 1);
        //输出:[2, -5, 3, 1]
        System.out.println(nums);
        //判断-5在List集合中出现的次数, 返回1
        System.out.println(Collections.frequency(nums , -5));
        //对nums集合排序
        Collections.sort(nums);
        //输出:[-5, 1, 2, 3]
        System.out.println(nums);
    //只有排序后的List集合才可用二分法查询, 输出3
    System.out.println(Collections.binarySearch(nums , 3));
    }
}
```

范例 11-9-01：用 binarySearch()方法检索内容
源码路径：演练范例\11-9-01\
范例 11-9-02：替换一个集合中的指定内容
源码路径：演练范例\11-9-02\

执行后将输出：

```
[2, -5, 3, 0]
3
-5
[2, -5, 3, 1]
1
[-5, 1, 2, 3]
3
```

11.8　创建不可变的 List、Set 和 Map（Java 9 新增）

知识点讲解：视频\第 11 章\创建不可变的 List、Set 和 Map.mp4

从 Java 9 开始，通过在 List、Set 和 Map 接口中添加静态工厂的方式来更新 Collection API，这样可以轻松有效地创建小型不可变的集合。本节将详细讲解在 Java 9 及更高版本程序中创建不可变 List、Set 和 Map 的知识。

↑扫码看视频

11.8.1　Java 9 以前版本的解决方案

在 Java 9 以前的版本中，创建不可变集合的方法是将可变集合包装在另一个对象中创建一个不可变的（或不可修改的）集合，该对象只是原始可变对象的包装器。例如，要在 JDK 8 或更早版本中创建对两个整数的无法修改的列表，可以使用如下代码实现。

```
List<Integer> list = new ArrayList<>();
list.add(100);
list.add(200);
List<Integer> list2 = Collections.unmodifiableList(list);
```

这种作法的一个十分严重的缺陷是不可变的 List 只修改 List 的包装。不能使用 list2 变量修改列表，但是仍然可以使用 List 变量来修改列表，并且在使用 list2 变量读取 List 时将反映出修改。下面是一个完整的创建一个不可变 List 的实例，并显示在以后更改其内容的过程。

实例 11-10	创建不可变集合	
	源码路径： daima\011\src\PreJDK9UnmodifiableList.java	

实例文件 PreJDK9UnmodifiableList.java 的主要实现代码如下所示。

```
public static void main(String[] args) {
    List<Integer> list = new ArrayList<>();
    //新建List集合的对象list
    list.add(100);          //向集合中添加数据100
    list.add(200);          //向集合中添加数据200
    System.out.println("list = " + list);
    //输出集合list中的数据信息
    //创建一个不可修改的集合list2，其中数据与list一样
    List<Integer> list2 = Collections.unmodifiableList(list);
    System.out.println("list2 = " + list2);     //输出集合list2中的数据
    list.add(300);          //向集合list中添加数据300
    // 分别输出结合list和list2中的数据信息
    System.out.println("list = " + list);
    System.out.println("list2 = " + list2);
}
```

范例 11-10-01：一个常见的错误程序
源码路径：演练范例\11-10-01\
范例 11-10-02：错误解决方案
源码路径：演练范例\11-10-02\

在上述实例代码中，只要保留原始列表的引用就可以更改其内容，并且不可变的 list 也不是真正不可变的。执行后将输出：

```
list = [100, 200]
list2 = [100, 200]
list = [100, 200, 300]
list2 = [100, 200, 300]
```

11.8.2　Java 9 版本的解决方案

在前面的实例中并没有实现真正的不可变集合，要在 Java 8 及其以前的版本中实现不可变集合，需要编写大量烦琐的代码。为此在 Java 9 中将静态工厂方法 of()重载到 List 接口，方法 of()提供了一种简单而紧凑的方式来创建不可变的 List。下面是 of()方法的所有版本。

- ❏　static <E> List<E> of()
- ❏　static <E> List<E> of(E e1)
- ❏　static <E> List<E> of(E e1, E e2)
- ❏　static <E> List<E> of(E e1, E e2, E e3)
- ❏　static <E> List<E> of(E e1, E e2, E e3, E e4)
- ❏　static <E> List<E> of(E e1, E e2, E e3, E e4, E e5)
- ❏　static <E> List<E> of(E e1, E e2, E e3, E e4, E e5, E e6)
- ❏　static <E> List<E> of(E e1, E e2, E e3, E e4, E e5, E e6, E e7)
- ❏　static <E> List<E> of(E e1, E e2, E e3, E e4, E e5, E e6, E e7, E e8)
- ❏　static <E> List<E> of(E e1, E e2, E e3, E e4, E e5, E e6, E e7, E e8, E e9)
- ❏　static <E> List<E> of(E e1, E e2, E e3, E e4, E e5, E e6, E e7, E e8, E e9, E e10)
- ❏　static <E> List<E> of(E... elements)

由此可见，方法 of()有 11 个特定版本，它们可用于创建 0～10 这 11 个元素的 list。使用 of()方法返回的列表具有以下特征。

（1）结构上是不可变的。尝试添加、替换或删除元素会抛出 UnsupportedOperationException 异常。

（2）不允许 null 元素。如果列表中的元素为 null，则抛出 NullPointerException 异常。

（3）如果所有元素都是可序列化的，那么它们也是可序列化的。

（4）元素顺序与 of()方法中指定的且与 of(E... elements)方法的可变参数版本中使用的数组相同。

（5）对返回列表的实现类没有保证。也就是说，不要指望返回的对象是 ArrayList 或任何其他实现 List 接口的类。这些方法的实现是内部的，不应该假定它们的类名。例如 List.of()和 List.of("A")可能返回两个不同类的对象。

在全新的 Collections 类中包含一个静态属性 EMPTY_LIST，它表示不可变的空表。它还包含一个静态方法 emptyList()来获取不可变的空表。SingletonList(T object)方法返回具有指定元素的不可变单例列表。下面的代码显示了 JDK 9 版本和之前版本创建不可变的空和单例列表的方式。

```
// JDK 9之前版本
List<Integer> emptyList1 = Collections.EMPTY_LIST;
List<Integer> emptyList2 = Collections.emptyList();
// JDK 9版本
List<Integer> emptyList = List.of();
// JDK 9之前版本
List<Integer> singletonList1 = Collections.singletonList(100);
// JDK 9版本
List<Integer> singletonList = List.of(100);
```

在 Java 9 中如何使用 of()方法从数组中创建一个不可变的 list？这取决于想要操作的数组列表。可能需要一个列表元素与数组元素相同，或者希望使用数组本身作为列表中的唯一元素。使用 List.of(array)将调用 of(E...elements)方法，返回列表的元素与数组中的元素相同。如果希望数组本身是列表中的唯一元素，则需要使用 List.<array-type>of(array)方法，这将调用 of(E e1)方法，返回的列表将具有一个元素，这是数组本身。下面的实例演示了在 Java 9 中使用 List 接口的 of()静态工厂方法创建不可变的列表过程。

实例 11-11 创建不可变的列表

源码路径：

daima\011\src\ListTest.java

实例文件 ListTest.java 的主要实现代码如下所示。

```java
public static void main(String[] args) {
    // 创建不可修改的列表集合emptyList
    List<Integer> emptyList = List.of();              //创建有0个元素的集合emptyList
    List<Integer> luckyNumber = List.of(19);          //创建有19个元素的集合luckyNumber
    List<String> vowels = List.of("A", "E", "I", "O", "U");  //创建包含5个字母的集合vowels
    System.out.println("emptyList = " + emptyList);    //输出集合emptyList的值
    System.out.println("singletonList = " + luckyNumber);  //输出集合singletonList的值
    System.out.println("vowels = " + vowels);          //输出集合vowels t的值
    try {
        //尝试使用null元素
        List<Integer> list = List.of(1, 2, null, 3);  //创建集合列表，里面包含一个空元素
    } catch(NullPointerException e) {
        System.out.println("Nulls not allowed in List.of().");  //输出不能有空元素的异常提示
    }
    try {
        luckyNumber.add(8);        //添加集合元素8
    } catch(UnsupportedOperationException e) {
        System.out.println("Cannot add an element.");    //输出不能添加元素的异常提示
    }
    try {
        luckyNumber.remove(0);    //删除元素0
    } catch(UnsupportedOperationException e) {
        System.out.println("Cannot remove an element.");  //输出不能删除元素的异常提示
    }
}
```

执行程序后将输出：

```
emptyList = []
singletonList = [19]
vowels = [A, E, I, O, U]
Nulls not allowed in List.of().
Cannot add an element.
Cannot remove an element.
```

范例 11-11-01：Java 9 实现不可变的 Set

源码路径：演练范例\11-11-01\

范例 11-11-02：Java 9 实现不可变的 Map

源码路径：演练范例\11-11-02\

11.9 使用 var 类型推断（Java 10 新增）

知识点讲解：视频\第 11 章\使用 var 类型推断.mp4

从 Java 10 版本开始，新增了局部类型功能，只需使用关键字 var 就可以声明不带类型的局部变量。本节将详细讲解在 Java 10 及以后版本的程序中使用 var 类型推断的知识。

↑扫码看视频

11.9.1 var 类型推断基础

从 Java 10 版本开始，也可以像其他动态语言一样简洁定义 Java 变量，开发者通过把变量声明为 var 来让编译器自行推断其类型。例如，开发者可以用下面的方式定义变量。

```java
var list = new ArrayList<String>();  //变量list被推断为 ArrayList<String>
var stream = list.stream();          //对象stream被推断为 Stream<String>
```

而在以前的 Java 版本中，只能用如下所示的方法定义变量。

```java
ArrayList<String> list = new ArrayList<String>();//变量list被定义为 ArrayList<String>类型
Stream<String> stream = list.stream();           //变量stream被推断为Stream<String>类型
```

Java 编译器在处理 var 变量的时候，会检测右侧的代码声明，并将对应类型用于左侧，这一过程发生在初始化阶段。JIT 在编译成字节码的时候，用的还是推断后的结果类型。在键入代码的时候这个新特性可以节省不少字符，更重要的是可以去除冗余的信息，使代码变得清爽，

还可以对齐变量的名称。当然，这样也要付出一些代价，请看下面的代码。

```
var lovnx = new URL("https://github.com/Lovnx");
var connection = lovnx.openConnection();
var reader = new BufferedReader(
    new InputStreamReader(connection.getInputStream()));
```

上述代码因为使用 var 而变得简洁，但是变量 connection 不是由构造函数直接创建的，所以我们将不会立刻知道它的实际类型，这只能借助 IDE 才能明确知道 connection 的类型是什么。另外，你可能担心命名成 var 的方法与变量冲突。其实不用担心，从技术上来讲，var 不是一个关键字，而是一个保留的类型名称，也就是说它的作用域只在编译器推断类型的范围内，在其他地方还是有效的标识符。这样也限制了一些东西，即类名不能命名为 var。

在 Java 程序中使用 var 定义推断类型变量时，必须注意如下所示的 4 点。

（1）用 var 声明变量时必须有初始值。例如，下面的代码都是错误的。

```
var x;
var foo;
foo = "Foo";
```

（2）用 var 声明的必须是一个显式的目标类型，它不可以用在 lamdba 变量或数组变量上。例如，下面的代码是错误的。

```
var f = () -> { };
```

下面的代码也是错误的。

```
var ints = {0, 1, 2};
var appendSpace = a -> a + " ";
var compareString = String::compareTo
```

（3）用 var 声明的变量的初始值不能为 null。例如，下面的代码是错误的。

```
var g = null;
```

（4）关键字 var 不能声明不可表示的类型。例如，不能声明 null 类型、交叉类型（Java 8 开始引入的一种名为交集类型的新类型）和匿名类类型。

11.9.2　使用 var 声明局部变量

下面的实例文件演示了在 Java 10 中使用 var 声明局部变量的过程。

实例 11-12	使用 var 声明局部变量 源码路径： daima\011\src\var10.java	

实例文件 var10.java 的主要实现代码如下所示。

```
public class var10 {
    public static void main(String[] args) {
        final var test = "ABC";
        System.out.println(test);
    }
}
```

> 范例 11-12-01：Java 10 使用 var 声明变量 1
> 源码路径：演练范例\11-12-01\
> 范例 11-12-02：Java 10 使用 var 声明变量 2
> 源码路径：演练范例\11-12-02\

程序运行后将输出：

```
ABC
```

11.10　使用新的默认方法（Java 11 新增）

📹 知识点讲解：视频\第 11 章\使用新的默认方法.mp4

↑扫码看视频

从 Java 11 版本开始，新的默认方法 toarray（）被添加到 java.util.collection 接口中。本节将简要介绍 Java 语言中新的默认方法 toarray（）的知识，为读者步入本书后面知识的学习打下基础。

从 Java 11 版本开始，新的默认方法 toarray（）在 java.util.collection 接口中的原型如下。

```
default <T> T[] toArray(IntFunction<T[]> generator)
```

方法 toArray()能够返回一个由该集合的元素组成的新数组，通过提供的生成器函数能够分配返回的数组。

下面的实例文件演示了在 Java 11 中使用新的默认方法的过程。

| 实例 11-13 | 使用新的 toArray()方法
源码路径：
daima\011\src\CollectionToArray.java | |

实例文件 CollectionToArray.java 的主要实现代码如下所示。

```java
import java.util.Arrays;
import java.util.List;

public class CollectionToArray {
    public static void main(String[] args) {
        List<String> list = List.of("apple","banana", "orange");
        //旧的方法
        String[] array = list.toArray(new String[list.size()]);
        System.out.println(Arrays.toString(array));
        Object[] objects = list.toArray();
        System.out.println(Arrays.toString(objects));
        //新的方法
        String[] array2 = list.toArray(String[]::new);
        System.out.println(Arrays.toString(array2));
    }
}
```

> 范例 11-13-01：使用 TreeSet 的定制排序
> 源码路径：演练范例\11-13-01\
> 范例 11-13-02：使用映射的相关类
> 源码路径：演练范例\11-13-02\

执行后将输出：

```
[apple, banana, orange]
[apple, banana, orange]
[apple, banana, orange]
```

11.11　技　术　解　惑

11.11.1　使用 EnumSet 类的注意事项

在使用 EnumSet 类时需要注意如下 3 点。

（1）不允许使用 null 元素，试图插入 null 元素将抛出 NullPointerException 异常。但测试是否出现 null 元素或移除 null 元素时将不会抛出异常。

（2）EnumSet 是不同步的，不是线程安全的。

（3）EnumSet 的本质是为枚举类型定制的一个集合，且枚举集中的所有元素都必须来自单个枚举类型。

11.11.2　ArrayList 和 Vector 的区别

ArrayList 和 Vector 的显著区别是：ArrayList 是线程不安全的，当多条线程访问同一个 ArrayList 集合时，如果有超过一条的线程修改了 ArrayList 集合，则程序必须手动调整以保证该集合的同步性；Vector 集合是线程安全的，无需程序保证该集合的同步性。因为 Vector 是线程安全的，所以 Vector 的性能比 ArrayList 的性能要低。实际上即使需要保证集合 List 的线程安全，同样不推荐使用 Vector 实现类，Collections 工具类可以将 ArrayList 变成线程安全的。

11.11.3　分析 Map 类的性能

对于 Map 常用实现类来说，HashMap 和 Hashtable 的效率大致相同，因为它们的实现机制几乎完全一样；但是 HashMap 比 Hashtable 要快一点，因为 Hashtable 需要额外实现同步操作。

而 TreeMap 比 HashMap、Hashtable 要慢（尤其在插入、删除 key/value 对的时候更慢），因为 TreeMap 需要额外的红黑树操作来维护 key 之间的次序。但是使用 TreeMap 也有一个好处——TreeMap 中的 key/value 对总是处于有序状态，无需专门进行排序操作。当 TreeMap 被填充之后，就可以调用 keySet()取得由 key 组成的 Set，然后使用 toArray()生成 key 的数组。接下来使用 Arrays 的 binarySearch()方法在已经排序数组中快速地查询对象。当然，通常只在无法使用 HashMap 的时候才这么做，因为 HashMap 正是为快速查询而设计的。通常，如果需要使用 Map，还是应该首选 HashMap 实现，除非需要一个总是排好序的 Map 时，才使用 TreeMap。

LinkedHashMap 比 HashMap 慢一点，因为它需要维护链表来保持 Map 中 key 的顺序。

11.11.4　LinkedList、ArrayList、Vector 的性能问题

LinkedList 与 ArrayList、Vector 的实现机制完全不同，ArrayList、Vector 的内部以数组形式保存集合中的元素，因此随机访问集合元素时有较好的性能。而 LinkedList 内部以链表形式保存集合中的元素，因此随机访问集合元素时性能较差，但在插入、删除元素时其性能非常出色（只需改变指针所指的地址即可）。实际上，Vector 因为实现了线程同步功能，所以它的各方面性能都有所下降。

对于所有内部基于数组的集合实现（例如 ArrayList、Vector 等）来说，随机访问的速度比使用 Iterator 迭代访问的性能要好，因为随机访问会映射成对数组元素的访问。

通常在 Java 编程过程中无需理会 ArrayList 和 LinkedList 之间的性能差异，只需了解 LinkList 集合不仅提供了 List 的功能，而且额外提供了双向队列、栈的功能。但在一些性能非常敏感的地方需要慎重选择使用哪个 List 实现。

11.12　课后练习

（1）编写一个 Java 程序，使用 Collection 类中的 iterator()方法来遍历集合。

（2）编写一个 Java 程序，使用 Collections 类中的 Collections.shuffle()方法来打乱集合元素的顺序。

（3）编写一个 Java 程序，使用 Hashtable 类中的 keys()方法来遍历输出键值。

（4）编写一个 Java 程序，遍历从 Collection 接口延伸的 List、Set 和以 key/value 对进行存储的 Map 类型的集合。要求在程序中分别使用普通 for、增强型 for 和 iterator 等方式来遍历集合。

第 12 章

使用泛型

泛型（generic type 或者 generics）是对 Java 语言类型系统的一种扩展，它的主要作用是支持类型参数化。也就是说，泛型可以把类型当作一种参数，我们可以将类型参数看作使用时再指定类型的占位符，就像之前将方法的参数看作运行时再指定值的占位符一样。本章将详细讲解 Java 泛型的基本知识。

本章内容

▸▸ 泛型基础
▸▸ 类型通配符
▸▸ 泛型方法
▸▸ 使用泛型接口
▸▸ 泛型继承
▸▸ 强制类型转换

技术解惑

▸▸ Java 语言中泛型的本质
▸▸ 泛型类的继承规则
▸▸ 使用泛型的原则和注意事项

12.1　泛型基础

 知识点讲解：视频\第 12 章\泛型基础.mp4

　　　　　在 Java 语言中引入泛型的目的是实现功能增强。本节将简要讲解泛型的基本知识，向大家阐述泛型的优点和意义，为读者步入本书后面知识的学习打下基础。

↑扫码看视频

12.1.1　泛型的优点

　　在引入泛型之前，Java 的集合类有一个缺点：当我们把一个对象"丢进"集合后，这些集合类通常会"忘记"这个对象的具体类型。当我们再次取出该对象时，该对象的编译类型就变成了 Object 类型（尽管其在运行时类型没有改变）。这些 Java 集合设计成这样，是因为设计集合的程序员不知道我们需要用它来保存什么类型的对象，所以他们把集合设计成能保存任何类型的对象，以追求更好的通用性。但是这样做会带来如下两个问题。

　　（1）集合对元素类型没有任何限制，这样可能引发一些问题。如果我们希望创建一个只能保存 Pig 的集合，但程序也可以轻易地将 Cat 对象"丢"进去，那么很可能就会引发异常。

　　（2）当对象被"丢进"集合时，集合就会丢失该对象的一些状态信息，因为集合只知道它盛装的是 Object，所以我们在取出集合中的元素后通常还需要对其进行强制类型转换。这种强制类型转换既会增加编程的复杂度，也有可能引发 ClassCastException 异常。

　　在这种情况下，如果我们使用泛型，就能获得如下两点好处。

　　（1）提高类型的安全性。

　　泛型的主要目标是提高 Java 程序的类型安全性，即我们可以通过泛型定义来对变量类型进行限制，编译器可以在一个很高的层次上进类型验证。

　　（2）避免强制类型转换。

　　泛型的一个附带好处是避免源代码中的许多强制类型转换。这使得代码更加可读，并且减少出错机会。尽管减少强制类型转换可以降低使用泛型类代码的复杂度，但是声明泛型变量会带来相应的复杂操作。

12.1.2　类型检查

　　在编译 Java 程序时，如果不进行类型检查会引发异常错误，下面的代码就说明了这一点。

实例 12-1　不检查类型会引发异常

源码路径：

daima\012\src\youErr.java

实例文件 youErr.java 的主要实现代码如下所示。

```
import java.util.*;
public class youErr{
    public static void main(String[] args) {
        //创建一个只希望保存字符串的List集合
        List<Comparable> strList = new ArrayList
        <Comparable>();
        strList.add("AAA");
```

范例 12-1-01：自定义非泛型栈结构
源码路径：演练范例\12-1-01\
范例 12-1-02：用泛型实现栈结构
源码路径：演练范例\12-1-02\

```
                strList.add("BBB");
                strList.add("CCC");
                //假如"不小心"把一个Integer对象"丢进"了集合
①               strList.add(5);
                for (int i = 0; i < strList.size() ; i++){
                    // 因为List里取出的全部是Object, 所以必须强制类型转换
                    // 最后一个元素将出现ClassCastException异常
②                   String str = (String)strList.get(i);
                }
          }
}
```

在上述代码中，我们创建了一个 List 集合。原本只希望此 List 集合保存字符串对象，但在①中，我们却把一个 Integer 对象"丢进"了 List 集合，这将导致程序在②引发 ClassCastException 异常，因为程序试图把一个 Integer 对象转换为 String 类型。执行后将输出：

```
Exception in thread "main" java.lang.ClassCastException: class java.lang.Integer cannot be
cast to class java.lang.String (java.lang.Integer and java.lang.String are in module java.base of
loader 'bootstrap')
        at Err.main(Err.java:19)
```

如果希望创建一个 List 对象并且该 List 对象中只能保存字符串类型，那么我们可以扩展 ArrayList。例如在下面的实例中，创建了一个只能存放 String 对象的 StrList 集合类。

实例 12-2 只能存放 String 对象的 StrList 集合类

源码路径：

daima\012\src\CheckT.java

实例文件 CheckT.java 的主要实现代码如下所示。

```
import java.util.*;
//自定义一个StrList集合类，使用组合方式来复用ArrayList类
class StrList{
    private List<String> strList = new ArrayList<String>();
    //定义StrList的add方法
    public boolean add(String ele){
        return strList.add(ele);
    }
    //重写get方法，将get方法的返回值类型改为String类型
    public String get(int index){
        return (String)strList.get(index);
    }
    public int size(){
        return strList.size();
    }
}
public class CheckT{
    public static void main(String[] args) {
        //创建一个只保存字符串的List集合
        StrList strList = new StrList();
        strList.add("AAA");
        strList.add("BBB");
        strList.add("CCC");
        //下一行代码不能把Integer对象"丢进"集合中，否则将引起编译异常
①       strList.add(5);
        System.out.println(strList);
        for (int i = 0; i < strList.size() ; i++ ){
            //因为StrList里的元素类型就是String类型，所以无需强制类型转换
            String str = strList.get(i);
        }
    }
}
```

> 范例 12-2-01：自定义泛型化数组类
> 源码路径：演练范例\12-2-01\
> 范例 12-2-02：泛型方法和数据查询
> 源码路径：演练范例\12-2-02\

在上述代码中，我们定义的 StrList 类实现了编译时的异常检查功能。当程序在①处试图将一个 Integer 对象添加到 StrList 时，代码不能通过编译。因为 StrList 只能接受 String 对象作为元素，所以①在编译时会出现错误提示。上述做法极其有用，并且使用方法 get()返回集合元素时，无需进行类型转换。但是上述做法也存在一个非常明显的局限性：当程序员需要定义大量的 List 子类时，这是一件让人沮丧的事情。从 JDK 1.5 以后，Java 开始引入了"参数化类型"（parameterized type）这一概念，它允许我们在创建集合时指定集合元

素的类型（例如 List<String>），这说明此 List 只能保存字符串类型对象。Java 的这种参数化类型称为泛型。

12.1.3　使用泛型

接下来以 12.1.2 节中的文件 youErr.java 为基础，详细讲解使用泛型的优点。

实例 12-3　使用泛型

源码路径：

daima\012\fanList.java

实例文件 fanList.java 的主要实现代码如下所示。

```
import java.util.*;
public class fanList{
    public static void main(String[] args) {
        //创建一个只保存字符串的List集合
①       List<String> strList = new ArrayList<String>();
        strList.add("AAA");
        strList.add("BBB");
        strList.add("CCC");
        //下面代码将引起编译错误
②       strList.add(5);
        for (int i = 0; i < strList.size() ; i++ ){
            //下面代码无需强制类型转换
③           String str = strList.get(i);
        }
    }
}
```

> 范例 12-3-01：泛型化方法和最小值
> 源码路径：演练范例\12-3-01\
> 范例 12-3-02：泛型化接口和最大值
> 源码路径：演练范例\12-3-02\

上述代码创建了一个特殊的 List 集合——strList，此 List 集合只能保存字符串对象，不能保存其他类型的对象。创建这种特殊集合的方法非常简单，先在集合接口和类后增加尖括号，然后在尖括号里放数据类型，这表明这个集合接口、集合类只能保存特定类型的对象。其中通过①指定了 strList 不是一个任意的 List 集合，而是一个 String 类型的 List 集合，写作"List<String>"。List 是带一个类型参数的泛型接口，上述代码的类型参数是 String。在创建此 ArrayList 对象时也指定了一个类型参数。②会引起编译异常，输出如下所示的异常信息：

```
Exception in thread "main" java.lang.Error: Unresolved compilation problem:
    The method add(int, String) in the type List<String> is not applicable for the arguments(int)

    at fanList.main(fanList.java:14)
```

发生异常的原因是 strList 集合只能添加 String 对象，所以不能将 Integer 对象"丢进"该集合。并且在③处不需要进行强制类型转换，因为 strList 对象可以"记住"它的集合元素都是 String 类型。

由此可见，上述使用泛型的代码更加健壮，并且程序再也不能"不小心"地把其他对象"丢进"strList 集合中。整个程序更加简洁，集合会自动记住所有集合元素的数据类型，从而无需对集合元素进行强制类型转换。

12.1.4　在类中使用泛型

从 JDK 1.5 开始，我们可以为任何类增加泛型声明（虽然泛型是集合类的重要使用场所，但并不是只有集合类才可以使用泛型声明）。例如，在下面的实例中自定义了一个名为"fru"的类，在此类中可以包含一个泛型声明。

实例 12-4　定义泛型接口和类

源码路径：

daima\012\src\fru.java

实例文件 fru.java 的主要实现代码如下所示。

```
import java.util.*;
```

```
//定义fru类时使用了泛型声明
public class fru<T>{
    //使用T类型形参定义属性
    private T info;                    //定义属性info
    public fru(){}
    //下面方法中使用T类型形参来定义方法
    public fru(T info)                 //构造方法fru(){
        this.info = info;
    }
    public void setInfo(T info) { //设置属性info的方法
        this.info = info;
    }
    public T getInfo(){                //获取属性info的方法
        return this.info;
    }
    public static void main(String[] args){
        //因为传给T形参的是String类型，所以构造器的参数只能是String
        fru<String> a1 = new fru<String>("西瓜多少钱一斤? ");
        System.out.println(a1.getInfo());
        //因为传给T形参的是Double类型，所以构造器的参数只能是Double或者double
        fru<Double> a2 = new fru<Double>(9.9);
        System.out.println(a2.getInfo());      //打印输出属性info的值
    }
}
```

> 范例 12-4-01：使用通配符增强泛型
> 源码路径：演练范例\12-4-01\
> 范例 12-4-02：实现泛型化折半查找
> 源码路径：演练范例\12-4-02\

上述代码定义了一个带泛型声明的 fru<T>类，我们在使用 fru<String>类时会为形参 T 传入实际类型，这样可以生成如 fru<String>、fru<Double>……形式的多个逻辑子类（物理上并不存在）。这就是在 12.1 节中讲解的可以使用 List<String>、ArrayList<String>等类型的原因，由于 JDK 在定义 List、ArrayList 等接口、类时使用了类型形参，因此在使用这些类时为其传入了实际的类型参数。执行后将输出：

```
西瓜多少钱一斤?
9.9
```

12.2　类型通配符

 知识点讲解：视频\第 12 章\类型通配符.mp4

在 Java 程序中，当操作的不同容器中的类型都不确定，而且使用的元素都是从 Object 类中继承的方法时，泛型就用通配符 "?" 来表示。本节将详细讲解在泛型中使用类型通配符的知识。

↑扫码看视频

12.2.1　使用泛型通配符

在 Java 语言中，泛型的通配符 "?" 相当于 "? extends Object"。

实例 12-5　**使用泛型通配符**
源码路径：
daima\012\src\tongpei.java

实例文件 tongpei.java 的主要实现代码如下所示。

```
public class tongpei {

    public static void main(String[] args) {
        HashSet<String> s1 = new HashSet<String>();
        s1.add("sss1");
        s1.add("sss2");
        s1.add("sss3");

        ArrayList<Integer> a1 = new ArrayList<Integer>();
        a1.add(1);
```

> 范例 12-5-01：复制 Collection 中的元素
> 源码路径：演练范例\12-5-01\
> 范例 12-5-02：使用集的相关类
> 源码路径：演练范例\12-5-02\

```
        a1.add(2);
        a1.add(3);
        a1.add(4);

        printAllCollection(a1);
        System.out.println("-------------");
        printAllCollection(s1);
    }

    public static void printAllCollection(Collection<?> c){
①       Iterator<?> iter = c.iterator();
        while (iter.hasNext()) {
            System.out.println(iter.next().toString());
        }
    }
}
```

①使用了泛型的通配符"？"，执行后将输出：

```
1
2
3
4
-------------
sss3
sss1
sss2
```

12.2.2　泛型限定

在 Java 程序中可以使用泛型限定，泛型限定是指对操作的数据类型限定在一个范围之内。限定分为上限和下限两种，具体说明如下所示。

（1）上限：? extends E，能够接收 E 类型或 E 的子类型。

（2）下限：? super E，能够接收 E 类型或 E 的父类型。

在使泛型限定时，只须在"<>"中设置具体限定范围即可。

1. 设置类型实参的上限

当直接使用"List<?>"这种形式时，说明这个 List 集合是任何泛型 List 的父类。有一种特殊的情况，我们不希望这个 List<?>是任何泛型 List 的父类，只希望表示它是某一类泛型 List 的父类。例如，在下面的实例中假设有一个简单的绘图程序，它首先分别定义 3 个形状类，然后定义画布类以实现画图工作。

实例 12-6	定义泛型接口和类 源码路径： daima\012\src\Shape.java Circle.java、Canvas.java Rectangle.java	

（1）编写文件 Shape.java，定义一个抽象 Shape 类，具体代码如下所示。

```
public abstract class Shape
{
    public abstract void draw(Canvas c);
}
```

（2）编写文件 Circle.java，定义 Shape 的子 Circle 类，具体代码如下所示。

```
public class Circle extends Shape{
    //实现画图方法，以打印字符串来模拟画图方法
    public void draw(Canvas c){
        System.out.println("在画布" + c + "画一个圆");
    }
}
```

（3）编写文件 Rectangle.java，定义 Shape 的子 Rectangle 类，具体代码如下所示。

```
public class Rectangle extends Shape {
    //实现画图方法，以打印字符串来模拟画图方法
    public void draw(Canvas c) {
```

```
        System.out.println("把一个矩形画在画布" + c + "上");
    }
}
```

上述流程定义了 3 个形状类,其中 Shape 是一个抽象父类,该抽象父类有 Circle 和 Rectangle 两个子类。

(4)定义画布 Canvas 类,通过此画布类可以画数量不等的形状(Shape 子类的对象),程序员应该如何定义 Canvas 类呢?编写文件 Canvas.java 实现最合适的作法,具体实现代码如下所示。

```
import java.util.*;
public class Canvas{
    //同时在画布上绘制多个形状
    public void drawAll(List<? extends Shape>
    shapes){
        for (Shape s : shapes){
            s.draw(this);
        }
    }
    public static void main(String[] args){
        List<Circle> circleList = new ArrayList<Circle>();
        //把List<Circle>对象当成List<?extends Shape>使用
        circleList.add(new Circle());
        Canvas c = new Canvas();
        c.drawAll(circleList);
    }
}
```

范例 12-6-01:泛型类型变量的限定
源码路径:演练范例\12-6-01\
范例 12-6-02:泛型子类型的限定
源码路径:演练范例\12-6-02\

执行后将输出:

在画布Canvas@512ddf17画一个圆

2. 设置类型形参的上限

在 Java 语言中,泛型不仅允许在使用通配符形参时设定实参类型的上限,而且允许在定义类型形参时设定上限。这表示传给这个类型形参的实际类型必须是上限类型,或是该上限类型的子类。例如,在下面的实例文件 ffruu.java 中,演示了设置类型形参上限的方法。

实例 12-7 | 设置类型形参上限
源码路径:
daima\012\src\ffruu.java

实例文件 ffruu.java 的主要实现代码如下所示。

```
import java.util.*;
public class ffruu<T extends Number>{
    T col;
    public static void main(String[] args){
        ffruu<Integer> ai = new ffruu<Integer>();
        ffruu<Double> ad = new ffruu<Double>();
        //下面代码将引起编译异常,因为String类型传给T形参,
        但String不是Number的子类型
①       ffruu<String> as = new ffruu<String>();
    }
}
```

范例 12-7-01:超类型限定
源码路径:演练范例\12-7-01\
范例 12-7-02:无限定用法
源码路径:演练范例\12-7-02\

上面的代码定义了一个泛型 ffruu 类,它的类型形参的上限是 Number 类。由于这表明在使用 ffruu 类时为 T 形参传入的实际类型参数只能是 Number 或者 Number 的子类,所以在①代码处将引发编译错误。这是因为类型形参 T 是有上限的,而此处传入的实际是 String 类型,它既不是 Number 类型,也不是 Number 类型的子类型。

12.3 泛 型 方 法

知识点讲解:视频\第 12 章\泛型方法.mp4

Java 提供了泛型方法，如果一个方法被声明成泛型方法，那么它将拥有一个或多个类型参数。不过与泛型类不同，这些类型参数只能在它所修饰的泛型方法中使用。本节将详细讲解 Java 泛型方法的知识。

12.3.1　泛型方法介绍

在 Java 程序中，泛型方法也是为了提高代码的重用性和程序的安全性。Java 语言的编程原则是尽量设计泛型方法解决问题，如果设计泛型方法可以取代整个类的泛型化，就应该优先采用泛型方法。在声明 Java 泛型方法时，需要将类型参数表放在修饰符后面和返回类型前面，例如：

```
public static <E> E getMax(T... in)
```

在 Java 程序中，定义一个泛型方法常用的形式如下所示。

```
[访问权限修饰符] [static] [final] <类型参数列表> 返回值类型 方法名([形式参数列表])
```

访问权限修饰符（包括 private、public、protected）、static 和 final 都必须写在类型参数列表的前面。返回值类型必须写在类型参数表的后面。泛型方法可以写在一个泛型类中，也可以写在一个普通类中。由于泛型类中的任何方法本质上都是泛型方法，所以在实际使用中很少会在泛型类中再用上面的形式来定义泛型方法。类型参数可以用在方法体中修饰局部变量，也可以用在方法的参数表中修饰形参的类型。泛型方法可以是实例方法也可以是静态方法。类型参数可以使用在静态方法中，这是与泛型类的重要区别。

200

12.3.2　使用泛型方法

在 Java 程序中，通常有如下两种使用泛型方法的形式。

```
<对象名|类名>.<实际类型>方法名(实际参数表);
[对象名|类名].方法名(实际参数表);
```

如果泛型方法是实例方法，则要使用对象名作为前缀；如果泛型方法是静态方法，则可以使用对象名或类名作为前缀。如果是在类的内部调用且采用第二种形式，则前缀可以省略。注意，这两种调用方法的差别在于前面是否显式地指定了实际类型。是否要使用实际类型，需要根据泛型方法的声明形式以及调用时的实际情况（就是看编译器能否从实际参数表中获得足够的类型信息）来决定。

实例 12-8	演示泛型方法交换指定位置的数字 源码路径： daima\012\src\cefang.java

实例文件 cefang.java 的主要实现代码如下所示。

```
import java.util.Arrays;

public class cefang {
    public static void main(String[] args) {
        Integer[] testInt=new Integer[] {1,2,3,4,5,6,7};
        System.out.println(Arrays.toString(testInt));
        testInt=ArrayAlg.swap(testInt, 2, 6);
        //这是完整写法
        //testInt=ArrayAlg.<Integer>swap(testInt, 2, 3);
        //一般情况下省略类型参数不会出现问题，但是如果传入参数，编译器不足以推断出类型时就会出现错误
        System.out.println(Arrays.toString(testInt));
    }
}

class ArrayAlg{
    //用于交换传入数组的两个下标的值
    public static <T> T[]swap(T[]t,int index1,int index2) throws IndexOutOfBoundsException{
        try {
            T temp=t[index1];
            t[index1]=t[index2];
```

> 范例 12-8-01：带有两个参数的泛型
> 源码路径：演练范例\12-8-01\
> 范例 12-8-02：一个有界类型程序
> 源码路径：演练范例\12-8-02\

```
                      t[index2]=temp;
              }catch(IndexOutOfBoundsException e) {
                  throw e;
              }
          return t;
      }
  }
```

上述代码定义了一个泛型方法 swap()，在该泛型方法中定义了一个 T 类型形参，它可以在该方法内当成普通类型使用。与在类中定义的类型形参不同的是，方法声明中定义的类型形参只能在方法中使用，而在接口、类声明中定义的类型形参则可以在整个接口、类中使用。上述程序执行后将输出：

```
[1, 2, 3, 4, 5, 6, 7]
[1, 2, 7, 4, 5, 6, 3]
```

细心的读者会发现，上述泛型方法并不是在泛型类中定义的。也就是说，泛型方法不一定非得定义在泛型类中。下面是 Java 泛型方法的规则。

（1）类型参数表（尖括号中的部分）放在修饰符的后面，返回类型的前面。

（2）当调用一个泛型方法时，在方法名前的尖括号中放入具体的类型（有时可以省略）。

12.4 使用泛型接口

知识点讲解：视频\第 12 章\泛型接口.mp4

除了泛型类和泛型方法以外，我们在 Java 中还可以使用泛型接口。本节将详细讲解在 Java 语言中使用泛型接口的知识。

↑扫码看视频

定义泛型接口的方法与定义泛型类的方法非常相似，具体定义形式如下所示。

```
interface 接口名<类型参数表>
```

实例 12-9	定义并使用泛型接口	
	源码路径：	
	daima\012\src\MyClass.java	
	daima\012\src\demoGenIF.java	

（1）创建一个名为 MinMax 的接口来返回某个对象集的最小值或最大值。

```
interface MinMax<T extends Comparable<T>>{    //创建接口MinMax
  T min();                                    //返回最小值
  T max();                                    //返回最大值
}
```

上述接口没有什么特别难懂的地方，类型参数 T 是有界类型，它必须是 Comparable 的子类。Comparable 本身也是一个泛型类，它由系统定义在类库中，可以用来比较两个对象的大小。

（2）通过定义一个类来实现这个接口，具体代码如下所示。

```
class MyClass<T extends Comparable<T>> implements MinMax<T>{
  T [] vals;
  MyClass(T [] ob){
    vals = ob;
  }
  public T min(){
    T val = vals[0];
    for(int i=1; i<vals.length; ++i)
      if (vals[i].compareTo(val) < 0)
          val = vals[i];
    return val;
  }
```

> 范例 12-9-01：没有泛型的容器类
> 源码路径：演练范例\12-9-01\
> 范例 12-9-02：实现一个泛型类
> 源码路径：演练范例\12-9-02\

```
public T max(){
    T val = vals[0];
    for(int i=1; i<vals.length; ++i)
        if (vals[i].compareTo(val) > 0)
            val = vals[i];
    return val;
}
```

在上述代码中，类的内部很容易理解，只是 MyClass 的声明部分 "class MyClass<T extends Comparable<T>> implements MinMax<T>" 看上去比较奇怪，它的类型参数 T 必须与要实现的接口的声明完全一样。接口 MinMax 的类型参数 T 最初是有界形式的，现在已经不需要重写一遍。如果重写成下面的格式则将无法通过编译。

```
class MyClass<T extends Comparable<T>> implements MinMax<T extends Comparable<T>>
```

通常，如果在一个类中实现了一个泛型接口，则此类也是泛型类。否则，它无法接收传递给接口的类型参数。例如，下面的声明格式是错误的。

```
class MyClass  implements MinMax<T>
```

因为在 MyClass 类中需要使用类型参数 T，而类的使用者无法把它的实际参数传递进来，所以编译器会报错。不过，如果实现的是泛型接口的特定类型，例如：

```
class MyClass  implements MinMax<Integer>
```

那么上述写法是正确的，现在这个类不再是泛型类。编译器会在编译此类时将类型参数 T 用 Integer 来代替，而无需等到创建对象时再处理。

（3）编写文件 demoGenIF.java 测试 MyClass 的工作情况，主要实现代码如下所示。

```
public class demoGenIF{
    public static void main(String args[]){
        Integer inums[] = {56,47,23,45,85,12,55};
        Character chs[] = {'x','w','z','y','b','o','p'};
        MyClass<Integer> iob = new MyClass<Integer>(inums);
        MyClass<Character> cob = new MyClass<Character>(chs);
        System.out.println("Max value in inums: "+iob.max());
        System.out.println("Min value in inums: "+iob.min());
        System.out.println("Max value in chs: "+cob.max());
        System.out.println("Min value in chs: "+cob.min());
    }
}
```

由此可见，使用 MyClass 类创建对象的方式与前面使用普通的泛型类没有任何区别。执行后将输出：

```
Max value in inums: 85
Min value in inums: 12
Max value in chs: z
Min value in chs: b
```

12.5　泛　型　继　承

知识点讲解：视频\第 12 章\泛型继承.mp4

与普通类一样，Java 中的泛型类也是可以继承的，任何一个泛型类都可以作为父类或子类。泛型类与非泛型类在继承时的主要区别是，泛型类的子类必须将泛型父类所需要的类型参数沿着继承链向上传递，这与构造方法参数必须沿着继承链向上传递的方式类似。本节将简要讲解 Java 泛型继承的基本知识。

↑扫码看视频

12.5.1　以泛型类为父类

当一个类的父类是泛型类时，因为这个子类必须把类型参数传递给父类，所以这个子类也必定是泛型类。

将泛型类作为父类

源码路径：

daima\012\src\superGen.java

daima\012\src\sderivedGen.java

daima\012\src\sdemoHerit_1.java

（1）在文件 superGen.java 中定义一个泛型类，具体代码如下所示。

```
public class superGen<T> {  //定义一个泛型类
    T ob;
    public superGen(T ob){
        this.ob = ob;
    }
    public superGen(){
        ob = null;
    }
    public T getOb(){
        return ob;
    }
}
```

范例 12-10-01：一个隐蔽的错误
源码路径：演练范例\12-10-01\
范例 12-10-02：用泛型解决错误
源码路径：演练范例\12-10-02\

（2）在文件 derivedGen.java 中定义泛型类的一个子类，具体代码如下所示。

```
public class derivedGen <T> extends superGen<T>{
    public derivedGen(T ob){
        super(ob);
    }
}
```

在此需要特别注意 derivedGen 声明成 superGen 子类的语法。

```
public class derivedGen <T> extends superGen<T>
```

这两个类型参数必须用相同的标识符 T，这意味着传递给 derivedGen 的实际类型也会传递给 superGen。例如下面的定义：

```
derivedGen<Integer> number = new derivedGen<Integer>(100);
```

将 Integer 作为类型参数传递给 derivedGen，经由它传递给 superGen，因此后者的成员 ob 也是 Integer 类型的。虽然 derivedGen 并没有使用类型参数 T，但由于它要传递类型参数给父类，所以它不能定义成非泛型类。当然，在 derivedGen 中可以使用 T，还可以增加自己需要的类型参数。下面的代码展示了一个更为复杂的 derivedGen 类。

```
public class derivedGen <T, U> extends superGen<T>{
    U dob;
    public derivedGen(T ob1, U ob2){
        super(ob1);                    //传递参数给父类
        dob = ob2;                     //为自己的成员赋值
    }
    public U getDob(){
        return dob;
    }
}
```

在 Java 程序中，使用泛型子类与其他泛型类没有区别，使用者无需知道它是否继承了其他类。

（3）编写测试文件 demoHerit_1.java，具体代码如下所示。

```
public class demoHerit_1{
    public static void main(String args[]){
        //创建子类的对象，它需要传递两个参数，其中Integer类型给父类，自己使用String类型
        derivedGen<Integer,String> oa=new derivedGen<Integer,String>
        (100,"Value is: ");
        System.out.print(oa.getDob());
        System.out.println(oa.getOb());
    }
}
```

程序执行后将输出：

```
Value is: 100
```

12.5.2　将非泛型类作为父类

前面介绍了泛型类继承泛型类的情况，除此之外，泛型类也可以继承非泛型类。此时不需要传递类型参数给父类，所有的类型参数都是为自己准备的。例如，下面是一个简单的例子，首先编写如下所示的代码。

```
public class nonGen{
}
```

然后定义一个泛型类作为它的子类，具体代码如下所示。

```
public class derivedNonGen<T> extends nonGen{
  T ob;
  public derivedNonGen(T ob, int n){
    super(n);
    this.ob = ob;
  }
  public T getOb(){
    return ob;
  }
}
```

上述泛型类传递了一个普通参数给它的父类，所以它的构造方法需要有两个参数。接下来编写测试 demoHerit_2 类，具体代码如下所示。

```
public class demoHerit_2{
  public static void main(String args[]){
  derivedNonGen<String> oa =new derivedNonGen<String> ("Value is: ", 100);
    System.out.print(oa.getOb());
    System.out.println(oa.getNum());
  }
}
```

程序执行后输出如下结果。

```
Value is: 100
```

12.6　强制类型转换

 知识点讲解：视频\第 12 章\强制类型转换.mp4

与普通对象一样，泛型类对象也可以采用强制类型转换变成另外的泛型类型，不过只有两者在各个方面都兼容时才能这么做。本节将详细讲解 Java 语言中强制类型转换的知识。

↑扫码看视频

泛型类强制类型转换的一般格式如下所示。

```
(泛型类名<实际参数>)泛型对象
```

在下面的实例代码中展示了两个转换，其中一个是正确的，另一个是错误的。该实例使用了实例 12-10 中的 superGen 和 derivedGen 两个类。

实例 12-11　使用强制类型转换

源码路径：
daima\012\src\demoForceChange.java

实例文件 demoForceChange.java 的主要实现代码如下所示。

```
public class demoForceChange{
  public static void main(String args[]){
    superGen <Integer> oa = new
superGen<Integer>(100);
    derivedGen<Integer,String> ob = new
    derivedGen<Integer, String>(200,"Good");
    //试图将子类对象转换成父类，正确
```

范例 12-11-01：使用泛型的情况
源码路径：演练范例\12-11-01\
范例 12-11-02：不使用泛型的情况
源码路径：演练范例\12-11-02\

```
   if ((superGen<Integer>)ob instanceof
superGen)
     System.out.println("derivedGen object
     is changed to superGen");
   //试图将父类对象转换成子类，错误
   if ((derivedGen<Integer,String>)oa instanceof derivedGen)
     System.out.println("superGen object is changed to derivedGen");
}
```

编译上述程序时会出现一个警告，如果不理会这个警告继续运行程序，则将输出如下结果。

```
derivedGen object is changed to superGen
Exception in thread "main" java.lang.ClassCastException: superGen
        at demoForceChange.main(demoForceChange.java:7)
```

在上述代码中，第一个类型转换成功，而第二个未成功。因为 oa 转换成子类对象时，无法提供足够的类型参数。由于强制类型转换容易引起错误，所以对于泛型类强制类型转换的要求是很严格的，即便是下面的转换也不能成功。

```
(derivedGen<Double,String>)ob
```

因为 ob 的第一个实际类型参数是 Integer 类型，它无法转换成 Double 类型。所以在此建议读者，除非是十分必要，否则不要进行强制类型转换。

12.7 技 术 解 惑

12.7.1 Java 语言中泛型的本质

泛型在本质上就是类型的参数化。而通常所谓的类型参数化的主要作用是声明一种可变的数据类型，它的实际类型将由用户提供的实际类型参数来决定。也就是说，我们声明的是类型的形参，而用户提供的实参类型将决定形式参数的类型。举一个简单的例子，假设方法 max()要求返回两个参数中较大的那个，那么可以写成下面的形式。

```
Integer max(Integer a, Integer b){
return a>b?a:b;
}
```

这样编写代码当然没有问题。不过，如果需要比较的参数不是 Integer 类型，而是 Double 或者 Float 类型，那么就需要另外再写 max()方法。参数有多少种类型，就要写多少个 max()方法。无论如何改变参数类型，实际上 max()方法体内部的代码都不需要改变。如果有一种机制能够在编写 max()方法时，不必确定参数 a 和 b 的数据类型，而是可以等到调用时再确定它们的数据类型，那么只需要编写一个 max()就可以了，这将大大降低程序员的工作量。

C++提供了函数模板和类模板来实现这一功能。从 JDK 1.5 开始，Java 也提供了类似的机制——泛型。从形式上看，泛型和 C++的模板很相似，但它们是采用完全不同的技术来实现的。

在泛型出现之前，Java 的程序员可以采用一种变通的办法将参数类型均声明为 Object 类型。由于 Object 类是所有类的父类，所以它可以指向任何类对象，但这样不能保证类型安全。

泛型则弥补了上述作法所缺乏的类型安全，也简化了过程，不必显式地在 Object 与实际操作的数据类型之间进行强制转换。通过泛型，所有的强制类型转换都是自动和隐式的。因此，泛型扩展了重复使用代码的能力，而且既安全又简单。

12.7.2 泛型类的继承规则

下面再讨论一下泛型类的继承规则。前面所看到的泛型类之间是通过关键字 extends 来直接继承的，这种继承关系十分明显。不过，如果类型参数之间具有继承关系，那么对应的泛型是否也会具有相同的继承关系呢？比如 Integer 是 Number 的子类，那么 Generic<Integer>是否是 Generic<Number>的子类呢？答案：否！例如，下面的代码将不会编译成功。

```
Generic<Number> oa = new Generic<Integer>(100);
```

因为 oa 的类型不是 Generic<Integer>的父类，所以这条语句无法编译通过。事实上，无论类型参数之间是否存在联系，对应的泛型类之间都是不存在联系的。

12.7.3　使用泛型的原则和注意事项

使用泛型的时候可以遵循如下基本的原则，从而避免一些常见的问题。

（1）避免泛型类和原始类型的混用。比如 List<String>和 List 不应该共同使用，因为这样会产生一些编译器警告和潜在的运行时异常。当需要利用 JDK 5 之前开发的遗留代码时，也尽可能地隔离相关的代码。

（2）在使用带通配符的泛型类时，需要明确通配符所代表的类型概念。由于具体类型是未知的，因此很多操作是不允许的。

（3）泛型类最好不要与数组一块使用。我们只能创建 new List<?>[10]这样的数组，而无法创建 new List<String>[10]这样的数组。这限制了数组的使用能力，而且会带来很多令人费解的问题。因此，当需要类似数组功能的时候，可使用集合类。

（4）不要忽视编译器给出的警告信息。

12.8　课后练习

（1）编写一个 Java 程序，使用泛型方法打印不同字符串的元素，预期执行结果如下所示。

```
整型数组元素为:
1 2 3 4 5

双精度型数组元素为:
1.1 2.2 3.3 4.4

字符型数组元素为:
H E L L O
```

（2）编写一个 Java 程序，使用泛型方法返回 3 个可比较对象中的最大值，要求使用 extends 关键字。

第 13 章

Java 常用类库（上）

Java 为程序员提供了丰富的基础类库，这些类库能够帮助程序员快速开发出功能强大的应用。例如，Java SE 提供了 3 000 多个基础类库，使用基础类库可以提高开发效率，降低开发难度。对于初学者来说，建议以 Java API 文档为参考进行编程演练，遇到问题时查阅 API 文档，逐步掌握更多的类。本章将详细讲解 Java 语言中常用类库的基本知识，为读者学习本书后面的知识打下基础。

本章内容

▶▶ 字符串
▶▶ 使用 StringBuffer 类
▶▶ 使用 Runtime 类
▶▶ 程序国际化
▶▶ 使用 System 类

技术解惑

▶▶ StringBuffer 和 String 的异同
▶▶ 通过 System 类获取本机的全部
　　环境属性

13.1 字 符 串

知识点讲解：视频\第 13 章\字符串.mp4

字符串（String）是由 0 个或多个字符组成的有限序列，是编程语言中表示文本的数据类型。本节将详细讲解使用 Java 类库处理字符串的知识。

↑扫码看视频

13.1.1 字符串的初始化

在计算机编程语言中，通常以字符串的整体作为操作对象，例如在字符串中查找某个子串、求取一个子串、在字符串的某个位置插入一个子串以及删除一个子串等。

在 Java 语言中，使用关键字 new 来创建 String 实例，具体格式如下所示。

```
String a=new String( );
```

上面的代码创建了一个名为 String 的对象，并把它赋给变量，但它此时是一个空的字符串。接下来就为这个字符串赋值，赋值代码如下。

```
a="I am a person Chongqing"
```

在 Java 程序中，我们将上述两句代码合并，就可以产生一种简单的字符串表示方法，如下所示。

```
String s=new String ("I am a person Chongqing");
```

除了上面的表示方法，还有表示字符串的如下一种形式。

```
String s= ("I am a person Chongqing");
```

实例 13-1	初始化一个字符串	
	源码路径： daima\013\src\Stringone.java	

实例文件 Stringone.java 的主要实现代码如下所示。

```
public static void main(String[] args) {
①     String str = "Java";
②     System.out.println("OK");
③     String cde = "是世界第一编程语言";
④     System.out.println(str + cde);
}
```

> 范例 13-1-01：格式化一个字符串
> 源码路径：演练范例\13-1-01\
> 范例 13-1-02：扩展赋值运算符的功能
> 源码路径：演练范例\13-1-02\

① 定义一个字符串变量 str，设置 str 的初始值是"Java"。

② 使用 println()方法输出字符串"OK"。

③ 定义一个字符串变量 cde，设置 cde 的初始值为"是世界第一编程语言"。

④ 使用 println()方法打印输出字符串 str 和 cde 的组合。

本实例执行后将输出：

```
OK
Java是世界第一编程语言
```

注意：字符串并不是原始的数据类型，而是一种复杂的数据类型，对它进行初始化的方法不只一种，但也没有规定哪种方法最优秀，用户可以根据自己的习惯使用。

13.1.2 String 类

在 Java 程序中可以使用 String 类来操作字符串。在该类中有许多方法可以供程序员使用。

1. 索引

在 Java 程序中，通过索引方法 charAt()可以返回字符串中指定索引的位置。需要注意的是，这里的索引数字从 0 开始，使用格式如下所示。

```
public char charAt(int index)
```

2．追加字符串

追加字符串方法 concat()的功能是在字符串的末尾添加字符串。追加字符串是一种比较常用的操作，具体语法格式如下所示。

```
Public String concat (String S)
```

实例 13-2	使用索引方法
	源码路径：
	daima\013\src\suoyin.java

实例文件 suoyin.java 的主要实现代码如下所示。

```
public class suoyin {
    public static void main(String args[]){
①   String x=" JavaPython";
②   System.out.println(x.charAt(5));
    }
}
```

范例 13-2-01：使用追加方法
源码路径：演练范例\13-2-01\
范例 13-2-02：货币金额的大写形式
源码路径：演练范例\13-2-02\

① 定义一个字符串变量 x，设置 x 的初始值是"JavaPython"。

② 使用 println()方法打印输出字符串变量 x 中索引值为 5 的字母。因为下标从"0"开始，所以初学者可能会理解为字母"P"，可真正的结果并不是第 5 个字母 P，而是第 6 个字母 y。执行后将输出：

```
y
```

3．比较字符串

比较字符串方法 equalsIgnoreCase()的功能是对两个字符串进行比较，判断是否相同。如果相同，返回一个值 true；如果不相同，返回一个值 false。格式如下所示。

```
public Boolean equalsIgnoreCase(String s)
```

4．取字符串长度

在 String 类中有一个方法可以获取字符串的长度，语法格式如下所示。

```
public int length ( )
```

实例 13-3	使用字符串的比较方法
	源码路径：
	daima\013\src\bijiao.java

实例文件 bijiao.java 的主要实现代码如下所示。

```
public static void main(String args[]){
①    String x="student";
②    String xx="STUDENT";
③    String y="student";
④    String z="T";
⑤    System.out.println(x.equalsIgnoreCase(xx));
⑥    System.out.println(x.equalsIgnoreCase(y));
⑦    System.out.println(x.equalsIgnoreCase(z));
}
```

范例 13-3-01：使用求字符串长度的方法
源码路径：演练范例\13-3-01\
范例 13-3-02：用 String 类格式化当前日期
源码路径：演练范例\13-3-02\

①②③④ 定义 4 个字符串变量 x、xx、y 和 z，设置 x 的初始值是"student"，xx 的初始值是"STUDENT"，y 的初始值是"student"，z 的初始值是"T"。

⑤ 使用方法 equalsIgnoreCase()比较 x 和 xx 的值是否相等，然后使用 println()方法输出比较结果。

⑥ 使用方法 equalsIgnoreCase()比较 x 和 y 的值是否相等，然后使用 println()方法输出比较结果。

⑦ 使用方法 equalsIgnoreCase()比较 x 和 z 的值是否相等，然后使用 println()方法输出比较结果。

执行后将输出：

```
true
```

```
true
false
```

5. 替换字符串

在 Java 中实现替换字符串的方法十分简单，只需要使用 replace() 方法即可。替换是两个动作，第一个是查找，第二个是替换。此方法的声明格式如下所示。

```
public String replace (char old, char new)
```

6. 字符串的截取

有时候，我们需要从长的字符串中截取一段字符串。此功能可以通过 substring() 方法实现，此方法有两种语法格式。

第一种语法格式如下。

```
public String substring(int begin)
```

第二种语法格式如下。

```
public String substring (int begin, int end)
```

实例 13-4	使用字符串替换方法
	源码路径：
	daima\013\src\Tihuan.java

实例文件 Tihuan.java 的主要实现代码如下所示。

```
public static void main(String args[]){
①        String x=" java第一";
②        String y=x.replace('一','二');
③        System.out.println(y);
}
```

范例 13-4-01：使用字符串截取方法
源码路径：演练范例\13-4-01\
范例 13-4-02：字符串的大小写转换
源码路径：演练范例\13-4-02\

① 定义一个字符串变量 x，设置 x 的初始值是"java 第一"。

② 定义一个字符串变量 y，设置 y 的初始值是将 x 中的"一"替换为"二"之后的值。

③ 使用 println() 方法打印输出变量 y 的值，执行后将输出：

```
java第二
```

7. 字符串大小写互转

在 String 类中，可以使用专用方法对字符串中的字母进行大小写互换，其中将大写字母转换成小写字母的方法是 toLowerCase()，其声明格式如下所示。

```
public String toLowerCase ( )
```

将小写字母转换成大写字母的方法是 toUpperCase()，其声明格式如下所示。

```
Public String toUpperCase ( )
```

8. 消除字符串中的空格字符

在字符串中可能有空白字符，有时在一些特定的环境中并不需要这样的空白字符，此时可以使用方法 trim() 删除空白。此方法的声明格式如下所示。

```
pbulic String trim ( )
```

实例 13-5	将大写字母转换成小写字母
	源码路径：
	daima\013\src\Daxiao1.java

实例文件 Daxiao1.java 的主要实现代码如下所示。

```
public static void main(String args[]){
①        String x="I LOVE YoU!!";
         //字母大小写转换
②        String y=x.toLowerCase();
③        System.out.println(x);
④        System.out.println(y);
```

范例 13-5-01：将小写字母转换成大写字母
源码路径：演练范例\13-5-01\
范例 13-5-02：使用 trim() 方法
源码路径：演练范例\13-5-02\

① 定义一个字符串变量 x，设置 x 的初始值是"I LOVE YoU!!"。

② 定义一个字符串变量 y，设置 y 的初始值是将 x 中的字母都转换为小写后的值。

③④　使用 println()方法分别打印输出变量 x 和 y 的值。执行后将输出：

```
I LOVE YoU!!
i love you!!
```

13.1.3　Java 11 新特性：新增的 String 方法

在新发布的 JDK 11 中，新增了如下所示的 6 个字符串方法。

（1）String.repeat(int)：功能是根据 int 参数的值重复 String。

（2）String.lines()：功能是返回从该字符串中提取的行，由行终止符分隔。行要么是零个或多个字符的序列，后面跟着一个行结束符；要么是一个或多个字符的序列，后面是字符串的结尾。一行不包括行终止符。在 Java 程序中，使用方法 String.lines 返回的流包含该字符串中出现的行的顺序。

（3）方法 String.strip()：功能是返回一个字符串，该字符串的值为该字符串中所有前导和尾部空白均被删除之后的内容。如果该 String 对象表示空字符串，或者如果该字符串中的所有字符都是空白符，则返回一个空字符串。否则，返回该字符串的子字符串，这个字符串会从原字符串的第一个不是空白符开始，直到最后一个不是空白符，并包括最后一个不是空白符。在 Java 程序中，开发者可以使用此方法去除字符串开头和结尾的空白。

（4）方法 String.stripLeading()：功能是返回一个字符串，其值为该字符串，并且删除字符串前面的所有空白。如果该 String 对象表示空字符串，或者如果该字符串中的所有字符是空白的，则返回空字符串。

（5）方法 String.stripTrailing()：功能是返回一个字符串，其值为该字符串，并且删除字符串后面的所有空白。如果该 String 对象表示空字符串，或者如果该字符串中的所有字符是空白的，则返回空字符串。

（6）方法 String.isBlank()：功能是判断字符串是否为空或仅包含空格。如果字符串为空或仅包含空格，则返回 true；否则，返回 false。

实例 13-6	使用 Java 11 新增字符串方法 源码路径： daima\013\src\Example.java

实例文件 Example.java 的主要实现代码如下所示。

```
import java.util.stream.Collectors;

public class Example {
    /**

            * 写入文本标题
    */
    private static void writeHeader(final String headerText) {
        final String headerSeparator = "=".repeat(headerText.length() + 4);

        System.out.println("\n" + headerSeparator);
        System.out.println(headerText);
        System.out.println(headerSeparator);
    }


    public static void demonstrateStringLines() {
        String originalString = "Hello\nWorld\n123";

        String stringWithoutLineSeparators = originalString.replaceAll("\\n", "\\\\n");

        writeHeader("String.lines() on '" + stringWithoutLineSeparators + "'");

        originalString.lines();
    }

    public static void demonstrateStringStrip() {
        String originalString = "  biezhi.me  23333  ";
```

范例 13-6-01：使用新的去除空白方法
源码路径：演练范例\13-6-01\
范例 13-6-02：strip()和 trim()的对比
源码路径：演练范例\13-6-02\

```
            writeHeader("String.strip() on '" + originalString + "'");
            System.out.println("'" + originalString.strip() + "'");
    }

    public static void demonstrateStringStripLeading() {
        String originalString = "  biezhi.me  23333  ";

            writeHeader("String.stripLeading() on '" + originalString + "'");
            System.out.println("'" + originalString.stripLeading() + "'");
    }

    public static void demonstrateStringStripTrailing() {
        String originalString = "  biezhi.me  23333  ";

            writeHeader("String.stripTrailing() on '" + originalString + "'");
            System.out.println("'" + originalString.stripTrailing() + "'");
    }

    public static void demonstrateStringIsBlank() {
        writeHeader("String.isBlank()");

        String emptyString = "";
        System.out.println("空字符串     -> " + emptyString.isBlank());

        String onlyLineSeparator = System.getProperty("line.separator");
        System.out.println("换行符      -> " + onlyLineSeparator.isBlank());

        String tabOnly = "\t";
        System.out.println("Tab 制表符 -> " + tabOnly.isBlank());

        String spacesOnly = "    ";
        System.out.println("空格        -> " + spacesOnly.isBlank());
    }

    public static void lines() {
        writeHeader("String.lines()");

        String str = "Hello \n World, I,m\nbiezhi.";

        System.out.println(str.lines().collect(Collectors.toList()));
    }

    public static void main(String[] args) {
        writeHeader("User-Agent\tMozilla/5.0 (Macintosh; Intel Mac OS X 10_13_5)");
        demonstrateStringLines();
        demonstrateStringStrip();
        demonstrateStringStripLeading();
        demonstrateStringStripTrailing();
        demonstrateStringIsBlank();
        lines();
    }

}
```

执行后将输出：

```
=================================================================
User-Agent Mozilla/5.0 (Macintosh; Intel Mac OS X 10_13_5)
=================================================================


=============================================
String.lines() on 'Hello\nWorld\n123'
=============================================


=================================================
String.strip() on '  biezhi.me  23333  '
=================================================
'biezhi.me  23333'


=====================================================
String.stripLeading() on '  biezhi.me  23333  '
=====================================================
```

```
'biezhi.me  23333 '

==================================
String.stripTrailing() on ' biezhi.me  23333 '
==================================
' biezhi.me  23333'

==================
String.isBlank()
==================
空字符串      -> true
换行符        -> true
Tab 制表符   -> true
空格         -> true

==================
String.lines()
==================
[Hello ,  World, I,m, biezhi.]
```

13.2 使用 StringBuffer 类

📹 知识点讲解：视频\第 13 章\使用 StringBuffer 类.mp4

↑扫码看视频

在 Java 中，String 类对象一旦被声明，其内容就不可改变了，如果要改变，那么改变的肯定是 String 的引用地址。如果一个字符串需要经常改变，则必须使用 StringBuffer 类。在 String 类中可以通过"+"连接字符串，在 StringBuffer 中只能使用方法 append()连接字符串。

13.2.1 StringBuffer 类基础

表 13-1 列出了 StringBuffer 类中的一些常用方法。读者要了解此类的所有方法，可以自行查询 JDK 文档。

表 13-1　　　　　　　　　　StringBuffer 类的常用方法

定义	类型	描述
public StringBuffer()	构造	StringBuffer 的构造方法
public StringBuffer append(char c)	方法	在 StringBuffer 中提供了大量的追加操作（与 String 中使用的"+"类似），使用它们可以向 StringBuffer 中追加内容。此方法可以添加任何的数据类型
public StringBuffer append(String str)	方法	
public StringBuffer append(StringBuffer sb)	方法	
public int indexOf(String str)	方法	查找指定字符串是否存在
public int indexOf(String str,int fromIndex)	方法	从指定位置开始查找指定字符串是否存在
public StringBuffer insert(int offset,String str)	方法	在指定位置处加上指定字符串
public StringBuffer reverse()	方法	将内容反转保存
public StringBuffer replace(int start,int end, String str)	方法	替换指定内容
public int length()	方法	求出内容长度
public StringBuffer delete(int start,int end)	方法	删除指定范围内的字符串
public String substring(int start)	方法	从指定开始点截取字符串
public String substring(int start,int end)	方法	截取指定范围内的字符串
public String toString()	方法	Object 类继承的方法，用于将内容变为 String 类型

StringBuffer 类提供的大部分方法与 String 类的相似。使用 StringBuffer 类可以在开发中提

升代码的性能，为了保证用户操作的适应性，在 StringBuffer 类中定义的大部分方法名称与 String 中的是一样的。

1. 插入字符

前面的字符追加方法总是在字符串的末尾添加内容，如果需要在字符串中添加内容，就需要使用方法 insert()，其声明格式如下所示。

```
public synchronized StringBuffer insert(int offset, String s)
```

上述语法格式的含义是：将第二个参数的内容添加到第一个参数指定的位置，换句话说，第一个参数表示要插入的起始位置，第二个参数是需要插入的内容，可以是包括 String 在内的任何数据类型。

2. 反转字符串

反转字符方法能够将字符颠倒，例如"我是谁"，颠倒过来就变成"谁是我"，很多时候需要颠倒字符。字符颠倒方法 reverse() 的声明格式如下所示。

```
public synchronized StringBuffer reverse( )
```

13.2.2　使用字符追加方法

实例 13-7	使用字符追加方法 源码路径： daima\013\src\Zhui1.java	

实例文件 Zhui1.java 的主要实现代码如下所示。

```
public static void main(String args[]){
①   StringBuffer x1 = new StringBuffer("Java语言");
②   x1.append("，是最好的开发语言之一! ");
③   System.out.println(x1);
④   StringBuffer x2 = new StringBuffer("WPS");
⑤   x2.append(2019);
⑥   System.out.println(x2);
}
```

范例 13-7-01：替换指定的文本字符
源码路径：演练范例\13-7-01\
范例 13-7-02：使用字符颠倒方法 reverse()
源码路径：演练范例\13-7-02\

① 定义 StringBuffer 对象 x1，设置 x1 的初始值是"Java 语言"。

② 在 x1 的后面使用方法 append() 追加字符串"，是最好的开发语言之一！"。

③ 使用 println() 方法输出 x1 的值。

④ 定义 StringBuffer 对象 x2，设置 x2 的初始值是"WPS"。

⑤ 在 x2 的后面使用方法 append() 追加数字"2019"。

⑥ 使用 println() 方法输出 x2 的值。执行后将输出：

```
Java语言，是最好的开发语言之一!
WPS2019
```

在 Java 程序中，可以使用 StringBuffer 类的方法 append() 来连接字符串，此方法会返回一个 StringBuffer 类的实例，这样就可以采用代码链的形式一直调用 append() 方法。也可以直接使用 insert() 方法在指定位置上为 StringBuffer 添加内容。下面的实例演示了通过 append() 方法将各种类型的数据转换成字符串的过程。

实例 13-8	将各种类型数据转换成字符串 源码路径： daima\013\StringBufferT1.java	

实例文件 StringBufferT1.java 的主要实现代码如下所示。

```
public class StringBufferT1{
    public static void main(String args[]){
        StringBuffer buf = new StringBuffer() ;     //声明StringBuffer对象
        buf.append("Hello ") ;                       //向StringBuffer中添加内容
        buf.append("World").append("!!!") ;          //连续调用append()方法
        buf.append("\n") ;                           //添加一个转义字符
```

```
        buf.append("数字 = ").append(1).
        append("\n")        ;//添加数字
        buf.append("字符 = ").append('C').
        append ("\n");//添加字符
        buf.append("布尔 = ").append(true) ;
        //添加布尔值
        System.out.println(buf) ;
        //直接输出对象,调用toString()
    }
};
```

| 范例 13-8-01:验证 StringBuffer 的内容可修改 |
| 源码路径:演练范例\13-8-01\ |
| 范例 13-8-02:实现简单的数字时钟效果 |
| 源码路径:演练范例\13-8-02\ |

在上述代码中,"buf.append("数字=").append(1).append("\n")"实际上就是一种代码链的操作形式。执行后将输出:

```
Hello World!!!
数字 = 1
字符 = C
布尔 = true
```

13.3　使用 Runtime 类

📹 知识点讲解:视频\第 13 章\Runtime 类.mp4

↑扫码看视频

在 Java 中,Runtime 实际上是一个封装了 JVM 进程信息的类。每一个运行的 Java 程序都代表着一个 JVM 实例,后者还对应着一个 Runtime 类的实例,此实例会在 JVM 启动运行时创建。Runtime 类提供了一个静态的 getRuntime() 方法,可以通过该方法取得 Runtime 类的实例。因为 Runtime 表示的是一个 JVM 进程,所以通过 Runtime 实例可以获取一些系统的信息。

13.3.1　Runtime 类的常用方法

Runtime 类中的常用方法如表 13-2 所示。

表 13-2　　　　　　　　　　　　Runtime 类的常用方法

方法定义	类型	描述
public static Runtime getRuntime()	普通	取得 Runtime 类的实例
public long freeMemory()	普通	返回 JVM 的空闲内存量
public long maxMemory()	普通	返回 JVM 的最大内存量
public void gc()	普通	运行垃圾回收器,释放空间
public Process exec(String command) throws IOException	普通	执行本机命令

13.3.2　使用 Runtime 类

使用 Runtime 类可以取得 JVM 中内存空间的信息,包括最大内存空间、空闲内存空间等,通过这些信息可以清楚地知道 JVM 的内存使用情况。例如,通过下面的实例可以查看 JVM 的空间信息。

实例 13-9	使用 Runtime 类查看 JVM 信息	
	源码路径:	
	daima\013\RuntimeT1.java	

实例文件 Runtime T1.java 的主要实现代码如下所示。

```
public class RuntimeT1{
    public static void main(String args[]){
        Runtime run = Runtime.getRuntime();      // 通过Runtime类的静态方法实例化操作
        System.out.println("JVM最大内存量:" + run.maxMemory()) ;
        // 获取当前计算机的最大内存,机器不同,获得的值也不同
        System.out.println("JVM空闲内存量:" + run.freeMemory()) ;// 获取程序运行时的空闲内存
```

```
String str = "Hello " + "World" + "!!!" +"\t" + "Welcome " + "To " + "BEIJING" +
"~" ;//连接复杂的字符串
System.out.println(str) ;         //输出复杂字符串的内容
for(int x=0;x<1000;x++){
    str += x ;
             //大批次（999次）循环修改内容,这样会产生多个垃圾
}
System.out.println("操作String之后的,
JVM空闲内存量:" + run.freeMemory()) ;
//输出JVM的空闲内存
run.gc() ; //进行垃圾收集,释放内存空间
System.out.println("垃圾回收之后的,JVM空闲内存量:" + run.freeMemory()) ;
//输出垃圾回收后的空闲内存量
    }
};
```

范例 13-9-01：显示当前计算机的内存信息
源码路径：演练范例\13-9-01\
范例 13-9-02：打开计算机中的记事本程序
源码路径：演练范例\13-9-02\

上述代码通过 for 循环修改了 String 中的内容，由于这样的操作必然会产生大量的垃圾，占用系统内存，所以计算后可以发现 JVM 的内存有所减少，但是当执行 gc()方法进行垃圾收集后，可用的空间就变大了。执行后将输出：

```
JVM最大内存量: 4271898624
JVM空闲内存量: 267091200
Hello World!!!  Welcome To BEIJING~
操作String之后的,JVM空闲内存量: 264241152
垃圾回收之后的,JVM空闲内存量: 9702544
```

13.4　程序国际化

知识点讲解：视频\第 13 章\程序国际化.mp4

↑扫码看视频

国际化操作是在开发中较为常见的一种需求。国际化操作是指一个程序可以同时适应多门语言，即如果现在的程序使用者是中国人，则会以中文为显示文字；如果现在的程序使用者是英国人，则会以英语为显示文字。也就是说通过国际化操作，可以使一个程序适应各个国家或地区的语言要求。本节将详细讲解在 Java 中实现程序国际化的知识。

13.4.1　国际化基础

在 Java 程序中，我们通常会使用 Locale 类来实现 Java 程序的国际化。除此之外，还需要用属性文件和 ResourceBundle 类来支持。属性文件是指扩展名为.properties 的文件，文件内容的保存结构为 "key=value"（关于属性文件的具体操作可以参照相关部分的介绍）。如果国际化程序只是显示语言的不同，那么就可以根据不同国家或地区定义不同的属性文件，属性文件中保存真正要使用的文字信息，可以使用 ResourceBundle 类来访问这些属性文件。

假如现在要求有一个程序可以同时适应法语、英语、中文显示，那么此时就必须使用国际化。我们可以根据不同国家或地区配置不同的资源文件（资源文件有时也称为属性文件，因为其扩展名为.properties），所有的资源文件以 "key=value" 的形式出现，例如 "message=你好！"。在程序执行中仅根据 key 找到 value 并将 value 的内容进行显示。也就是说只要 key 不变，value 的内容可以任意更换。

在 Java 程序中必须通过以下 3 个类实现 Java 程序的国际化操作。

（1）java.util.Locale：表示一个国家或地区语言类。

（2）java.util.ResourceBundle：访问资源文件。

（3）java.text.MessageFormat：格式化资源文件的占位字符串。

上述 3 个类的具体操作流程是：先通过 Locale 类指定区域码，然后根据 Locale 类所指定的区域码找到相应的资源文件，如果资源文件中存在动态文本，则使用 MessageFormat 进行格式化。

13.4.2　Locale 类

要实现 Java 程序的国际化，首先需要掌握 Locale 类的基本知识。表 13-3 列出了 Locale 类中的构造方法。

表 13-3　　　　　　　　　　　　　　Locale 类的构造方法

方法定义	类型	描述
public Locale(String language)	构造	根据语言代码构造一个语言环境
public Locale(String language,String country)	构造	根据语言和国家或地区构造一个语言环境

实际上对于各个国家或地区都有对应的 ISO 编码，例如中国的编码为 zh-CN，英语-美国的编码为 en-US，法语的编码为 fr-FR。

读者实际上没有必要记住各个国家或地区的编码，只需要知道几个常用的即可。如果要知道全部国家或地区的编码，则可以直接搜索 ISO 国家或地区编码。如果觉得麻烦，也可以直接在 IE 浏览器中查看各个国家或地区的编码，因为 IE 浏览器可以适应多个国家或地区对语言显示的要求。操作步骤为选择"工具"→"Internet 选项"命令，在打开的对话框中选择"常规"选项卡，单击"语言"按钮，在打开的对话框中单击"添加"按钮，弹出如图 13-1 所示的对话框。

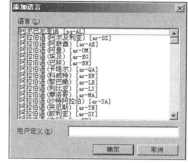

图 13-1　国家或地区编码

13.4.3　ResourceBundle 类

ResourceBundle 类的主要作用是读取属性文件。读取属性文件时可以直接指定属性文件的名称（指定名称时不需要文件的扩展名），也可以根据 Locale 类所指定的区域码来选取指定的资源文件，ResourceBundle 类的常用方法如表 13-4 所示。

表 13-4　　　　　　　　　　　　ResourceBundle 类的常用方法

方法定义	类型	描述
public static final ResourceBundle getBundle (String baseName)	普通	取得 ResourceBundle 的实例，并指定要操作的资源文件名称
public static final ResourceBundle getBundle (String baseName,Locale locale)	普通	取得 ResourceBundle 的实例，并指定要操作的资源文件名称和区域码
public final String getString(String key)	普通	根据 key 从资源文件中取出对应的 value

如果要使用 ResourceBundle 对象，则要直接通过 ResourceBundle 类中的静态方法 getBundle() 来取得。下面的实例演示了使用 ResourceBundle 取得资源文件内容的过程。

实例 13-10 | **获取资源文件中的内容**
源码路径：
daima\013\InterT1.java

实例文件 InterT1.java 的主要实现代码如下所示。

```java
import java.util.ResourceBundle ;
public class InterT1{
    public static void main(String args[]){
        ResourceBundle rb = ResourceBundle.
        getBundle("Message") ;
        //找到资源文件,不用编写扩展名
        System.out.println("内容:" + rb.
        getString("info")) ;
```

> 范例 13-10-01：输出不同国家或地区的"你好！"
> 源码路径：演练范例\13-10-01\
>
> 范例 13-10-02：判断日期格式的有效性
> 源码路径：演练范例\13-10-02\

```
        //打印输出从资源文件中获取的内容
    }
};
```

上述代码读取了资源文件 Message.properties 中的内容，执行后将输出：

```
内容：中文，好的，{0}！
```

通过上述代码可以发现，程序通过资源文件中的 key 取得了对应的 value。需要注意的是，这个文件必须以 GBK 形式编码，否则在命令行环境中非英文字符会出现乱码。

13.4.4　处理动态文本

已知在国际化内容中，所有资源内容都是固定的，但是若输出的消息中包含了一些动态文本，则必须使用占位符清楚地表示出动态文本的位置。

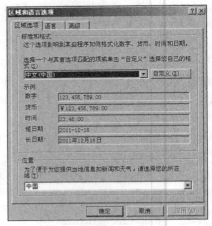

在 Java 中通过"{编号}"格式设置占位符。在使用占位符之后，程序可以直接通过 MessageFormat 对信息进行格式化，并为占位符动态设置文本的内容。

MessageFormat 类是 Format 类的子类。Format 类主要实现格式化操作，除 MessageFormat 子类外，在 Format 中还有 NumberFormat、DateFormat 两个子类。

在进行国际化操作时，不仅有文字需要处理，而且数字显示、日期显示等都要符合各个区域的要求，我们可以通过控制面板中的"区域和语言选项"对话框观察到这一点，如图 13-2 所示。由于同时改变的有数字、货币、时间等，所以在 Format 类中提供了 3 个子类来实现上述功能，它们分别是 MessageFormat、DateFormat、

图 13-2　"区域和语言选项"对话框

NumberFormat。

假设要输出的信息（以中文为例）是"你好，×××！"，其中，由于内容×××是由程序动态设置的，所以此时可以修改之前的 3 个属性文件，让其动态地接收程序的 3 个文本。

（1）中文的属性文件 Message_zh_CN.properties 的内容如下所示。

```
info = \u4f60\u597d\uff0c{0}\uff01
```

以上信息就是中文的"你好，{0}！"，中文必须使用 Unicode 16 编码格式。

（2）英语的属性文件为 Message_en_US.properties，内容如下所示。

```
info = Hello,{0}!
```

（3）法语的属性文件为 Message_fr_FR.properties，内容如下所示。

```
info = Bonjour,{0}!
```

以上 3 个属性文件都加入了"{0}"，它表示一个占位符。如果有更多的占位符，则直接在后面继续加上"{1}""{2}"即可。然后可以继续使用之前的 Locale 类和 ResourceBundle 类读取资源文件的内容，但是读取之后的文件因为要处理占位符，所以要使用 MessageFormat 类进行处理，主要使用下面的方法来实现。

```
public static String format(String pattern,Object...arguments)
```

其中，第一个参数表示要匹配的字符串，第二个参数"Object...arguments"表示输入参数可以为任意多个，这并没有具体个数的限制。

实例 13-11	使用 MessageFormat 格式化动态文本
	源码路径： daima\013\InterT3.java

实例文件 InterT3.java 的主要实现代码如下所示。

```
public class InterT3{
    public static void main(String args[]){
```

```
Locale zhLoc = new Locale("zh","CN") ;
//表示中国地区

Locale enLoc = new Locale("en","US") ;
//表示美国地区

Locale frLoc = newLocale("fr","FR") ;//表示法国地区
//找到中文的属性文件，需要指定中文的Locale对象
ResourceBundle zhrb = ResourceBundle.getBundle("Message",zhLoc) ;
//找到英文的属性文件，需要指定英文的Locale对象
ResourceBundle enrb = ResourceBundle.getBundle("Message",enLoc) ;
//找到法文的属性文件，需要指定法文的Locale对象
ResourceBundle frrb = ResourceBundle.getBundle("Message",frLoc) ;
//依次读取各个属性文件中的内容，通过键值读取，此时的键值名称统一为info
String str1 = zhrb.getString("info") ;
String str2 = enrb.getString("info") ;
String str3 = frrb.getString("info") ;
System.out.println("中文:" + MessageFormat.format(str1,"无敌")) ;
System.out.println("英语:" + MessageFormat.format(str2,"wudiwudi")) ;
System.out.println("法语:" + MessageFormat.format(str3," wudiwudi")) ;
    }
};
```

| 范例 13-11-01：使用数组传递参数 |
| 源码路径：演练范例\13-11-01\ |
| 范例 13-11-02：使用常见的日期格式 |
| 源码路径：演练范例\13-11-02\ |

上述代码通过 MessageFormat.format()方法设置了动态文本的内容，执行后将输出：

```
中文: 中文, 好的, 无敌!
英语: Hello,wudiwudiwudi!
法语: 中文, 好的, wudiwudiwudi!
```

注意：在 Java 的可变参数传递中可以接收多个对象，在方法传递参数时可以使用如下形式实现。

返回值类型 方法名称(Object…args)

上述表示方法可以接收任意个参数，然后按照数组的方式输出即可。

13.5　使用 System 类

知识点讲解：视频\第 13 章\System 类.mp4

↑扫码看视频

在 Java 语言中， System 类是一些与系统相关的属性和方法的集合，而且在此类中所有的属性都是静态的，使用 System 类可直接引用这些属性和方法。例如，系统输出语句"System.out. println()"就属于 System 类。本节将详细讲解 System 类的基本知识和用法。

13.5.1　使用 System 类

表 13-5 列出了 System 类中的一些常用方法。

表 13-5　　　　　　　　　　　　System 类的常用方法

方法定义	类型	描述
public static void exit(int status)	普通	系统退出，如果 status 为非 0 则表示退出
public static void gc()	普通	运行垃圾收集机制，调用的是 Runtime 类中的 gc 方法
public static long currentTimeMillis()	普通	返回以毫秒为单位的当前时间
public static void arraycopy(Object src, int srcPos, Object dest,int destPos, int length)	普通	数组复制操作
public static Properties getProperties()	普通	取得当前系统的全部属性
public static String getProperty(String key)	普通	根据键值取得属性的具体内容

由此可见，由于 System 类中的方法都是静态的，并且都是使用 static 定义的，所以在使用

时直接使用类名称即可，例如 System.gc()。

实例 13-12	计算一个程序的执行时间
	源码路径：
	daima\013\SystemT1.java

实例文件 SystemT1.java 的主要实现代码如下所示。

```
public class SystemT1{
    public static void main(String args[]){
            //定义startTime变量，通过startTime()取得开始计算之前的时间
            long startTime = System.currentTimeMillis() ;
            int sum = 0 ;                //声明变量
            //执行累加操作
            for(int i=0;i<30000000;i++){
            sum += i ;
            }
            long endTime = System.currentTimeMillis() ;
             //取得计算之后的时间
            //结束时间减去开始时间，并打印输出结果
            System.out.println("计算所花费的时间:" + (endTime-startTime) +"毫秒") ;
        }
    };
```

> 范例 13-12-01：列出指定属性
> 源码路径：演练范例\13-12-01\
> 范例 13-12-02：查看常用的系统属性
> 源码路径：演练范例\13-12-02\

执行结果如图 13-3 所示，不同计算机的执行结果是不同的。

计算所花费的时间: 22毫秒

图 13-3　执行结果

13.5.2　垃圾对象的回收

Java 为我们提供了垃圾的自动收集机制，能够不定期地自动释放 Java 中的垃圾空间。System 类中的一个 gc() 方法也可以进行垃圾收集，而且此方法实际上是 Runtime 类中 gc() 方法的封装，功能类似。接下来将要讲解的是如何对一个对象进行回收，一个对象如果不再被任何栈内存所引用，那么此对象就可以称为垃圾对象，等待回收。实际上因为等待的时间是不确定的，所以可以直接调用方法 System.gc() 进行垃圾回收。

在实际开发中，垃圾内存的释放基本上是由系统自动完成的，除非有特殊情况，一般很少直接调用 gc() 方法。但是如果在一个对象被回收之前要进行某些操作，那么该怎么办呢？实际上在 Object 类中有一个名为 finalize() 的方法，定义此方法的语法格式如下所示。

```
protected void finalize() throws Throwable
```

程序中的一个子类只需要覆写上述方法即可在释放对象前进行某些操作。例如，我们可以通过下面的实例代码观察对象释放的过程。

实例 13-13	使用 System 释放对象
	源码路径：
	daima\013\SystemT4.java

实例文件 SystemT4.java 的主要实现代码如下所示。

```
class Person{
 private String name ; //定义私有属性name
 private int age ;        //定义私有属性age
 public Person(String name,int age){
 //实现构造方法Person()
    this.name = name ;  //为name赋值
    this.age = age;    //为age赋值
 }
 public String toString(){            //实现覆写toString()方法
    return "姓名:" + this.name + ", 年龄:" + this.age ;
 }
 public void finalize() throws Throwable{ //当对象实例释放空间时默认调用方法finalize()
```

> 范例 13-13-01：输出程序的运行时间
> 源码路径：演练范例\13-13-01\
> 范例 13-13-02：输出所有的系统属性
> 源码路径：演练范例\13-13-02\

```
        System.out.println("对象被释放 --> " + this) ;          //显示被释放的对象
    }
};
public class SystemT4{
 public static void main(String args[]){
    Person per = new Person("张三",30) ;                        //新建对象实例per
    per = null ;                                                // 断开引用
    System.gc() ;                                               //强制性释放空间
    }
};
```

以上程序强制调用了释放空间的方法，而且在对象释放前调用了 finalize()方法。如果在 finalize()方法中出现异常，而且程序并不会受其影响，那么它会继续执行。执行后将输出：

```
对象被释放 --> 姓名：张三，年龄：30
```

注意，在上述代码中，方法 finalize()抛出的是 Throwable 异常。因为可以发现在方法 finalize() 上抛出的异常并不是常见的 Exception，而是使用 Throwable 抛出的异常，所以在调用此方法时不一定只在程序运行中产生错误，也有可能产生 JVM 错误。有关 Java 异常处理的知识，将在本书第 15 章中进行详细讲解。

13.6　技　术　解　惑

13.6.1　StringBuffer 和 String 的异同

StringBuffer 类和 String 类都可以用来创建字符串对象，只是由于 StringBuffer 的内部实现方式与 String 不同，所以 StringBuffer 类在处理字符串时不生成新的对象，在内存使用上要优于 String 类。因此，在实际使用时，如果经常需要对一个字符串进行修改（例如插入、删除等操作），那么使用 StringBuffer 更加适合一些。

在 StringBuffer 类中存在很多与 String 类一样的方法，这些方法在功能上与 String 类的功能是完全一样的。但是有一个最显著的区别在于，每次对于 StringBuffer 对象的修改都会改变对象自身，这点是与 String 类最大的区别。

另外，由于 StringBuffer 是线程安全的（关于线程的概念后续有专门的章节进行介绍），所以它在多线程程序中也可以很方便地使用，但是程序的执行效率相对来说慢一些。

13.6.2　通过 System 类获取本机的全部环境属性

在 Java 应用中，可以直接通过 System 类获取本机的全部环境属性，例如下面的代码。

```
public class SystemT2{
 public static void main(String args[]){
    System.getProperties().list(System.out) ;     // 列出系统的全部属性
    }
};
```

上面代码执行后会列出系统中与 Java 相关的各个属性。在属性中需要关注如下两点。
（1）文件默认编码：file.encoding=GBK。
（2）文件分隔符：file.separator=\。

13.7　课　后　练　习

（1）编写一个 Java 程序，尝试使用 ResourceBundle.containsKey()方法。
（2）编写一个 Java 程序，尝试使用 ResourceBundle.getBundle()方法。

第 14 章

Java 常用类库（下）

第 13 章已经讲解了 Java 中的部分常用类库的知识。其实在 Java 中还有其他常用的类库，例如用于实现日期处理、数学处理、数字处理和列表处理等功能的类库。本章将详细讲解 Java 语言中这部分常用类库的基本知识。

<table>
<tr><td>本章内容</td><td>技术解惑</td></tr>
<tr><td>▶▶ 使用日期处理类</td><td>▶▶ 分析对象的生命周期</td></tr>
<tr><td>▶▶ 使用 Math 类</td><td>▶▶ 若未实现 Comparable 接口</td></tr>
<tr><td>▶▶ 使用 Random 类生成随机数</td><td>   会出现异常</td></tr>
<tr><td>▶▶ 使用 NumberFormat 类格式化处理数字</td><td>▶▶ 使用正则表达式的好处</td></tr>
<tr><td>▶▶ 复制对象</td><td></td></tr>
<tr><td>▶▶ 使用 Comparable 接口操作数组</td><td></td></tr>
<tr><td>▶▶ Observable 类和 Observer 接口
    （Java 9 被放弃）</td><td></td></tr>
<tr><td>▶▶ 使用正则表达式</td><td></td></tr>
<tr><td>▶▶ Timer 类和 TimerTask 类</td><td></td></tr>
</table>

14.1 使用日期处理类

知识点讲解：视频\第 14 章\Date 类.mp4

在开发 Java 程序的过程中经常会遇到操作日期类型的情形，Java 为日期的操作提供了良好的支持，主要使用包 java.util 中的 Date、Calendar 以及 java.text 包中的 SimpleDateFormat。本节将详细介绍 Date 类的知识和具体用法。

↑扫码看视频

14.1.1 使用 Date 类

Date 类是一个较为简单的工具类，我们在使用中直接用 java.util.Date 类的构造方法创建一个 Date 对象，并将其输出就可以得到一个完整的日期。它的构造方法如下所示。

```
public Date()
```

例如，通过下面的实例代码可以得到当前的系统日期。

实例 14-1 获取当前的系统日期

源码路径：

daima\014\DateT1.java

实例文件 DateT1.java 的主要实现代码如下所示。

```java
import java.util.Date ;
public class DateT1{
 public static void main(String args[]){
   Date date = new Date() ;//直接实例化Date对象
   System.out.println("今天日期为: " + date) ;
   //输出当前的日期
 }
};
```

范例 14-1-01：获取 UNIX 时间戳
源码路径：演练范例\14-1-01\
范例 14-1-02：格式化显示日期格式
源码路径：演练范例\14-1-02\

程序运行后将输出：

```
今天日期为: Mon Feb 25 17:59:25 CST 2019
```

从运行结果可以看出，已经得到了系统的当前日期，但是这个日期的格式并不是我们平常看到的格式，而且这个时间也不能精确到毫秒。要按照我们自己的格式显示时间可以使用 Calendar 类完成操作。

14.1.2 使用 Calendar 类获取当前的时间

在 Java 程序中，我们可以通过 Calendar 类获取当前的时间，并且可以精确到毫秒。但是此类本身是一个抽象类，如果要使用一个抽象类，则必须依靠对象的多态性，通过子类进行父类的实例化操作。Calendar 类的子类是 GregorianCalendar，Calendar 中提供了表 14-1 所示的常量，它们分别表示日期的各个单位。

表 14-1　　Calendar 类中的常量

常量	类型	描述
public static final int YEAR	int	获取年
public static final int MONTH	int	获取月
public static final int DAY_OF_MONTH	int	获取日
public static final int HOUR_OF_DAY	int	获取小时（24 小时制）
public static final int MINUTE	int	获取分
public static final int SECOND	int	获取秒
public static final int MILLISECOND	int	获取毫秒

除表 14-2 中提供的全局常量外，Calendar 类还提供了一些常用方法，如表 14-2 所示。

表 14-2	Calendar 类提供的方法	
方法	类型	描述
public static Calendar getInstance()	普通	根据默认的时区实例化对象
public boolean after(Object when)	普通	判断一个日期是否在指定日期之后
public boolean before(Object when)	普通	判断一个日期是否在指定日期之前
public int get(int field)	普通	返回给定日历字段的值

实例 14-2 获取当前系统的时间
源码路径：

daima\014\DateT2.java

实例文件 DateT2.java 的主要实现代码如下所示。

```
import java.util.* ;
public class DateT2{
    public static void main(String args[]){
    //实例化Calendar类对象
    Calendar calendar = new GregorianCalendar();
    System.out.println("YEAR: " + calendar.
    get(Calendar.YEAR)); //显示当前是哪一年
    System.out.println("MONTH: " + (calendar.get(Calendar.MONTH) + 1));//显示当前是哪一月
    System.out.println("DAY_OF_MONTH: " + calendar.get(Calendar.DAY_OF_MONTH));
    //显示当天是该月的第多少天
    System.out.println("HOUR_OF_DAY: " + calendar.get(Calendar.HOUR_OF_DAY)); //显示几点
    System.out.println("MINUTE: " + calendar.get(Calendar.MINUTE));        //显示几分
    System.out.println("SECOND: " + calendar.get(Calendar.SECOND));       //显示几秒
    System.out.println("MILLISECOND: " + calendar.get(Calendar.MILLISECOND));//显示毫秒
        }
};
```

> 范例 14-2-01：获取日期的特定部分
> 源码路径：演练范例\14-2-01\
> 范例 14-2-02：显示当前月的月历
> 源码路径：演练范例\14-2-02\

上述代码通过 GregorianCalendar 子类实例化 Calendar 类，然后通过 Calendar 类中的各种常量及方法取得系统的当前时间。执行后将输出：

```
YEAR: 2019
MONTH: 2
DAY_OF_MONTH: 25
HOUR_OF_DAY: 18
MINUTE: 1
SECOND: 15
MILLISECOND: 650
```

14.1.3 使用 DateFormat 类格式化处理时间

尽管 java.util.Date 类获取的时间是一个正确的时间，但是因为其显示格式不理想，所以无法符合人们的习惯，实际上这时可以为此类进行格式化操作，将其变为符合人们习惯的日期格式。DateFormat 类与 MessageFormat 类都属于 Format 类的子类，专门用于格式化数据。DateFormat 类的定义格式如下所示。

```
public abstract class DateFormat
extends Format
```

由于从表面定义上看，DateFormat 类是一个抽象类，所以无法直接实例化，但是此抽象类提供了一个静态方法，使用它可以直接取得本类的实例。DateFormat 类的常用方法如表 14-3 所示。

表 14-3	DateFormat 类的常用方法	
方法	类型	描述
public static final DateFormat getDateInstance()	普通	得到默认的对象
public static final DateFormat getDateInstance(int style, Locale aLocale)	普通	根据 Locale 得到对象
public static final DateFormat getDateTimeInstance()	普通	得到日期时间对象
public static final DateFormat getDateTimeInstance(int dateStyle,int timeStyle,Locale aLocale)	普通	根据 Locale 得到日期时间

上述 4 个方法都可以构造 DateFormat 类的对象，但是以上方法中需要传递若干个参数，这些参数表示日期地域或日期的显示形式。

实例 14-3	格式化处理时间显示的时间	
	源码路径： daima\014\DateT3.java	

实例文件 DateT3.java 的主要实现代码如下所示。

```java
import java.text.DateFormat ;
import java.util.Date ;
public class DateT3{
    public static void main(String args[]){
        DateFormat df1 = null ;//声明一个DateFormat
        DateFormat df2 = null ;//声明一个DateFormat
        df1 = DateFormat.getDateInstance() ;
        //得到日期的DateFormat对象
        df2 = DateFormat.getDateTimeInstance() ;      //得到日期时间的DateFormat对象
        System.out.println("DATE:" + df1.format(new Date())) ; //按照日期进行格式化
        System.out.println("DATETIME:" + df2.format(new Date())) ; //按照日期时间格式化
    }
};
```

范例 14-3-01：指定显示的风格
源码路径：演练范例\14-3-01\
范例 14-3-02：重定向标准输出
源码路径：演练范例\14-3-02\

执行后将输出：

```
DATE: 2019年2月25日
DATETIME: 2019年2月25日 下午6:04:20
```

从程序运行结果可以看出，第二个 DATETIME 显示了时间，但还不是比较合理的中文显示格式。如果要取得更加合理的时间格式，则必须在构造 DateFormat 对象时传递若干个参数。

14.2 使用 Math 类

📹 知识点讲解：视频\第 14 章\Math 类.mp4

↑扫码看视频

在 Java 语言中，Math 类是实现数学运算的类，此类提供了一系列的数学操作方法，例如求绝对值、三角函数等。因为在 Math 类中提供的一切方法都是静态方法，所以直接调用类名称即可。

在 Java 语言中，Math 类中的常用方法如下所示。

（1）public static int abs (int a)、public static long abs (long a)、public static float abs (float a)、public static double abs (double a)：求绝对值。

（2）public static native double acos (double a)：求反余弦函数。

（3）public static native double asin (double a)：求反正弦函数。

（4）public static native double atan (double a)：求反正切函数。

（5）public static native double ceil (double a)：返回大于 a 的最小整数。

（6）public static native double cos (double a)：求余弦函数。

（7）public static native double exp (double a)：求 e 的 a 次幂。

（8）public static native double floor (double a)：返回小于 a 的最大整数。

（9）public static native double log (double a)：返回 lna。

（10）public static native double pow (double a, double b)：求 a 的 b 次幂。

（11）public static native double sin (double a)：求正弦函数。

（12）public static native double sqrt (double a)：求 a 的平方根。

（13）public static native double tan (double a)：求正切函数。

（14）public static synchronized double random()：返回 0～1 之间的随机数。

实例 14-4　使用 Math 类实现基本数学运算

源码路径：

daima\014\MathDemo.java

实例文件 MathDemo.java 的主要实现代码如下所示。

```java
public static void main(String args[]){
    // Math类中的方法都是静态方法，
    直接使用"类.方法名称()"的形式即可
    System.out.println("求平方根:" + Math.sqrt(9.0));
    System.out.println("求两数的最大值:" +
    Math.max(10,30)) ;
    System.out.println("求两数的最小值:" + Math.
    min(10,30)) ;
    System.out.println("2的3次方:" + Math.pow(2,3));
    System.out.println("四舍五入:" + Math.round(33.6));
}
```

> 范例 14-4-01：求最小的整数但不小于本身
> 源码路径：演练范例\14-4-01\
> 范例 14-4-02：Math 类中常用方法的用法
> 源码路径：演练范例\14-4-02\

在上面的操作中，尽管 Math 类中 round() 方法的作用是进行四舍五入操作，但是此方法在操作时将小数点后面的全部数字都忽略掉，如果要精确到小数点后的准确位数，则必须使用 BigDecimal 类来完成。执行后将输出：

```
平方根：3.0
两数的最大值：30
两数的最小值：10
2的3次方：8.0
四舍五入：34
```

14.3　使用 Random 类生成随机数

📹 知识点讲解：视频\第 14 章\Random 类.mp4

↑扫码看视频

在 Java 语言中，Random 类是一个随机数产生类，可以指定一个随机数的范围，然后在范围内产生任意数字。本节将详细讲解用 Random 类生成随机数的知识。

Random 类中的常用方法如表 14-4 所示。

表 14-4　　　　　　　　　　　　　　Random 类的常用方法

方法	类型	描述
public boolean nextBoolean()	普通	随机生成 boolean 值
public double nextDouble()	普通	随机生成 double 值
public float nextFloat()	普通	随机生成 float 值
public int nextInt()	普通	随机生成 int 值
public int nextInt(int n)	普通	随机生成 0～n 的某个 int 值
public long nextLong()	普通	随机生成 long 值

实例 14-5　生成 7 个不大于 100 的随机数

源码路径：

daima\014\RandomDemo01.java

实例文件 RandomDemo01.java 的主要实现代码如下所示。

```java
import java.util.Random ;
public class RandomDemo01{
```

```
public static void main(String args[]){
    Random r = new Random() ;   //实例化Random对象
    for(int i=0;i<7;i++){
    //随机数的个数
        System.out.print(r.nextInt(100)+"\t");
        //输出7个不大于100的随机数
    }
};
```

| 范例 14-5-01：使用 Random 类生成随机数 |
| 源码路径：演练范例\14-5-01\ |
| 范例 14-5-02：使用 ThreadLocalRandom 和 Random 类 |
| 源码路径：演练范例\14-5-02\ |

上述代码用到了 Random 类，并通过 for 循环生成了 7 个不大于 100 的随机数。因为是随机的，所以每次执行效果会不同，例如某次执行后会输出：

```
96  39  36  43  48  25  57
```

注意：在 Math 类中也有一个 random()方法

在 Math 类中的 random()方法生成一个区间为[0,1.0]的随机小数。通过前面对 Math 类的学习可以发现，Math 类中的方法 random()是直接调用 Random 类中的 nextDouble()方法来实现的。只是方法 random()的调用比较简单，所以很多程序员习惯使用 Math 类的 random()方法生成随机数字。

14.4 使用 NumberFormat 类格式化处理数字

知识点讲解：视频\第 14 章\NumberFormat 类.mp4

↑扫码看视频

NumberFormat 类是一个抽象类，同时它与 MessageFormat 类一样，都是 Format 的子类，我们可以直接使用 NumberFormat 类中提供的静态方法来实例化。

在 Java 语言中，NumberFormat 类是用来对数字进行格式化的类，即可以按照本地的风格习惯进行数字显示。此类的定义如下所示。

```
public abstract class NumberFormat extends Format
```

NumberFormat 类中的常用方法如表 14-5 所示。

表 14-5 　　　　　　　　　　　　NumberFormat 类的常用方法

方法	类型	描述
public static Locale[] getAvailableLocales()	普通	返回所有语言环境的数组
public static final NumberFormat getInstance()	普通	返回当前默认语言环境的数字格式
public static NumberFormat getInstance(Locale inLocale)	普通	返回指定语言环境的数字格式
public static final NumberFormat getCurrencyInstance()	普通	返回当前默认环境的货币格式
public static NumberFormat getCurrencyInstance(Locale inLocale)	普通	返回指定语言环境的数字格式

因为我们使用的操作系统是中文语言环境，所以以上数字显示为中国的数字格式化形式。另外，在 NumberFormat 类中还有一个比较常用的子类——DecimalFormat。DecimalFormat 类也是 Format 的一个子类，其主要作用是格式化数字。当然，它在格式化数字时要比直接使用 NumberFormat 更加方便，因为它可以直接按用户自定义的方式进行格式化操作。与 SimpleDateFormat 类似，如果要进行自定义格式化操作，则必须指定格式化操作的模板，此模板如表 14-6 所示。

表 14-6 　　　　　　　　　　　　DecimalFormat 格式化模板

标记	位置	描述
0	数字	代表阿拉伯数字，每个 0 表示一位阿拉伯数字，如果该位不存在则显示 0
#	数字	代表阿拉伯数字，每个#表示一位阿拉伯数字，如果该位不存在则不显示

续表

标记	位置	描述
.	数字	小数点分隔符或货币的小数分隔符
-	数字	代表负号
,	数字	分组分隔符
E	数字	分隔科学计数法中的尾数和指数
;	子模式边界	分隔正数和负数子模式
%	前缀或扩展名	数字乘以 100 并显示为百分数
\u2030	前缀或扩展名	乘以 1 000 并显示为千分数
¤ \u00A4	前缀或扩展名	货币记号，由货币号替换。如果两个同时出现，则用国际货币符号替换；如果出现在某个模式中，则使用货币小数分隔符，而不使用小数分隔符
,	前缀或扩展名	用在前缀或扩展名中为特殊字符加引号，例如 "##" 将 123 格式化为 "#123"；要创建单引号本身，则连续使用两个单引号，例如 "# o'clock"

实例 14-6　演示格式化数字操作

源码路径：

daima\014\NumberFormatT1.java

实例文件 NumberFormatT1.java 的主要实现代码如下所示。

```java
import java.text.* ;
public class NumberFormatT1{
    public static void main(String args[]){
        NumberFormat nf = null ;
        //声明一个NumberFormat对象
        nf = NumberFormat.getInstance() ;
        //得到默认的数字格式化显示
        System.out.println("格式化之后的数字:" +
        nf.format(100)) ;
        System.out.println("格式化之后的数字:" + nf.format(100.123)) ;
    }
};
```

范例 14-6-01：格式化对象数字
源码路径：演练范例\14-6-01\
范例 14-6-02：计算程序运行时间
源码路径：演练范例\14-6-02\

在上述代码中，首先使用第一个模板将字符串中表示日期的数字取出，然后使用第二个模板将这些数字重新转化为新的格式。执行后将输出：

```
格式化之后的数字：100
格式化之后的数字：100.123
```

14.5　复 制 对 象

📹 知识点讲解：视频\第 14 章\复制对象.mp4

↑扫码看视频

在 Java 语言中，方法 clone() 的访问权限是受保护类型（protected），因此在子类中必须重写此方法，而且重写之后应该扩大访问权限，这样它才能被外部调用。但是具体的复制方法实现还是在 Object 中，因此在覆写方法中只需要调用 Object 类中的 clone() 方法即可完成操作，而且在对象所在类中必须实现 Cloneable 接口才可以完成对象的复制操作。

在 Java 程序中，可以使用 Object 类中的方法 clone() 来复制对象。此方法的定义如下所示。

```
protected Object clone() throws CloneNotSupportedException
```

直接查询 JDK 文档可以发现，由于在接口 Cloneable 中并没有任何的方法，所以此接口在设计上为标识接口，这表示对象可以复制。下面的实例代码演示了使用 clone() 方法实现对象复制的过程。

实例 14-7 使用 clone()方法复制对象

源码路径：

daima\014\fuzhi.java

实例文件 fuzhi.java 的主要实现代码如下所示。

```
class mm implements Cloneable{     //实现Cloneable接口表示可以复制
  private String name ;
  public mm(String name){           //构造方法mm()
      this.name = name ;
  }
  public void setName(String name){ //设置属性name
      this.name = name ;
  }
  public String getName(){          //获取属性name
      return this.name ;
  }
  public String toString(){         //返回name
      return "名字:" + this.name ;
  }
  public Object clone()             //定义复制方法clone()
              throws CloneNotSupportedException
  {
      return super.clone() ;        //设置具体的复制操作由父类完成
  }
};
public class CloneDemo01{
  public static void main(String args[]) throws Exception{
      mm p1 = new mm("Java") ;      //定义对象p1的name是"张三"
      mm p2 = (mm)p1.clone() ;      //定义对象p, 然后将p1的值复制过来
      p2.setName("Python") ;
      System.out.println("原始对象:" + p1) ;       //输出对象p1原来的值
      System.out.println("复制后的对象:" + p2) ;    //输出复制后对象p12的值
  }
};
```

> 范例 14-7-01：使用 clone()复制对象
> 源码路径：演练范例\14-7-01\
> 范例 14-7-02：实现等号的引用传递
> 源码路径：演练范例\14-7-02\

执行上述代码后将输出：

```
原始对象: 名字: Java
复制后的对象: 名字: Python
```

14.6 使用 Comparable 接口操作数组

知识点讲解：视频\第 14 章\ Comparable 接口.mp4

↑扫码看视频

在讲解数组时曾经提到过，我们可以直接使用 java.util.Arrays 类进行数组的排序操作，例如，可以使用 Arrays 类中的 sort()方法对任意类型的数组进行排序，并且在排列时可以根据每个数组元素值的大小进行排序。同样，此类也可以对 Object 数组进行排序，但是要使用此种方法排序是有要求的，即对象所在的类必须实现 Comparable 接口，此接口就是指定对象排序规则的。

14.6.1 Comparable 接口介绍

在 Java 中，Comparable 接口的定义如下所示。

```
public interface Comparable<T>{
    public int compareTo(T o) ;
}
```

从以上定义中可以发现，Comparable 接口也使用了 Java 泛型技术。它只有一个 compareTo()方法，此方法可以返回一个 int 类型的数据，但是此值只能为以下 3 种之一。

（1）1：表示大于。

（2）–1：表示小于。

（3）0：表示相等。

　　假设要求设计一个学生类，此类中包含姓名、年龄、成绩，并产生一个对象数组。要求按成绩由高到低进行排序，如果成绩相等，则按年龄由低到高排序。如果直接编写排序操作，则会比较麻烦，所以此时可以观察如何使用 Arrays 类中的 sort()方法进行排序操作。

实例 14-8　使用 sort()方法实现排序功能

源码路径：

daima\014\ComparableT1.java

实例文件 ComparableT1.java 的主要实现代码如下所示。

```java
class Student implements Comparable<Student> {       //指定类型为Student
    private String name ;              //定义私有属性name
    private int age ;                  //定义私有属性age
    private float score ;              //定义私有属性score
    public Student(String name,int age,float score){   //定义有参构造方法Student
        this.name = name ;             //为参数赋值name
        this.age = age ;               //为参数赋值age
        this.score = score ;           //为参数赋值score
    }
    public String toString(){          //定义方法toString()返回name、age和score值
        return name + "\t\t" + this.age + "\t\t" + this.score ;
    }
    public int compareTo(Student stu){   //覆写compareTo()方法，实现排序规则的应用
        if(this.score>stu.score){        // score降序排列算法
            return -1 ;                  //如果当前score小于stu的score则返回-1
        }else if(this.score<stu.score){
            return 1 ;                   //如果当前score大于stu的score则返回1
        }else{
            if(this.age>stu.age){        //age降序排列算法
                return 1 ;
            }else if(this.age<stu.age){  //如果当前age小于stu的age则返回-1
                return -1 ;
            }else{                       //如果当前age不小于stu的age则返回0
                return 0 ;
            }
        }
    }
};
public class ComparableT1{
    public static void main(String args[]){
        Student stu[] = {new Student("Java",1,17.0f), //定义Student对象stu[]并赋初始值
        new Student("C语言",2,13.0f),new Student("Python",3,11.0f),//新建4个Student对象并分别赋值
        new Student("C++",4,7.0f) , new Student("PHP",5,9.0f)} ;
        java.util.Arrays.sort(stu) ;     //进行排序操作
        for(int i=0;i<stu.length;i++){
            System.out.println(stu[i]) ; //循环输出数组对象中的内容
        }
    }
};
```

> 范例 14-8-01：默认 List 和数组排序方法
> 源码路径：演练范例\14-8-01\
> 范例 14-8-02：自定义排序实现方式
> 源码路径：演练范例\14-8-02\

执行上述代码后将输出：

```
Java      1       17.0
C语言      2       13.0
Python    3       11.0
PHP       5       9.0
C++       4       7.0
```

　　从程序运行结果中可以发现，程序完成了要求的排序规则，对对象数组进行了排序操作。上述实例代码的排序过程也是数据结构中的二叉树排序方法，通过二叉树进行排序，然后利用中序遍历的方式把内容依次读取出来。二叉树排序的基本原理是将第一个内容作为根节点，如果后面的值比根节点的值小，则放在根节点的左子树；如果后面的值比根节点的值大，则放在根节点的右子树。

　　再看下面的实例，功能是用 Integer 实例化 Comparable 接口。

实例 14-9　实例化 Comparable 接口

源码路径：

daima\014\ComparableT2.java

实例文件 ComparableT2.java 的主要实现代码如下所示。

```
public class ComparableT2{
    public static void main(String args[]){
        //声明一个Comparable接口对象
        Comparable<Integer> com = null ;
        com = 30 ;// 通过Integer为Comparable实例化
        //调用toString()方法
        System.out.println("内容为:" + com) ;
    }
};
```

范例 14-9-01：用 Comparable 操作二叉树
源码路径：演练范例\14-9-01\
范例 14-9-02：转换角度和弧度
源码路径：演练范例\14-9-02\

在上述代码中，接口 Comparable 通过 Integer 对象进行实例化，然后在直接输出 Comparable 接口对象时调用的是 Integer 类中的 toString()方法，这时此方法已经被 Integer 类覆写。下面的代码将直接使用 Comparable 接口完成，为了方便，输出时也直接将 Comparable 接口输出。执行后将输出：

```
内容为：30
```

14.6.2 使用 Comparator 接口

如果一个类已经开发完成，但是在此类建立初期并没有实现 Comparable 接口，则此时无法进行对象排序操作。为了解决这个问题，Java 语言定义了另一个比较器的操作接口——Comparator。Comparator 接口定义在 java.util 包中，定义格式如下所示。

```
public interface Comparator<T>{
    public int compare(To1,To2) ;
    boolean equals(Object obj) ;
}
```

由此可以发现，在此接口中也存在一个 compareTo()方法，与之前不同的是，它要接收两个对象，其返回值依然是 0、-1、1。此外，此接口与之前不同的是，需要单独指定一个比较器的比较规则类才可以完成数组排序。

下面的实例演示了使用 Comparator 接口实现排序操作的过程。假如我们定义一个学生类，其中有姓名和年龄属性，并按照年龄排序。

实例 14-10	使用 Comparator 进行排序	
	源码路径：daima\014\ComparatorT3.java	

实例文件 ComparatorT3.java 的主要实现代码如下所示。

```
class Student11{                                //指定类型为Student1
 private String name ;                          //定义私有属性name
 private int age;                               //定义私有属性age
 public Student11(String name,int age){         //实现构造方法Student1()
    this.name = name ;
    this.age = age ;
 }
 public boolean equals(Object obj){             //覆写equals方法
    if(this==obj){                              //如果this和obj两个引用对象相等则返回true
       return true ;
    }
    if(!(obj instanceof Student11)){            //使用if语句判断对象属于哪种类型
       return false ;                           //obj不是Student1的对象时返回false
    }
    Student11 stu = (Student11) obj ;           //定义Student1对象stu
    if(stu.name.equals(this.name)&&stu.age==this.age){
       return true ;                            //当对象stu的name、age与当前对象的相等则返回true
    }else{
       return false ;                           //否则返回false
    }
 }
 public void setName(String name){              //实现方法setName()
    this.name = name ;
 }
 public void setAge(int age){ //实现方法setAge()
    this.age = age ;
 }
 public String getName(){             //实现方法getName()
    return this.name ;
 }
```

范例 14-10-01：实现排序功能
源码路径：演练范例\14-10-01\
范例 14-10-02：实现分组功能
源码路径：演练范例\14-10-02\

```
    public int getAge(){                    //实现方法getAge()
        return this.age ;
    }
    public String toString(){            //实现方法toString()
        return name + "\t\t" + this.age  ;
    }
};

class Student11Comparator implements Comparator<Student11>{      // 实现比较器
    // 因为Object类中已经有了equals()方法
    public int compare(Student11 s1,Student11 s2){
        if(s1.equals(s2)){
            return 0 ;
        }else if(s1.getAge()<s2.getAge()){      // 按年龄比较
            return 1 ;
        }else{
            return -1 ;
        }
    }
};
public class ComparatorT{
    public static void main(String args[]){
        Student11 stu[] = {new Student11("C++",4),
            new Student11("Java",1),new Student11("PHP",5),
            new Student11("C",2),new Student11("Python",3)} ;
        java.util.Arrays.sort(stu,new StudentComparator()) ;    // 进行排序操作
        for(int i=0;i<stu.length;i++){                              // 循环输出数组中的内容
            System.out.println(stu[i]) ;
        }
    }
};
```

在上述代码中，Comparator 和 Comparable 接口都可以实现相同的排序功能，但是与 Comparable 接口相比，Comparator 接口明显是一种补救方法。本实例执行后将输出：

```
PHP      5
C++      4
Python   3
C        2
Java     1
```

14.7 Observable 类和 Observer 接口（Java 9 被放弃）

📹 知识点讲解：视频\第 14 章\Observable 类和 Observer 接口.mp4

在 Java 语言中，Observable 类和 Observer 接口最大的作用就是实现观察者模式。例如有一款房价监测系统，每当房价发生变化时，所有的购房者都可以观察得到。这时候购房者都属于观察者，他们都在关注着房子的价格。这个观察房价变化的过程就叫作观察者设计模式。在 Java 中，我们可以直接依靠 Observable 类和 Observer 接口实现以上观察者模式。从 Java 9 开始，官方不再建议使用 Observer。

↑扫码看视频

在 Java 语言中，需要观察的类必须继承于 Observable 类，此类的常用方法如表 14-7 所示。

表 14-7   Observable 类的常用方法

方法	类型	描述
public void addObserver(Observer o)	普通	添加一个观察者
public void deleteObserver(Observer o)	普通	删除一个观察者
protected void setChanged()	普通	被观察者状态发生改变
public void notifyObservers(Object arg)	普通	通知所有观察者状态改变

而观察者对象所属的类都需要实现 Observer 接口，Observer 接口的定义如下所示。

```
public interface Observer{
    void update(Observable o,Object arg) ;
```

上述定义接口格式的代码只定义了一个名为 update()方法，其中第一个参数表示被观察者实例，第二个参数表示修改的内容。例如，下面的实例代码演示了使用 Observable 类实现观察者模式的过程。

实例 14-11	房价监测系统
	源码路径：
	daima\014\ObserDemoT.java

实例文件 ObserDemoT.java 的主要实现代码如下所示。

```
import java.util.* ;
class House extends Observable{ //表示可以观察房子
 private float price ;//价钱
 public House(float price){//实现构造方法House()
    this.price = price ;
 }
 public float getPrice(){   //实现方法getPrice()
    return this.price ;
 }
 public void setPrice(float price){
    //每一次修改时都应该引起观察者的注意
    super.setChanged() ;          //设置变化点
    super.notifyObservers(price) ;  //改变价格
    this.price = price ;
 }
 public String toString(){          //实现方法toString()
    return "房子价格为:" + this.price ;
 }
};
class HousePriceObserver implements Observer{
 private String name ;
 public HousePriceObserver(String name){     // 设置每一个购房者的名字
    this.name = name ;
 }
 public void update(Observable o,Object arg){   //实现方法update()
    if(arg instanceof Float){
        System.out.print(this.name + "观察到价格更改为:") ;
        System.out.println(((Float)arg).floatValue()+ "/平") ;     //输出价格变化值
    }
 }
};
public class ObserDemoT{
 public static void main(String args[]){
    House h = new House(500000) ;
    HousePriceObserver hpo1 = new HousePriceObserver("购房者A") ;
    HousePriceObserver hpo2 = new HousePriceObserver("购房者B") ;
    HousePriceObserver hpo3 = new HousePriceObserver("购房者C") ;
    h.addObserver(hpo1) ;
    h.addObserver(hpo2) ;
    h.addObserver(hpo3) ;
    System.out.println(h + "/平") ;     // 输出房子价格
    h.setPrice(30000) ;     // 修改房子价格
    System.out.println(h + "/平") ;     // 输出房子价格
 }
};
```

范例 14-11-01：实现观察者模式 1
源码路径：演练范例\14-11-01\
范例 14-11-02：实现观察者模式 2
源码路径：演练范例\14-11-02\

在上述代码中，多个观察者在关注着价格的变化，只要价格一有变化，所有观察者会立刻有所行动。执行上述代码后将输出：

```
房子价格为: 500000.0/平
购房者C观察到价格更改为: 30000.0/平
购房者B观察到价格更改为: 30000.0/平
购房者A观察到价格更改为: 30000.0/平
房子价格为: 30000.0/平
```

14.8　使用正则表达式

知识点讲解：视频\第 14 章\正则表达式.mp4

在开发 Java 程序的过程中，难免会遇到需要匹配、查找、替换、判断字符串的情况，而这些情况有时又比较复杂，如果用纯编码方式来解决，往往会浪费程序员的时间及精力。在 Java 语言中，可以使用正则表达式解决这些问题。

↑扫码看视频

14.8.1　正则表达式基础

正则表达式是一种用于模式匹配和替换的模式，一个正则表达式就是由普通字符（例如字符 a~z）以及特殊字符（元字符）组成的文字模式，用来描述在查找文字主体时待匹配的一个或多个字符串。作为一个模式，正则表达式将某个字符模式与所搜索的字符串进行匹配。

自从 JDK 1.4 推出 java.util.regex 包以来，Java 就为我们提供了很好的正则表达式应用平台。如果要在程序中应用正则表达式，则必须依靠 Pattern 类与 Matcher 类，这两个类都在 java.util.regex 包中定义。Pattern 类的主要作用是进行正则规范编写，Matcher 类的主要作用是执行规范，验证一个字符串是否符合规范。

常用的正则规范如表 14-8～表 14-10 所示。

表 14-8　　　　　　　　　　　　常用的正则规范

序号	规范	描述	序号	规范	描述
1	\\	表示反斜线（\）字符	9	\w	表示字母、数字、下划线
2	\t	表示制表符	10	\W	表示非字母、数字、下划线
3	\n	表示换行	11	\s	表示所有空白字符（换行、空格等）
4	[abc]	字符 a、b 或 c	12	\S	表示所有非空白字符
5	[^abc]	表示除 a、b、c 之外的任意字符	13	^	行的开头
6	[a-zA-Z0-9]	表示由字母、数字组成	14	$	行的结尾
7	\d	表示数字	15	.	匹配除换行符之外的任意字符
8	\D	表示非数字			

表 14-9　　　　　　　　　　数量表示（X 表示一组规范）

序号	规范	描述	序号	规范	描述
1	X	必须出现一次	5	X{n}	必须出现 n 次
2	X?	可以出现 0 次或 1 次	6	X{n,}	必须出现 n 次以上
3	X*	可以出现 0 次、1 次或多次	7	X{n,m}	必须出现 n~m 次
4	X+	可以出现 1 次或多次			

表 14-10　　　　　　　　逻辑运算符（X、Y 表示一组规范）

序号	规范	描述	序号	规范	描述
1	XY	X 规范后跟着 Y 规范	3	(X)	作为一个捕获组规范
2	X|Y	X 规范或 Y 规范			

14.8.2 Java 中的正则表达式类

在 Java 语言中，如下所示的两个类可以实现正则表达式功能。

（1）java.util.regex.Matcher：匹配器类。通过解释 Pattern 类（模式）对字符序列执行匹配操作的引擎。

（2）java.util.regex.Pattern：正则表达式的编译表示形式。指定为字符串的正则表达式必须首先编译为此类的实例，然后使用得到的模式创建 Matcher 对象。根据正则表达式，该对象可以与任意字符序列匹配。因为执行匹配涉及的所有状态都驻留在匹配器中，所以多个匹配器可以共享同一模式。

在 Java 程序中，Pattern 类直接使用表 14-8～表 14-10 中的正则规则即可完成相应的操作。Pattern 类的常用方法如表 14-11 所示。

表 14-11   **Pattern 类的常用方法**

方法	类型	描述
public static Pattern compile(String regex)	普通	指定正则表达式规则
public Matcher matcher(CharSequence input)	普通	返回 Matcher 类实例
public String[] split(CharSequence input)	普通	字符串拆分

在 Pattern 类中如果要取得 Pattern 类实例，则必须调用 compile()方法。如果要验证一个字符串是否符合规范，则可以使用 Matcher 类。Matcher 类的常用方法如表 14-12 所示。

表 14-12   **Matcher 类的常用方法**

方法	类型	描述
public boolean matches()	普通	执行验证
public String replaceAll(String replacement)	普通	字符串替换
public Matcher appendReplacement (StringBuffer sb, String replacement)	普通	将当前匹配的子串替换为指定字符串，并将从上次匹配结束后到本次匹配结束后之间的字符串添加到 StringBuffer 对象中，最后返回其字符串表示形式。注意，最后一次匹配后的字符串并没有添加到 StringBuffer 对象中，若需要这部分的内容需要使用 appendTail 方法
public StringBuffer appendTail (StringBuffer sb)	普通	将最后一次匹配后剩余的字符串添加到一个 StringBuffer 对象里

下面直接使用 Pattern 类和 Matcher 类完成一个简单的验证过程。日期格式要求：yyyy-mm-dd。正则表达式如下所示。

日期	1983	-07	27
格式	四位数字	两位数字	两位数字
正则表达式	\d{4}	\d{2}	\d{2}

14.8.3 验证一个字符串是否为合法的日期格式

实例 14-12   验证一个字符串是否为合法的日期格式
源码路径：
daima\014\RegexDemoT3.java

实例文件 RegexDemoT3.java 的主要实现代码如下所示。

```
import java.util.regex.Pattern ;
import java.util.regex.Matcher ;
public class RegexDemoT3{
    public static void main(String args[]){
        //指定好一个日期格式的字符串
```

```
                    String str = "1983-07-27" ;
                    String pat = "\\d{4}-\\d{2}-\\d{2}";
                    //指定好正则表达式
                    Pattern p = Pattern.compile(pat);
                    //实例化Pattern类
                    Matcher m = p.matcher(str) ;
                    //实例化Matcher类
                    if(m.matches()){//使用正则表达式进行验证匹配
                    System.out.println("当前日期格式合法!");
                    }else{
                        System.out.println("当前日期格式不合法!") ;
                    }
            }
        };
```

| 范例 14-12-01：按照字符串的数字拆分字符串 |
| 源码路径：演练范例\14-12-01\ |
| 范例 14-12-02：使用三角函数 |
| 源码路径：演练范例\14-12-02\ |

在上述代码中，由于"\"字符是需要转义的，两个"\"实际上表示的是一个"\"，所以实际上"\\d"表示的是"\d"。执行后将输出：

当前日期格式合法!

注意：因为正则表达式是一个很庞大的体系，所以此处仅列举一些入门的概念，更多的内容可参阅相关资料。

14.8.4　String 类和正则表达式

在 String 类中有 3 个方法支持正则操作，具体信息如表 14-13 所示。

表 14-13　　　　　　　　　String 类中支持正则表达式的方法

方法	类型	描述
public boolean matches(String regex)	普通	字符串匹配
public String replaceAll(String regex,String replacement)	普通	字符串替换
public String[] split(String regex)	普通	字符串拆分

在正则操作中，如果出现了正则表达式中的一些字符，则需要对这些字符进行转义。例如，有字符串"LXH:98|MLDN:90|LI:100"，要求将其拆分成下面的形式。

```
LXH      98
MLDN     90
LI       100
```

要完成上述操作，应该先使用"|"进行拆分，之后再使用":"进行拆分。如果直接使用"|"进行拆分，会发现根本就无法正确地执行此操作。

实例 14-13　使用 String 修改之前的操作
源码路径：
daima\014\RegexDemoT5.java

实例文件 RegexDemoT5.java 的主要实现代码如下所示。

```
import java.util.regex.Pattern ;
import java.util.regex.Matcher ;
public class RegexDemoT5{
    public static void main(String args[]){
        //要求将里面的字符取出，也就是按照数字拆分
        String str = "A1B22C333D4444E55555F" ;
        //指定一个字符串
        String pat = "\\d+" ; //指定正则表达式
        Pattern p = Pattern.compile(pat) ;     //实例化Pattern类
        Matcher m = p.matcher(str) ;           //实例化Matcher类的对象
        String newString = m.replaceAll("_") ; //加入横杠
        System.out.println(newString) ;
    }
};
```

| 范例 14-13-01：字符的替换、验证和拆分 |
| 源码路径：演练范例\14-13-01\ |
| 范例 14-13-02：使用反三角函数 |
| 源码路径：演练范例\14-13-02\ |

执行后将输出：

A_B_C_D_E_F

14.8.5　Java 9 新增的正则表达式方法

在 Java 9 版本中，java.util.regex.Matcher 类中新增了如下所示的正则表达式方法。

（1）appendReplacement(StringBuilder sb, String replacement)：将当前匹配的子串替换为指定字符串，并将从上次匹配结束后到本次匹配结束后之间的字符串添加到 StringBuilder 对象中，最后返回其字符串表示形式。注意：最后一次匹配后的字符串并没有添加到 StringBuilder 对象中，若需要这部分的内容需要使用 appendTail()方法。

（2）appendTail(StringBuilder sb)：将最后一次匹配后剩余的字符串添加到 StringBuilder 对象里。参数"sb"表示目标字符串生成器。

（3）results()：返回匹配结果的数据流，也就是返回 MatchResult 对象的数据流。

下面的实例演示了使用上述新正则表达式方法的过程。

实例 14-14 使用 Java 9 新正则表达式方法
源码路径：
daima\014\MatcherMethods.java

实例文件 MatcherMethods.java 的主要实现代码如下所示。

```java
public class MatcherMethods {
    public static void main(String[] args) {
        String sentence = "a man a plan a canal panama";
        System.out.printf("语句: %s%n", sentence);
        //使用方法appendReplacement()和appendTail()
        Pattern pattern = Pattern.compile("an"); //正则表达式匹配字符"an"
        //定义匹配对象实例matcher
        Matcher matcher = pattern.matcher(sentence);
        //重建字符串
        StringBuilder builder = new StringBuilder();
        //将文本追加到builder对象；将字符"an"转换成大写形式
        while (matcher.find()) {
            matcher.appendReplacement(
                builder, matcher.
                group().toUpperCase());
        }
        //将最后一次匹配后剩余的字符串添加到builder对象里
        matcher.appendTail(builder);
        System.out.printf("%n使用appendReplacement/appendTail处理后: %s%n", builder);
        //使用方法replaceFirst()
        matcher.reset();                      //重置匹配为初始状态
        System.out.printf("%n使用replaceFirst处理前: %s%n", sentence);
        String result = matcher.replaceFirst(m ->m.group().toUpperCase());
        System.out.printf("使用replaceFirst处理后: %s%n", result);
        //使用方法replaceAll()
        matcher.reset();                      //重置匹配为初始状态
        System.out.printf("%n使用replaceAll处理前: %s%n", sentence);
        result = matcher.replaceAll(m -> m.group().toUpperCase());
        System.out.printf("使用replaceAll处理后: %s%n", result);
        //获取MatchResult流
        System.out.printf("%n使用方法results()处理:%n");
        pattern = Pattern.compile("\\w+"); //正则表达式匹配
        matcher = pattern.matcher(sentence);
        System.out.printf("统计单词个数: %d%n",matcher.results().count());
        matcher.reset();                      //重置匹配为初始状态
        System.out.printf("平均每个单词的长度: %f%n",matcher.results().mapToInt(m ->
            m.group().length()).average().orElse(0));
    }
}
```

> 范例 14-14-01: Matche 实践演练 1
> 源码路径：演练范例\14-14-01\
> 范例 14-14-02: Matche 实践演练 2
> 源码路径：演练范例\14-14-02\

在上述代码中，使用 Java 9 中的方法 appendReplacement()和 appendTail()将字符串中的字符"an"转换成大写形式，使用 Java 9 中的方法 results()统计了字符串中的单词个数和平均每个单词的长度。本实例执行后将输出：

```
语句: a man a plan a canal panama

使用appendReplacement/appendTail处理后: a mAN a plAN a cANal pANama

使用replaceFirst处理前: a man a plan a canal panama
使用replaceFirst处理后: a mAN a plan a canal panama

使用replaceAll处理前: a man a plan a canal panama
使用replaceAll处理后: a mAN a plAN a cANal pANama
```

```
使用方法results()处理:
统计单词个数: 7
平均每个单词的长度: 3.000000
```

14.8.6　正则表达式参数的局部变量语法（Java 11 新增）

在 Java 11 版本中，为 Lambda 参数新增了局部变量语法，这样可以消除隐式类型表达式中正式参数定义的语法与局部变量定义的语法的不一致性。因此，在隐式类型 Lambda 表达式中定义正式参数时可以使用关键字 var。

在以前的 Java 版本中，Lamdba 表达式可能是隐式类型的，它的形参的所有类型全部是靠推导出来的。隐式类型 Lambda 表达式如下。

```
(x, y) -> x.process(y)
```

从 Java 10 开始，隐式类型变量可用于本地变量，如以下代码所示。

```
var foo = new Foo();
for (var foo : foos) { ... }
try (var foo = ...) { ... } catch ...
```

为了与局部变量保持一致，我们希望以 var 作为隐式类型 Lambda 表达式的形参，如以下代码所示。

```
(var x, var y) -> x.process(y)
```

在 Java 11 中允许以 var 作为隐式类型 Lambda 表达式的形参。统一格式的好处是可以把修饰符和注解添加在局部变量和 Lambda 表达式的形参上，并且不会丢失简洁性，如以下代码所示。

```
@Nonnull var x = new Foo();
(@Nonnull var x, @Nullable var y) -> x.process(y)
```

下面的实例演示了在 Java 11 中使用正则表达式新特性的过程。

实例 14-15	使用正则表达式新特性
	源码路径: daima\014\src\VarInLambdaExample.java

实例文件 VarInLambdaExample.java 的主要实现代码如下所示。

```java
import java.util.stream.IntStream;

public class VarInLambdaExample {
    public static void main(String[] args) {
        IntStream.of(1, 2, 3, 5, 6, 7)
                .filter((var i) -> i % 3 == 0)
                .forEach(System.out::println);
    }
}
```

> 范例 14-15-01: 不使用新特性
> 源码路径: 演练范例\14-15-01\
> 范例 14-15-02: 通过 add 向 List 集合添加元素
> 源码路径: 演练范例\14-15-02\

执行后将输出:

```
3
6
```

14.9　Timer 类和 TimerTask 类

知识点讲解: 视频\第 14 章\Timer 类和 TimerTask 类.mp4

在 Java 程序中，Timer 类是一种线程设施，可以实现在某一个时间或某一段时间后安排某一个任务执行一次或定期重复执行，该功能需要与 TimerTask 类配合使用。TimerTask 类用来实现由 Timer 安排的一次或重复执行的某一个任务。本节将详细讲解 Timer 类和 TimerTask 类的基本知识。

↑扫码看视频

14.9.1　Timer 类基础

每一个 Timer 对象对应一个线程，因此所执行的任务应该迅速完成，否则可能延迟后续任务的执行，而这些后续任务就有可能堆在一起，等到该任务完成后才能快速连续执行它们。Timer 类的常用方法如表 14-14 所示。

表 14-14   Timer 类的常用方法

方法	类型	描述
public Timer()	构造	用来创建一个计时器并启动该计时器
public void cancel()	普通	用来终止该计时器，并放弃所有已安排的任务，这对当前正在执行的任务没有影响
public int purge()	普通	移除所有已经取消的任务，一般用来释放内存空间
public void schedule(TimerTask task, Date time)	普通	安排一个任务在指定时间执行，如果已经超过该时间，则立即执行
public void schedule(TimerTask task,Date firstTime, long period)	普通	安排一个任务在指定时间执行，然后以固定频率（单位：毫秒）重复执行
public void schedule(TimerTask task,long delay)	普通	安排一个任务在一段时间（单位：毫秒）后执行
public void schedule(TimerTask task,long delay, long period)	普通	安排一个任务在一段时间（单位：毫秒）后执行，然后以固定频率（单位：毫秒）重复执行
public void scheduleAtFixedRate(TimerTask task, Date firstTime, long period)	普通	安排一个任务在指定时间执行，然后以近似固定的频率（单位：毫秒）重复执行
Public void scheduleAtFixedRate(TimerTask task, long delay, long period)	普通	安排一个任务在一段时间（单位：毫秒）后执行，然后以近似固定的频率（单位：毫秒）重复执行

方法 schedule()与方法 scheduleAtFixedRate()的区别在于，当重复执行任务时它们对于时间间隔出现延迟的情况处理不同。具体说明如下所示。

（1）方法 schedule()：执行时间间隔永远是固定的，即使之前出现了延迟的情况，之后也会继续按照设定好的间隔时间执行。

（2）方法 scheduleAtFixedRate()：可以根据出现的延迟时间自动调整下一次的执行时间。

14.9.2 TimerTask 类基础

在 Java 应用中，必须使用 TimerTask 类来执行具体任务。TimerTask 类是一个抽象类，如果要使用该类，则需要建立一个类来继承此类，并实现其中的抽象方法。TimerTask 类的常用方法如表 14-15 所示。

表 14-15   TimerTask 类中的常用方法

方法	类型	描述
public void cancel()	普通	用来终止此任务。如果该任务只执行一次且还没有执行，则永远不会执行；如果为重复执行任务，则之后不会再执行；如果任务正在执行，则执行完后不会再执行
public void run()	普通	该任务所要执行的具体操作。该方法为引入的 Runnable 接口中的方法，子类需要覆写此方法
public long scheduled ExecutionTime()	普通	返回最近一次要执行该任务的时间（如果正在执行，则返回此任务的安排时间）。它一般在 run()方法中调用，用来判断当前是否有足够的时间来完成该任务

14.9.3 使用 TimerTask 子类建立测试类并实现任务调度

下面的实例演示了使用 TimerTask 的子类建立测试类进行任务调度的过程。

实例 14-16　**实现任务调度**
源码路径：
daima\014\src\MyTask.java
daima\014\src\TestTask.java

实例文件 MyTask.java 的主要实现代码如下所示。

```
// 完成具体的任务操作
import java.util.TimerTask ;
import java.util.Date ;
import java.text.SimpleDateFormat ;
class MyTask extends TimerTask{
// 任务调度类都要继承TimerTask
        public void run(){
                SimpleDateFormat sdf = null ;
                sdf = new SimpleDateFormat("yyyy-MM-dd HH:mm:ss.SSS") ;
                System.out.println("当前系统时间为: " + sdf.format(new Date())) ;
        }
};
```

范例 14-16-01：使用双曲线函数
源码路径：演练范例\14-16-01\
范例 14-16-02：指数和对数运算
源码路径：演练范例\14-16-02\

然后在文件 TestTask.java 中调用上面定义的子类，主要实现代码如下所示。

```
import java.util.Timer ;
public class TestTask{
        public static void main(String args[]){
                Timer t = new Timer() ;                  // 建立Timer类对象
                MyTask mytask = new MyTask() ;           // 定义任务
                t.schedule(mytask,1000,2000) ;           // 设置任务的执行, 1秒后开始, 每2秒重复
        }
};
```

执行 TestTask 后会多线程输出当前时间的变化。

```
当前系统时间为: 2019-02-25 19:14:55.296
当前系统时间为: 2019-02-25 19:14:57.012
当前系统时间为: 2019-02-25 19:14:59.012
当前系统时间为: 2019-02-25 19:15:01.013
当前系统时间为: 2019-02-25 19:15:03.014
```

14.10　技术解惑

14.10.1　分析对象的生命周期

　　一个类的对象被加载后首先要进行初始化，然后才能完成该对象的实例化。在实例化的过程中构造器将会被调用，反之，当一个对象不再使用时就要等待垃圾回收机制将其销毁，待对象终结之后，就是程序的进程卸载。对象的生命周期实际上与人的生命周期是一样的。在母体中孕育生命实际上就是初始化操作，这是由 JVM 自动进行的，但是此时并不能立刻使用；当这个人出生时就是对象的实例化操作；人出生之后可以进行很多的社会活动，这相当于使用对象调用了一系列的操作方法；当一个人工作一辈子之后该退休时，要把这个职位让给其他人，实际上这就属于垃圾收集工作，释放空间给其他对象使用，这就是卸载，这也将由 JVM 进行自动处理。

14.10.2　若未实现 Comparable 接口会出现异常

　　如果上述演示代码在 Student 类中没有实现 Comparable 接口，则在执行时会出现以下异常。

```
Exception in thread "main" java.lang.
    ClassCastException: org.lxh.demo11. comparabledemo.Student
    cannot be cast to java.lang.Comparable
    at java.util.Arrays.mergeSort(Unknown Source)
    at java.util.Arrays.sort(Unknown Source)
    at org.lxh.demo11.comparabledemo.
    ComparableDemo01.main(ComparableDemo01. java:35)
```

　　上述异常是类型转换异常，原因是在排序时所有对象都将进行 Comparable 转换，所以一旦没有实现此接口就会出现以上错误。

14.10.3　使用正则表达式的好处

　　如果要求判断一个字符串是否由数字组成，可以有两种作法。其中不使用正则验证的实现代码如下所示。

```
public class RegexDemoT1{
 public static void main(String args[]){
    String str = "1234567890" ;       // 此字符串由数字组成
    boolean flag = true ;             // 定义一个标记变量
```

```
        // 要先将字符串拆分成字符数组，之后依次判断
        char c[] = str.toCharArray() ;      // 将字符串变为字符数组
        for(int i=0;i<c.length;i++){        // 循环依次判断
            if(c[i]<'0'||c[i]>'9'){         // 如果满足条件，则表示不是数字
                flag = false ;              // 标记
                break ;                     // 程序不再向下继续执行
            }
        }
        if(flag){
            System.out.println("由数字组成!") ;
        }else{
            System.out.println("不是由数字组成的!") ;
        }
    }
};
```

在上述代码中，先将一个字符串拆分成一个字符数组，然后对数组中的每个元素进行验证，如果发现字符的范围不是 0~9，表示它不是数字，则设置一个标志位，并退出循环。

使用正则验证的实现代码如下所示。

```
import java.util.regex.Pattern ;
public class RegexDemoT2{
 public static void main(String args[]){
    String str = "1234567890" ;                                  // 此字符串由数字组成
    if(Pattern.compile("[0-9]+").matcher(str).matches()){        // 使用正则
        System.out.println("由数字组成!") ;
    }else{
        System.out.println("不是由数字组成的!") ;
    }
 }
};
```

以上代码完成了与第一个范例同样的功能，但是代码的长度要比第一个程序短很多。实际上以上程序就是使用正则表达式进行验证的，而中间的"[0-9]+"就是正则表达式的匹配字符，它表示的含义是：由一个以上的数字组成。

执行上述两段代码后都将输出：

```
由数字组成!
```

14.11 课 后 练 习

（1）编写一个 Java 程序，使用 SimpleDateFormat 类中的 format(date)方法格式化时间。

（2）编写一个 Java 程序，使用 Date 类及 SimpleDateFormat 类的 format(date)方法输出当前时间。

（3）编写一个 Java 程序，使用 Calendar 类输出年份和月份等时间信息。

第 15 章

异常处理

所谓异常，是指程序在运行时发生的错误或者不正常情况。异常对程序员来说是一件很麻烦的事情，需要进行检测和处理。但 Java 语言非常人性化，它可以自动检测异常，并对异常进行捕获，然后通过相应的机制对异常进行处理。本章将详细讲解 Java 异常处理的知识。

本章内容

▸▸ 异常概述
▸▸ Java 的异常处理方式
▸▸ 抛出异常
▸▸ 自定义异常

技术解惑

▸▸ 使用嵌套异常处理是更合理的方法
▸▸ 区别 throws 关键字和 throw 关键字
▸▸ 子类 Error 和 Exception

15.1 异 常 概 述

 知识点讲解：视频\第 15 章\什么是异常.mp4

在计算机编程语言中，异常处理是指提前编写程序处理可能发生的意外。例如聊天工具需要连接网络，首先就是检查网络，对网络的各种可能异常进行捕获，然后根据各种情况来执行程序。如果登录聊天系统后突然发现没有登录网络，那么捕获异常的机制可以向用户发出"网络有问题，请检查联网设备"之类的提醒，这种提醒就是异常处理的工作。

↑扫码看视频

15.1.1 认识异常

在编程过程中，首先应当尽可能避免发生错误和异常，对于不可避免、不可预测的情况再考虑异常发生时如何处理。Java 中的每一个异常都是一个对象。Java 的运行时环境将按照这些异常对象所属的类型进行处理，Java 中的异常类型有很多，几乎每种异常类型都对应一个类（class）。

那么，异常的对象是如何被创建的呢？异常主要有两个来源。一是 Java 运行时环境自动抛出系统生成的异常，而不管程序员是否已经对其进行了捕获和处理，比如除数为 0 这样的异常，只要发生就一定会抛出。二是程序员抛出的异常，这个异常可以是程序员自己定义的，也可以是 Java 语言自带的，并使用 throw 关键字抛出异常，这种异常处理通常用来向调用者汇报一些出错信息。异常是针对方法来说的，抛出、声明抛出、捕获和处理异常都是在方法中进行的。

在 Java 中，异常机制通过 try、catch、throw、throws、finally 这 5 个关键字来进行异常对象的处理。这 5 个关键字的具体说明如下所示。

（1）try：里面放置可能引发异常的代码。

（2）catch：后面对应异常类型和一个代码块。它表明该 catch 块是用于处理这种类型的代码块，可以有多个 catch 块。

（3）finally：主要用于回收在 try 块里打开的物理资源（如数据库连接、网络连接和磁盘文件），异常机制保证 finally 块总是被执行。只有 finally 块执行完成之后，才会执行 try 或者 catch 块中的 return 或者 throw 语句，如果 finally 中使用了 return 或者 throw 等终止方法的语句，则就不会跳回而是直接停止。

（4）throw：用于抛出一个实际的异常。它可以单独作为语句来抛出一个具体的异常对象。

（5）throws：用在方法签名中，用于声明该方法可能抛出的异常。

Java 处理异常的语法结构通常如下所示。

```
try{
    程序代码
}catch(异常类型1 异常的变量名1)
{
    程序代码
}catch(异常类型2 异常的变量名2)
{
    程序代码
}finally
{
    程序代码
}
```

15.1.2 异常处理类

在 Java 语言的内置库 lang 中，有一个专门处理异常的类——Throwable，此类是所有异常的父类，Java 中所有的异常类都是它的子类。其中 Error 和 Exception 这两个类十分重要，用得也较多。前者用来定义通常情况下不希望被捕获的异常，后者是程序能够捕获的异常情况。Java 语言的常用异常类信息如表 15-1 所示。

表 15-1   **Java 语言的常用异常类信息**

异常类名称	异常类含义
ArithmeticExeption	算术异常类
ArrayIndexOutOfBoundsException	数组下标越界异常类
ArrayStroeException	将与数组类型不兼容的值赋给数组元素时抛出的异常
ClassCastException	类型强制转换异常类
ClassNotFoundException	未找到相应大类异常
EOFEException	文件已结束异常类
FileNotFoundException	文件未找到异常类
IllegalAccessException	访问某类被拒绝时抛出的异常类
InstantiationException	试图通过 newInstance()方法创建一个抽象类或抽象接口的实例时抛出的异常类
IOEException	输入/输出抛出异常类
NegativeArraySizeException	建立元素个数为负数的异常类
NullPointerException	空指针异常
NumberFormatException	字符串转换为数字异常类
NoSuchFieldException	字段未找到异常类
NoSuchMethodException	方法未找到异常类
SecurityException	小应用程序执行浏览器安全设置禁止动作时抛出的异常类
SQLException	操作数据库异常类
StringIndexOutOfBoundsException	字符串索引超出范围异常类

15.2   Java 的异常处理方式

知识点讲解：视频\第 15 章\异常处理方式.mp4

通过异常处理可以让 Java 程序具有更好的容错性，程序更加健壮。当程序运行出现意外情形时，系统会自动生成一个 Exception 对象来通知程序，从而实现"业务功能代码"和"错误处理代码"分离，提供更好的可读性。Java 中异常的处理方式有 try/catch 捕获异常、throws 声明异常和 throw 抛出异常等，在出现异常后可以使用这些方式直接捕获并处理。

↑扫码看视频

15.2.1   使用 try…catch 语句

在编写 Java 程序时，需要进行异常处理的代码一般是放在 try 代码块里，然后创建相应的 catch 代码块来处理这些异常。在 Java 语言中，用 try…catch 语句来捕获异常的语法格式如下所示。

```
try {
    可能会出现异常情况的代码
}catch (SQLException e) {
    处理操纵数据库出现的异常
}catch (IOException e) {
    处理操纵输入流和输出流出现的异常
}
```

以上代码中的 try 块和 catch 块后的{…}都是不可以省略的。当程序操纵数据库出现异常时，Java 虚拟机将创建一个包含异常信息的 SQLException 对象。catch (SQLException e)语句中的引用变量 e 引用这个 SQLException 对象。上述格式的执行流程如下所示。

（1）如果执行 try 块中的业务逻辑代码出现异常，则系统自动生成一个异常对象，该异常对象提交给 Java 运行环境，这个过程称为抛出（throw）异常。

（2）当 Java 运行环境收到异常对象时，它会寻找能处理该异常对象的 catch 块，如果找到合适的 catch 块并把该异常对象交给 catch 块处理，那这个过程称为捕获（catch）异常；如果 Java 运行时环境找不到捕获异常的 catch 块，则运行时环境终止，Java 程序也将退出。

实例 15-1	使用 try…catch 语句处理异常 源码路径： daima\015\src\Yichang1.java	

实例文件 Yichang1.java 的主要实现代码如下所示。

```java
public class Yichang1{
    public static void main(String args[]) {
        int x,y;          //定义int类型变量x和y
        try{
            x=0;          //为变量x赋值
            y=5/x;        //为变量y赋值
            System.out.println("需要检验的程序");
        }
        catch(ArithmeticException e){
            System.out.println("发生了异常，除数不能为0");
        }
        System.out.println("程序运行结束");
    }
}
```

范例 15-1-01：类没有发现异常
源码路径：演练范例\15-1-01\
范例 15-1-02：建立测试类进行任务调度
源码路径：演练范例\15-1-02\

执行后将输出：

```
发生了异常，除数不能为0
程序运行结束
```

上面实例代码存在明显的错误，因为算术表达式中的除数为 0，我们都知道除法运算中除数不能为 0，这段代码需要放在 try 代码块里，然后通过 catch 里的代码对它进行处理。上述代码是用户自己编写对它进行处理的，实际上这个代码可以交给系统进行处理。

15.2.2 处理多个异常

在 Java 程序中经常需要面对同时处理多个异常的情况。下面通过一个具体的实例来说明如何处理多个异常。

实例 15-2	处理多个异常 源码路径： daima\015\src\Yitwo1.java	

实例文件 Yitwo1.java 的主要实现代码如下所示。

```java
public class Yitwo1{
    public static void main(String args[]){
        int [] a=new int [5];
        //定义int类型数组a，设置最大索引值为5
        try{
            a[6]=123;
            //试图赋值索引值为6的元素值是123，会出错
            System.out.println("需要检验的程序");
        }
        catch(ArrayIndexOutOfBoundsException e){
            System.out.println("发生了ArrayIndexOutOfBoundsException异常");
        }
        catch(ArithmeticException e){
            System.out.println("发生了ArithmeticException异常");
```

范例 15-2-01：非法访问异常
源码路径：演练范例\15-2-01\
范例 15-2-02：文件未发现异常
源码路径：演练范例\15-2-02\

```
        }
        catch(Exception e){
            System.out.println("发生了Exception异常");
        }
        System.out.println("结束");
    }
}
```

在上述代码中定义了一个 int 类型的数组 a，我们猜测这个程序可能会发生 3 个异常。运行后将输出：

```
发生ArrayIndexOutOfBoundsException了异常
结束
```

15.2.3 finally 语句

在 Java 语言中，实现异常处理的完整语法结构如下所示。

```
try{
    //业务实现逻辑
    ...
}
catch(SubException e){
    //异常处理块1
    ...
}
catch(SubException2 e){
    //异常处理块2
    ...
}
    ...
finally{
    //资源回收块
    ...
}
```

对于上述语法结构，需要注意如下 5 点。

（1）只有 try 块是必需的，也就是说如果没有 try 块，则不会有后面的 catch 块和 finally 块。

（2）catch 块和 finally 块都是可选的，但 catch 块和 finally 块至少应出现一个，也可以同时出现。

（3）可以有多个 catch 块，捕获父类异常的 catch 块必须位于捕获子类异常的后面。

（4）不能只有 try 块，既没有 catch 块也没有 finally 块。

（5）多个 catch 块必须位于 try 块之后，finally 块必须位于所有 catch 块之后。

由此可见，在使用 try…catch 处理异常时可以加上关键字 finally，它可以增大处理异常的功能。那 finally 究竟有什么作用呢？不管程序有无异常发生都将执行 finally 块中的内容，这使得一些不管在任何情况下都必须执行的步骤可以执行，这样可保证程序的健壮性。

由于异常会强制中断正常流程，所以这会使某些不管在任何情况下都必须执行的步骤被忽略，从而影响程序的健壮性。例如，老管开了一家小店，店里上班的正常流程为：每天上午 9 点开门营业，工作 8 小时，下午 5 点关门下班。异常流程为：老管在工作时突然感到身体不适，提前下班。我们可以编写如下 work()方法表示老管的上班情形。

```
public void work()throws LeaveEarlyException {
    try{
        9点开门营业
        每天工作8小时    //可能会抛出DiseaseException异常
        下午5点关门下班
    }catch(DiseaseException e){
        throw new LeaveEarlyException();
    }
}
```

假如老管在工作时突然感到身体不适，提前下班，那么流程会跳转到 catch 代码块。这意味着关门的操作不会被执行，这样的流程显然是不安全的，必须确保关门这个操作在任何情况下都会执行。在程序中应该确保占用的资源被释放，比如及时关闭数据库连接，关闭输入流或者输出流。finally 代码块能保证特定的操作总会执行，其语法格式如下所示。

```
public void work()throws LeaveEarlyException {
```

```
try{
    9点开门营业
    每天工作8小时    //可能会抛出DiseaseException异常
}catch(DiseaseException e){
    throw new LeaveEarlyException();
}finally{
    下午5点关门下班
}
```

由此可见，在 Java 中，不管 try 代码块中是否出现异常，程序都会执行 finally 代码块。请看下面实例的具体演示代码。

实例 15-3　使用 finally 语句处理异常

源码路径：

daima\015\src\Yitwo2.java

实例文件 Yitwo2.java 的主要实现代码如下所示。

```
public class Yitwo2 {
 public static void main(String args[]) {
 try{
        int age=Integer.parseInt("25L");//抛出异常
        System.out.println("输出1");
 }
                catch(NumberFormatException e){
                    int b=8/0;
                    System.out.println("请输入整数年龄");
                    System.out.println("错误"+e.getMessage());
                }
                finally {
                    System.out.println("输出2");
                }
                System.out.println("输出3");
            }
}
```

> 范例 15-3-01：数据库操作异常
> 源码路径：演练范例\15-3-01\
> 范例 15-3-02：在方法中抛出异常
> 源码路径：演练范例\15-3-02\

执行后将输出：

```
输出2
Exception in thread "main" java.lang.ArithmeticException: / by zero
    at Yitwo2.main(Yitwo2.java:12)
```

15.2.4　访问异常信息

在 Java 应用程序中，我们可以在 catch 块中访问异常对象的相关信息，此时只需调用被捕获的异常对象的方法。简而言之，就是当运行的程序决定调用某个 catch 块来处理某个异常对象时，它会将这个异常对象赋给 catch 块后面的异常参数，这个过程是异常的捕获。此时程序可以通过这个参数来获得此异常的相关信息。

在 Java 程序中，所有的异常对象都包含如下所示的常用方法。

（1）getMessage()：返回该异常的详细描述字符串。

（2）printStackTrace()：将该异常的跟踪栈信息输出到控制台（通常用于输出发生异常的位置信息）。

（3）printStackTrace (PrintStream s)：将该异常的跟踪栈信息输出到指定输出流。

（4）getStackTrace()：返回该异常的跟踪栈信息。

实例 15-4　访问异常信息

源码路径：

daima\015\src\fangwen.java

实例文件 fangwen.java 的主要实现代码如下所示。

```
import java.io.*;
public class fangwen{
    public static void main(String[] args)  {
```

```
    try{
            FileInputStream fis = new FileInputStream("a.txt");
    }
    catch (IOException ioe){
        System.out.println(ioe.getMessage());
        //得到异常对象的详细信息
        ioe.printStackTrace();
        //打印该异常的跟踪信息
    }
}
```

范例 15-4-01：方法上抛出异常
源码路径：演练范例\15-4-01\
范例 15-4-02：自定义异常类
源码路径：演练范例\15-4-02\

上述代码调用了 Exception 对象的 getMessage 方法来得到异常对象的详细信息，也使用了 printStackTrace 来打印该异常的跟踪信息。运行上述代码后将输出：

```
a.txt (系统找不到指定的文件。)
java.io.FileNotFoundException: a.txt (系统找不到指定的文件。)
    at java.base/java.io.FileInputStream.open0(Native Method)
    at java.base/java.io.FileInputStream.open(FileInputStream.java:219)
    at java.base/java.io.FileInputStream.<init>(FileInputStream.java:157)
    at java.base/java.io.FileInputStream.<init>(FileInputStream.java:112)
    at fangwen.main(fangwen.java:9)
```

从执行结果可以看到异常的详细描述信息 "a.txt（系统找不到指定的文件。）"，这就是调用异常方法 getMessage 返回的字符串。

15.3　抛　出　异　常

📹 知识点讲解：视频\第 15 章\抛出异常.mp4

在编程过程中，有时候需要暂时不处理异常，只是将异常抛出交给父类，让该类的调用者处理。本节将详细讲解如何在 Java 程序中抛出异常。

↑扫码看视频

15.3.1　使用 throws 抛出异常

抛出异常是指一个方法不处理异常，而是调用层次向上传递，谁调用这个方法，这个异常就由谁处理。在 Java 中可以使用 throws 来抛出异常，具体格式如下所示。

```
void methodName (int a) throws Exception{
}
```

如果一个方法可能会出现异常，却没有能力处理这种异常，那么我们就可以在方法声明处用 throws 子句来声明抛出异常。例如，汽车在运行时可能会出现故障，但汽车本身没办法处理这个故障，因此类 Car 的 run()方法声明抛出 CarWrongException 异常。

```
public void run() throws CarWrongException{
    if(车子无法刹车)throw new CarWrongException("车子无法刹车");
    if(发动机无法启动)throw new CarWrongException("发动机无法启动");
}
```

Worker 类的 gotoWork()方法调用 run()方法，gotoWork()方法捕获并处理 CarWrongException 异常。在异常处理过程中，又生成了新的迟到异常 LateException，gotoWork()方法本身不会再处理 LateException 异常，而是声明抛出 LateException 异常。

```
public void gotoWork() throws LateException{
    try{
        car.run();
    }catch(CarWrongException e){   //处理车子出故障的异常
    //找人修车子
    ……
    //创建一个LateException对象，并将其抛出
    throw new LateException("因为车子出故障，所以迟到了");
    }
}
```

谁将处理 Worker 类的 gotoWork()方法抛出的 LateException 异常呢？显然是职工的老板，如果某职工上班迟到，那就扣他的工资。在一个方法中可能会出现多种异常，使用 throws 子句可以声明抛出多个异常，例如下面的代码。

```
public void method() throws SQLException,IOException{…}
```

实例 15-5	使用关键字 throws 抛出异常	
	源码路径：	
	daima\015\src\YiThree1.java	

实例文件 YiThree1.java 的主要实现代码如下所示。

```
public class YiThree1{
①    public void methodName(int x) throws
     ArrayIndexOutOfBoundsException,ArithmeticException{
         System.out.println(x);
②       if(x==0){
             System.out.println("没有异常");
             return;
         }
③       else if(x==1){
             int [] a=new int[3];
             a[3]=5;
         }
④       else if(x==2){
             int i=0;
             int j=5/i;
         }
     }
     public static void main(String args[]){
         YiThree1 ab=new YiThree1();
⑤       try{
             ab.methodName(0);
         }
         catch(Exception e){
             System.out.println("异常:"+e);
         }
⑥       try{
             ab.methodName(1);
         }
         catch(ArrayIndexOutOfBoundsException e){
             System.out.println("异常:"+e);
         }
⑦       try{
             ab.methodName(2);
         }
         catch(ArithmeticException e){
             System.out.println("异常:"+e);
         }
     }
}
```

> 范例 15-5-01：使用 throws 关键字抛出异常
> 源码路径：演练范例\15-5-01\
> 范例 15-5-02：捕获单个异常
> 源码路径：演练范例\15-5-02\

在①，定义方法 methodName()。使用关键字 throws 抛出异常，然后设置捕获 ArrayIndexOutOfBoundsException 异常和 ArithmeticException 异常，这两个异常的具体说明可看表 15-1。

在②，如果 x 等于 0 则输出"没有异常"。

在③，如果 x 等于 1，则定义一个 int 类型的数组 a，设置数组的大小是 3，即它含有 3 个元素。然后设置数组元素 a[3]=5，这是非法的。因为 int[3]的下标只能是 0、1、2，如果是 3 就超出了上标范围。

在④，如果 x 等于 2，则设置一个分母为 0 的异常。

在⑤，检索②中的异常，并输出异常信息。

在⑥，检索③中的异常，并输出异常信息。

在⑦，检索④中的异常，并输出异常信息。

执行上述程序后将输出：

```
0
没有异常
```

```
1
异常:java.lang.ArrayIndexOutOfBoundsException: Index 3 out of bounds for length 3
2
异常:java.lang.ArithmeticException: / by zero
```

15.3.2　使用关键字 throw 抛出异常

在 Java 程序中，也可以使用关键字 throw 抛出异常，把异常抛给上一级调用方，抛出的异常既可以是异常引用，也可以是异常对象。如果需要在程序中自行抛出异常，则应该使用 throw 语句。开发者可以单独使用 throw 语句，throw 语句抛出的不是异常类，而是一个异常实例，而且每次只能抛出一个异常实例。

在 Java 语言中，使用 throw 语句的语法格式如下所示。

```
throw ExceptionInstance;
```

通常应该有如下两种使用 throw 语句抛出异常的情况。

（1）当 throw 语句抛出的异常是 Checked 异常时，该 throw 语句要么处于 try 块里显式捕获该异常，要么放在一个有 throws 声明抛出的方法中，即把异常交给方法的调用者处理。

（2）当 throw 语句抛出的异常是 Runtime 异常时，该语句无需放在 try 块内，也无需放在 throws 声明抛出的方法中，程序既可以显式使用 try…catch 来捕获并处理该异常，也可以完全不理会该异常，而把该异常交给方法的调用者来处理。

下面仍以前面的汽车为例进行讲解。以下代码表明汽车在运行时会出现故障。

```
public void run()throws CarWrongException{
  if(车子无法刹车)
throw new CarWrongException("车子无法刹车");
  if(发动机无法启动)
    throw new CarWrongException("发动机无法启动");
}
```

值得注意的是，由 throw 语句抛出的对象必须是 java.lang.Throwable 类或者其子类的实例。例如，下面的代码是不合法的。

```
throw new String("有人溺水啦，救命啊!"); //编译错误，String类不是异常类型
```

关键字 throws 和 throw 尽管只有一个字母之差，但却有着不同的用途，注意不要将两者混淆。

实例 15-6　**使用 throw 抛出异常**

源码路径：

daima\015\src\YiFour.java

实例文件 YiFour.java 的主要实现代码如下所示。

```
public class YiFour {
    public static void main(String args[]){
        try{
            throw new ArrayIndexOutOfBoundsException();
        }
        catch(ArrayIndexOutOfBoundsException aoe){
            System.out.println("异常:"+aoe);
        }
        try{
            throw new ArithmeticException();
        }
        catch(ArithmeticException ae){
            System.out.println("异常:"+ae);
        }
    }
}
```

> 范例 15-6-01：使用 throw 关键字处理异常
> 源码路径：演练范例\15-6-01\
> 范例 15-6-02：捕获多个异常
> 源码路径：演练范例\15-6-02\

执行后将输出：

```
异常:java.lang.ArrayIndexOutOfBoundsException
异常:java.lang.ArithmeticException
```

15.4　自定义异常

知识点讲解：视频\第 15 章\自定义异常.mp4

↑扫码看视频

本章前面讲解的异常类都是系统自带且自己处理的，但是很多时候程序员需要自定义异常类库。在 Java 程序中要创建自定义异常，需要继承 Throwable 类或者它的子 Exception 类。自定义异常让系统把它看成一种异常，由于自定义异常继承 Throwable 类，因此也继承了它里面的方法。

15.4.1　Throwable 类及其子类

Throwable 是 java.lang 包中一个专门用来处理异常的类。它有 Error 和 Exception 两个子类，它们分别用来处理两组异常。Error 类和 Exception 的具体说明如下所示。

（1）Error：用来处理程序运行环境方面的异常，比如虚拟机错误、装载错误和连接错误，这类异常主要是与硬件有关，而不是由程序本身抛出的。

（2）Exception：是 Throwable 的一个主要子类。Exception 下面还有子类，其中一部分子类对应于 Java 程序运行时常常遇到的各种异常处理，包括隐式异常。程序中除数为 0 引起的错误、数组下标越界错误等异常也称为运行时异常，因为它们虽然是由程序本身引起的异常，但不是程序主动抛出的，而是在程序运行中产生的。在 Exception 中另一部分子类对应于 Java 程序中非运行时异常的处理，这些异常也称为显式异常。它们都是在程序中用语句抛出，也是用语句进行捕获的，比如未找到文件引起的异常、未找到类引起的异常等。

在 Throwable 类中，最常用到的子类如下所示。

（1）ArithmeticException：由于除数为 0 引起的异常。

（2）ArrayStoreException：由于数组存储空间不足引起的异常。

（3）ClassCastException：当把一个对象归为某个类，但实际上此对象并不是由这个类创建的，也不是其子类创建的，则会引起异常。

（4）IllegalMonitorStateException：监控器状态出错引起的异常。

（5）NegativeArraySizeException：数组长度是负数产生的异常。

（6）NullPointerException：程序试图访问一个空数组中的元素或访问空对象中的方法或变量时产生异常。

（7）OutofMemoryException：用 new 语句创建对象时，如系统无法为其分配内存空间则产生异常。

（8）SecurityException：由于访问了不应访问的指针，所以使安全性出问题而引起异常。

（9）IndexOutOfBoundsException：由于数组下标越界或字符串访问越界引起异常。

（10）IOException：由于文件未找到、未打开或者 I/O 操作不能进行而引起异常。

（11）ClassNotFoundException：未找到指定名称的类或接口引起异常。

（12）CloneNotSupportedException：程序的一个对象引用 Object 类的 clone 方法，但此对象并没有连接 Cloneable 接口，从而引起异常。

（13）InterruptedException：当一个线程处于等待状态时，另一个线程中断此线程，从而引起异常。有关线程的内容将在本书后面进行详细讲述。

（14）NoSuchMethodException：未找到所调用的方法引起异常。

（15）Illega1AccessException：试图访问一个非 public 方法。

（16）StringIndexOutOfBoundsException：访问字符串序号越界引起异常。

（17）ArrayIndexOutOfBoundsException：访问数组元素下标越界引起异常。

（18）NumberFormatException：字符的 UTF 代码数据格式有错引起异常。

（19）IllegalThreadException：线程调用某个方法而所处状态不适当引起异常。

（20）FileNotFoundException：未找到指定文件引起异常。

（21）EOFException：未完成输入操作文件已结束引起异常。

Java 语言提供了丰富的异常类，这些异常类之间有严格的继承关系。例如下面的实例代码演示了在 Java 中使用异常类的过程。

实例 15-7	使用常见的异常类 源码路径： daima\015\src\gaoji.java

实例文件 gaoji.java 的主要实现代码如下所示。

```java
public class gaoji{
    public static void main(String[] args) {
        try{
            int a = Integer.parseInt(args[0]);
            int b = Integer.parseInt(args[1]);
            int c = a / b;
            System.out.println("您输入的两个数相除的结果是:" + a / b);
        }
        catch (IndexOutOfBoundsException ie){
            System.out.println("数组越界: 运行程序时输入的参数个数不够");
        }
        catch (NumberFormatException ne){
            System.out.println("数字格式异常: 程序只能接受整数参数");
        }
        catch (ArithmeticException ae){
            System.out.println("算术异常");
        }
        catch (Exception e){
            e.printStackTrace();
            System.out.println("未知异常");
        }
    }
}
```

> 范例 15-7-01：数组下标越界异常
> 源码路径：演练范例\15-7-01\
> 范例 15-7-02：除零发生异常
> 源码路径：演练范例\15-7-02\

在上述代码中，我们为 IndexOutOfBoundsException、NumberFormatException、ArithmeticException 等异常类提供了专门的异常处理逻辑，具体说明如下。

（1）如果运行该程序时输入的参数不够，则将发生数组越界异常。Java 运行时将使用 IndexOutOfBoundsException 对应的 catch 块处理该异常。

（2）如果运行该程序输入的参数不是数字，而是字母，则将发生数字格式异常。Java 运行时将调用 NumberFormatException 对应的 catch 块处理该异常。

（3）如果运行该程序输入的第二个参数是 0，则将发生除零异常。Java 运行时将调用 ArithmeticException 对应的 catch 块处理该异常。

（4）如果程序运行时出现其他异常，则该异常对象是 Exception 类或其子类的实例。Java 运行时将调用 Exception 对应的 catch 块处理该异常。

执行上述代码后将输出：

数组越界: 运行程序时输入的参数个数不够

上述程序中的异常都是常见的运行时异常，读者应该记住这些异常，并掌握在哪些情况下可能会出现这些异常。

15.4.2　使用 Throwable 类自定义异常

实例 15-8	编写并使用自定义异常 源码路径： daima\015\src\YiZone1.java daima\015\src\MyYi.java daima\015\src\MyyiT.java

在本实例中编写了几段程序，使用自定义异常来解决异常问题。

第一段代码（daima\015\src\YiZone1.java）如下所示。

```java
public class YiZone1 extends Exception {
    public YiZone1() {
        super();
    }
    public YiZone1(String msg) {
        super(msg);
    }
    public YiZone1(String msg, Throwable cause){
        super(msg, cause);
    }
    public YiZone1(Throwable cause) {
        super(cause);
    }
}
```

范例 15-8-01：深入理解自定义异常
源码路径：演练范例\15-8-01\
范例 15-8-02：数组元素类型不匹配异常
源码路径：演练范例\15-8-02\

第二段代码（daima\015\src\MyYi.java）如下所示。

```java
public class MyYi extends Throwable {
    public MyYi(){
        super();
    }
    public MyYi(String msg) {
        super(msg);
    }
    public MyYi(String msg, Throwable cause) {
        super(msg, cause);
    }
    public MyYi(Throwable cause) {
        super(cause);
    }
}
```

第三段代码（daima\015\src\MyyiT.java）如下所示。

```java
public class MyyiT{
    public static void firstException() throws MyYi{
        throw new MyYi("\"firstException()\" method occurs an exception!");
    }

    public static void secondException() throws MyYi{
        throw new MyYi("\"secondException()\" method occurs an exception!");
    }
    public static void main(String[] args) {
    try {
        MyyiT.firstException();
        MyyiT.secondException();
    } catch (MyYi e2){
        System.out.println("Exception: " + e2.getMessage());
        e2.printStackTrace();
    }
    }
}
```

执行上述程序后将输出：

```
Exception: "firstException()" method occurs an exception!
MyYi: "firstException()" method occurs an exception!
    at MyyiT.firstException(MyyiT.java:4)
    at MyyiT.main(MyyiT.java:13)
```

15.5 技 术 解 惑

15.5.1 使用嵌套异常处理是更合理的方法

在 Java 程序中，可以在 finally 块中再次包含一个完整的异常处理流程。这种在 try 块、catch 块或 finally 块中包含完整异常处理流程的情形称为异常处理的嵌套。

异常处理流程代码可以放在任何能放可执行代码的地方，因此完整的异常处理流程既可放在 try 块里，也可放在 catch 块里，还可放在 finally 块里。异常处理嵌套的深度没有明确的限制，但通常没有必要使用超过两层的嵌套异常处理，层次太深的嵌套异常处理没有必要，而且会降低程序可读性。

15.5.2　区别 throws 关键字和 throw 关键字

在抛出异常处理时，Java 提供了通过 throws 关键字和 throw 关键字进行处理两种方法。其中 throw 语句用在方法体内，表示抛出异常，它由方法体内的语句来处理，不能单独使用，或与 try…catch 一起使用，或与 throws 一起使用。throws 语句用在方法声明后面，表示这个方法可能会抛出异常，它表示的是一种倾向、可能，不一定实际发生。

15.5.3　子类 Error 和 Exception

Throwable 类有两个直接子类 Error 和 Exception。两者的区别在于：Error 类对象（如动态连接错误等）由 Java 虚拟机生成并抛弃（通常 Java 程序不对这类异常进行处理）；Exception 类对象是 Java 程序处理或抛弃的对象。其中 RuntimeException 类代表运行时由 Java 虚拟机生成的异常，如算术运算例外 ArithmeticException（由除零出错等导致）、数组越界异常 ArrayIndexOutOfBoundsException 等；其他则为非运行时异常，如输入输出异常 IOException 等。Java 编译器要求 Java 程序必须捕捉或声明所有的非运行时例外，但对运行时例外可以不处理。

15.6　课　后　练　习

（1）编写一个 Java 程序，使用 System 类中的 System.err.println() 展示异常的处理方法。

（2）编写一个 Java 程序，使用多个 catch 块处理出现在继承关系中的多个异常。

（3）编写一个 Java 程序，使用 finally 通过 e.getMessage() 来捕获异常（非法参数异常）。

第 16 章

I/O 文件处理和流处理

    I/O 是 input/output 的缩写，表示输入/输出。在 Java 程序中，文件、终端上的各种输入输出都要通过 I/O 模块来完成。Java 中的 I/O 操作是通过输入/输出数据流的形式完成的，因此也称作数据流操作。本章将详细讲解通过 I/O 流处理文件数据的方法，并讲解与 Stream 流操作相关的知识。

<table>
<tr><td colspan="2">本章内容</td><td colspan="2">技术解惑</td></tr>
<tr><td>▶▶</td><td>使用 File 类</td><td>▶▶</td><td>使用 File.separator 表示分隔符</td></tr>
<tr><td>▶▶</td><td>RandomAccessFile 类</td><td>▶▶</td><td>字节流和字符流的区别</td></tr>
<tr><td>▶▶</td><td>字节流与字符流</td><td>▶▶</td><td>对象序列化和对象反序列化操作</td></tr>
<tr><td>▶▶</td><td>字节转换流</td><td></td><td>时的版本兼容性问题</td></tr>
<tr><td>▶▶</td><td>内存操作流</td><td></td><td></td></tr>
<tr><td>▶▶</td><td>使用管道流</td><td></td><td></td></tr>
<tr><td>▶▶</td><td>使用打印流</td><td></td><td></td></tr>
<tr><td>▶▶</td><td>使用 Scanner 类</td><td></td><td></td></tr>
<tr><td>▶▶</td><td>实现数据操作流</td><td></td><td></td></tr>
<tr><td>▶▶</td><td>使用合并流</td><td></td><td></td></tr>
<tr><td>▶▶</td><td>使用 Stream API（Java 9 新特性）</td><td></td><td></td></tr>
<tr><td>▶▶</td><td>使用 try…with…resources 语句
（Java 9 改进）</td><td></td><td></td></tr>
<tr><td>▶▶</td><td>Java I/O 模块的新特性（Java 11 新增）</td><td></td><td></td></tr>
</table>

16.1　使用 File 类

知识点讲解：视频\第 16 章\File 类.mp4

在 Java 语言的 I/O 包中，可以使用 File 类实现创建或删除文件等常用的操作功能。本节将详细讲解 Java 语言中使用 File 类的知识。

↑扫码看视频

16.1.1　File 类中的方法

要使用 File 类，需要首先了解 File 类的构造方法。File 类的常用构造方法如下所示。

```
public File(String pathname)
```

在实例化 File 类时必须设置好路径。如果要使用一个 File 类，则必须向 File 类的构造方法中传递一个文件路径，假如要操作 E 盘下的文件 test.txt，则路径必须写成 "E:\\test.txt"，其中 "\\" 表示一个 "\"。要操作文件，还需要使用 File 类中定义的若干方法。

在 Java 语言中，File 类中的主要方法如表 16-1 所示。

表 16-1　　　　　　　　　　　　File 类中的主要方法和常量

方法/常量	类型	描述
public static final String pathSeparator	常量	表示路径的分隔符，Windows 系统中的值是 ";"
public static final String separator	常量	表示路径的分隔符，Windows 系统中的值是 "\"
public File（String pathname）	构造	创建 File 类对象，传入完整路径
public boolean createNewFile() throws IOException	普通	创建新文件
public boolean delete()	普通	删除文件
public boolean exists()	普通	判断文件是否存在
public boolean isDirectory()	普通	判断给定路径是否为一个目录
public long length()	普通	返回文件的大小
public String[] list()	普通	列出指定目录的全部内容，只列出名称
public File[] listFiles()	普通	列出指定目录的全部内容，会列出路径
public boolean mkdir()	普通	创建一个目录
public boolean renameTo（File dest）	普通	为已有的文件重新命名

16.1.2　创建文件

当 File 类的对象实例化之后，可以使用 createNewFile 创建一个新文件，但是由于此方法使用了 throws 关键字，所以必须使用 try…catch 进行异常处理。例如，要在 D 盘根目录中创建一个文件 test.txt，可以通过如下所示的实例代码来实现。

实例 16-1　**使用 File 类创建文件**

源码路径：

daima\016\src\FileT1.java

实例文件 FileT1.java 的主要实现代码如下所示。

```
import java.io.File ;               //引入File接口类
import java.io.IOException ;
public class FileT1{
```

```
public static void main(String args[]){
    File f = new File("d:\\test.txt") ; //实例化File类的对象
    try{
        f.createNewFile() ; //根据给定的路径创建文件
    }catch(IOException e){ //检测异常信息
        e.printStackTrace() ; //输出异常信息
    }
};
```

范例 16-1-01：使用 File 类创建文件
源码路径：演练范例\16-1-01\
范例 16-1-02：使用 File 类删除文件
源码路径：演练范例\16-1-02\

　　运行上述代码后可以发现，D 盘根目录中就会出现一个名为"test.txt"的文件。如果在不同的操作系统中，则路径的分隔符表示是不一样的。例如，Windows 中使用反斜线表示目录的分隔符"\"，而在 Linux 中使用正斜线表示目录的分隔符"/"。

　　✿　注意：在上述实例代码中，"d:\\test.txt"是一个绝对路径地址，读者在运行上述程序时必须确保在自己的计算机中确实存在这个文件，本章后面的实例也是如此。如果读者希望让上述程序在不同环境下运行，则应考虑将备操作文件放在程序文件的同级目录下，也可以放在程序文件的工作空间中，然后用相对路径的方式设置备操作文件的路径。

16.1.3　删除文件

　　在 Java 语言中，可以使用 File 类中的 delete()方法删除一个文件。

实例 16-2	使用 File 类删除文件 源码路径： daima\016\src\FileT4.java	

　　实例文件 FileT4.java 的主要实现代码如下所示。

```
import java.io.File ;
import java.io.IOException ;
public class FileT4{
    public static void main(String args[]){
        //实例化File类的对象
        File f = new File("d:"+File.
        separator+"test.txt") ;
        f.delete() ;        //删除文件
    }
};
```

范例 16-2-01：在删除文件时增加判断
源码路径：演练范例\16-2-01\
范例 16-2-02：修改文件的属性
源码路径：演练范例\16-2-02\

　　上面的实例代码虽然能够成功删除文件，执行后会删除文件"D:\test.txt"，但是也会存在一个问题——在删除文件前应该保证文件存在。所以以上程序在使用时最好先判断一下目标文件是否存在，如果存在，则执行删除操作。判断一个文件是否存在，可以直接使用 File 类提供的exists()方法，此方法返回 boolean 类型值。

16.1.4　创建文件夹

　　在 Java 程序中，可以使用 File 类中的方法 mkdir()创建一个指定文件夹。

实例 16-3	使用 File 类创建文件夹 源码路径： daima\016\src\FileT7.java	

　　实例文件 FileT7.java 的主要实现代码如下所示。

```
import java.io.File ;
import java.io.IOException ;
public class FileT7{
    public static void main(String args[]){
        File f = new File("e:"+File.separator+"aaa");
        //实例化File类的对象
        f.mkdir() ;              //创建文件夹
    }
};
```

范例 16-3-01：创建一个文件或者文件夹
源码路径：演练范例\16-3-01\
范例 16-3-02：使用判断文件的属性方法
源码路径：演练范例\163-02\

　　运行上述代码后，会在本地 E 盘创建一个名为"aaa"的文件夹。

16.2 RandomAccessFile 类

知识点讲解：视频\第 16 章\RandomAccessFile 类.mp4

在 Java 程序中，File 类只是针对文件本身进行操作的，如果要对文件内容进行操作，可以使用 RandomAccessFile 类来实现。本节将详细讲解使用 RandomAccessFile 类的知识。

↑扫码看视频

16.2.1 RandomAccessFile 类的常用方法

在 Java 语言中，RandomAccessFile 类属于随机读取类，可以随机读取一个文件中指定位置的数据。假设在文件中保存了以下 3 个数据。

```
aaaaaaaa, 30
bbbb, 31
cccccc, 32
```

此时如果使用 RandomAccessFile 类来读取"bbb"信息，那么就可以将"aaa"的信息跳过，这相当于在文件中设置了一个指针，根据这个指针的位置进行读取。但是如果要实现这样的功能，则每个数据的长度应该保持一致，所以应统一设置姓名为 8 位，数字为 4 位。若要实现上述功能，则必须使用 RandomAccessFile 类中的几种设置模式，然后在构造方法中传递此模式。

RandomAccessFile 类的常用操作方法如表 16-2 所示。

表 16-2 RandomAccessFile 类的常用操作方法

方法	类型	描述
public RandomAccessFile（File file,String mode）throws FileNotFoundException	构造	接收 File 类的对象，指定操作路径，但是在设置时需要设置模式，r 为只读，w 为只写，rw 为读写
public RandomAccessFile（String name,String mode）throws FileNotFoundException	构造	不再使用 File 类对象表示文件，而是直接输入一个固定的文件路径
public void close() throws IOException	普通	关闭操作
public int read(byte[] b) throws IOException	普通	将内容读取到一字节数组中
public final byte readByte() throws IOException	普通	读取一字节
public final int readInt() throws IOException	普通	从文件中读取整型数据
public void seek（long pos）throws IOException	普通	设置读指针的位置
public final void writeBytes（String s）throws IOException	普通	将一个字符串写入文件中，按字节的方式进行处理
public final void writeInt（int v）throws IOException	普通	将一个 int 类型数据写入文件，长度为 4 位
public int skipBytes（int n）throws IOException	普通	指针跳过多少字节

注意：当使用 rw 方式声明 RandomAccessFile 对象时，如果要写入的文件不存在，则系统会自动创建。

16.2.2 使用 RandomAccessFile 类

下面的实例演示了使用 RandomAccessFile 类向文件中写入数据的方法。

实例 16-4 向文件中写入数据
源码路径：
daima\016\src\RandomAccessT1.java

实例文件 RandomAccessT1.java 的主要实现代码如下所示。

```
import java.io.File ;
import java.io.RandomAccessFile ;
public class RandomAccessT1{
    //直接抛出所有的异常，程序中不进行处理
    public static void main(String args[]) throws Exception{
        //指定要操作的文件
        File f = new File("d:" + File.separator + "test.txt") ;
        //声明RandomAccessFile类的对象
        RandomAccessFile rdf = null ;
        //读写模式，如果文件不存在，则自动创建
        rdf = new RandomAccessFile(f,"rw") ;
        String name = null ;
        int age = 0 ;
        name = "aaaaaaaa" ;    //字符串长度为8
        age = 30 ;      //数字的长度为4
        rdf.writeBytes(name) ;      //将姓名写入文件之中
        rdf.writeInt(age) ;         //将年龄写入文件之中
        name = "bbbb    " ;         //字符串长度为8
        age = 31 ;                  //数字的长度为4
        rdf.writeBytes(name) ;      //将姓名写入文件之中
        rdf.writeInt(age) ;         //将年龄写入文件之中
        name = "cccccc  " ;         //字符串长度为8
        age = 32 ;                  //数字的长度为4
        rdf.writeBytes(name) ;      //将姓名写入文件之中
        rdf.writeInt(age) ;         //将年龄写入文件之中
        rdf.close() ;               //关闭
    }
};
```

> 范例 16-4-01：使用 RandomAccessFile 读取数据
> 源码路径：演练范例\16-4-01\
> 范例 16-4-02：以树结构显示文件的路径
> 源码路径：演练范例\16-4-02\

上述代码运行后会在文件"D\test"中写入数据"aaaaaaaa""bbbb"和"cccccc"，如图 16-1 所示。为了保证可以进行随机读取，在上述实例代码中写入的名字都是 8 字节，写入的数字是固定的 4 字节。

图 16-1　执行效果

16.3　字节流与字符流

 知识点讲解：视频\第 16 章\字节流与字符流.mp4

在 Java 程序中，所有的数据都是以流的方式进行传输或保存的，程序需要数据时使用输入流读取数据，而当程序需要将一些数据保存起来时，就要使用输出流。本节将详细讲解如何在 Java 中处理字节流和字符流的基本知识。

↑扫码看视频

16.3.1　字节流类和字符流类

在 java.io 包中的流操作主要有字节流类和字符流类两大类，这两个类都有各自的输入和输出操作。

（1）字节流：在字节流中主要使用 OutputStream 类完成输出数据，输入使用的是 InputStream 类。字节流主要操作字节类型数据，以字节数组为准，主要操作类是 OutputStream 类和 InputStream 类。

（2）字符流：在字符流中输出主要使用 Writer 类完成，输入主要是使用 Reader 类完成。在程序中一个字符等于两字节，Java 提供了 Reader 和 Writer 两个专门操作字符流的类。

在 Java 程序中，I/O 操作是有相应步骤的。以文件操作为例，主要的操作流程如下所示。

（1）使用 File 类打开一个文件。

（2）通过字节流或字符流的子类指定输出位置。

（3）进行读/写操作。

（4）关闭输入/输出流。

16.3.2　使用字节输出流 OutputStream

OutputStream 类是整个 I/O 包中字节输出流的最大父类，该类的定义如下所示。

```
public abstract class OutputStream
extends Object
implements Closeable, Flushable
```

从以上定义中可以发现，OutputStream 类是一个抽象类，如果要使用此类，首先必须通过实例化它的某个子类对象来进行操作。例如，如果要操作的是一个文件，则可以使用 FileOutputStream 类，它通过向上转型后可以实例化 OutputStream。OutputStream 类的主要操作方法如表 16-3 所示。

表 16-3　　　　　　　　　　OutputStream 类的主要操作方法

方法	类型	描述
public void close() throws IOException	普通	关闭输出流
public void flush() throws IOException	普通	刷新缓冲区
public void write(byte[] b) throws IOException	普通	将一字节数组写入数据流
public void write(byte[] b,int off,int len) throws IOException	普通	将一个指定范围的字节数组写入数据流
public abstract void write(int b) throws IOException	普通	将一字节数据写入数据流

FileOutputStream 子类的构造方法如下所示。

```
public FileOutputStream(File file) throws FileNotFoundException
```

操作它时必须接收 File 类的实例，并指明要输出的文件路径。在定义 OutputStream 类时可以发现，此类实现了 Closeable 和 Flushable 两个接口，其中 Closeable 的定义如下所示。

```
public interface Closeable{
    void close() throws IOException
}
```

Flushable 的定义如下所示。

```
public interface Flushable{
    void flush() throws IOException
}
```

因为这两个接口的作用从定义方法中可以发现，即 Closeable 表示可关闭，Flushable 表示可刷新，而且在 OutputStream 类中已经有了这两个方法的实现，所以操作时用户一般不会关心这两个接口，而是直接使用 OutputStream 类。

实例 16-5　**向文件中写入字符串**

源码路径：

daima\016\src\OutputStreamT1.java

实例文件 OutputStreamT1.java 的主要实现代码如下所示。

```
import java.io.File ;
import java.io.OutputStream ;
import java.io.FileOutputStream ;
public class OutputStreamT1{
    //异常抛出，不处理
    public static void main(String args[])
    throws Exception{
    //第1步，使用File类找到一个文件，声明File对象
    File f= new File("d:" + File.separator + "test.txt") ;
    //第2步，通过子类实例化父类对象
```

范例 16-5-01：用 write(int t)方式写入文件内容

源码路径：演练范例\16-5-01\

范例 16-5-02：使用 FileOutputStream 追加内容

源码路径：演练范例\16-5-02\

```
    OutputStream out = null ;              //准备好一个输出对象
    out = new FileOutputStream(f) ;        //通过对象多态性进行实例化
    //第3步，进行写操作
    String str = "Hello World!!!";         //准备一个字符串
    byte b[] = str.getBytes() ;            //由于只能输出字节数组，所以将字符串变为字节数组
    out.write(b) ;                         //输出内容，保存文件
    //第4步，关闭输出流
    out.close() ;                          //关闭输出流
    }
};
```

执行代码后将在文件"D\test"中写入数据"Hello World!!!"，如图 16-2 所示。

上面的实例代码可以将指定内容成功地写入文件"D\test"中。以上程序在实例化、写、关闭时都有异常发生，为了方便，可以直接在主方法上使用 thorws 关键字抛出异常，以减少 try…catch 语句。当使用上述代码操作文件 test.txt 时，操作之前文件本身是不存在的，但是操作之后程序会为用户自动创建新文

图 16-2　执行结果

件，并将内容写入文件之中。整个操作过程是直接将一个字符串变为字节数组，然后将字节数组直接写入文件中。

16.3.3　使用字节输入流 InputStream

Java 可以通过 InputStream 类把文件中的内容读取进来， InputStream 类的原型如下所示。

```
public abstract class InputStream
extends Object
implements Closeable
```

与 OutputStream 类一样， InputStream 类本身也是一个抽象类，必须依靠其子类。如果从文件中读取，则其子类肯定是 FileInputStream。InputStream 类的主要方法如表 16-4 所示。

表 16-4　　　　　　　　　　　　　　　InputStream 类的主要方法

方法	类型	描述
public int available() throws IOException	普通	可以取得输入文件的大小
public void close() throws IOException	普通	关闭输入流
public abstract int read() throws IOException	普通	以数字的方式读取内容
public int read(byte[] b) throwsIOException	普通	将内容读到字节数组中，同时返回读入的个数

FileInputStream 类的构造方法如下所示。

```
public FileInputStream(File file) throws FileNotFoundException
```

实例 16-6　**从文件中读取内容**
源码路径：
daima\016\src\InputStreamT1.java

实例文件 InputStreamT1.java 的主要实现代码如下所示。

```
import java.io.File ;
import java.io.InputStream ;
import java.io.FileInputStream ;
public class InputStreamT1{
  //异常抛出，不处理
  public static void main(String args[])
  throws Exception{
      //第1步，使用File类找到一个文件
      File f= new File("d:" + File.separator + "test.txt") ;
      //第2步，通过子类实例化父类对象，声明File对象
      InputStream input = null ;            // 准备好一个输入对象
      input = new FileInputStream(f);       // 通过对象多态性进行实例化
      //第3步，进行读操作
      byte b[] = new byte[1024] ;           // 所有的内容都读到这个数组中
      input.read(b) ;                       // 读取内容
      //第4步，关闭输出流
```

> 范例 16-6-01：消除空格
> 源码路径：演练范例\16-6-01\
> 范例 16-6-02：查找替换文本文件的内容
> 源码路径：演练范例\16-6-02\

```
            input.close() ;                           // 关闭输出流
            System.out.println("内容为:" + new String(b)) ;    // 把字节数组变为字符串输出
        }
    };
```

上述代码执行后可以读取文件 "D\test" 中的数据，如图 16-3 所示。

在上面的实例代码中，文件 "D\test" 中的数据虽然已经
读取进来，但是发现后面有很多个空格。这是因为开辟的字
节数组大小为 1 024 字节，而实际的内容只有 28 字节，也就
是说存在 996 字节的空白空间，在将字节数组变为字符串时

```
<terminated> InputStreamT1 [Java Application] F:\
内容为: Hello World!!!Hello World!!!
```

图 16-3　执行结果

也会将这 996 字节的无用空间转为字符串。这样的操作肯定是不合理的。如果要解决这个问题，
则要使用 read 方法，在此方法上有一个返回值，此返回值表示向数组中写入了多少个数据。

16.3.4　字符输出流 Writer

在 Java 语言中，Writer 本身是一个字符流的输出类，此类定义如下所示。

```
public abstract class Writer
extends Object
implements Appendable, Closeable, Flushable
```

Writer 本身也是一个抽象类。如果要使用此类，则要使用其子类。此时如果向文件中写入
内容，则应该使用 FileWriter 的子类。Wirter 类的常用方法如表 16-5 所示。

表 16-5　　　　　　　　　　　　　　　　Writer 类的常用方法

方法	类型	描述
public abstract void close() hrows IOException	普通	关闭输出流
public void write(String str) throws IOException	普通	输出字符串
public void write(char[] cbuf) throws IOException	普通	输出字符数组
public abstract void flush() throws IOException	普通	强制性清空缓存

FileWriter 类的构造方法如下所示。

```
public FileWriter(File file) throws IOException
```

在 Writer 类中除可以实现 Closeable 和 Flushable 接口之外，还可以实现 Appendable 接口，
此接口的定义如下所示。

```
public interface Appendable{
    Appendable append(CharSequence csq) throws IOException ;
    Appendable append(CharSequence csq,int start,int end) throws IOException ;
    Appendable append(char c) throws IOException
}
```

此接口表示的是可以追加内容，接收的参数是 CharSequence。实际上因为 String 类实现了
此接口，所以可以直接通过此接口的方法向输出流中追加内容。下面的实例代码可以向指定文
件中写入数据。

实例 16-7　　**向指定文件中写入数据**

源码路径：

daima\016\src\WriterT1.java

实例文件 WriterT1.java 的主要实现代码如下所示。

```
import java.io.File ;
import java.io.Writer ;
import java.io.FileWriter ;
public class WriterT1{
    public static void main(String args[])
    throws Exception{  //异常抛出，不处理
        // 第1步，使用File类找到一个文件
        File f= new File("d:" + File.separator + "
        test.txt") ; //声明File对象
        // 第2步，通过子类实例化父类对象
```

范例 16-7-01：使用 FileWriter 类

源码路径：演练范例\16-7-01\

范例 16-7-02：FileWriter 的异常处理

源码路径：演练范例\16-7-02\

```
        Writer out = null ;            //准备好一个输出对象
        out = new FileWriter(f) ;      //通过对象多态性,进行实例化
        // 第3步,进行写操作
        String str = "Hello World!!!" ;  //准备一个字符串
        out.write(str) ;               //输出内容,保存文件
        // 第4步,关闭输出流
        out.close() ;                  //关闭输出流
    }
};
```

由上述代码可以看出,整个程序与 OutputStream 的操作流程并没有太大的区别。它的唯一好处是可以直接输出字符串,而不用将字符串变为字节数组之后再输出。执行后可以在文件"D\test"中写入数据,效果如图 16-4 所示。

图 16-4　执行结果

16.3.5　使用 FileWriter 追加文件内容

在 Java 程序中,也可以使用字符流操作实现文件的追加功能,直接使用 FileWriter 类的如下构造即可实现追加功能。

```
public FileWriter(File file, boolean append) throws IOException
```

通过上述代码可以将 append 的值设置为 true 以表示追加。下面的实例演示了追加文件内容的功能。

实例 16-8

追加文件内容

源码路径:

daima\016\src\WriterT2.java

实例文件 WriterT2.java 的主要实现代码如下所示。

```
public class WriterT2{
    public static void main(String args[]) throws Exception{  //异常抛出,不处理
        //第1步,使用File类找到一个文件
        File f= new File("d:" + File.separator + "test.txt") ;   //声明File对象
        //第2步,通过子类实例化父类对象
        Writer out = null ;            //准备好一个输出对象
        out = new FileWriter(f,true)  ;  //通过对象多态性进行实例化
        //第3步,进行写操作
        String str = "\r\nAAAA\r\nHello World!!!";
        //准备一个字符串
        out.write(str) ;    //输出内容,保存文件
        //第4步,关闭输出流
        out.close() ;       //关闭输出流
    }
};
```

范例 16-8-01:使用 Writer.write()方法

源码路径:演练范例\16-8-01\

范例 16-8-02:使用 Writer.append()方法

源码路径:演练范例\16-8-02\

上述代码执行后可以在文件"D\test"中追加文本内容,效果如图 16-5 所示。

图 16-5　执行结果

16.3.6　使用字符输入流 Reader

Reader 类能够使用字符流的方式从文件中取出数据,此类的定义如下所示。

```
public abstract class Reader
extends Object
implements Readable, Closeable
```

Reader 类是一个抽象类。如果要从文件中读取内容,则可以直接使用 FileReader 子类。Reader 类的常用方法如表 16-6 所示。

225

表 16-6　　　　　　　　　　　　　　　　Reader 类的常用方法

方法	类型	描述
public abstract void close() throws IOException	普通	关闭输出流
public int read() throws IOException	普通	读取单个字符
public int read(char[] cbuf) throws IOException	普通	将内容读到字符数组中，返回读入的长度

FileReader 类的构造方法如下所示。

```
public FileReader(File file) throws FileNotFoundException
```

实例 16-9　使用循环方式读取文件内容

源码路径：

daima\016\src\ReaderT1.java

实例文件 ReaderT1.java 的主要实现代码如下所示。

```java
public class ReaderT1{
  //异常抛出，不处理
  public static void main(String args[])
throws Exception{
    //第1步，使用File类找到一个文件
    File f= new File("d:" + File.separator +
    "test.txt") ;
    //声明File对象
    //第2步，通过子类实例化父类对象
    Reader input = null ;                 //准备好一个输入对象
    input = new FileReader(f)             //通过对象多态性进行实例化
    // 第3步，进行读操作
    char c[] = new char[1024] ;           //所有内容都读到这个数组中
    int len = input.read(c) ;             //读取内容
    // 第4步，关闭输出流
    input.close() ;                       //关闭输出流
    System.out.println("内容为:" + new String(c,0,len)) ;    //把字符数组变为字符串输出
  }
};
```

范例 16-9-01：读取指定文件的内容
源码路径：演练范例\16-9-01\
范例 16-9-02：批量文件重命名
源码路径：演练范例\16-9-02\

程序执行后的结果如图 16-6 所示。如果此时不知道数据的长度，也可以像操作字节流那样，使用循环方式读取内容。

```
🔲 Problems  @ Javadoc  🔲 Declaration
<terminated> ReaderT1 [Java Application]
内容为: Hello World!!!
AAAA
Hello World!!!
```

图 16-6　执行效果

16.4　字节转换流

📹 知识点讲解：视频\第 16 章\字节转换流.mp4

在 Java 语言的 I/O 包中，流的类型实际上分为字节流和字符流两种，除此之外，还存在一组"字节流—字符流"的转换类。本节将详细讲解 Java 字节转换流的知识。

↑扫码看视频

在 Java 语言中，常用的字节流转换类如下所示。

（1）OutputStreamWriter：是 Writer 的子类，将输出的字符流变为字节流，即将一个字符流的输出对象变为字节流的输出对象。

（2）InputStreamReader：是 Reader 的子类，将输入的字节流变为字符流，即将一个字节流的输入对象变为字符流的输入对象。

在 Java 程序中，需要用 OutputStreamWriter 将内存中的字符数据转换为字节流才能保存在文件中，在读取时需要将读入的字节流通过 InputStreamReader 转换为字符流。不管如何操作，最终都是以字节形式保存在文件中的。

OutputStreamWriter 类的构造方法如下所示。

```
public OutputStreamWriter(OutputStream out)
```

实例 16-10 将字节输出流变为字符输出流
源码路径：
daima\016\src\OutputStreamWriterT.java

实例文件 OutputStreamWriterT.java 的主要实现代码如下所示。

```java
import java.io.* ;
public class OutputStreamWriterT{
  // 抛出所有异常
  public static void main(String args[])
throws Exception  {
   File f = new File("d:" + File.separator +
" test.txt") ;
   Writer out = null ;          // 字符输出流
   // 字节流变为字符流
   out = new OutputStreamWriter(new FileOutputStream(f)) ;
   out.write("hello world!!") ;   // 使用字符流输出
   out.close() ;
   }
};
```

范例 16-10-01：将字节输入流变为字符输入流
源码路径：演练范例\16-10-01\

范例 16-10-02：快速批量移动文件
源码路径：演练范例\16-10-02\

实现代码执行后会创建文件"D\test"，并在里面写入指定的内容，效果如图 16-7 所示。

注意：FileOutputStream 是 OutputStream 的直接子类，FileInputStream 也是 InputStream 的直接子类。但是字符流文件中的两个操作类却有一些特殊，FileWriter 并不直接是 Writer 的子类，而是 OutputStreamWriter 的子类，FileReader 也不直接是 Reader 的子类，而是 InputStreamReader 的子类。从这两个类的继承关系可以清楚地发现，不管是使用字节流还是使用字符流，实际上最终都是以字节形式操作输入/输出流的。

图 16-7 执行结果

16.5 内存操作流

知识点讲解：视频\第 16 章\内存操作流.mp4

↑扫码看视频

在本章前面讲解的输出和输入都是基于文件实现的，其实也可以将输出位置设置在内存上，此时就要使用 ByteArrayInputStream 和 ByteArrayOutputStream 来完成输入和输出功能。其中 ByteArrayInputStream 的功能是将内容写入内存中，ByteArrayOutputStream 的功能是输出内存中的数据。

ByteArrayInputStream 类中的主要方法如表 16-7 所示。

表 16-7 ByteArrayInputStream 类的主要方法

方法	类型	描述
public ByteArrayInputStream(byte[] buf)	构造	将全部内容写入内存中
public ByteArrayInputStream(byte[] buf,int offset, int length)	构造	将指定范围的内容写入内存中

ByteArrayOutputStream 类中的主要方法如表 16-8 所示。

表 16-8	ByteArrayOutputStream 类的主要方法		
方法	类型	描述	
public ByteArray OutputStream()	构造	创建对象	
public void write(int b)	普通	将内容从内存中输出	

下面的实例代码演示了使用内存操作流将一个大写字母转换为小写字母的过程。

实例 16-11　将一个大写字母转换为小写字母
源码路径：
daima\016\src\ByteArrayT.java

实例文件 ByteArrayT.java 的主要实现代码如下所示。

```java
import java.io.* ;
public class ByteArrayT{
    public static void main(String args[]){
        String str = "HELLOWORLD" ;             // 定义一个字符串，它全部由大写字母组成
        ByteArrayInputStream bis = null ;        // 内存输入流
        ByteArrayOutputStream bos = null ;       // 内存输出流
        bis = new ByteArrayInputStream(str.getBytes()) ;  // 向内存中输出内容
        bos = new ByteArrayOutputStream() ;  // 准备从内存ByteArrayInputStream中读取内容
        int temp = 0 ;
        while((temp=bis.read())!=-1){
            char c = (char) temp ;               // 读取的数字变为字符
            bos.write(Character.toLowerCase(c)) ; // 将字符变为小写
        }
        // 所有数据全部在ByteArrayOutputStream中
        String newStr = bos.toString() ;         // 取出内容
        try{
            bis.close() ;        //关闭bis流
            bos.close() ;        //关闭bos流
        }catch(IOException e){
            e.printStackTrace() ;
        }
        System.out.println(newStr) ;
    }
};
```

范例 16-11-01：使用内存操作流 1
源码路径：演练范例\16-11-01\
范例 16-11-02：使用内存操作流 2
源码路径：演练范例\16-11-02\

程序执行后的结果如图 16-8 所示。

从执行效果可以看出，字符串已经由大写变为小写，全部操作都是在内存中完成的。一般在生成一些临时信息时才会使用内存操作流，而这些临时信息如果要保存在文件中，则代码执行完后还要删除这个临时文件，所以此时使用内存操作流是最合适的。

```
Problems  @ Javadoc  Declaration
<terminated> ByteArrayT [Java Application]
helloworld
```

图 16-8　执行结果

16.6　使用管道流

知识点讲解：视频\第 16 章\管道流.mp4

↑扫码看视频

　　在 Java 的 I/O 包中，管道流类的对象可以实现两个线程间的通信，可以分别将这两个线程设置为管道输出流（PipedOutputStream）和管道输入流（PipedInputStream）。如果要进行管道输出，则必须把输出流连到输入流上。

使用 PipedOutputStream 类的方法可以实现连接管道功能，其方法如下所示。

```
public void connect (PipedInputStream snk) throws IOException
```

下面的实例演示了使用管道流实现线程连接功能的过程。

实例 16-12	使用管道流实现线程连接 源码路径: daima\016\src\guan.java	

实例文件 guan.java 的主要实现代码如下所示。

```java
import java.io.* ;
class Send implements Runnable{                           //线程类
    private PipedOutputStream pos = null ;                //管道输出流
    public Send(){
        this.pos = new PipedOutputStream() ;              //实例化输出流
    }
    public void run(){
        String str = "Hello World!!!" ;                   //要输出的内容
        try{
            this.pos.write(str.getBytes()) ;
        }catch(IOException e){
            e.printStackTrace() ;
        }
        try{
            this.pos.close() ;
        }catch(IOException e){
            e.printStackTrace() ;
        }
    }
    public PipedOutputStream getPos(){                    // 得到此线程的管道输出流
        return this.pos ;
    }
};
class Receive implements Runnable{
    private PipedInputStream pis = null ;                 // 管道输入流
    public Receive(){
        this.pis = new PipedInputStream() ;              // 实例化输入流
    }
    public void run(){
        byte b[] = new byte[1024] ;                       // 接收内容
        int len = 0 ;
        try{
            len = this.pis.read(b) ;                       // 读取内容
        }catch(IOException e){
            e.printStackTrace() ;
        }
        try{
            this.pis.close() ;                            // 关闭
        }catch(IOException e){
            e.printStackTrace() ;
        }
        System.out.println("接收的内容为:" + new String(b,0,len)) ;
    }
    public PipedInputStream getPis(){
        return this.pis ;
    }
};
public class guan{
    public static void main(String args[]){
        Send s = new Send() ;
        Receive r = new Receive() ;
        try{
            s.getPos().connect(r.getPis()) ;             // 连接管道
        }catch(IOException e){
            e.printStackTrace() ;
        }
        new Thread(s).start() ;                          // 启动线程
        new Thread(r).start() ;                          // 启动线程
    }
}
```

范例 16-12-01:写入读取一个字符串
源码路径:演练范例\16-12-01\
范例 16-12-02:多次写入读取字符串
源码路径:演练范例\16-12-02\

上述代码定义了两个线程对象,在 Send 线程类中定义了管道输出流,在 Receive 线程类中定义了管道输入流。在操作时只需要使用 PipedOutputStream 类提供的 connection()方法就可以将两个线程管道连接在一起，线程启动后会自动进行管道的输入、输出操作。执行效果如图 16-9 所示。

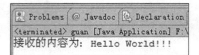

图 16-9　执行效果

16.7　使用打印流

　知识点讲解：视频\第 16 章\打印流.mp4

在 Java 的 I/O 包中，打印流是输出信息最方便的一个类，主要包括字节打印流（PrintStream）和字符打印流（PrintWriter）。打印流提供了非常方便的打印功能，通过打印流可以打印任何的数据类型，例如小数、整数、字符串等。

↑扫码看视频

16.7.1　打印流基础

PrintStream 类是 OutputStream 的子类。PrintStream 类的常用方法如表 16-9 所示。

表 16-9　　　　　　　　　　　　　　PrintStream 类的常用方法

方法	类型	描述
public PrintStream(File file) throws FileNotFoundException	构造	通过 File 对象实例化 PrintStream 类
public PrintStream(OutputStream out)	构造	接收 OutputStream 对象以实例化 PrintStream 类
public PrintStream printf(Locale l,String format,Object... args)	普通	根据指定的 Locale 进行格式化输出
public PrintStream printf(String format, Object... args)	普通	根据本地环境格式化输出
public void print(boolean b)	普通	可以重载很多次，输出任意数据
public void println(boolean b)	普通	可以重载很多次，输出任意数据后换行

从在 PrintStream 类中定义的构造方法可以清楚地发现，有一个构造方法可以直接接收 OutputStream 类的实例，这是因为与 OutputStream 类相比，PrintStream 类能更加方便地输出数据，这就好像将 OutputStream 类重新包装了，使输出更加方便一样。把一个输出流的实例传递到打印流后，可以更加方便地输出内容。也就是说，打印流把输出流进行了重新装饰，就像送别人礼物，需要把礼物包装一下才会更加好看，这样的设计称为装饰设计模式。

从 JDK 1.5 之后，Java 对 PrintStream 类进行了扩充，在里面增加了格式化的输出方式，此功能可以直接使用 printf()方法完成操作。但是在进行格式化输出时需要指定输出的数据类型。数据类型的格式化表示如表 16-10 所示。

表 16-10　　　　　　　　　　　　　　格式化输出

字符	描述	字符	描述
%s	表示内容为字符串	%f	表示内容为小数
%d	表示内容为整数	%c	表示内容为字符

16.7.2 使用打印流

实例 16-13 使用 PrintStream 输出文件内容
源码路径：
daima\016\src\PrintT1.java

实例文件 PrintT1.java 的主要实现代码如下所示。

```java
import java.io.* ;
public class PrintT1{
    public static void main(String arg[])  throws Exception{
    PrintStream ps = null ;          // 声明打印流对象
    //如果现在使用FileOutputStream进行实例化,
    //则意味着把所有的输出保存到指定文件中
    ps = new PrintStream(new FileOutputStream(new File("d:" + File.separator + "test.txt"))) ;
            ps.print("hello ") ;        //写入文件的内容
            ps.println("world!!!") ;    //写入文件的内容
            ps.print("1 + 1 = " + 2) ;  //写入文件的内容
            ps.close() ;
    }
};
```

> 范例 16-13-01：进行格式化输出操作
> 源码路径：演练范例\16-13-01\
> 范例 16-13-02：删除磁盘中的临时文件
> 源码路径：演练范例\16-13-02\

与使用 OutputStream 直接输出相比，上述代码在输出内容时明显方便了许多。执行后的结果如图 16-10 所示。

图 16-10　执行效果

16.8　使用 Scanner 类

知识点讲解：视频\第 16 章\Scanner 类.mp4

↑扫码看视频

从 JDK 1.5 版本之后，专门提供了输入数据 Scanner 类，此类不但可以输入数据，而且能方便地验证输入的数据。本节将详细讲解使用 Scanner 类的知识。

16.8.1 Scanner 类概述

在 Java 语言中， Scanner 类可以接收任意的输入流。Scanner 类放在 java.util 包中，其常用方法如表 16-11 所示。在 Scanner 类中有一个可以接收 InputStream 类型的构造方法，这就表示只要是字节输入流的子类都可以通过 Scanner 类进行读取。

表 16-11　Scanner 类的常用方法

方法	类型	描述
public Scanner(File source) throws FileNotFoundException	构造	从文件中接收内容
public Scanner(InputStream source)	构造	从指定的字节输入流中接收内容
public boolean hasNext(Pattern pattern)	普通	判断输入数据是否符合指定的正则标准

续表

方法	类型	描述
public boolean hasNextInt()	普通	判断输入的数据是否为整数
public boolean hasNextFloat()	普通	判断输入的数据是否为小数
public String next()	普通	接收内容
public String next(Pattern pattern)	普通	接收内容，进行正则验证
public int nextInt()	普通	接收数字
public float nextFloat()	普通	接收小数
public Scanner useDelimiter(String pattern)	普通	设置读取的分隔符

16.8.2 使用 Scanner 类

在 Java 程序中，可以使用 Scanner 类实现基本的数据输入功能。最简单的数据输入方法是，直接使用 Scanner 类中的 next()方法来实现。

实例 16-14 使用 Scanner 类输入数据
源码路径：
daima\016\src\ScannerT1.java

实例文件 ScannerT1.java 的主要实现代码如下所示。

```
import java.util.* ;
public class ScannerT1{
    public static void main(String args[]){
        //从键盘接收数据
        Scanner scan = new Scanner(System.in) ;
        System.out.print("输入数据:") ;
        String str = scan.next() ;    // 接收数据
        System.out.println("输入的数据为:" + str) ;
        scan.close();
    }
};
```

范例 16-14-01：设计一个分隔符
源码路径：演练范例\16-14-01\
范例 16-14-02：创建磁盘索引文件
源码路径：演练范例\16-14-02\

程序运行后的结果如图 16-11 所示。

在上面的实例中存在一个问题，如果输入了带有空格的数据，则只能取出空格之前的数据。这是因为 Scanner 将空格当作了分隔符。如果要输入 int 或 float 类型的数据，则在 Scanner 类中也有支持这些类型的方法，但是在输入之前最好先使用方法 hasNextXxx()进行验证。下面的实例代码实现了这一功能。

图 16-11 执行结果

实例 16-15 使用 hasNextXxx()进行验证
源码路径：
daima\016\src\ScannerT3.java

实例文件 ScannerT3.java 的主要实现代码如下所示。

```
import java.util.* ;
public class ScannerT3{
    public static void main(String args[]){
        Scanner scan = new Scanner(System.in);
        //从键盘接收数据
        int i = 0 ;              //变量i初始化为0
        float f = 0.0f ;         //变量f初始化为0
        System.out.print("输入整数:") ;    //提示文本
        if(scan.hasNextInt()){    //判断输入的是否为整数
            i = scan.nextInt() ;  //接收整数
            System.out.println("整数数据:" + i) ;        //是整数时给出的提示
        }else{
            System.out.println("输入的不是整数!") ;       //不是整数时给出的提示
```

范例 16-15-01：扫描控制台输入
源码路径：演练范例\16-15-01\
范例 16-15-02：使用空格分隔文本
源码路径：演练范例\16-15-02\

```
        System.out.print("输入小数:") ;
    if(scan.hasNextFloat()){                    //判断输入的是否为小数
        f = scan.nextFloat() ;                  //接收小数
        System.out.println("小数数据:" + f) ;   //是小数时给出的提示
    }else{
        System.out.println("输入的不是小数!") ;  //不是小数时给出的提示
    }
        scan.close();
    }
};
```

执行后将输出:

```
输入整数: 100
整数数据: 100
输入小数: 100.01
小数数据: 100.01
```

16.9　实现数据操作流

 知识点讲解: 视频\第16章\数据操作流.mp4

　　　　　　　　　在Java的I/O包中, 提供了两个与平台无关的数据操作流, 它们分别为数据输出流 (DataOutputStream) 和数据输入流 (DataInputStream)。数据输出流会按照一定的格式输出数据, 再通过数据输入流按照一定的格式将数据读入, 这样可以方便地对数据进行处理。

↑扫码看视频

16.9.1　DataOutputStream 类

例如, 有表16-12所示的一组表示订单的数据。

表 16-12 订单数据

商品名	价格/元	数量/个
帽子	98.3	3
衬衣	30.3	2
裤子	50.5	1

如果要将表中数据保存到文件中, 则可以使用数据输出流将内容保存到文件, 然后再使用数据输入流从文件中读取出来。

在Java语言中, DataOutputStream 类是 OutputStream 的子类, 此类的定义如下所示。

```
public class DataOutputStream extends FilterOutputStream implements DataOutput
```

DataOutputStream 类继承 FilterOutputStream 类 (FilterOutputStream 是 OutputStream 的子类), 同时实现了 DataOutput 接口, 在 DataOutput 接口定义了一系列写入各种数据的方法。

DataOutput 是数据的输出接口, 其中定义了各种数据的输出操作方法, 例如在 DataOutputStream 类中的各种 writeXxx()方法就是此接口定义的。但是在数据输出时一般会直接使用 DataOutputStream, 只有在对象序列化时才有可能直接操作到此接口, 这一点将在讲解 Externalizable 接口时介绍。

DataOutputStream 类的常用方法如表16-13所示。

表 16-13 **DataOutputStream** 类的常用方法

方法	类型	描述
public DataOutputStream(OutputStream out)	构造	实例化对象
public final void writeInt(int v) throws IOException	普通	将一个int值以4字节值形式写入基础输出流中

续表

方法	类型	描述
public final void writeDouble(double v) throws IOException	普通	写入一个 double 类型中，该值以 8 字节值形式写入基础输出流中
public final void writeChars(String s) throws IOException	普通	将一个字符串写入输出流中
public final void writeChar(int v) throws IOException	普通	将一个字符写入输出流中

例如通过下面的实例代码可以将订单数据写入文件 order.txt 中。

实例 16-16　将订单数据写入指定文件中

源码路径：

daima\016\src\DataOutputStreamT.java

实例文件 DataOutputStreamT.java 的主要实现代码如下所示。

```java
public class DataOutputStreamT{
    public static void main(String args[]) throws Exception{   //抛出所有异常
        DataOutputStream dos = null;                           //声明数据输出流对象
        File f = new File("d:" + File.separator + "order.txt") //设置文件的保存路径
        dos = new DataOutputStream(new FileOutputStream(f)) ;  //实例化数据输出流对象
        String names[] = {"帽子","衬衣","裤子"} ;               //商品名称
        float prices[] = {98.3f,30.3f,50.5f} ;                 //商品价格
        int nums[] = {3,2,1} ;          //商品数量
        for(int i=0;i<names.length;i++){          //循环输出
            dos.writeChars(names[i]) ;    //写入字符串
            dos.writeChar('\t') ;         //写入分隔符
            dos.writeFloat(prices[i]) ;   //写入价格
            dos.writeChar('\t') ;         //写入分隔符
            dos.writeInt(nums[i]) ;       //写入数量
            dos.writeChar('\n') ;         //换行
        }
        dos.close() ;                     //关闭输出流
    }
};
```

范例 16-16-01：乱码问题 1
源码路径：演练范例\16-16-01\
范例 16-16-02：乱码问题 2
源码路径：演练范例\16-16-02\

在上述代码的设置结果中每条数据之间使用 "\n" 来分隔，每条数据中的每个内容之间使用 "\t" 分隔。数据写入后就可以利用 DataInputStream 将内容读取进来。

16.9.2　DataInputStream 类

DataInputStream 类是 InputStream 的子类，能够读取并使用 DataOutputStream 输出的数据。DataInputStream 类的定义如下所示。

```java
public class DataInputStream extends FilterInputStream implements DataInput
```

DataInputStream 类继承 FilterInputStream 类（FilterInputStream 是 InputStream 的子类），同时实现 DataInput 接口，在 DataInput 接口中定义了一系列读入各种数据的方法。

DataInput 接口是读取数据的操作接口，与 DataOutput 接口提供的各种 writerXxx()方法对应。在此接口中定义了一系列的 readXxx()方法，这些方法在 DataInputStream 类中都有实现。一般在操作时不会直接使用到此接口，而主要使用 DataInputStream 类完成读取功能，只有在对象序列化时才有可能直接利用此接口读取数据，这一点在讲解 Externalizable 接口时再介绍。

DataInputStream 类的常用方法如表 16-14 所示。

表 16-14　　　　　　　　　　DataInputStream 类的常用方法

方法	类型	描述
public DataInputStream(InputStream in)	构造	实例化对象
public final int readInt() throws IOException	普通	从输入流中读取整数
public final float readFloat() throws IOException	普通	从输入流中读取小数
public final char readChar() throws IOException	普通	从输入流中读取一个字符

例如通过下面的实例代码可以读取文件 order.txt 中的订单数据。

实例 16-17	读取文件 order.txt 中的订单数据	
	源码路径：	
	daima\016\src\DataInputStreamT.java	

实例文件 DataInputStreamT.java 的主要实现代码如下所示。

```java
import java.io.DataInputStream ;
import java.io.File ;
import java.io.FileInputStream ;
public class DataInputStreamT{
    public static void main(String args[]) throws Exception{      // 抛出所有异常
        DataInputStream dis = null ;                              // 声明数据输入流对象
        File f = new File("d:" + File.separator + "order.txt") ;  // 设置文件的保存路径
        dis = new DataInputStream(new FileInputStream(f)) ;       // 实例化数据输入流对象
        String name = null ;   // 接收名称
        float price = 0.0f ;     // 接收价格
        int num = 0 ;           // 接收数量
        char temp[] = null      // 接收商品名称
        int len = 0 ;           // 保存读取数据的个数
        char c = 0 ;            // '\u0000'
        try{
            while(true){
                temp = new char[200] ;// 开辟空间
                len = 0 ;
                while((c=dis.readChar())!='\t'){          // 接收内容
                    temp[len] = c ;
                    len ++ ;                              // 读取长度加1
                }
                name = new String(temp,0,len) ;          // 将字符数组变为String
                price = dis.readFloat() ;                // 读取价格
                dis.readChar() ;                         // 读取\t
                num = dis.readInt() ;                    // 读取int
                dis.readChar() ;                         // 读取\n
                System.out.printf("名称：%s；价格：%5.2f；数量：%d\n",name,price,num) ;
            }
        }catch(Exception e){}
        dis.close() ;
    }
};
```

范例 16-17-01：使用 DataInputStream
源码路径：演练范例\16-17-01\
范例 16-17-02：DataInputStream 联合用法
源码路径：演练范例\16-17-02\

在使用数据输入流进行读取时，因为每条记录之间使用 "\t" 作为分隔，每行记录之间使用 "\n" 作为分隔，所以要分别使用 readChar() 读取这两个分隔符，才能将数据正确地还原。执行效果如图 16-12 所示。

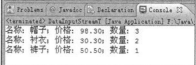

图 16-12 执行结果

16.10 使用合并流

知识点讲解：视频\第 16 章\合并流.mp4

↑扫码看视频

在计算机应用中，合并流是指将两个文件合并成一个文件。在本节的内容中，将详细讲解 Java 类库中合并流的知识。

在 Java 程序中，可以使用 SequenceInput Stream 类实现合并流功能。此类的常用方法如表 16-15 所示。

表 16-15	SequenceInputStream 类中的常用方法		
方法		类型	描述
public SequenceInputStream(InputStream s1,InputStream s2)		构造	使用两个输入流对象实例化本类对象
public int available() throws IOException		普通	返回文件大小

可以通过如下实例代码来合并 a.txt 和 b.txt 两个文件，在编写本实例代码之前要先提供这两个文件。

实例 16-18　合并两个文件

源码路径：

daima\016\src\SequenceT.java

实例文件 SequenceT.java 的主要实现代码如下所示。

```
public class SequenceT{
    public static void main(String args[]) throws Exception {      // 抛出所有异常
        InputStream is1 = null ;                                    // 输入流1
        InputStream is2 = null ;                                    // 输入流2
        OutputStream os = null ;                                    // 输出流
        SequenceInputStream sis = null ;                            // 合并流
        is1 = new FileInputStream("d:" + File.separator + "a.txt") ;
        is2 = new FileInputStream("d:" + File.separator + "b.txt") ;
        os = new FileOutputStream("d:" + File.separator + "ab.txt") ;
        sis = new SequenceInputStream(is1,is2) ;    // 实例化合并流
        int temp = 0 ;                   // 接收内容
        while((temp=sis.read())!=-1){    // 循环输出
            os.write(temp) ;             // 保存内容
        }
        sis.close() ;                    // 关闭合并流
        is1.close() ;                    // 关闭输入流1
        is2.close() ;                    // 关闭输入流2
        os.close() ;                     // 关闭输出流
    }
};
```

范例 16-18-01：SequenceInputStream 演练 1
源码路径：演练范例\16-18-01\
范例 16-18-02：SequenceInputStream 演练 2
源码路径：演练范例\16-18-02\

上述代码由于在实例化 SequenceInputStream 类时指定了两个输入流，所以 SequenceInputStream 类在读取时实际上是从两个输入流中一起读取内容的。要确保文件 a.txt、b.txt 和 ab.txt 存在，否则会抛出异常。

16.11　使用 Stream API（Java 9 新特性）

📹 知识点讲解：视频\第 16 章\使用 Stream API.mp4

从 Java 8 开始引入了全新的流（Stream）API，这里的流与 I/O 流不同，它更像具有 Iterable 的集合类，但其行为和集合类又有所不同。引入流 API 的目的在于弥补 Java 函数式在编程方面的缺陷，对于很多支持函数式编程的语言来说，map() 和 reduce() 等函数基本上内置到标准库中了。不过，Java 8 中流 API 的功能非常完善和强大，足以用很少的代码来完成许多复杂的功能。

↑扫码看视频

16.11.1　Java 8 中的流

在 Java 8 中，流 API 的接口是 java.util.stream，流的元素可以是对象引用（Stream<String>），也可以是原始的整数（IntStream）、长整型（LongStream）或双精度（DoubleStream）数据流。所有的流计算都通过如下所示的共同结构组成。

（1）1 个流来源。

（2）0 个或多个中间操作。

（3）1 个终止操作。

其中流来源的常用方法如表 16-16 所示。

表 16-16　　　　　　　　　　　　　流来源的常用方法

方法	描述
Collection.stream()	使用集合元素创建一个流
Stream.of(T...)	使用传递给工厂方法的参数创建一个流
Stream.of(T[])	使用数组元素创建一个流
Stream.empty()	创建一个空流
Stream.iterate(T first, BinaryOperator<T> f)	创建一个包含序列 first, f(first), f(f(first)), ... 的无限流
Stream.generate(Supplier<T> f)	使用生成器函数创建一个无限流
IntStream.range(lower, upper)	创建一个由下限到上限（不含）之间的元素组成的 IntStream
IntStream.rangeClosed(lower, upper)	创建一个由下限到上限（含）之间的元素组成的 IntStream
BufferedReader.lines()	创建一个由 BufferedReader 的行组成的流
BitSet.stream()	创建一个由 BitSet 中的设置位索引组成的 IntStream
Stream.chars()	创建一个与 String 中的字符相对应的 IntStream

中间操作负责将一个流转换为另一个流。中间操作包括 filter()（选择与条件匹配的元素）、map()（根据函数来转换元素）、distinct()（删除重复）、limit()（在特定大小处截断流）和 sorted()。中间流操作的常用方法如表 16-17 所示。

表 16-17　　　　　　　　　　　　中间流操作的常用方法

操作	内容
filter(Predicate<T>)	与预期匹配的流元素
map(Function<T, U>)	将提供的函数应用于流元素中的结果
flatMap(Function<T, Stream<U>>)	将提供的流处理函数应用于流元素后获得的流元素
distinct()	已删除重复的流元素
sorted()	按自然顺序排序流元素
Sorted(Comparator<T>)	按提供的比较符排序流元素
limit(long)	截断至所提供长度的流元素
skip(long)	丢弃了前 N 个元素的流元素

Java 流的中间操作是惰性的，调用中间操作只会设置流管道的下一个阶段，不会启动任何操作。重建操作可进一步划分为无状态和有状态操作，其中无状态操作（比如 filter()或 map()）可以独立处理每个元素，而有状态操作（比如 sorted()或 distinct()）可以合并以前看到并影响其他元素处理状态的元素。

在执行终止操作时开始处理数据集，比如缩减（sum()或 max()）、应用（forEach()）或搜索（findFirst()）操作。终止操作会生成一个结果或副作用，在执行终止操作时它会终止流管道。如果希望再次遍历同一个数据集，则可以设置一个新的流管道。终止流操作的常用方法如表 16-18 所示。

表 16-18	终止流操作的常用方法
操作	描述
forEach(Consumer<T> action)	将提供的操作应用于流的每个元素
toArray()	使用流元素创建一个数组
reduce(...)	将流元素聚合为一个汇总值
collect(...)	将流元素聚合到一个汇总结果的容器中
min(Comparator<T>)	通过比较符返回流中最小的元素
max(Comparator<T>)	通过比较符返回流中最大的元素
count()	返回流的大小
{any,all,none}Match(Predicate<T>)	返回流的任何/所有元素是否与提供的预期条件相匹配
findFirst()	返回流的第一个元素（如果有）
findAny()	返回流的任何元素（如果有）

通过在 Collection 接口中新添加流的方法，可以将任何集合转化为一个流。即使是一个数组，也可以使用静态的 Stream.of()方法将数组转化为一个流。下面的实例演示了使用 Stream.of()方法将参数转换为一个流的过程。

实例 16-19　将参数转换为一个流

源码路径：

daima\016\src\T6.java

实例文件 T6.java 的主要实现代码如下所示。

```
public static void main(String[] args) {
    //使用Stream of方法将words转换为流
    Stream<String> words = Stream.of
    ("ab,cd,ef,gh".split(","));
    System.out.printf("num: %d", words.
    count());
}
```

范例 16-19-01：生成斐波那契数列

源码路径：演练范例\16-19-01\

范例 16-19-02：把 π 表示为一个无穷 Stream

源码路径：演练范例\16-19-02\

执行以上代码后将输出如下结果。

```
num: 4
```

16.11.2　Java 9 中的流

在 JDK 9 中，Stream API 接口新增了如下所示的方法。

（1）takeWhile（Predicate<? super T> predicate）：使用一个 Predicate（断言）作为参数，返回给定 Stream 的子集，直到 Predicate 语句第一次返回 false。如果第一个值不满足断言条件，将返回一个空的 Stream。

（2）dropWhile（Predicate<? super T> predicate）：功能与前面的方法 takeWhile()相反，它使用一个 predicate（断言）作为参数，直到 predicate 语句第一次返回 true 才返回给定 Stream 的子集。

（3）ofNullable（T t）：如果为非空，则返回流描述的指定值，否则返回空的流。

（4）iterate（T seed, Predicate<? super T> hasNext, UnaryOperator<T> next）：允许使用初始种子值创建顺序（可能是无限）流，并迭代应用指定的下一个方法。当指定的 hasNext 的 predicate 方法返回 false 时，迭代停止。

在 Java 8 版本中，流接口有 skip（long count）和 limit（long count）两种方法。其中 skip()

方法可以从头开始跳过指定数量的元素后返回流元素；limit()方法可以从流的开始返回等于或小于指定数量的元素。skip()方法从一开始就删除元素，而 limit()方法从头开始删除剩余的元素，两者都基于元素的数量。dropWhile()和 takeWhile()分别与 skip()和 limit()方法很像，然而，新方法适用于 Predicate 而不是元素的数量。我们可以将这些方法想象是具有异常的 filter()方法。filter()方法可以评估所有元素上的预期，而 dropWhile()和 takeWhile()方法则从流的起始处对元素进行预期评估，直到预期失败。

对于有序流来说，dropWhile()方法返回流的元素，从指定预期为 true 的起始处丢弃元素。考虑存在如下所示的有序整数流。

```
1, 2, 3, 4, 5, 6, 7
```

如果在 dropWhile()方法中使用一个 predicate 方法，该方法对小于 5 的整数返回 true，则该方法将删除前 4 个元素并返回其余部分。

```
5, 6, 7
```

对于无序流来说，dropWhile()方法的行为是非确定性的，它可以选择删除匹配预期的任何元素子集。当前的实现从匹配元素开始丢弃匹配元素，直到找到不匹配的元素为止。dropWhile()方法有两种极端情况：如果第一个元素与预期不匹配，则该方法返回原始流；如果所有元素都与预期匹配，则该方法返回一个空流。而 takeWhile()方法的工作方式与 dropWhile()方法相同，只不过它从流的起始处返回匹配的元素，而丢弃其余的。

如果为非空元素，则 Nullable（T t）方法返回包含指定元素的单个元素的流。如果指定元素为空，则返回一个空流。在流处理过程中，flatMap()方法非常有用。考虑如下所示的 map，其值可能为 null。

```
Map<Integer, String> map = new HashMap<>();
map.put(1, "One");
map.put(2, "Two");
map.put(3, null);
map.put(4, "four");
```

如何在此 map 中获取一组非 null 的值呢？也就是说，如何从 map 中获得一个包含"One""Two"和 "Four"的集合呢？下面是 Java 8 的解决方案，flatMap()方法中的 Lambda 表达式使用了三元运算符。

```
Set<String> nonNullvalues = map.entrySet()
    .stream()
    .flatMap(e -> e.getValue() == null ? Stream.empty() : Stream.of(e.getValue()))
    .collect(toSet());
```

在 Java 9 中，使用 ofNullable()方法可以使此表达式更加简单。

```
Set<String> nonNullvalues = map.entrySet()
    .stream()
    .flatMap(e ->  Stream.ofNullable(e.getValue()))
    .collect(toSet());
```

新的 iterate（T seed, Predicate<? super T> hasNext, UnaryOperator<T> next）方法允许使用初始种子值创建顺序（可能是无限）流，并迭代应用指定的下一个方法。当指定的 hasNext 的预期返回为 false 时，迭代停止。调用此方法与使用 for 循环相同。

```
for (T n = seed; hasNext.test(n); n = next.apply(n)) {
    // n是添加到流中的元素
}
```

例如下面的代码会生成包含 1～10 的所有整数的流。

```
Stream.iterate(1, n -> n <= 10, n -> n + 1)
```

实例 16-20　使用 Java 9 的新方法

源码路径：

daima\016\src\StreamTest.java

本实例用到了 Java 9 中的新增方法 dropWhile()、takeWhile()和 ofNullable()，实例文件 StreamTest.java 的主要实现代码如下所示。

```java
public class StreamTest {
    public static void main(String[] args) {
        System.out.println("Using Stream.
dropWhile() and Stream.takeWhile():");
        testDropWhileAndTakeWhile();
        //调用方法testDropWhileAndTakeWhile()
        System.out.println("\nUsing Stream.
ofNullable():");
        testOfNullable();
         //调用方法testOfNullable()
        System.out.println("\nUsing Stream.iterator():");
        testIterator();                                              //调用方法testIterator()
    }
    //实现testDropWhileAndTakeWhile()方法
    public static void testDropWhileAndTakeWhile() {
        List<Integer> list = List.of(1, 3, 5, 4, 6, 7, 8, 9);       //新建列表list并初始化
        System.out.println("Original Stream: " + list);
        List<Integer> list2 = list.stream()                         //新建列表list2
                            .dropWhile(n -> n % 2 == 1)//调用dropWhile()方法
                            .collect(toList());
        System.out.println("After using dropWhile(n -> n % 2 == 1): " + list2);
        List<Integer> list3 = list.stream()
                            .takeWhile(n -> n % 2 == 1)//调用takeWhile()方法
                            .collect(toList());//使用toList()方法将元素添加到列表
        System.out.println("After using takeWhile(n -> n % 2 == 1): " + list3);
    }
    public static void testOfNullable() {
        Map<Integer, String> map = new HashMap<>();                 //新建Map对象map
        map.put(1, "One");                                          //添加元素1
        map.put(2, "Two");                                          //添加元素2
        map.put(3, null);                                           //添加元素3
        map.put(4, "Four");                                         //添加元素4
        Set<String> nonNullValues = map.entrySet()
                            .stream()
                            .flatMap(e->Stream.ofNullable(e.getValue()))
                            .collect(toSet());
        System.out.println("Map: " + map);
        System.out.println("Non-null Values in Map: " + nonNullValues);
    }
    public static void testIterator() {
        List<Integer> list = Stream.iterate(1, n -> n <= 10, n -> n + 1)
                            .collect(toList());
        System.out.println("Integers from 1 to 10: " + list);
    }
}
```

范例 16-20-01：使用 Java 9 收集器
源码路径：演练范例\16-20-01\
范例 16-20-02：使用过滤和扁平映射
源码路径：演练范\16-20-02\

执行后将输出：

```
Using Stream.dropWhile() and Stream.takeWhile():
Original Stream: [1, 3, 5, 4, 6, 7, 8, 9]
After using dropWhile(n -> n % 2 == 1): [4, 6, 7, 8, 9]
After using takeWhile(n -> n % 2 == 1): [1, 3, 5]

Using Stream.ofNullable():
Map: {1=One, 2=Two, 3=null, 4=Four}
Non-null Values in Map: [One, Four, Two]

Using Stream.iterator():
Integers from 1 to 10: [1, 2, 3, 4, 5, 6, 7, 8, 9, 10]
```

16.12　使用 try…with…resources 语句（Java 9 改进）

知识点讲解：视频\第 16 章\使用 try…with…resources 语句.mp4

↑扫码看视频

　　从 Java 7 开始，编译器和运行环境支持新的 try…with…resources 语句，这称为 ARM 块（Automatic Resource Management），它用于实现自动资源管理功能。try…with…resources 语句支持流以及任何可关闭的资源。本节将详细讲解使用 try…with…resources 语句的知识。

16.12.1 try…with…resources 语句概述

在 JDK 7 版本之前，在使用一个资源完毕后需要手动关闭它。例如，下面是一个常见的文件操作演示代码，文件操作完毕后需要及时关闭。

```
Charset charset = Charset.forName("US-ASCII");        //定义字符集对象charset
String s = "";                                        //定义字符串变量s
BufferedWriter writer = null;                          //定义BufferedWriter对象writer
try {
    writer = Files.newBufferedWriter(file, charset);  //实现写入操作
    writer.write(s, 0, s.length());
} catch (IOException x) {
    System.err.format("IOException: %s%n", x);         //有异常则抛出异常
} finally {
    if (writer != null) writer.close();                //手动关闭写入流操作
}
```

也就是说，在 JDK 7 版本之前的代码中，一定要牢记在 finally 中执行 close()方法以便及时释放资源。

try…with…resources 是 JDK 7 中一个新的异常处理机制，它能很容易地关闭在 try…catch 语句块中使用的资源。所谓的资源（resource），是指在程序完成后必须关闭的对象。try…with…resources 语句确保了每个资源在语句结束时自动关闭，所有实现 java.lang.AutoCloseable 的接口（其中包括实现 java.io.Closeable 的所有对象）都可以作为资源。下面的实例演示了使用 try…with…resources 语句自动关闭资源的方法。

实例 16-21 自动关闭资源
源码路径：
daima\016\src\Demo.java

实例文件 Demo.java 的主要实现代码如下所示。

```
public class Demo {
    public static void main(String[] args) {
        try(Resource res = new Resource()) {    //新建资源对象Resource res
            res.doSome();                        //定义方法doSome()
        } catch(Exception ex) {                  //抛出异常
            ex.printStackTrace();                //输出跟踪信息
        }
    }
}
class Resource implements AutoCloseable {
    void doSome() {
        System.out.println("实现一个功能");
    }
    @Override
    public void close() throws Exception {
        System.out.println("资源被关闭");
    }
}
```

> 范例 16-21-01：使用 try…catch 处理资源
> 源码路径：演练范例\16-21-01\
> 范例 16-21-02：使用 throw 处理资源
> 源码路径：演练范例\16-21-02\

执行后将输出下面的结果。由此可以看到，资源终止然后自动关闭。

```
实现一个功能
资源被关闭
```

16.12.2 try…with…resources 的改进（Java 9 新增）

在 Java 9 中对 try…with…resources 语句进行了改进：如果已经有一个资源是 final 的或等效于 final 变量，那么可以在 try…with…resources 语句中使用该变量，而无需在 try…with…resources 语句中声明一个新变量。

假设给定了如下所示的资源声明代码。

```
//一个final资源
final Resource resource1 = new Resource("resource1");
//一个实际的final资源
Resource resource2 = new Resource("resource2");
```

在 Java 9 之前的版本中，可以编写如下所示的代码来管理上述资源。

```
//在Java 7或8中使用try…with…resources语句
try (Resource r1 = resource1;
        Resource r2 = resource2) {//通过resource1和resource 2 传递r1和r2
```

在 Java 9 版本中，可以通过如下所示的代码完成资源释放功能。

```
try (resource1;
        resource2) {

}
```

由此可见，Java 9 代码更加简洁和直观。下面的实例演示了在 Java 9 中使用 try…with…resources 语句的过程。

实例 16-22

模拟对银行客户的管理

源码路径：

daima\016\src\MenuOption.java

daima\016\src\CreditInquiry.java

本实例实现了一个简单的银行客户管理系统，银行工作人员可以及时查看客户的资金情况，例如银行借款和存款余额等信息。这些客户的资金信息保存到一个记事本文件中，我们将其命名为 "123.txt"。

（1）定义一个枚举文件 MenuOption.java，在里面定义不同的菜单选项。当银行管理员登录系统后，可以通过菜单查看客户的资金信息。文件 MenuOption.java 的主要实现代码如下所示。

```
public enum MenuOption {
    // 声明枚举的内容
    ZERO_BALANCE(1),
    CREDIT_BALANCE(2),
    DEBIT_BALANCE(3),
    END(4);
    private final int value; //当前菜单项
    //构造器
    private MenuOption(int value) {this.value = value;}
}
```

（2）实例文件 CreditInquiry.java 的功能是在控制台显示一个文本菜单，银行工作人员可以根据提示输入 3 个选项，它们分别是显示账户为负数的客户、余额为零的客户和账户为正数的客户。文件 CreditInquiry.java 主要实现代码如下所示。

```
public class CreditInquiry {
private final static MenuOption[] choices = MenuOption.values();
public static void main(String[] args) {
        Scanner input = new Scanner(System.in);
        //获取客户信息
        MenuOption accountType = getRequest (input);
        while (accountType != MenuOption.END) {
                switch (accountType) {
                case ZERO_BALANCE:
                        System.out.printf("%nAccounts with zerobalances:%n");
                        break;
                case CREDIT_BALANCE:
                        System.out.printf("%nAccounts with creditbalances:%n");
                        break;
                case DEBIT_BALANCE:
                        System.out.printf("%nAccounts with debitbalances:%n");
                        break;
                }
            readRecords(accountType);
            accountType = getRequest(input);
            // get user's request
            }
    }
        //从客户处获得请求
        private static MenuOption getRequest(Scanner input) {
                int request = 4;
```

范例 16-22-01：使用 catch 区块进行捕捉

源码路径：演练范例\16-22-01\

范例 16-22-02：使用 Throws 捕捉意外

源码路径：演练范例\16-22-02\

```
            // 显示请求选项
            System.out.printf("%nEnter request%n%s%n%s%n%s%n%s%n","1-List accounts
            with zero balances","2-List accounts with credit balances","3-List
            accounts with debit balances"," 4 - Terminate program");
            try {
                    do  { //输入请求
                            System.out.printf("%n? ");
                            request = input.nextInt();
                    } while ((request < 1) || (request > 4));
      }
      catch (NoSuchElementException noSuchElementException) {
      System.err.println("Invalid input. Terminating.");
      }
      return choices[request - 1]; //根据选项返回一个枚举值

        //读取记录文件和显示适当类型的记录
        private static void readRecords(MenuOption accountType) {
            //打开文件和处理内容
            try (Scanner input = new Scanner(Paths.get("123.txt"))){
                    while (input.hasNext()) { //读取更多数据
                            int accountNumber = input.nextInt();
                            String firstName = input.next();
                            String lastName = input.next();
                            double balance = input.nextDouble();
                            //如果是正确的账户类型则显示记录
                            if (shouldDisplay(accountType, balance)) {
                                    System.out.printf("%-10d%-12s%-12s%10.2f%n",accountNumber,
                                            firstName, lastName, balance);
                            }
                            else {
                                    input.nextLine(); //丢弃当前记录的其余部分
                            }
                    }
            }
      catch (NoSuchElementException | IllegalStateException |
      IOException e) {
            System.err.println("Error processing file.Terminating.");
      System.exit(1);
      }
}
      //使用记录类型确定是否显示该记录
      private static boolean shouldDisplay(MenuOption option, double balance) {
      if ((option == MenuOption.CREDIT_BALANCE) && (balance < 0)){
            return true;
      }
      else if ((option == MenuOption.DEBIT_BALANCE) && (balance >0)) {
            return true;
      }
      else if ((option == MenuOption.ZERO_BALANCE) && (balance ==0)) {
            return true;
      }
      return false;
      }
}
```

方法 getRequest() 的功能是获取银行工作人员在控制台中输入的菜单选项。方法 readRecords() 用来读取文件 "123.txt" 中记录的客户信息，此方法使用 try…with…resources 语句创建了一个打开文件时的 Scanner 对象实例。寻找到对应类型的客户信息后，使用 try…with…resources 语句关闭 Scanner 对象和文件操作。

假如文件 "123.txt" 中存储的内容是：

```
300 Pam White 0.00
200 Steve Green -345.67
400 Sam Red -42.16
100 Bob Blue 24.98
500 Sue Yellow 224.62
```

则执行本实例后将输出如下所示的内容。

```
Enter request
1 - List accounts with zero balances
2 - List accounts with credit balances
3 - List accounts with debit balances
```

```
4 - Terminate program
? 1
Accounts with zero balances:
300 Pam White 0.00
Enter request
1 - List accounts with zero balances
2 - List accounts with credit balances
3 - List accounts with debit balances
4 - Terminate program
? 2
Accounts with credit balances:
200 Steve Green -345.67
400 Sam Red -42.16
Enter request
1 - List accounts with zero balances
2 - List accounts with credit balances
3 - List accounts with debit balances
4 - Terminate program
? 3
Accounts with debit balances:
100 Bob Blue 24.98
500 Sue Yellow 224.62
Enter request
1 - List accounts with zero balances
2 - List accounts with credit balances
3 - List accounts with debit balances
4 - Terminate program
? 4
```

16.13 Java I/O 模块的新特性（Java 11 新增）

知识点讲解：视频\第 16 章\Java I/O 模块的新特性.mp4

在 Java 11 版本中，Java 官方对 I/O 模块进了改进和升级，为了让读者体验这些新特性，本节将详细讲解这些新特性的功能和用法。

↑ 扫码看视频

16.13.1 处理空的文件对象（Java 11 新增）

在 Java 程序中，有时候需要处理一个空的文件对象，例如需要处理不输入数据的 OutputStream，或者处理一个空的 InputStream、Reader 或 Writer，这时候要如何实现呢？这一点在 Java 11 中给出了答案。

在 Java 11 的 I/O 模块中，在不同接口中给出了如下可以处理空 I/O 对象的内置方法。

（1）java.io.InputStream 类中的方法：

```
public static InputStream nullInputStream()
```

上述方法能够返回 InputStream 未读取任何字节的内容。

（2）java.io.OutputStream 类中的方法：

```
public static OutputStream nullOutputStream()
```

上述方法能够返回 OutputStream 未读取任何字节的内容。

（3）java.io.Reader 类中的方法：

```
public static Reader nullReader()
```

上述方法能够返回 Reader 未读取任何字节的内容。

（4）java.io.Writer 中的方法：

```
public static Writer nullWriter()
```

上述方法能够返回 Writer 未读取任何字节的内容。

下面的实例演示了在 Java 11 及其以后版本中，使用新的 I/O 方法 nullReader() 的过程。

实例 16-23　使用新的 I/O 方法 nullReader()

源码路径：

daima\016\src\NullReaderExample.java

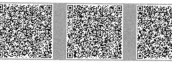

实例文件 NullReaderExample.java 的主要实现代码如下所示。

```java
public class NullReaderExample {
    public static void main(String[] args) throws IOException {
        Reader reader1 = new StringReader("test string data");
        Reader reader2 = Reader.nullReader();//new method
        Reader reader3 = new CharArrayReader(new char[]{'a', 'b', 'c'});
        printData(List.of(reader1, reader2, reader3));
        reader1.close();
        reader2.close();
        reader3.close();
    }

    public static void printData(List<Reader>
    readers) {
        readers.stream()
            .map(BufferedReader::new)
            .map(BufferedReader::lines)
            .forEach(stream -> stream.forEach(System.out::println));
    }
}
```

范例 16-23-01：使用新方法 nullWriter()

源码路径：演练范例\16-23-01\

范例 16-23-02：Path 新的重载静态方法 01

源码路径：演练范例\16-23-02\

执行后将输出：

```
test string data
abc
```

16.13.2　改进的方法 readNBytes()（Java 11 改进）

在 Java 11 之前的版本中，方法 readNBytes() 能够读取指定流中的字节数，将返回结果储存在数组中。其语法原型如下所示。

```java
public int readNBytes(byte[] b, int off, int len) throws IOException
```

方法 readNBytes() 可以将从流中读取的数据转换为字节数组数据达到 len 字节。如果参数 len 为 0，则读取任何字节并返回 0；否则尝试读取至少一字节的内容。如果该流是在该文件的末尾，则返回的值为 -1。

（1）b：目标字节数组。

（2）off：在数组 b 中写入数据的起始位置的偏移。

（3）len：要读取的字节数。

在 Java 11 及其以后的版本中，方法 readNBytes() 的语法原型如下所示。

```java
public byte[] readNBytes(int len) throws IOException
```

上述新方法和旧方法的区别在于，旧方法将输入流中请求的字节数读取到给定的字节数组中，而新方法返回指定的字节数。下面的实例演示了在 Java 11 及其以后版本中，使用新 I/O 方法 readNBytes() 的过程。

实例 16-24　使用新的 I/O 方法 readNBytes()

源码路径：

daima\016\src\ReadNBytes.java

实例文件 ReadNBytes.java 的主要实现代码如下所示。

```java
import java.io.ByteArrayInputStream;
import java.io.IOException;
import java.io.InputStream;

public class ReadNBytes {
    public static void main(String[] args) throws
    IOException {
        InputStream stream = new ByteArrayInputStream("test data".getBytes());
        byte[] bytes = stream.readNBytes(4);//new method
        System.out.println(new String(bytes));
```

范例 16-24-01：Path 新的重载静态方法 02

源码路径：演练范例\16-24-01\

范例 16-24-02：新的嵌套访问控制 01

源码路径：演练范例\16-24-02\

```
            stream.close();
        }
    }
```

执行后将输出：

```
test
```

16.13.3　新的构造方法（Java 11 新增）

在 Java 11 及其以后版本的 FileReader 中，新增如下两个允许指定 Charset 的新构造方法。

```
public FileReader(String fileName, Charset charset)  throws IOException
public FileReader(File file, Charset charset)  throws IOException
```

在 Java 11 及其以后版本的 FileWriter 中，新增如下 4 个允许指定 Charset 的新构造方法。

```
public FileWriter(String fileName, Charset charset) throws IOException
public FileWriter(String fileName, Charset charset, boolean append) throws IOException
public FileWriter(File file, Charset charset) throws IOException
public FileWriter(File file, Charset charset, boolean append) throws IOException
```

下面的实例演示了在 Java 11 及其以后版本中，使用上述新的构造方法的过程。

实例 16-25	使用新的 I/O 方法 FileReader()	
	源码路径： daima\016\src\FileReaderWriter.java	

实例文件 FileReaderWriter.java 的主要实现代码如下所示。

```
import java.io.*;
import java.nio.charset.Charset;
import java.nio.file.Files;
import java.nio.file.Path;

public class FileReaderWriter {
    public static void main(String[] args) throws
    IOException {
        Path path = Files.createTempFile("test", ".txt");
        File targetFile = path.toFile();
        targetFile.deleteOnExit();

        Charset latinCharset = Charset.forName("ISO-8859-3");
        //FileWriter new constructor
        FileWriter fw = new FileWriter(targetFile, latinCharset);
        fw.write("test filum");
        fw.close();;
        //FileReader new constructor
        FileReader fr = new FileReader(targetFile, latinCharset);
        new BufferedReader(fr).lines().forEach(System.out::println);
        fr.close();
    }
}
```

> 范例 16-25-01：新的嵌套访问控制 02
> 源码路径：演练范例\16-25-01\
> 范例 16-25-02：新的方法 orElseThrow()
> 源码路径：演练范例\16-25-02\

执行后将输出：

```
test filum
```

16.14　技术解惑

16.14.1　使用 File.separator 表示分隔符

在操作文件时一定要使用 File.separator 表示分隔符。对于大多数初学者来说，往往会使用 Windows 开发环境，这是由于 Windows 操作系统支持的开发工具较多，使用方便；而程序在发布时往往是直接在 Linux 或其他操作系统上部署的，所以如果不使用 File.separator，则程序运行就有可能存在问题。这一点读者在日后的开发中一定要有所注意。

16.14.2　字节流和字符流的区别

字节流和字符流的使用方式非常相似，两者除在操作代码上有不同之外，是否还有其他的不同呢？实际上字节流在操作时不会用到缓冲区（内存），是文件直接操作的；而字符流在操作时使用了缓冲区，通过缓冲区再操作文件。

16.14.3 对象序列化和对象反序列化操作时的版本兼容性问题

在对象进行序列化或反序列化操作时需要考虑 JDK 版本的问题。由于序列化的 JDK 版本和反序列化的 JDK 版本不统一则有可能造成异常，所以在序列化操作中引入了一个常量 serialVersionUID，可以通过此常量来验证版本的一致性。在进行反序列化时，JVM 会把传来的字节流中的 serialVersionUID 与本地相应实体（类）的 serialVersionUID 进行比较，如果相同就认为是一致的，可以进行反序列化，否则就会出现序列化版本不一致的异常。

当实现 java.io.Serializable 接口的实体（类）没有显式地定义一个名为 serialVersionUID、类型为 long 的变量时，Java 序列化机制在编译时会自动生成一个此版本的 serialVersionUID。当然，如果不希望通过编译来自动生成，也可以直接显式地定义一个名为 serialVersionUID、类型为 long 的变量，只要不修改这个变量的序列化实体，可以相互进行串行化和反串行化。

为了解决兼容性问题，可以直接在上述代码的 Person 中加入以下的常量。

```
private static final long serialVersionUID = 1L;
```

其中，serialVersionUID 的具体内容由用户指定。

16.15 课后练习

（1）编写一个 Java 程序，判断某个路径是否为目录。

（2）编写一个 Java 程序，在本地 D 盘中创建记事本文件"test.txt"。

第 17 章

JavaFX 桌面程序开发基础

从 Java 8 开始，Oracle 公司便推出了 JavaFX 框架，目的是取代 AWT 和 Swing 实现 GUI 的界面开发功能。与 AWT 和 Swing 相比，JavaFX 最突出的优势是对 Web 开发的支持性更高，并且提供了更加强大的绘图功能。本章将详细讲解 JavaFX 桌面开发的基础知识，主要包括布局、绘制文字、设置颜色、绘制图形和使用组件的知识。

本章内容

▶▶ JavaFX 概述
▶▶ JavaFX 界面结构
▶▶ 使用 Color 类设置颜色
▶▶ 绘制文字
▶▶ 绘制不同的形状

17.1 JavaFX 概述

知识点讲解：视频\第 17 章\JavaFX 介绍.mp4

JavaFX 是一个强大的图形和多媒体处理工具包集合，它允许开发者设计、创建、测试、调试和部署富客户端程序，并且与 Java 一样跨平台。因为 JavaFX 库写成了 Java API，所以 JavaFX 应用程序代码可以调用各种 Java 库中的 API。例如，JavaFX 应用程序可以使用 Java API 库来访问本地系统的功能，并且连接到基于服务器中间件的应用程序。

↑扫码看视频

17.1.1 JavaFX 的特色

与传统的 AWT、Swing 框架相比，JavaFX 可以自定义程序外观。例如，使用层级样式表（CSS）将外观和样式与业务逻辑实现进行分离，因此开发人员可以专注编码工作。图形设计师使用 CSS 可以方便地定制程序的外观和样式。如果你具有 Web 设计背景，或者希望分离用户界面（UI）和后端逻辑，可以通过 FXML 标记语言来表述图形界面，并且使用 Java 代码来表述业务逻辑。如果希望通过非编码方式来设计 UI，则可以使用 JavaFX Scene Builder。在进行 UI 设计工作时，Scene Builder 会创建 FXML 标记来与一个集成开发环境（IDE）对接，这样开发人员可以向其中添加业务逻辑。

17.1.2 安装 e(fx)clipse 插件

e(fx)clipse 提供了如下所示的两组插件。

（1）一组 Eclipse IDE 插件用于简化 JavaFX 应用程序的开发。这是因为它提供了针对 FXML 和 JavaFX-CSS 的专用编辑器。除此之外，它还附带一个小的 DSL，该 DSL 可作为 FXML 的替代选择使用声明的方式来定义 JavaFX 场景图，从而避免因 FXML 导致的噪声。

（2）一组运行时插件使 JavaFX 可在 OSGi 环境中使用（目前只支持 Equinox）。对于大中型应用程序，它为 Eclipse 4 应用程序平台提供了插件，从而为 JavaFX 开发人员提供了一个首屈一指的应用程序框架（基于 DI、服务和一个中央应用程序模型而构建）。

在 Eclipse 中安装 e(fx)clipse 插件的基本流程如下所示。

（1）打开 Eclipse，依次单击选择"Help"→"Install New Software"菜单选项，弹出"Install"界面，如图 17-1 所示。

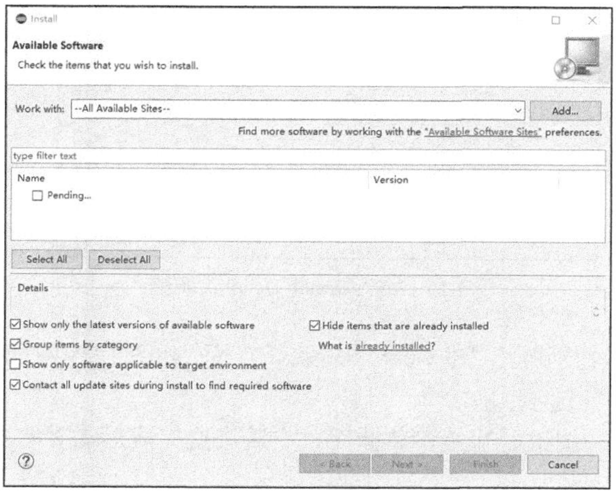

图 17-1 "Install"界面

（2）从 Work with 的下拉列表中选择 "-- All Available Sites --" 选项，在下面的 Details 区域取消勾选 "Group items by category" 选项。然后在上面的文本框中输入关键字 "e(fx)"，此时会在下方只显示 e(fx)clipse 选项，所有以 e(fx)clipse-IDE 开头的选项都是 e(fx)clipse-IDE 的子项，如图 17-2 所示。

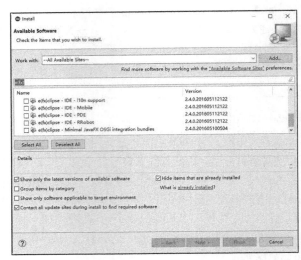

图 17-2　输入关键字 "e(fx)"

（3）勾选由关键字 "e(fx)" 检索到的上述选项，单击 "Next" 按钮后弹出 "Install Details" 界面，如图 17-3 所示。

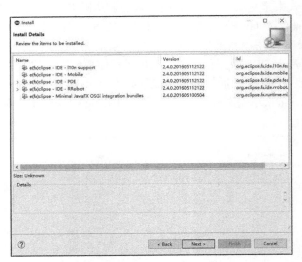

图 17-3　"Install Details" 界面

（4）单击 "Next" 按钮后弹出 "Review Licenses" 界面，如图 17-4 所示。勾选 "I accept the terms of the license agreement" 选项。

（5）单击 "Finish" 按钮后开始安装插件，安装进度完成后需要重启 Eclipse。

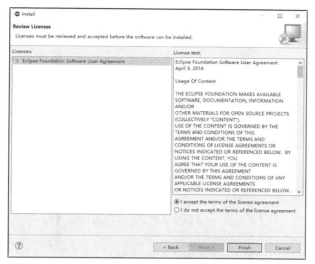

图 17-4 "Review Licenses"界面

17.1.3 认识第一个 JavaFX 程序

 编写第一个 JavaFX 程序
源码路径:
daima\017\src\MyJavaFX.java

实例文件 MyJavaFX.java 的主要实现代码如下所示。

```
①import javafx.application.Application;
②import javafx.scene.Scene;
③import javafx.scene.control.Button;
④import javafx.stage.Stage;

public class MyJavaFX extends Application {
  @Override
  public void start(Stage primaryStage) {
⑤      Button btOK = new Button("OK");
⑥      Scene scene = new Scene(btOK, 200, 250);
⑦      primaryStage.setTitle("MyJavaFX");
⑧      primaryStage.setScene(scene);
⑨      primaryStage.show();
  }
  public static void main(String[] args) {
⑩      launch(args);
  }
}
```

范例 17-1-01:绘制简单的线条
源码路径:演练范例\17-1-01\
范例 17-1-02:设置指定样式的笔触
源码路径:演练范例\17-1-02\

因为每个 JavaFX 程序都需要定义在一个继承 javafx.application.Application 的类中,所以①②③④引入了以"javafx"开头的接口文件。

在⑤,重新定义了 start()方法,这个方法本来定义在 javafx.application.Application 类中。当一个 JavaFX 应用启动时,JVM 使用它的无参构造方法来创建类的一个实例,同时调用其 start()方法。方法 start()一般将 UI 组件放入一个场景,并且在窗体中显示该场景。在⑤创建了一个 Button 对象。

在⑥,将⑤中创建的 Button 对象放到一个 Scene 对象中。可以使用构造方法 Scene(node,width,height)创建一个 Scene 对象。这个构造方法指定了场景的宽度和高度,并且将节点置于一个场景中。

在⑦,设置窗体的标题,标题在窗体中显示。

在⑧，一个 Stage 对象是一个窗体。当应用程序启动的时候，主窗体的 Stage 对象由 JVM 自动创建。本行代码将场景设定在主窗体中。

⑨　调用方法 show()显示主窗体界面。

⑩　定义了方法 launch()。这是一个定义在 Application 类中的静态方法，用于启动一个独立的 JavaFX 应用程序。如果从命令行运行程序，那么 main()方法不是必需的。当从一个不完全支持 JavaFX 的 IDE 中启动 JavaFX 程序时，就会需要用到 main()方法。

执行后的效果如图 17-5 所示。

图 17-5　执行效果

17.2　JavaFX 界面结构

知识点讲解：视频\第 17 章\JavaFX 界面结构.mp4

在讲解 JavaFX 界面开发之前，很有必要讲解 JavaFX 界面的具体结构。本节将详细讲解 JavaFX 界面结构的基本知识和具体用法。

↑扫码看视频

17.2.1　窗体结构剖析

由图 17-5 所示的窗体执行效果可知，按钮总是位于场景的中间并且占据整个窗体，无论我们如何改变窗体的大小。在 JavaFX 框架中，可以通过设置按钮的位置和大小属性来解决这个问题。然而，一个更好的方法是使用称为面板的容器类，自动将相关的节点布局在一个希望的位置和大小处。将节点置于一个面板中，然后将面板再置于一个场景中。这里的节点可以是任何可视化组件，比如形状、图像视图、UI 组件或者面板。形状是指文字、直线、圆、椭圆、矩形、弧、多边形、折线等。UI 组件是指标签、按钮、复选框、单选按钮、文本域、文本输入区域等。下面以图 17-5 所示的执行效果为素材，总结出 JavaFX 窗体界面的具体结构，如图 17-6 所示。

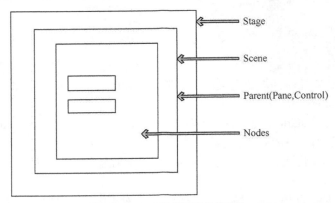

图 17-6　JavaFX 界面的具体结构

在图 17-6 所示的窗体结构中，Scene 可以包含 Control 或者 Pane，但不能包含 Shape 和 ImageView。Pane 可以包含 Node 的任何子类型。可以使用构造方法 Scene（Parent, width, height）

或者 Scene（Parent）创建 Scene，后一个构造方法中的场景尺寸将自动确定。Node 的每个子类都有一个无参构造方法，以创建一个默认节点。

下面的实例演示了将一个按钮放在一个面板中的方法。

实例 17-2	将一个按钮置于一个面板中 源码路径： daima\017\src\ButtonInPane.java	

实例文件 ButtonInPane.java 的主要实现代码如下所示。

```
public class ButtonInPane extends Application {
    @Override
    public void start(Stage primaryStage) {
        //创建一个scene并在里面放一个button按钮
①      StackPane pane = new StackPane();
②      pane.getChildren().add(new Button("OK"));
③      Scene scene = new Scene(pane, 200, 50);
        primaryStage.setTitle("Button in a pane");    //设置stage的标题
        primaryStage.setScene(scene);                 //将scene放在stage中
        primaryStage.show(); //显示stage
    }
}
```

> 范例 17-2-01：使用 FlowPane 布局
> 源码路径：演练范例\17-2-01\
> 范例 17-2-02：使用 HBox 布局
> 源码路径：演练范例\17-2-02\

在①，创建一个 StackPane。

在②，将一个按钮作为面板的组成部分（child）加入 Scene 中。方法 getChildren()用于返回 javafx.collections.ObservableList 的一个实例，这里的 ObservableList 类似于 ArrayList，它存储一个元素集合。调用方法 add（e）可将一个元素加入列表中。StackPane 将节点放到面板的中央，并且放在其他节点之上，这里只有一个节点在面板中。

在③，设置一个指定大小的 Scene，StackPane 会得到一个节点的偏好尺寸，代码运行后看到按钮以这个偏好尺寸进行显示。

执行后的结果如图 17-7 所示。

图 17-7　执行结果

17.2.2　属性绑定

在 JavaFX 应用程序中，通过属性绑定可以将一个目标对象绑定到源对象中，源对象的修改变化将自动反映到目标对象中。属性绑定是一个比较新颖的概念，具体来说就是：当目标对象绑定到源对象后，如果源对象中的值改变，则目标对象也将自动改变。目标对象称为被绑定对象或者被绑定属性，源对象称为可绑定对象或者观察对象。举个例子，假如在窗体居中的位置绘制了一个圆，当窗体大小发生改变的时候，圆不再居中显示。当窗体大小发生改变后，为了使这个圆依然显示在中央位置，圆心的 x 坐标和 y 坐标需要重新设置到面板的中央。我们可以通过将方法 centerX 和 centerY 分别绑定到面板的 width/2 以及 height/2 上来实现。下面实例就是这样实现的。

实例 17-3	使用属性绑定功能 源码路径： daima\017\src\CircleCenter.java	

实例文件 CircleCenter.java 的主要实现代码如下所示。

```
public class CircleCenter extends Application {
    @Override
    public void start(Stage primaryStage) {
        //创建pane对象来放置circle
        Pane pane = new Pane();
        Circle circle = new Circle();
①      circle.centerXProperty().bind(pane.
        widthProperty().divide(2));
②      circle.centerYProperty().bind(pane.
        heightProperty().divide(2));
        circle.setRadius(50);
        circle.setStroke(Color.BLACK);
```

> 范例 17-3-01：向 HBox 中添加 4 个矩形
> 源码路径：演练范例\17-3-01\
> 范例 17-3-02：设置 HBox 的首选宽度
> 源码路径：演练范例\17-3-02\

```
        circle.setFill(Color.WHITE);
        pane.getChildren().add(circle);              //将circle添加到pane中
        //创建一个指定大小的scene并放置到stage中
        Scene scene = new Scene(pane, 200, 200);
        primaryStage.setTitle("ShowCircleCentered");  //设置stage标题
        primaryStage.setScene(scene);                 //将scene放置到stage中
        primaryStage.show();                          //显示stage
    }
```

在①，在 Circle 类中的 centerX 属性用于表示圆心的 *x* 坐标。

在②，属性 centerY 表示圆心的 *y* 坐标。如同 JavaFX 类中的许多属性一样，在属性绑定中，该属性既可以作为目标，也可以作为源。目标监听源的变化，一旦源对象发生变化，目标将对象自动更新自身。一个目标采用方法 bind() 与源进行绑定，语法格式如下所示。

```
        target.bind(source);
```

方法 bind() 在 javafx.beans.property.Property 接口中定义，绑定属性是 javafx.beans.property.Property 的一个实例。源对象是 javafx.beans.value.ObservableValue 接口的一个实例。ObservableValue 是一个包装了值的实体，并且值发生改变时可以观察到。本实例的初始结果如图 17-8 所示，放大窗体后的执行效果如图 17-9 所示。

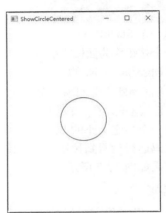

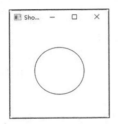

图 17-8　初始执行结果　　　　　　图 17-9　放大窗体后的效果

在 JavaFX 框架中，可以为基本类型和字符串定义对应的绑定属性。Double、float、long、int、boolean 类型值的绑定属性类型是 DoubleProperty、FloatProperty、LongProperty、IntegerProperty、BoaleanProperty。字符串的绑定属性类型是 StringProperty。因为这些属性同时也是 ObservableValue 的子类型，所以它们也可以作为源对象来绑定属性。

在上述实例代码中，centerX 的属性获取方法是 centerXProperty()，通常将 getCenterX() 称为值的获取方法，将 setCenterX（double）称为值的设置方法，而将 centerXProperty() 称为属性获取方法。需要注意，getCenterX() 返回一个 double 值，而 centerXProperty() 返回一个 DoubleProperty 类型的对象。

17.2.3　样式属性和角度属性

JavaFX 框架中有很多通用属性，其大部分组件会拥有这类属性，例如接下来将要讲解的样式属性 style 和角度属性 rotate。

1. style 属性

在 JavaFX 框架中，因为样式属性的设置方式类似于网页设计中常用到的层级样式表（CSS），所以 JavaFX 的样式属性称为 JavaFX CSS。JavaFX 中，样式属性使用前缀 "-fx-" 来定义，每个节点拥有自己的样式属性。我们可以从官方文档中找到这些属性的具体信息。

在 JavaFX 框架中，设定窗体样式的语法格式是 styleName:value。可以一起设置一个窗体元素的多个样式属性，此时需要通过分号 ";" 进行分隔。比如下面的代码设置了一个圆的两个 JavaFX CSS 属性。

```
circle.setStyle("-fx-stroke: black; -fx-fill : red; ") ;
```

上述代码语句等价于下面的两条语句。

```
circle.setStroke(Color.BLACK)
circle.setFill(Color.RED);
```

如果使用了一个不正确的 JavaFX CSS，则 Java 程序依然可以编译和运行，但是将忽略设置的样式。

2. rotate 属性

在 JavaFX 框架中，角度属性 rotate 可以设定一个以度为单位的角度，让元素节点围绕它的中心旋转这个角度。如果设置的角度是正值，表示按照顺时针进行旋转；如果设置的角度是负值，表示按照逆时针进行旋转。例如，下面代码的功能是将一个按钮顺时针旋转 80 度。

```
button.setRotate(80);
```

下面的实例创建了一个按钮，然后设置它的样式，并将它放入一个窗体面板中。接着将面板旋转 45 度，并设置它的样式是边框颜色为红色、背景颜色为淡灰色。

实例 17-4	创建指定样式的按钮	
	源码路径：	
	daima\017\src\StyleRotate.java	

实例文件 StyleRotate.java 的主要实现代码如下所示。

```
public class StyleRotate extends Application {
  @Override
  public void start(Stage primaryStage) {
    //创建scene对象，并在里面放置一个按钮
    StackPane pane = new StackPane();
    Button btOK = new Button("OK");
    //添加OK按钮
    btOK.setStyle("-fx-border-color: blue;");      //设置按钮的边框颜色为绿色
    pane.getChildren().add(btOK);                   //添加OK按钮
    pane.setRotate(45);                             //旋转面板45度
    pane.setStyle("-fx-border-color: red; -fx-background-color: lightgray;");
    //设置面板边框的颜色和背景颜色
    Scene scene = new Scene(pane, 200, 250);        //设置scene对象的大小
    primaryStage.setTitle("NodeStyleRotateDemo");   //设置显示的标题
    primaryStage.setScene(scene);                   //将scene面板放在stage窗体
    primaryStage.show();                            //显示stage
  }
}
```

范例 17-4-01：在 HBox 的控件之间设置空格
源码路径：演练范例\17-4-01\
范例 17-4-02：HBox 设置填充和间距
源码路径：演练范例\17-4-02\

执行后的结果如图 17-10 所示。

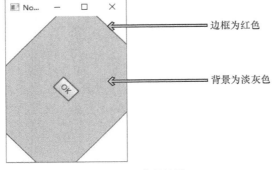

边框为红色

背景为淡灰色

图 17-10 执行效果

17.3　使用 Color 类设置颜色

 知识点讲解：视频\第 17 章\使用 Color 类设置颜色.mp4

在 JavaFX 框架中，Javafx.scene.paint.Color 是 Paint 的一个子类，用于封装颜色信息。通常使用 Color 类设置窗体元素的颜色，使用 Paint 类绘制节点。

↑扫码看视频

17.3.1　设置颜色的方法

第一种方法是通过 color()设置颜色。

```
public static Color color(double red,
             double green,
             double blue)
```

或：

```
public static Color color(double red,
             double green,
             double blue,
             double opacity)
```

（1）red：表示 Color 对象的红色值，取值范围为 0.0～1.0。

（2）green：表示 Color 对象的绿色值，取值范围为 0.0～1.0。

（3）blue：表示 Color 对象的蓝色值，取值范围为 0.0～1.0。

（4）opacity：表示 Color 对象的透明度，取值范围为 0.0～1.0。

第二种方法是通过 rgb()设置颜色。

```
public static Color rgb(int red,
        int green,
        int blue)
```

或：

```
public static Color rgb(int red,
        int green,
        int blue,
        double opacity)
```

（1）red：表示 Color 对象的红色值，取值范围为 0～255。

（2）green：表示 Color 对象的绿色值，取值范围为 0～255。

（3）blue：表示 Color 对象的蓝色值，取值范围为 0～255。

（4）opacity：表示 Color 对象的透明度，取值范围为 0.0～1.0。

第三种方法是通过设置灰度的方法 gray()来设置颜色。

```
public static Color gray(double gray,
           double opacity)
```

或：

```
public static Color gray(double gray)
```

（1）gray：表示 Color 对象的灰度值，取值范围为 0.0（黑色）～1.0（白色）。

（2）opacity：表示 Color 对象的透明度，取值范围为 0.0～1.0。

第四种方法是通过色相、饱和度和亮度（即 hsb()方法）设置颜色。

```
public static Color hsb(double hue,
        double saturation,
        double brightness,
        double opacity)
```

或：

```
public static Color hsb(double hue,
        double saturation,
        double brightness
```

（1）hue：色相。

（2）saturation：饱和度，取值范围为 0.0~1.0。

（3）brightness：亮度，取值范围为 0.0~1.0。

（4）opacity：透明度级别，取值范围为 0.0~1.0。

第五种方法是通过 web() 设置颜色，创建一个用 HTML 或 CSS 属性字符串指定的 RGB 颜色。

```
public static Color web(java.lang.String colorString,
            double opacity)
```

或：

```
public static Color web(java.lang.String colorString)
```

这种颜色设置方法支持如下所示的格式。

（1）任何标准的 HTML 颜色名称。

（2）HTML 长或短格式的十六进制字符串，可选十六进制透明度。

（3）RGB（R，G，B）或 RGBA（R，G，B，A）格式字符串。R、G 或 B 的值可以是 0~255 的一个整数，或者是一个浮点数。如果存在 alpha 分量，则浮点值的范围为 0~1。

（4）HSL（H，S，L）或高强度（H，S，L，A）格式字符串。

在表 17-1 中，左侧列出了 Web 格式颜色，右侧列出了左侧等效功能的代码。

表 17-1   颜色设置对比

Web 格式颜色	同样的功能
Color.web("orange");	Color.ORANGE
Color.web("0xff668840");	Color.rgb(255, 102, 136, 0.25)
Color.web("0xff6688");	Color.rgb(255, 102, 136, 1.0)
Color.web("#ff6688");	Color.rgb(255, 102, 136, 1.0)
Color.web("#f68");	Color.rgb(255, 102, 136, 1.0)
Color.web("rgb(255,102,136)");	Color.rgb(255, 102, 136, 1.0)
Color.web("rgb(100%,50%,50%)");	Color.rgb(255, 128, 128, 1.0)
Color.web("rgb(255,50%,50%,0.25)");	Color.rgb(255, 128, 128, 0.25)
Color.web("hsl(240,100%,100%)");	Color.hsb(240.0, 1.0, 1.0, 1.0)
Color.web("hsla(120,0%,0%,0.25)");	Color.hsb(120.0, 0.0, 0.0, 0.25)

17.3.2 使用 RGB 方式设置颜色

实例 17-5	使用 RGB 方式设置颜色 源码路径： daima\017\src\RGB.java	

实例文件 RGB.java 的主要实现代码如下所示。

```
public class RGB extends Application {
    public static void main(String[] args) {
        Application.launch(args);
    }
    @Override
    public void start(Stage primaryStage) {
        primaryStage.setTitle("Drawing Text");
        Group root = new Group();
        Scene scene = new Scene(root, 300,
        250, Color.WHITE);                      //白色的矩形区域
        int x = 100;                            //定位x坐标
        int y = 100;                            //定位y坐标
        int red = 30;                           //红色值
        int green = 40;                         //绿色值
        int blue = 50;                          //蓝色值
        Text text = new Text(x, y, "JavaFX 2.0");  //创建显示的文本对象text
```

范例 17-5-01：在垂直方向设置 4 个矩形

源码路径：演练范例\17-5-01\

范例 17-5-02：设置 VBox 的间距

源码路径：演练范例\17-5-02\

```
            text.setFill(Color.rgb(red, green, blue, .99));    //填充颜色
            text.setRotate(60);                                //旋转文本60度
            root.getChildren().add(text);                      //添加文本
            primaryStage.setScene(scene);
            primaryStage.show();
        }
    }
```

执行效果如图 17-11 所示。

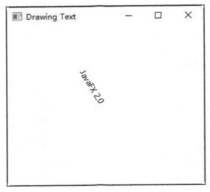

图 17-11　执行效果

17.3.3　使用 Web 方式设置颜色

实例 17-6　使用 Web 方式设置颜色

源码路径：

daima\017\src\WEB.java

实例文件 WEB.java 的主要实现代码如下所示。

```
    //省略部分代码
    public void start(Stage stage) {
        Scene scene = new Scene(new Group());
        stage.setTitle("Label Sample");    //设置窗体标题
        stage.setWidth(400);               //设置窗体宽度
        stage.setHeight(180);              //设置窗体高度
        HBox hbox = new HBox();
        //添加文字
        Label label1 = new Label("使用Web方式设置颜色，设置的颜色是：#0076a3");
        label1.setTextFill(Color.web("#0076a3"));    //设置文字颜色
        hbox.setSpacing(10);                         //设置上下间距
        hbox.getChildren().add((label1));            //将文字放在窗体中
        ((Group) scene.getRoot()).getChildren().add(hbox);
        stage.setScene(scene);
        stage.show();
    }
```

> 范例 17-6-01：使用 RGB 颜色
> 源码路径：演练范例\17-6-01\
> 范例 17-6-02：使用颜色的名称
> 源码路径：演练范例\17-6-02\

执行效果如图 17-12 所示。

图 17-12　执行效果

17.4 绘制文字

知识点讲解：视频\第 17 章\绘制文字.mp4

↑扫码看视频

在 JavaFX 框架中，可以使用 Text 包中的类在窗体中绘制文本，Text 包的位置是 javafx.scene.text。text 包主要有 Text 和 Font 两个类，本节将详细讲解这两个类的使用方法。

17.4.1 Text 包概述

1. Text 类的方法

在 JavaFX 框架中，文本 Text 类的具体结构如下所示：

```
java.lang.Object
        javafx.scene.Node
                javafx.scene.shape.Shape
                        javafx.scene.text.Text
```

javafx.scene.text.Text 类的常用方法如下所示。

（1）public final void setText（java.lang.String value）：用于设置属性文本值，默认值为空。

（2）public final java.lang.String getText()：用于获取属性文本值，默认值为空。

（3）public final StringProperty textProperty()：定义要显示的字符串文本，默认值为空。

（4）public final void setX(double value)：用于设置文本原点的 x 坐标，默认值为 0。

（5）public final double getX()：用于获取文本原点的 x 坐标，默认值为 0。

（6）public final void setY（double value）：用于设置文本原点的 y 坐标，默认值为 0。

（7）public final double getY()：用于获取文本原点的 y 坐标，默认值为 0。

（8）public final void setFont（Font value）：设置显示文本的字体。

（9）public final void setTextAlignment（TextAlignment value）：用于设置文本的水平对齐方式。

2. Font 类的方法

在 JavaFX 框架中，Font 类的具体结构如下所示：

```
java.lang.Object
        javafx.scene.text.Font
```

在 Java 程序中，可以使用 javafx.scene.text.Font 类创建一个指定的字体。Font 实例可以用本身的构造方法或者静态方法来构建，也可以用本身的名字、字体粗细、字体形态和大小来描述，例如 Times、Courier 和 Arial 是字体名字的示例。可以通过调用静态方法 getFamilies()获得一个可用的字体名字列表。List 是一个为列表定义通用方法的接口，ArrayList 是 List 的具体实现。字体形态是 FontPosture.ITALIC 和 FontPosture.REGULAR 两个常量。

javafx.scene.text.Font 类中的常用方法如下所示。

（1）public static Font getDefault()：获取默认字体。

（2）public static java.util.List<java.lang.String> getFontNames()：获取所有安装在当前用户系统中的字体名称，包括所有的字体。

（3）public static Font font（java.lang.String family，FontWeight weight，FontPosture posture，double size）：搜索字体系统，返回一个指定格式的字体。注意，该方法并一定会返回一个具体的字体。

（4）family：字体系列。它与 CSS 中的字体系列是一样的。

（5）weight：字体粗细。它与 CSS 中的字体粗细一样。

（6）posture：设置字体的姿势，例如斜体。

（7）size：设置字体的大小，如果设置的值小于 0 则使用默认大小。

（8）public final java.lang.String getName()：用于获取字体的全名。

17.4.2　绘制指定样式的文本

下面的实例代码演示了在窗体中绘制指定样式文本的过程。

实例 17-7	绘制指定样式的文本 源码路径： daima\017\src\Zi.java	

实例文件 Zi.java 的主要实现代码如下所示。

```
public void start(Stage primaryStage) {
    primaryStage.setTitle("");
    Group root = new Group();
    Scene scene = new Scene(root, 300, 250, Color.WHITE);      //设置窗体大小
    Group g = new Group(); //创建Group对象g
    Text t = new Text();      //创建文本对象text
    t.setCache(true);
    t.setX(10.0);               //设置文本起始位置的x坐标
    t.setY(70.0);               //设置文本起始位置的y坐标
    t.setFill(Color.RED);    //设置文本的颜色
    t.setText("JavaFX");     //设置文本的内容
    t.setFont(Font.font("Courier New",
    FontWeight.BOLD, 32));         //分别设置文本的字体、粗细和大小
    g.getChildren().add(t);    //将文本对象添加到Group对象g
    root.getChildren().add(g);
    primaryStage.setScene(scene);
    primaryStage.show();
}
```

> 范例 17-7-01：旋转显示的文字
> 源码路径：演练范例\17-7-01\
> 范例 17-7-02：设置文字的字体
> 源码路径：演练范例\17-7-02\

执行效果如图 17-13 所示。

图 17-13　执行效果

17.5　绘制不同的形状

知识点讲解：视频\第 17 章\绘制形状.mp4

在 JavaFX 框架中，可以使用 Shape 类在窗体场景中绘制线条、圆、椭圆等形状。Shape 类是一个抽象基类，定义了所有形状的共同属性。这些属性有 fill、stroke、strokeWidth。其中，fill 属性指定填充形状内部区域的颜色，Stroke 属性指定形状边缘的颜色，strokeWidth 属性用于指定形状边缘的宽度。本节将详细讲解使用 Shape 类绘制各种形状的过程。

↑扫码看视频

17.5.1　使用 Line 绘制线条

在 JavaFX 框架中，使用 javafx.scene.shape.Line 类可以绘制线条。当使用 Line 在窗体中执

行绘制操作时，需要使用屏幕坐标空间（系统）来渲染线条。屏幕坐标系将（0，0）放在左上角，x 坐标沿着 x 轴移动。当从上到下移动点时，y 坐标值随之增加。

在 JavaFX 框架中，要创建不同类型的线条，可以设置其继承父 javafx.scene.shape.Shape 类的属性。表 17-2 显示了可以在一个线条上设置的属性。

表 17-2 可以在线条上设置的属性

属性	数据类型/说明
fill	javafx.scene.paint.Paint：用于填充形状内的颜色
smooth	Boolean：默认是 true，表示打开反锯齿；false 表示关闭反锯齿
strokeDashOffset	Double：将距离设置为虚线模式
strokeLineCap	javafx.scene.shape.StrokeLineCap：在线或路径的末尾设置帽样式，有如下 3 种风格。 ❑ StrokeLineCap.BUTT ❑ StrokeLineCap.ROUND ❑ StrokeLineCap.SQUARE
strokeLineJoin	javafx.scene.shape.StrokeLineJoin：当线条相遇时设置装饰，有如下 3 种类型。 ❑ StrokeLineJoin.MITER ❑ StrokeLineJoin.BEVEL ❑ StrokeLineJoin.ROUND
strokeMiterLimit	Double：设置斜角连接的限制以及斜角连接装饰 StrokeLineJoin.MITER
stroke	javafx.scene.paint.Paint：设置形状线条的颜色
strokeType	javafx.scene.shape.StrokeType：设置 Shape 节点的周围描边的位置，有如下 3 种类型。 ❑ StrokeType.CENTERED ❑ StrokeType.INSIDE ❑ StrokeType.OUTSIDE
strokeWidth	Double：设置线的宽度

javafx.scene.shape.Line 类中常用的方法和属性如下所示。

（1）属性 startX：起点的 x 坐标。

（2）属性 startY：起点的 y 坐标。

（3）属性 endX：终点的 x 坐标。

（4）属性 endY：终点的 y 坐标。

（5）方法 public Line()：创建一个空的 Line 对象。

（6）方法 public Line（double startX，double startY，double endX，double endY）：使用指定起点和终点绘制一个 Line 对象。

实例 17-8　使用 Line 绘制直线
源码路径：daima\017\src\HLine.java

实例文件 HLine.java 的主要实现代码如下所示。

```
public void start(Stage stage) {
    VBox box = new VBox();
    final Scene scene = new Scene(box,300, 250);    //窗体大小
    scene.setFill(null);
    ①Line line = new Line(); //绘制线条
    line.setStartX(0.0f);      //起始x坐标
    line.setStartY(0.0f);      //起始y坐标
    line.setEndX(100.0f);      //终点x坐标
    ②line.setEndY(100.0f); //终点y坐标
    box.getChildren().add(line);
    stage.setScene(scene);
    //使用setter方法设置开始和结束坐标
```

范例 17-8-01：实现文字特效
源码路径：演练范例\17-8-01\
范例 17-8-02：实现文本反射效果
源码路径：演练范例\17-8-02\

```
            stage.show();
    }
```

①②在自定义面板类创中创建一条直线，并将直线的起点和终点与面板的宽度和高度绑定。当调整面板大小的时候，直线上两个点的位置也会发生相应的变化。执行效果如图 17-14 所示。

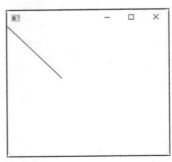

图 17-14　执行效果

17.5.2　使用 Rectangle 绘制矩形

在 JavaFX 框架中，使用 javafx.scene.shape.Rectangle 类绘制矩形。这通过参数 x、y、width、height、arcWidth 以及 arcHeight 属性进行定义。矩形的左上角点处于 (x，y)，参数 aw（arcWidth）表示圆角处弧的水平直径，ah（arcHeight）表示圆角处弧的垂直直径。

下面的实例程序创建了多个矩形，因为默认的填充颜色是黑色，所以矩形填充为黑色。画笔的默认颜色是白色。

实例 17-9	绘制多个样式的矩形	
	源码路径：	
	daima\017\src\LRectangle.java	

实例文件 LRectangle.java 的主要实现代码如下所示。

```
    public void start(Stage primaryStage) {
        // 创建Rectangle对象
①      Rectangle r1 = new Rectangle(25, 10, 60, 30);
        r1.setStroke(Color.BLACK);
        r1.setFill(Color.WHITE);
②      Rectangle r2 = new Rectangle(25, 50, 60, 30);
③      Rectangle r3 = new Rectangle(25, 90, 60, 30);
        r3.setArcWidth(15);
        r3.setArcHeight(25);

        //创建group对象，并在其中添加节点元素
        Group group = new Group();
        group.getChildren().addAll(new Text(10, 27, "r1"), r1,
          new Text(10, 67, "r2"), r2, new Text(10, 107, "r3"), r3);

        for (int i = 0; i < 4; i++) {
④          Rectangle r = new Rectangle(100, 50, 100, 30);
⑤          r.setRotate(i * 360 / 8);
⑥          r.setStroke(Color.color(Math.random(), Math.random(), Math.random()));
⑦          r.setFill(Color.WHITE);
⑧          group.getChildren().add(r);
        }

        //创建一个scene对象并放在stage中
        Scene scene = new Scene(new BorderPane(group), 250, 150);
        primaryStage.setTitle("ShowRectangle");    // 设置标题
        primaryStage.setScene(scene);              // 将scene放到stage中
        primaryStage.show();                       // 显示stage
    }
```

> 范例 17-9-01：绘制一个基本的矩形
> 源码路径：演练范例\17-9-01\
> 范例 17-9-02：绘制一个圆角矩形
> 源码路径：演练范例\17-9-02\

在①，创建第一个矩形对象 r1，设置矩形 r1 的线条颜色为黑色。

在②，创建第二个矩形对象 r2。由于没有设置矩形 r2 的线条颜色，所以默认为白色。

在③，创建第三个矩形对象 r3，并设置它的弧宽度和高度（下面的两行代码）。这样 r3 显示为一个圆角矩形。

在④，使用 for 循环程序创建一个矩形。

在⑤，旋转 for 循环创建的矩形。

在⑥，将 for 循环创建的矩形设置为随机的线条颜色。

在⑦，将 for 循环创建的矩形的填充颜色设置为白色。如果这行代码由"r.setFill（null），"所替代，则矩形将不会填充颜色。

在⑧，将 for 循环创建的矩形添加到面板上。执行效果如图 17-15 所示。

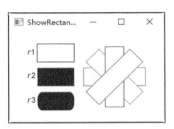

图 17-15　执行效果

17.5.3　使用 Circle 类绘制圆

在 JavaFX 框架中，使用 javafx.scene.shape.Circle 类绘制圆形。一个圆由参数 centerX、centerY 以及 radius 进行定义。Circle 类的常用属性和方法如下所示。

（1）属性 centerX：圆心的 x 坐标，默认为 0。

（2）属性 centerY：圆心的 y 坐标，默认为 0。

（3）属性 radius：圆的半径，默认为 0。

（4）属性 fill：圆指定的填充颜色。

（5）方法 public Circle（double radius）：创建一个指定半径的 Circle 对象。

（6）public Circle（double radius，Paint fill）：创建一个指定半径和填充色的 Circle 对象。

（7）public Circle()：创建一个空的 Circle 对象。

（8）public Circle（double centerX，double centerY，double radius）：在指定位置创建一个指定半径的 Circle 对象。

（9）public Circle（double centerX，double centerY，double radius，Paint fill）：在指定位置创建一个指定半径和填充颜色的 Circle 对象。

实例 17-10	使用 Circle 绘制圆 源码路径： daima\017\src\ControlCircle.java			

实例文件 ControlCircle.java 的主要实现代码如下所示。

```
public void start(Stage primaryStage) {
    StackPane pane = new StackPane();
    Circle circle = new Circle(50);
    //绘制一个圆，半径是50
    circle.setStroke(Color.BLACK);
    //设置圆的线条颜色是黑色
    circle.setFill(Color.WHITE);
    //设置圆的填充颜色是白色
    pane.getChildren().add(circle);
    HBox hBox = new HBox();
    hBox.setSpacing(10);
    hBox.setAlignment(Pos.CENTER);
    Button btEnlarge = new Button("Enlarge");
    Button btShrink = new Button("Shrink");
    hBox.getChildren().add(btEnlarge);
    hBox.getChildren().add(btShrink);
    BorderPane borderPane = new BorderPane();
    borderPane.setCenter(pane);
    borderPane.setBottom(hBox);
```

范例 17-10-01：绘制一个指定的圆形
源码路径：演练范例\17-10-01\
范例 17-10-02：绘制一个阴影圆形
源码路径：演练范例\17-10-02\

//创建HBox布局对象hBox
//设置hBox的边距
//设置元素居中对齐
//创建按钮对象btEnlarge
//创建按钮对象btShrink
//将按钮btEnlarge添加到hBox
//将按钮btShrink添加到hBox
//创建BorderPane对象borderPane
//设置borderPane居中显示

```
          BorderPane.setAlignment(hBox, Pos.CENTER);        //设置BorderPane对象居中显示
          Scene scene = new Scene(borderPane,200,150);       //创建指定大小的Scene
          primaryStage.setTitle("ControlCircle");            //设置窗体标题
          primaryStage.setScene(scene);
          primaryStage.show();                               //显示窗体
      }
```

执行效果如图 17-16 所示。

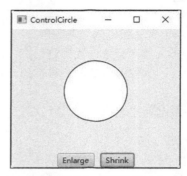

图 17-16　执行效果

17.6　课　后　练　习

（1）编写一个 Java 程序，绘制简单的线条。

（2）编写一个 Java 程序，设置指定样式的笔触。

第 18 章

JavaFX 图像、布局和组件

在前面的内容中，讲解了使用 JavaFX 框架的基础知识。本章将进一步讲解 JavaFX 桌面开发的知识，主要包括图像显示、UI 布局和基本组件等知识。

本章内容

▶▶ 显示图像
▶▶ 界面布局
▶▶ 使用 JavaFX UI 组件

18.1 显 示 图 像

知识点讲解：视频\第 18 章\使用 image 显示图像.mp4

在 JavaFX 框架中，可以使用 image 包中的类在窗体场景中显示图像。在现实应用中，我们最常用的类主要有 Image 和 ImageView。本节将详细讲解在 JavaFX 窗体中显示图像的方法。

↑扫码看视频

18.1.1 使用 Image 类显示图像

在 JavaFX 框架中，javafx.scene.image.Image 类表示一个图像，从一个特定文件名或者 URL 地址中载入一个图像。下面代码的功能是使用当前程序文件中 image 目录下的 us.gif 图像文件创建一个 Image 对象。

```
new Image ("image/us.gif")
```

下面代码的功能是使用 Web 中相应 URL 地址的图像文件创建一个 Image 对象。

```
new Image("http://www.c s.armstrong.edu/liang/")
```

javafx.scene.image.Image 类中常用的属性和方法如下所示。

（1）属性 error：显示图像是否正确载入，默认值是 false。

（2）属性 height：图像的高度。

（3）属性 width：图像的宽度。

（4）属性 progress：已经完成图像载入的大致百分比。

（5）方法 public Image（java.lang.String url）：创建一个内容来自 URL 地址的 Image 对象。

（6）方法 public Image（java.lang.String url，boolean backgroundLoading）：使用指定参数创建一个 Image 对象，其中参数 url 表示图像的 URL 地址，参数 backgroundLoading 表示是否加载图像的背景。

（7）方法 public Image（java.lang.String url，double requestedWidth，double requestedHeight，boolean preserveRatio，boolean smooth）：使用指定参数创建一个 Image 对象。其中参数 url 表示图像的 URL 地址，参数 requestedwidth 表示图像边框的宽度，参数 requestedheight 表示图像边框的高度，参数 preserveratio 设置在放入窗体时是否保留原图像的纵横缩放比例，smooth 设置在缩放此图像以适应指定边框时是否使用更好的质量筛选算法或更快的筛选算法来实现平滑效果。

（8）方法 public Image（java.lang.String url，double requestedWidth，double requestedHeight，boolean preserveRatio，boolean smooth，boolean backgroundLoading）：使用指定参数创建一个 Image 对象，同名参数的含义与前面方法中的相同。

（9）方法 public Image（java.io.InputStream is）：功能是创建一个从指定输入流加载的 Image 图像对象。参数 is 表示将加载的图像流。

（10）方法 public Image（java.io.InputStream is，double requestedWidth，double requestedHeight，boolean preserveRatio，boolean smooth）：使用指定参数创建一个 Image 对象，同名参数的含义与前面方法中的相同。

下面的实例加载了一个指定图像，并设置它的宽度为 100、高度为 150，同时保留原来的纵横比，使用更快的过滤方法。

实例 18-1	加载设置指定的图像文件	
	源码路径：	
	daima\018\LImage.java	

实例文件 LImage.java 的主要实现代码如下所示。

```
public void start(Stage primaryStage) {
    //创建一个pane对象
    Pane pane = new HBox(10);
    pane.setPadding(new Insets(5, 5, 5, 5));
    //设置填充边距
    Image image = new Image("123.jpg",100,
    150, false, false);   //新建图像对象image
    pane.getChildren().add(new ImageView(image));
    Scene scene = new Scene(pane);
    primaryStage.setTitle("ShowImage");        //设置标题
    primaryStage.setScene(scene);
    primaryStage.show();                       //显示stage
}
```

> 范例 18-1-01：显示网络图像
> 源码路径：演练范例\18-1-01\
> 范例 18-1-02：获取指定坐标的像素颜色
> 源码路径：演练范例\18-1-02\

执行后的效果如图 18-1 所示。

图 18-1　执行效果

18.1.2　使用 ImageView 显示图像

在 JavaFX 框架中，javafx.scene.image.ImageView 类是一个用于显示图像的节点。ImageView 类可以从 Image 对象产生。下面代码的功能是利用一个图像文件创建一个 ImageView 对象。

```
Image image=new Image("mage/us.gif");
ImageView imageView=new ImageView(image);
```

另外，也可以直接利用一个文件或者 URL 创建一个 ImageView，例如下面的演示代码。

```
ImageView imageView=new ImageView("image/us.gif");
```

javafx.scene.image.ImageView 类中常用的属性和方法如下所示。

（1）属性 fitHeight：改变图像大小，使之显示有适合高度的边界框。

（2）属性 fitWidth：改变图像大小，使之显示有适合宽度的边界框。

（3）属性 preserveratio：在载入窗体时设置是否保留原图像的纵横缩放比例。

（4）属性 smooth：在缩放此图像以适应指定边框时，设置是否使用更好的质量筛选算法或更快的筛选算法来实现平滑效果。

（5）属性 viewport：图像的矩形窗口。

（6）属性 x：ImageView 原点的 x 坐标。

（7）属性 y：ImageView 原点的 y 坐标。

（8）方法 public ImageView()：创建一个 ImageView 对象。

（9）方法 public ImageView（java.lang.String url）：根据 URL 地址创建一个 ImageView 对象。

（10）方法 public ImageView（Image image）：使用给定的图像分配一个新的 ImageView 对象，

参数 image 表示用到的图像。

下面的实例分别使用 Image 类和 ImageView 类在 3 个图像视图中显示同一幅图像。

实例 18-2	在 3 个视图中显示同一幅图像 源码路径： daima\018\LImageView.java	

实例文件 LImageView.java 的主要实现代码如下所示。

```java
public void start(Stage primaryStage) {
    //创建一个pane对象，并放在图像视图中
    Pane pane = new HBox(10);
    pane.setPadding(new Insets(5, 5, 5, 5));
    //设置填充边距
    Image image = new Image("123.jpg");
    //新建图像对象image
    pane.getChildren().add(new ImageView(image));
    ImageView imageView2 = new ImageView(image);      //新建第二个图像视图
    imageView2.setFitHeight(100);                     //设置高度
    imageView2.setFitWidth(100);                      //设置宽度
    pane.getChildren().add(imageView2);
    ImageView imageView3 = new ImageView(image);      //新建第三个图像视图
    imageView3.setRotate(90);                          //旋转图片90度
    pane.getChildren().add(imageView3);
    Scene scene = new Scene(pane);
    primaryStage.setTitle("ShowImage");               //设置标题
    primaryStage.setScene(scene);                     //将创建的scene放在stage中
    primaryStage.show();                              //显示stage
}
```

> 范例 18-2-01：把像素写入图片中
> 源码路径：演练范例\18-2-01\
> 范例 18-2-02：使用字节数组
> 源码路径：演练范例\18-2-02\

执行后的效果如图 18-2 所示。

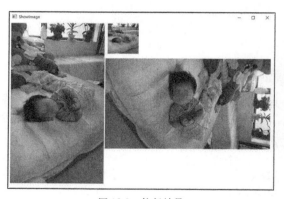

图 18-2　执行效果

18.2　界面布局

📹 知识点讲解：视频\第 18 章\使用面板实现界面布局.mp4

↑ 扫码看视频

在 JavaFX 框架中，可以使用内置的面板类实现界面布局功能，这些类都位于 javafx.scene.layout 包中。JavaFX 提供了多种类型的面板以在一个容器中组织节点，它们可以自动地将节点布局在希望的位置并设置为指定的大小。

在 JavaFX 程序中，可以使用表 18-1 所示的面板类实现界面布局功能。

表 18-1 面板类实现的界面布局

类	功能
Pane	布局面板的基类，通过内置方法 getChildren()返回面板的节点列表
StackPane	将节点放在面板中央，并且叠加在其他节点之上
FlowPane	将节点以水平方式一行一行地放置，或者以垂直方式一列一列地放置
GirdPane	将节点放在一个二维网格的单元中
BorderPane	将节点放在顶部、右边、底部、左边和中间区域
HBox	将节点放在单行中
VBox	将节点放在单列中

18.2.1 使用 Pane 的画布功能

在 JavaFX 框架中，javafx.scene.layout.Pane Pane 类是所有特定面板的基类，通常作为显示形状的一个画布。下面的实例在 javafx.scene.layout.Pane 类中绘制了一个圆。

实例 18-3 绘制一个圆
源码路径：
daima\018\ShowPane.java

实例文件 ShowPane.java 的主要实现代码如下所示。

```java
public void start(Stage primaryStage) {
    //绘制一个圆，并设置属性
    Circle circle = new Circle();
    //创建Circle对象circle，开始绘制一个圆
    circle.setCenterX(100);
    //设置圆心的x坐标
    circle.setCenterY(100);
    //设置圆心的y坐标
    circle.setRadius(50);
    //设置圆的半径是50
    circle.setStroke(Color.BLACK);     //设置绘制圆的线条颜色是黑色
    circle.setFill(null);              //设置圆的填充颜色，nuu表示白色
    //创建pane对象，并在里面绘制一个圆
    Pane pane = new Pane();
    pane.getChildren().add(circle);    //将创建的circle放在Pane中
    //创建scene对象并将其放在stage对象中
    Scene scene = new Scene(pane, 200, 200);   //设置场景的大小
    primaryStage.setTitle("ShowCircle");       //设置标题
    primaryStage.setScene(scene);              //将scene对象放到stage中
    primaryStage.show();                       //显示stage对象
}
```

范例 18-3-01：实现基本的布局
源码路径：演练范例\18-3-01\
范例 18-3-02：设置文本换行宽度
源码路径：演练范例\18-3-02\

上述代码创建了一个 Circle 对象，并将它的圆心设置在 (100，100) 处，同时这个坐标也是场景的中心，因为在使用 "Scene scene" 创建场景时给出的宽度和高度都是 200。再次提醒读者，在 Java 坐标系中，面板左上角的坐标是 (0，0)，而传统坐标系中的 (0，0) 位于窗体的中央。在 Java 坐标系中，x 坐标从左到右递增，y 坐标从上到下递增。本实例执行后的效果如图 18-3 所示。默认执行效果是圆在窗体的中间显示，当窗体大小改变后，圆不再居中显示。要窗体改变大小的时候依然居中显示这个圆，需要重新设置圆心的 x 和 y 坐标在面板的中央，此时可以通过设置属性绑定方法来实现。

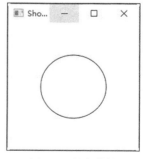

图 18-3 执行结果

18.2.2　使用 StackPane 实现特定面板功能

在 JavaFX 框架中，javafx.scene.layout.StackPane 类可以创建一个面板，在这个面板中可以放置按钮和文本等组件。下面的实例使用 StackPane 创建一个面板，然后在面板中放置一个按钮。

实例 18-4	**在面板中放置一个按钮** 源码路径： daima\018\LStack.java	

实例文件 LStack.java 的主要实现代码如下所示。

```
public void start(Stage primaryStage) {
    //创建scene对象，并在里面放一个按钮
    StackPane pane = new StackPane();
    pane.getChildren().add(new Button
("按钮"));
    Scene scene = new Scene(pane, 500, 200);
    primaryStage.setTitle("按钮是一个pane");
    //设置标题
    primaryStage.setScene(scene);
    primaryStage.show();
}
```

> 范例 18-4-01：将 QuadCurveTo 添加到路径
> 源码路径：演练范例\18-4-01\
> 范例 18-4-02：使用 Path、MoveTo 创建曲线
> 源码路径：演练范例\18-4-02\

上述代码创建了一个特定的面板 StackPane，然后将节点放置在 StackPane 面板的中央。每个 StackPane 面板都有一个容纳面板节点的列表，这个列表是 ObservableList 的实例，通过面板中的 getChildren()方法得到。也可以使用 add（node）方法将一个元素加到列表中，还可以使用 addAll（node1，node2,...）添加一系列节点到面板中。本实例执行后的效果如图 18-4 所示。

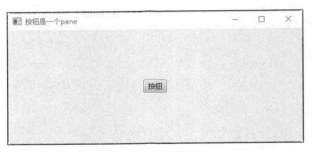

图 18-4　执行效果

18.2.3　使用 FlowPane 实现序列放置

在 JavaFX 框架中，javafx.scene.layout.FlowPane 类能够将面板里面的节点按照添加的次序，从左到右水平放置，或者从上到下垂直放置。当一行或者一列排满的时候，开始新的一行或者一列。例如，下面的实例在创建的 FlowPane 面板中同时添加了标签和文本域元素。

实例 18-5	**在面板中同时添加标签和文本** 源码路径： daima\018\LFlowPane.java	

实例文件 LFlowPane.java 的主要实现代码如下所示。

```
    public void start(Stage primaryStage) {
        //创建FlowPane面板对象pane并设置其属性
①    FlowPane pane = new FlowPane();
②    pane.setPadding(new Insets(11, 12, 13, 14));
③    pane.setHgap(5);
④    pane.setVgap(5);
        //在pane对象中放置标签和文本
⑤    pane.getChildren().addAll(new Label ("用户昵称:"),
⑥      new TextField(), new Label("MI:"));
⑦    TextField tfMi = new TextField();
```

> 范例 18-5-01：使用 FlowPane 布局
> 源码路径：演练范例\18-5-01\
> 范例 18-5-02：FlowPane 布局演练
> 源码路径：演练范例\18-5-02\

```
⑧      tfMi.setPrefColumnCount(1);
⑨      pane.getChildren().addAll(tfMi, new Label("用户密码:"),
⑩        new TextField());
       //创建Scene对象scene，并放在stage中
⑪      Scene scene = new Scene(pane, 200, 250);
       primaryStage.setTitle("ShowFlowPane");    //设置标题
       primaryStage.setScene(scene);
       primaryStage.show();                      //显示stage
     }
```

在①，创建了一个 FlowPane 对象 pane。

在②，采用 Insets 对象设置其 padding 属性，Insets 对象指定了面板边框的大小。构造方法 Insets (11，12，13，14) 创建了一个 Insets 实例，它的边框大小（以像素为单位）分别是顶部 11、右边 12、底部 13、左边 14。当然，也可以使用构造方法 Insets（value）来创建 4 条边具有相同值的 Insets。

在③④，hGap 属性和 vGap 属性分别指定了面板中两个相邻节点之间的水平和垂直间隔。

在⑤，每个 FlowPane 都包含一个 ObservableList 对象以容纳节点。可以使用 getChildren()方法返回该列表。在 FlowPane 面板中，可以使用 add（node）或者 addAll（node1，node2，…）方法将一个节点添加到其列表中。也可以使用 remove（node）方法从列表中移除一个节点，或者使用 removeAll()方法移除面板中的所有节点。

在⑥～⑩，程序将标签和文本域添加到面板中。

在⑦，创建一个 TextField 对象 tfMi。

在⑧，调用 tfMi.setPrefColumnCount（1）将 MI 文本域的期望列数设置为 1。为 MI 的 TextField 对象声明了一个显式引用 tfMi。设置这个显式引用很有必要，因为我们需要直接引用这个对象来设置它的 prefColumnCount 属性。

在⑪，与本行后面的代码将面板加入场景中，然后将场景设置到窗体舞台，最后显示当前的窗体舞台。注意，如果修改窗体的大小，则这些节点会自动重新组织来适应面板。最终的执行效果如图 18-5 所示。

图 18-5 执行结果

❋ 注意：假设将对象 tfMi 重复 10 次加入面板中，是否会有 10 个文本域出现在面板中呢？

当然不会，文本域这样的节点在一个面板中只能加一次。如果将一个节点加入一个面板中多次或者加入不同面板中，将引起运行时错误。

18.2.4 使用 GridPane 实现网格布局

在 JavaFX 框架中，javafx.scene.layout.GridPane 类能够将面板中的节点精确地布局在一个网格中。例如，下面的实例使用了 GridPane 布局方式，分别将 3 个标签、3 个文本域和 1 个按钮添加到网格的特定位置。

实例 18-6	将 3 个标签、3 个文本域和 1 个按钮添加到网格中的特定位置 源码路径： daima\018\LGrid.java	

实例文件 LGrid.java 的主要实现代码如下所示。

```
public void start(Stage primaryStage) {
     //创建一个GridPane对象pane，并设置它的属性
①    GridPane pane = new GridPane();
②    pane.setAlignment(Pos.CENTER);
     pane.setPadding(new Insets
     (11.5, 12.5, 13.5, 14.5));
     pane.setHgap(5.5);
```

范例 18-6-01：请输入用户名
源码路径：演练范例\18-6-01\

范例 18-6-02：会员登录系统界面
源码路径：演练范例\18-6-02\

```
                pane.setVgap(5.5);

                //在pane对象中放置节点元素
③               pane.add(new Label("用户名："), 0, 0);
                pane.add(new TextField(), 1, 0);
                pane.add(new Label("MI:"), 0, 1);
                pane.add(new TextField(), 1, 1);
                pane.add(new Label(密码："), 0, 2);
                pane.add(new TextField(), 1, 2);
                Button btAdd = new Button("添加名字");
④               pane.add(btAdd, 1, 3);
⑤               GridPane.setHalignment(btAdd, HPos.RIGHT);
                //创建Scene对象scene，并放在stage中
⑥               Scene scene = new Scene(pane);
                primaryStage.setTitle("ShowGridPane");      //设置标题
                primaryStage.setScene(scene);               //将scene放到stage中
                primaryStage.show();                        //显示stage
        }
```

在①，创建一个 GridPane 对象，然后在后面的 4 行代码中设置显示属性。

在②，设置 GridPane 的对齐方式为居中位置，这样里面的节点将居中放置在网格面板中央。这时如果改变窗体的大小，里面的元素节点依然会位于网格面板的居中位置。

在③，将标签放置在第 0 列第 0 行，列和行的索引从 0 开始，通过 Add()方法将一个节点放在特定的列和行中。在此需要注意，并不是网格中的每个单元格都需要填充。

在④，将一个按钮放置在第 1 列第 3 行，但是第 0 列第 3 行没有节点。如果要从 GridPane 中移除一个节点，那么需要使用 pane.getChildren().remove (node) 方法属性。如果要移除所有节点，那么需要使用 pane. getChildren().removeAll()方法来实现。

在⑤，调用静态方法 setHalignment()，设置单元格中的按钮为右对齐。

在⑥，因为没有场景大小，所以根据其中的节点大小自动计算场景。

本实例最终的执行效果如图 18-6 所示。

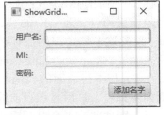

图 18-6　执行结果

18.2.5　使用 BorderPane 实现区域布局

在 JavaFX 框架中，javafx.scene.layout.BorderPane 类可以将面板里面的节点元素放在顶部、底部、左边、右边以及中间 5 个区域。例如，下面实例代码的功能是将 5 个按钮分别放置在 BorderPane 面板的 5 个区域。

实例 18-7　将 5 个按钮分别放置在 BorderPane 面板的 5 个区域
源码路径：
daima\018\LBorderPane.java

实例文件 LBorderPane.java 的主要实现代码如下所示。

```
public class LBorderPane extends Application {
  @Override
  public void start(Stage primaryStage) {
        //创建一个BorderPane对象pane
①       BorderPane pane = new BorderPane();
        //在BorderPane对象pane中放置节点
②       pane.setTop(new CustomPane("Top"));
③       pane.setRight(new CustomPane("Right"));
④       pane.setBottom(new CustomPane("Bottom"));
⑤       pane.setLeft(new CustomPane("Left"));
⑥       pane.setCenter(new CustomPane("Center"));

        //创建一个Scene对象scene，并将其置在stage里面
        Scene scene = new Scene(pane);
```

范例 18-7-01：将按钮添加到 BorderPane
源码路径：演练范例\18-7-01\
范例 18-7-02：绑定 BorderPane 的宽度和高度
源码路径：演练范例\18-7-02\

```
        primaryStage.setTitle("ShowBorderPane"); //设置标题
        primaryStage.setScene(scene); //将scene对象实例放在stage中
        primaryStage.show(); //显示stage
     }
  }
  //自定义一个pane对象，设置里面的文本标记显示在各个节点的中间
⑦ class CustomPane extends StackPane {
        public CustomPane(String title) {
⑧       getChildren().add(new Label(title));
⑨       setStyle("-fx-border-color: red");        //设置边框颜色
⑩       setPadding(new Insets(11.5, 12.5, 13.5, 14.5));
     }
  }
```

在①，创建一个 BorderPane 对象 pane。

在②～⑥，将 CustomPane 的 5 个实例分别放入边框面板（border pane）的 5 个区域中。此处需要注意，由于面板是一个节点，所以面板可以加入另一个面板中。调用 setTop（null）可将一个节点从顶部区域移除。如果一个区域没有被占据，则不会分配空间给这个区域。

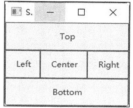

在⑦，定义了继承 StackPanede 的 CustomPane 类。

在⑧，在 CustomPane 的构造方法中加入一个具有特定标题的标签。

在⑨，为边框颜色设置样式。

在⑩，使用 insets() 方法设置边框的内边距。

本实例的执行效果如图 18-7 所示。

图 18-7　执行效果

18.2.6　使用 HBox 和 VBox

1. 使用 HBox 实现水平布局

在 JavaFX 框架中，javafx.scene.layout.HBox 类可以将面板里面的节点元素布局在单个水平行中。前面学习的 FlowPane 可以将里面的子节点布局在多行或者多列中，但是一个 HBox 只能把面板里面的子节点布局在一行中。

2. 使用 VBox 实现垂直布局

在 JavaFX 框架中，javafx.scene.layout.VBox 类可以将面板里面的节点元素布局在单个垂直列中。前面学习的 FlowPane 可以将面板里面的子节点布局在多行或者多列中，但是一个 VBox 只能把面板里面的子节点布局在一列中。

例如，下面的实例同时使用了 HBox 和 VBox 布局，将两个按钮放在一个 HBox 中，将 5 个标签放在一个 VBox 中。

实例 18-8	使用 VBox 实现垂直布局
	源码路径： daima\018\LHBoxVBox.java

实例文件 LHBoxVBox.java 的主要实现代码如下所示。

```
public class LHBoxVBox extends Application {
  @Override
  public void start(Stage primaryStage) {
    BorderPane pane = new BorderPane();        //创建一个BorderPane对象pane
    pane.setTop(getHBox()); //将节点元素放在pane对象中
    pane.setLeft(getVBox());
    //创建一个Scene对象scene，并放在stage中
    Scene scene = new Scene(pane);
    primaryStage.setTitle("ShowHBoxVBox");//设置标题
    primaryStage.setScene(scene);
      //将scene放在stage中
    primaryStage.show();                //显示stage
  }
```

> 范例 18-8-01：设置 VBox 的间距
> 源码路径：演练范例\18-8-01\
> 范例 18-8-02：设置 VBox 填充和间距
> 源码路径：演练范例\18-8-02\

```
    //创建HBox布局方法
①   private HBox getHBox() {
    HBox hBox = new HBox(15);
    hBox.setPadding(new Insets(15, 15, 15, 15));
②   hBox.setStyle("-fx-background-color: gold");
    hBox.getChildren().add(new Button("小毛毛"));
    hBox.getChildren().add(new Button("好宝宝"));
    ImageView imageView = new ImageView(new Image("123.jpg"));
    hBox.getChildren().add(imageView);
    return hBox;
    }
    //创建VBox布局方法
③   private VBox getVBox() {
    VBox vBox = new VBox(15);
    vBox.setPadding(new Insets(15, 5, 5, 5));
④   vBox.getChildren().add(new Label("宝宝特点"));
    Label[] courses = {new Label("活泼"), new Label("可爱"),
        new Label("聪明"), new Label("健康")};
    for (Label course: courses) {
⑤       VBox.setMargin(course, new Insets(0, 0, 0, 15));
⑥       vBox.getChildren().add(course);
    }
    return vBox;
    }
```

在①，定义方法 getHBox()返回包含两个按钮和一个图像视图的 HBox。

在②，使用 CSS 设置 HBox 的背景颜色为金色。

在③，定义方法 getVBox()返回包含了 5 个标签的 VBox。

在④，将第一个标签加入 VBox 中。

在⑤，使用 setMargin()方法，在节点加入 Vbox 时设置节点外边距。

在⑥，将其他 4 个标签加入 VBox 中。

本实例的执行效果如图 18-8 所示。

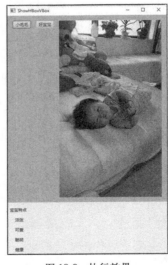

图 18-8　执行效果

18.3　使用 JavaFX UI 组件

📹 知识点讲解：视频\第 18 章\使用 JavaFX UI 组件.mp4

UI 是 User Interface 的缩写，即用户界面。而组件则是指我们将一段或几段完成各种功能的代码封装为一个或几个独立的模块（module）。用户界面组件就是封装一个或几个 UI 功能的模块。在图形用户界面（GUI）应用程序中，这些组件是快速开发 UI 程序的最大利器，前面用到的按钮、文本和标签等都是组件。

↑ 扫码看视频

18.3.1 使用标签组件

在 JavaFX 框架中，标签 javafx.scene.control.Label 类是一个显示小段文字、一个节点或同时显示两者的区域。标签经常给其他组件（通常为文本域）做搭配标记。JavaFX 中的标签和按钮共享许多属性，这些共同属性定义在 javafx.scene.control.Labeled 类中。

Labeled 类中主要包含如下所示的属性和方法。

（1）属性 text：在标签中显示的文本。

（2）属性 alignment：设置 Labeled 中文本和节点的对齐方式。

（3）属性 graphic：设置 Labeled 中的图片，此属性可以是任何一个节点，比如一个形状、一个图像或者一个组件。

（4）属性 underline：设置文本是否需要加下划线。

（5）属性 contentDisplay：使用 ContentDisplay 中定义的常量 TOP、BOTTOM、LEFT 和 RIGHT 来设置节点相对于文本的位置。

（6）属性 graphicTextGap：设置图片和文本之间的间隔。

（7）属性 textFill：设置用于填充文本的图片。

（8）方法 public Labeled()：创建一个空的 Lable 对象实例。

（9）方法 public Labeled（java.lang.String text）：创建一个指定文本的 Lable 对象实例。

（10）方法 public Labeled（java.lang.String text，Node graphic）：创建一个指定文本和图片的 Lable 对象实例。

当程序中创建一个 Label 对象之后，可以使用 Labeled 类中的如下方法来设置或者修改文本和图标。

（1）setText（String text）method：设置文本内容。

（2）setGraphic（Node graphic）：设置图标。

（3）方法 setContentDisplay（ContentDisplay value）：定义图形与文本的相对位置，ContentDisplay 常量的可选值分别是：居左为 LEFT，居右为 RIGHT，居中为 CENTER，居上为 TOP，居下为 BOTTOM。

（4）方法 setTextFill()：设置文本的填充颜色。下面的代码创建了一个带文本的 Label，然后为其添加一个图标，并且指定了文本的填充颜色。

```
Label label1 = new Label("Search");
Image image = new Image(getClass().getResourceAsStream("labels.jpg"));
label1.setGraphic(new ImageView(image));
label1.setTextFill(Color.web("#0076a3"));
```

（5）方法 setFont()：对 Label 默认的字体大小进行修改。下面的代码设置 label1 的字体大小为 30 points，并且将字体设置为 Aria1，label2 的字体大小为 32 points，字体为 Cambria。

```
//使用Font类构造函数来构造Font对象
label1.setFont(new Font("Arial", 30));
//使用Font类的font静态方法
label2.setFont(Font.font("Cambria", 32));
```

（6）方法 setWrapText()：折叠文字。当需要在一个比较小的空间内放置一个 Label 时，对文本折叠换行以便能够更好地适应布局空间。这时需要将 setWrapText() 方法的参数值设为 true。例如下面的演示代码。

```
Label label3 = new Label("A label that needs to be wrapped");
label3.setWrapText(true);
```

（7）方法 setTextOverrun（OverrunStyle value）：如果标签的布局区域不仅有宽度限制，而且有高度限制，那么可以指定当无法显示所有文本内容时标签的显示行为。这时候可以使用此方法来实现此功能，其中 OverrunStyle 用于指示如何处理未完全呈现的文本。

例如下面实例的功能是，使用标签组件创建了一个有文本和图片的标签。

实例 18-9	使用标签组件创建标签
	源码路径：
	daima\018\GXJLabel.java

实例文件 GXJLabel.java 的主要实现代码如下所示。

```
     @Override
     public void start(Stage primaryStage) {
          ImageView us = new ImageView
          (new Image("123.jpg"));
①    Label lb1 = new Label("开发\n工具", us);
          lb1.setStyle("-fx-border-color: green; -
          fx-border-width: 2");
②    lb1.setContentDisplay(ContentDisplay. BOTTOM);
          lb1.setTextFill(Color.RED);
③    Label lb2 = new Label("Circle", new Circle(50, 50, 25));
④    lb2.setContentDisplay(ContentDisplay.TOP);
          lb2.setTextFill(Color.ORANGE);
⑤    Label lb3 = new Label("Rectangle", new Rectangle(10, 10, 50, 25));
⑥    lb3.setContentDisplay(ContentDisplay.RIGHT);
⑦    Label lb4 = new Label("Ellipse", new Ellipse(50, 50, 50, 25));
⑧    lb4.setContentDisplay(ContentDisplay.LEFT);
⑨    Ellipse ellipse = new Ellipse(50, 50, 50, 25);
          ellipse.setStroke(Color.GREEN);
          ellipse.setFill(Color.WHITE);
          StackPane stackPane = new StackPane();
⑩    stackPane.getChildren().addAll(ellipse, new Label("JavaFX"));
⑪    Label lb5 = new Label("里面有文本", stackPane);
          lb5.setContentDisplay(ContentDisplay.BOTTOM);
⑫    HBox pane = new HBox(20);
⑬    pane.getChildren().addAll(lb1, lb2, lb3, lb4, lb5);
          Scene scene = new Scene(pane, 550, 150);    //创建Scene对象scene
          primaryStage.setTitle("Label实例");          //设置标题
          primaryStage.setScene(scene);
          primaryStage.show();                        //显示Stage
     }
```

范例 18-9-01：设置标签的内容
源码路径：演练范例\18-9-01\
范例 18-9-02：设置标签的字体
源码路径：演练范例\18-9-02\

在①，创建一个有一段文本和一个图像的标签。设置文本内容是"开发\n 工具"，因为"\n"表示换行，所以这段文本显示为两行。

在②，将图像放置在文本"开发\n 工具"的底部。

在③，创建一个有一段文本和一个圆的标签。

在④，将圆放在文本的上方。

在⑤，创建一个有一段文本和一个矩形的标签。

在⑥，设置矩形位于文本的右侧。

在⑦，创建一个有一段文本和一个椭圆的标签。

在⑧，将椭圆放置于文本的左侧。

在⑨，创建一个 Ellipse 椭圆对象 ellipse。

在⑩，将椭圆 ellipse 和一个标签一起放到堆栈面板中。

在⑪，创建有一段文本以及将该堆栈面板作为节点的一个标签。如本实例所示，可以将任何节点放在标签中。

在⑫，创建一个 HBox 对象 pane。

在⑬，将 5 个标签都放置于 HBox 中。

本实例执行后的效果如图 18-9 所示。

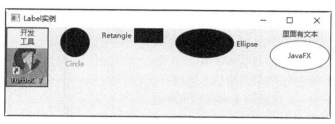

图 18-9 执行效果

18.3.2 使用按钮组件

在 JavaFX 框架中，按钮 Button 类的主要作用是当用户单击按钮时执行一个动作（action）。另外，由于 Button 继承自 Labeled 类，所以它可以显示文本、图像，或两者兼而有之。

javafx.scene.control.Button 是一个在被单击时触发某一动作的组件，JavaFX 框架中提供了常规按钮、开关按钮、复选框按钮和单选按钮。这些按钮的公共特性在 ButtonBase 和 Labeled 类中定义，其中 Labeled 定义标签和按钮的共同属性。按钮和标签非常类似，但按钮具有定义在 ButtonBase 类中的 anAction 属性，该属性用于设置一个处理按钮动作的处理程序。

实例 18-10	使用按钮控制文本的左右移动	
	源码路径：	
	daima\018\GXJButton.java	

实例文件 GXJButton.java 的主要实现代码如下所示。

```
public class GXJButton extends Application {
①    protected Text text = new Text(50, 50,"
      JavaFX框架好棒");
②    protected BorderPane getPane() {
      HBox paneForButtons = new HBox(20);
③    Button btLeft = new Button("左",
      new ImageView("left.gif"));
      Button btRight = new Button("右",
④     new ImageView("right.gif"));
⑤    paneForButtons.getChildren().addAll(btLeft, btRight);
      paneForButtons.setAlignment(Pos.CENTER);
      paneForButtons.setStyle("-fx-border-color: green");

      BorderPane pane = new BorderPane();
⑥    pane.setBottom(paneForButtons);
      Pane paneForText = new Pane();
      paneForText.getChildren().add(text);
⑦    pane.setCenter(paneForText);
⑧    btLeft.setOnAction(e -> text.setX(text.getX() - 10));
⑨    btRight.setOnAction(e -> text.setX(text.getX() + 10));
      return pane;
    }
    @Override
    public void start(Stage primaryStage) {
      //创建Scene对象scene
      Scene scene = new Scene(getPane(), 450, 200);
      primaryStage.setTitle("ButtonDemo"); //设置标题
      primaryStage.setScene(scene);
      primaryStage.show();
    }

    public static void main(String[] args) {
      launch(args);
    }
}
```

范例 18-10-01：向按钮添加单击操作侦听器

源码路径：演练范例\18-10-01\

范例 18-10-02：为 Button 设置阴影效果

源码路径：演练范例\18-10-02\

在①，创建一段指定的文本。

在②，定义一个受保护的 getPane()方法以返回一个面板，当文本声明为受保护的文本后，它可以被①中的子类所访问到。

在③④，创建 btLeft 和 btRight 两个按钮，每个按钮包含一段文本和一个图像。

在⑤，将按钮放置于一个 HBox 中。

在⑥，将 HBox 放在一个 border 面板的底部。

在⑦，将①创建的文本移到 border 面板中央。

在⑧，单击 btLeft 按钮后将文本往左边移动。

在⑨，单击 btRight 按钮后将文本往右边移动。

执行本实例后的效果如图 18-10 所示。

默认效果　　　　　　　　　　　　　　　　右移后效果

图 18-10　执行效果

18.3.3　使用复选框和单选框组件

1. 复选框组件 CheckBox

在 JavaFX 框架中，复选框 CheckBox 类主要给用户提供选择，并且可以进行多项选择。复选框组件 CheckBox 类与按钮 Button 类一样，同样继承 ButtonBase 类和 Labeled 类的所有属性，比如 onAction、text、graphic、alignment、graphicTextGap、textFill 和 contentDisplay。

2. 单选按钮组件 RadioButton

在 JavaFX 框架中，单选按钮 RadioButton 类可以让用户从一组选项中选择一个条目选项。RadioButton 是 ToggleButton 的子类，单选按钮和开关按钮的不同之处是，单选按钮显示一个圆，而开关按钮渲染成类似于按钮。

在 Java 程序中，一个 RadioButton 可以被选中或者取消选中。典型的用法是将多个 RadioButton 放在一组中，同一时间只有一个 Button 可以被选中。这正是 Radio Button 区别于 Toggle Button（开关按钮）的地方，因为一组中的所有 Toggle Button 可以同时取消选中。

从外观上看，单选按钮类似于复选框。复选框是方形的，可以被选中或者不被选中；而单选按钮显示为一个圆，它或是填充的（选中时），或是空白的（未选中时）。

下面的实例演示了使用单选按钮和复选按钮控制窗体中文本的颜色的过程。

实例 18-11	控制窗体中文本的颜色 源码路径： daima\018\GXJRadioButton.java	

实例文件 GXJRadioButton.java 的主要实现代码如下所示。

```
    @Override
①   protected BorderPane getPane() {
②     BorderPane pane = super.getPane();
       VBox paneForRadioButtons = new VBox(20);
```

```
            paneForRadioButtons.setPadding(new
            Insets(5, 5, 5, 5));
            paneForRadioButtons.setStyle
            ("-fx-border-color: green");
            paneForRadioButtons.setStyle
            ("-fx-border-width: 2px; -fx-border-color: green");
③          RadioButton rbRed = new RadioButton("红");
            RadioButton rbGreen = new RadioButton("绿");
            RadioButton rbBlue = new RadioButton("蓝");
④          paneForRadioButtons.getChildren().addAll(rbRed, rbGreen, rbBlue);
⑤          pane.setLeft(paneForRadioButtons);

⑥          ToggleGroup group = new ToggleGroup();
            rbRed.setToggleGroup(group);
            rbGreen.setToggleGroup(group);
⑦          rbBlue.setToggleGroup(group);

⑧          rbRed.setOnAction(e -> {
            if (rbRed.isSelected()) {
                text.setFill(Color.RED);
            }
            });
            rbGreen.setOnAction(e -> {              //选中单选按钮rbGreen时执行的程序
              if (rbGreen.isSelected()) {
                  text.setFill(Color.GREEN);        //填充绿色
              }
            });
            rbBlue.setOnAction(e -> {               //选中单选按钮rbBlue时执行的程序
              if (rbBlue.isSelected()) {
                  text.setFill(Color.BLUE);         //填充绿色
              }
⑨          });
            return pane;
       }
```

> 范例 18-11-01：在 ToggleGroup 中创建单选按钮
> 源码路径：演练范例\18-11-01\
> 范例 18-11-02：实现单选按钮事件处理
> 源码路径：演练范例\18-11-02\

在①，设置 GXJRadioButton 类继承 GXJCheckBox 类，并重写 getPane()方法。

在②，使用方法 getPane()调用 GXJCheckBox 类中的 getPane()方法，创建一个包含复选按钮、按钮和一段文本的边框面板，这个边框面板是通过调用 super.getPane()返回的。

在③④，分别创建 3 个单选按钮对象，并将其加入 paneForRadioButtons 中。

在⑤，将 paneForRadioButtons 加入边框面板中。

在⑥⑦，将单选按钮组合在一起。

在⑧⑨，创建处理单选按钮动作事件的处理器，并根据单选按钮的状态设置合适的颜色。

这个 JavaFX 程序的 start()方法是在 ButtonDemo 中定义的，在 GXJCheckBox 中被继承，同时又在 GXJRadioButton 中被继承。当运行 GXJRadioButton 时，会调用 GXJButton 中的 start()方法。本实例执行后的效果如图 18-11 所示。

图 18-11　执行效果

18.4　课后练习

（1）编写一个 JavaFX 程序，使用 FlowPane 布局界面。

（2）编写一个 JavaFX 程序，实现 FlowPane 布局演练。

第 19 章

JavaFX 事件处理

对于普通窗口以及界面布局程序来说，只有编写监听程序和事件处理程序才能实现动态交互的功能。本章将详细讲解 JavaFX 桌面程序开发的高级知识，主要包括事件处理、Web 开发和多媒体开发等知识，为读者学习本书后面的知识打下坚实的基础。

本章内容

▶▶ JavaFX 事件处理基础
▶▶ 处理鼠标事件
▶▶ 处理键盘事件
▶▶ 使用事件处理程序
▶▶ 使用可触摸设备的事件

19.1 JavaFX **事件处理基础**

知识点讲解：视频\第 19 章\JavaFX 事件处理系统概述.mp4

为了使 JavaFX 图形界面能够响应用户的操作，必须给各个组件加上事件处理机制。通过事件处理程序可以实现交互功能，这是一款软件最重要的功能之一。例如，单击注册按钮后会弹出一个新的注册表单界面供用户输入注册信息，单击删除按钮后可以删除一个会员，等等，这些都属于事件处理机制的功能。

↑扫码看视频

19.1.1 Java 的事件处理模型

事件（event）可以说是一个用户操作（如按键、单击、鼠标光标移动等），或者一些出现（如系统生成的通知）。应用程序需要在事件发生时响应事件。

正如之前所说，为了使图形界面能够响应用户的操作，必须给各个组件加上事件处理机制。Java 的事件处理机制主要涉及如下 3 类对象。

（1）事件源（event source）：事件发生的场所，通常就是各个组件，例如按钮、窗口、菜单等。

（2）事件（event）：事件封装了 GUI 组件上发生的特定事情（通常就是一次用户操作）。如果程序需要获得 GUI 组件上所发生事件的相关信息，那么这些都可通过 Event 对象来取得。

（3）事件监听器（event listener）：负责监听事件源发生的事件，并对各种事件做出响应。

当用户按下一个按钮、单击某个菜单项或窗口右上角的状态按钮时，这些动作就会激发一个相应的事件，该事件会由 AWT 封装成一个相应的 Event 对象，并触发事件源上注册的事件监听器（特殊的 Java 对象），事件监听器调用对应的事件处理器（事件监听器里的实例方法）来做出相应的响应。

19.1.2 JavaFX 中的事件

在 JavaFX 程序中，事件是 Event 类或其任何子类的实例。JavaFX 提供了 DragEvent、KeyEvent、MouseEvent、ScrollEvent 等多种事件，开发人员可以通过继承 Event 类来实现自己的事件。每个事件中都包含了表 19-1 所示的描述信息。

表 19-1 事件属性

属性	描述
事件类型（event type）	发生事件的类型
源（source）	事件的来源，表示该事件在事件派发链中的位置。事件通过派发链传递时，"源"会随之发生改变
目标（target）	发生动作的节点，在事件派发链的末尾。"目标"不会改变，但是如果某个事件过滤器在事件捕获阶段消费了该事件，则"目标"将不会收到该事件

事件子类提供了一些额外信息，这些信息与事件的类型有关。例如 MouseEvent 类包含哪个按钮被单击、单击次数以及鼠标光标的位置等信息。

1. 事件类型

事件类型是 EventType 类的实例。事件类型对单个事件类的多个事件进行了细化分类。例如 KeyEvent 类包含 KEY_PRESSED、KEY_RELEASED、KEY_TYPED 事件类型。

事件类型是一个层级结构，每个事件类型有一个名称和一个父类型。例如，按钮被按下的事件名叫 KEY_PRESSED，其父类型是 KeyEvent.ANY。顶级事件类型的父类型是 null。图 19-1 展示了事件类型的层级结构。

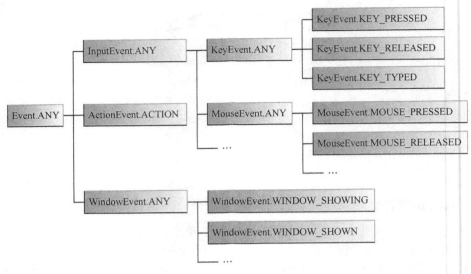

图 19-1　事件类型的层级结构

在图 19-1 所示的层次结构中，顶级事件类型是 Event.ROOT，它相当于 Event.ANY。在子类型中，事件类型名中的"ANY"表示该事件类下所有的事件子类型。例如，为了给所有类型的键盘事件（key event）提供相同的响应，可以使用 KeyEvent.ANY 作为事件过滤器（event filter）或事件处理器（event handler）的事件类型。如果要在按钮被释放时才响应，则可以使用 KeyEvent.KEY_RELEASED 作为事件过滤器或事件处理器的事件类型。

2．事件目标

事件目标可以是任何实现了 EventTarget 接口的类的实例。buildEventDispatchChain 方法的具体实现创建了事件派发链，事件必须经过该派发链才能到达事件目标。

Window 类、Scene 和 Node 均实现了 EventTarget 接口，这些类的子类也均继承了此实现。因此，在我们开发的 UI 中大多数元素有已经定义好的派发链，这使得开发人员可以聚焦在如何响应事件上而不必关心创建事件派发链。

如果开发者创建了一个响应用户动作的自定义 UI 控件，并且该控件是 Window、Scene 或者 Node 的子类，那么通过继承机制，这些控件也会成为一个事件目标。如果开发的控件或控件中的某个元素不是 Window、Scene 或者 Node 的子类，则开发者必须为该控件或元素实现 EventTarget 接口。例如，MenuBar 控件通过继承成为了事件目标，一个菜单栏的 MenuItem 元素必须实现 EventTarget 接口以便响应相关的事件。

19.1.3　事件和事件源

在 JavaFX 程序中，事件是从一个事件源上产生的对象。触发一个事件意味着产生一个事件并委派处理器处理该事件。当运行 Java GUI 程序的时候，程序与用户进行交互，并且事件驱动它的执行，这称为事件驱动编程。事件可以定义为一个告知程序某事件发生的信号。事件由外部用户来动作，比如由鼠标的移动、单击和键盘按键所触发。程序可以选择响应或者忽略一个事件。产生一个事件并且触发它的组件称为事件源对象，或者简单地称为源对象或者源组件。例如，一个按钮是一个按钮单击动作事件的源对象。一个事件是一个事件类的实例。Java 事件类的根类是 java.util.EventObject，JavaFX 事件类的根类是 javafx.event.Event。一些事件类的层次关系显示在图 19-2 中。

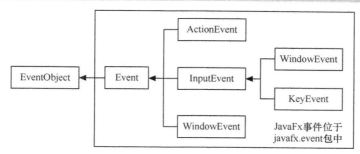

图 19-2　JavaFX 中的事件是 javafx.event.Event 类的一个对象

一个事件对象包含与事件相关的任何属性。可以通过 EventObject 类中的方法 getSource() 来确定一个事件的源对象。EventObject 的子类处理特定类型的事件，比如动作事件、窗口事件、鼠标事件以及键盘事件等。表 19-2 的前 3 列给出了一些外部用户动作、源对象以及触发的事件类型。

表 19-2		常用的事件及动作	
用户动作	源对象	触发的事件类型	事件注册方法
单击一个按钮	Button	ActionEvent	setOnAction(EventHandler<ActionEvent>)
在一个文本域中按回车键	TextField	ActionEvent	setOnAction(EventHandler<ActionEverit)
勾选或者取消勾选	RadioButton	ActionEvent	setOnAction (EventHandler<ActionEvent>)
勾选或者取消勾选	CheckBox	ActionEvent	setOnAction (EventHandler<ActionEvent>)
选择一个新的选项	CombaBox	ActionEvent	setOnAction (EventHandler<ActionEvent>)
按下鼠标	Node、Scene	MouseEvent	setOnMousePressed(EventHandler<MouseEvent>)
释放鼠标			setOnMouseReleased(EventHandler<MouseEvent>)
单击鼠标			setOnMouseClicked(EventHandler<MouseEvent>)
鼠标进入			setOnMouseEntered (EventHandler<MouseEvent>)
鼠标退出			setOnMouseExited(EventHandler<MouseEvent>)
鼠标移动			setOnMouseMoved(EventHandler<MouseEvent>)
鼠标拖曳			setOnMouseDragged(EventHandler<MouseEvent>)
按下键	Node、Scene	KeyEvent	setOnKeyPressed(EventHandler<KeyEvent>)
释放键			setOnKeyReleased(EventHandler<KeyEvent>)
敲击键			setOnKeyTyped(EventHandler<KeyEvent>)

例如，当单击一个按钮时，按钮创建并触发一个 ActionEvent，如表 19-2 中的第一行所示。此处的按钮是一个事件源对象，ActionEvent 是一个由源对象触发的事件对象，如图 19-3 所示。

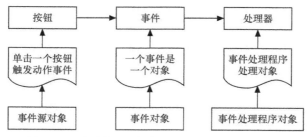

图 19-3　一个事件处理程序处理从源对象上触发的事件

19.1.4　一个处理按钮事件的例子

实例 19-1	使用快捷方法处理事件 源码路径： daima\019\YourApplication.java

实例文件 YourApplication.java 的主要实现代码如下所示。

```java
public class YourApplication extends Application {
    public static void main(String[] args) {
        Application.launch(args);
    }
    @Override
    public void start(Stage primaryStage) {
        primaryStage.setTitle("你好, JavaFX");
        //设置标题
        Group root = new Group();
        Scene scene = new Scene(root, 300, 250);   //设置指定大小的scene
        Button btn = new Button();                 //创建按钮对象btn
        btn.setLayoutX(100);                       //设置按钮横向位置
        btn.setLayoutY(80);                        //设置按钮纵向位置
        btn.setText("你好, JavaFX");                //设置显示的文本
        btn.setOnAction(new EventHandler<ActionEvent>() {
            public void handle(ActionEvent event) {
                System.out.println("你好, JavaFX");
            }
        });
        root.getChildren().add(btn);
        primaryStage.setScene(scene);
        primaryStage.show();
    }
}
```

> 范例 19-1-01：使用 CSS 改变按钮的外观
> 源码路径：演练范例\19-1-01\
> 范例 19-1-02：实现一个简单的计算器
> 源码路径：演练范例\19-1-02\

上述代码创建了仅包含一个按钮的窗口，使用 setOnAction()方法注册了一个事件处理程序来处理按钮单击事件。单击按钮后会触发按钮单击事件，这个按钮单击事件会调用事件处理程序中的 handle()方法在控制台中输出"你好，JavaFX"这个提示信息。执行后的结果如图 19-4 所示，单击"你好，JavaFX"按钮后在控制台上输出提示信息，如图 19-5 所示。

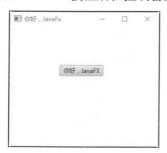

图 19-4　执行结果

你好，JavaFx

图 19-5　输出提示信息

19.2　处理鼠标事件

知识点讲解：视频\第 19 章\处理鼠标事件.mp4

↑扫码看视频

在 JavaFX 程序中，当鼠标按键在一个节点元素上或者一个场景中按下、释放、单击、移动或者拖曳时，就会触发一个 MouseEvent 事件。本节将详细讲解在 JavaFX 框架中处理鼠标事件的知识。

19.2.1 鼠标事件概述

在 JavaFX 框架中，MouseEvent 类处理鼠标事件，能够捕捉与鼠标相关的操作，例如单击次数、鼠标位置（x 和 y 坐标），或者哪个鼠标按钮被按下。MouseEvent 类的常用方法如下所示。

（1）方法 public final double getX()：返回事件源节点中鼠标点的 x 坐标。

（2）方法 public final double getY()：返回事件源节点中鼠标点的 y 坐标。

（3）方法 public final double getScreenX()：返回场景中鼠标点的 x 坐标。

（4）方法 public final double getScreenY()：返回场景中鼠标点的 y 坐标。

（5）方法 public final double getScreenX()：返回屏幕中鼠标点的 x 坐标。

（6）方法 public final double getScreenY()：返回屏幕中鼠标点的 y 坐标。

（7）方法 public final MouseButton getButton()：表明当前哪一个鼠标按钮被单击。

（8）方法 public final int getClickCount()：返回该事件中鼠标的单击次数。

（9）方法 public final boolean isStillSincePress()：设置鼠标光标停留在系统提供的滞后区域，因为这次事件之前已发生事件。如果事件发生前最后一次按下事件没有显著的鼠标移动（系统滞后区），则此方法返回为 true。

（10）方法 public final boolean isShiftDown()：如果该事件中 Shift 键被按下，则返回 true。

（11）方法 public final boolean isControlDown()：如果该事件中 Control 键被按下，则返回 true。

（12）方法 public final boolean isAltDown()：如果该事件中 Alt 键被按下，则返回 true。

（13）方法 public final boolean isMetaDown()：如果该事件中鼠标的 Meta 键被按下，则返回 true。

（14）方法 public boolean isSynthesized()：设置此事件是否由使用触摸屏而不是通常的鼠标事件设备合成的，如果使用触摸屏合成此事件则返回 true。

（15）方法 public final boolean isShortcutDown()：如果该事件中键盘的 ShortCut 键被按下，则返回 true。

（16）方法 public final boolean isPrimaryButtonDown()：如果该事件中鼠标的左键被按下，则返回 true。

（17）方法 public final boolean isSecondaryButtonDown()：如果该事件中鼠标的右键被按下，则返回 true。

（18）方法 public final boolean isMiddleButtonDown()：如果该事件中鼠标的中间键被按下，则返回 true。

19.2.2 使用鼠标事件

下面的实例演示了使用鼠标事件的过程，首先在窗体面板中显示一条消息，并且使用鼠标来移动消息。当鼠标拖动消息时，这条消息会随之移动，并且总是显示在鼠标指针处。

实例 19-2	使用鼠标事件	
	源码路径： daima\019\GXJMouseEvent.java	

实例文件 GXJMouseEvent.java 的主要实现代码如下所示。

```
public void start(Stage primaryStage) {
//创建一个Pane对象pane，然后设置其属性
    Pane pane = new Pane();
①   Text text = new Text(20, 20, "JavaFX
鼠标事件测试程序");
    pane.getChildren().addAll(text);
②   text.setOnMouseDragged(e -> {
```

范例 19-2-01：一个简单的事件处理程序
源码路径：演练范例\19-2-01\
范例 19-2-02：使用鼠标事件演练
源码路径：演练范例\19-2-02\

```
③          text.setX(e.getX());
④          text.setY(e.getY());
    });
    Scene scene = new Scene(pane, 300, 100);
    primaryStage.setTitle("鼠标事件"); //设置窗体的标题
    primaryStage.setScene(scene);       //将scene放到stage中
    primaryStage.show();                //显示stage
}
```

在①，创建一个 Text 对象，在窗体中写入一段文本。

在②，注册一个处理器，用于处理鼠标拖动事件。

在③④，任何时候只要拖动鼠标，文本的 x 坐标和 y 坐标值都设置（拖动）为鼠标光标所在位置的坐标值。执行后可以使用鼠标拖动窗体中的文本，执行结果如图 19-6 所示。

图 19-6　执行结果

19.3　处理键盘事件

知识点讲解：视频\第 19 章\处理键盘事件.mp4

键盘事件使得可以采用键盘来控制和执行一个动作，或者从键盘获得输入。本节将详细讲解在 JavaFX 框架中处理键盘事件的知识。

↑扫码看视频

19.3.1　键盘事件概述

在 JavaFX 框架中，KeyEvent 类处理键盘事件。在一个节点或者场景中只要按下、释放或者敲击键盘按键，就会触发一个 KeyEvent 事件。KeyEvent 对象描述了事件的性质（例如一个按键被按下、释放或者敲击）和键值。

KeyEvent 类中的常用方法如下所示。

（1）方法 public final java.lang.String getCharacter()：返回该事件中与该键相关的字符。

（2）方法 public final java.lang.String getText()：返回一个描述键编码的字符串。

（3）方法 public final KeyCode getCode()：返回该事件中与该键相关的键编码。

（4）方法 public final boolean isShiftDown()：如果该事件中 Shift 键被按下，则返回 true。

（5）方法 public final boolean isControlDown()：如果该事件中 Control 键被按下，返回 true。

（6）方法 public final boolean isAltDown()：如果该事件中 Alt 键被按下，则返回 true。

（7）方法 public final boolean isMetaDown()：如果该事件中鼠标的 Meta 按钮被按下，则返回 true。

在 JavaFX 程序中，每个键盘事件都有一个相关的编码，开发者可以通过 KeyEvent 中的 getCode()方法返回编码。键的编码是定义在 KeyCode 中的常量，表 19-3 中列出了一些常量的具体说明，其中 KeyCode 是一个权举类型的变量。

表 19-3　　　　　　　　　　　　　　　　一些常量的具体说明

常量	描述	常量	描述
HOME	Home 键	DOWN	向下的方向键
END	End 键	LEFT	向左的方向键
PAGE_UP	PageUp 键	RIGHT	向右的方向键
PACLDOWN	PageDown 按键	ESCAPE	Esc 键
UP	向上的方向键	TAB	Tab 键
CONTROL	Control 键	ENTER	Enter 键
SHIFT	Shift 键	UNDEFINED	未知的 KeyCode
BACK_SPACE	Backspace 键	F1～F12	键 F1～F12
CAPS	CapsLock 键	0～9	数字键 0～9
NUM_LOCK	NumLock 键	A～Z	字母键 A～Z 键

对于按下键和释放键事件来说，方法 getCode()返回的是表 19-3 中的值，方法 getText()返回的是一个描述键编码的字符串，方法 getCharacter()返回的是一个空字符串。对于敲击键事件来说，方法 getCode()返回的都是 UNDEFINED，方法 getCharacter0 返回的都是相应的 Unicode 字符或者与敲击键事件相关的一个字符序列。

19.3.2　使用键盘事件

下面的实例中，我们在窗体中显示一个用户输入的字符，用户可以使用键盘中的上、下、左、右方向键来控制字符的移动。

实例 19-3　**用键盘方向键控制字符的移动**
源码路径：
daima\019\GXJKeyEvent.java

实例文件 GXJKeyEvent.java 的主要实现代码如下所示。

```
   public void start(Stage primaryStage) {
      //创建一个Pane对象pane，然后设置它的属性
①    Pane pane = new Pane();
②    Text text = new Text(20, 20, "JavaFX");
      pane.getChildren().add(text);
      //创建一个Scene对象scene，并放在stage中
      Scene scene = new Scene(pane);
      primaryStage.setTitle("键盘事件"); //设置标题
      primaryStage.setScene(scene);//将scene放在stage中
      primaryStage.show(); //显示stage
③    text.setOnKeyPressed(e -> {
④      switch (e.getCode()) {
⑤        case DOWN: text.setY(text.getY() + 10); break;
          case UP:  text.setY(text.getY() - 10); break;
          case LEFT: text.setX(text.getX() - 10); break;
⑥        case RIGHT: text.setX(text.getX() + 10); break;
        default:
⑦          if (e.getText().length() > 0)
⑧            text.setText(e.getText());
        }
    });
⑨    text.requestFocus(); //光标定位，接收键盘输入
   }
```

范例 19-3-01：使用键盘控制光标
源码路径：演练范例\19-3-01\
范例 19-3-02：使用键盘事件处理程序
源码路径：演练范例\19-3-02\

在①，创建一个窗体面板 Scene 对象 scene。

在②，创建一个 Text 文本对象 text，并将文本放置在面板中。

在③～⑧，定义 setOnKeyPressed 响应按键事件，当一个键被按下时调用事件处理器。在此需要注意，在一个枚举类型的 switch 语句中，case 后面跟的是枚举常量（④～⑧）。常量是

不受限的 (unqualified)，即无需加 KeyCode 等类来限定。例如，在 case 子句中使用 KeyCode.DOWN 将出现错误。

在④，使用方法 e.getCode() 来获得键的编码。

在⑤，使用方法 e.getText() 得到该键的字符。

在⑦，和⑧表示如果一个非方向键被按下，则使用该字符。

在⑤，及其后面的 3 行 case 语句表示当键盘中的一个方向键被按下时，字符按照方向键所表示的方向进行移动。

在⑨，表示只有一个被聚焦的节点可以接收 KeyEvent 事件。当在一个 text 对象中调用方法 requestFocus() 时，text 对象可以接收键盘输入，这个方法必须在 Scense 被显示后才能调用。

执行结果如图 19-7 所示。

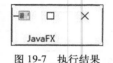

图 19-7　执行结果

19.4　使用事件处理程序

📹 知识点讲解：视频\第 19 章\使用事件处理程序.mp4

↑扫码看视频

在 JavaFX 框架中，可以使用事件处理器来处理键盘动作、鼠标动作、滚轮动作和用户与程序之间其他交互动作产生的事件。本节将详细讲解使用事件处理程序的知识。

19.4.1　注册和移除事件处理程序

事件处理程序使开发者可以在事件冒泡阶段处理事件，在这里，一个节点可以有一个或多个用来处理事件的事件处理程序。而一个事件处理程序也可以被多个节点所使用，并且可以处理多种不同的事件类型。如果子节点的事件处理程序没有消耗掉对应的事件，则父节点的事件处理程序可以在子节点处理完事件之后继续对事件做出响应，并且为多个子节点提供通用的事件处理机制。

如果希望要在事件冒泡阶段处理事件，那么对应的节点就必须先注册一个事件处理程序。事件处理程序是 EventHandler 接口的实现。当对应节点接收到与 EventHandler 关联的特定事件时，该接口的 handle() 方法提供了需要执行的代码。

可以使用 addEventHandler() 方法注册处理器，该方法接收事件类型和事件处理程序实例作为参数。在下面的演示代码中，第一个事件处理程序添加到了一个节点上，并指定处理一种特定的事件类型；第二个事件处理程序定义为处理输入事件，并注册到了两个不同的节点之上。同一个事件处理程序也可注册监听两种不同类型的事件。

```
// 为一个node和指定的事件类型注册一个事件处理程序
node.addEventHandler(DragEvent.DRAG_ENTERED,
                     new EventHandler<DragEvent>() {
                         public void handle(DragEvent) { ... };
                     });

// 定义一个事件处理程序
EventHandler handler = new EventHandler(<InputEvent>() {
  public void handle(InputEvent event) {
     System.out.println("Handling event " + event.getEventType());
     event.consume();
  }

// 将同一个事件处理程序注册到两个不同的节点
myNode1.addEventHandler(DragEvent.DRAG_EXITED, handler);
myNode2.addEventHandler(DragEvent.DRAG_EXITED, handler);
```

```
// 将事件处理程序注册给不同的事件类型
myNode1.addEventHandler(MouseEvent.MOUSE_DRAGGED, handler);
```

在此需要注意的是，定义为某种事件类型的事件处理程序也同样可用于该事件类型的任何子类型事件中。如果希望某个事件处理程序不再为某个节点处理事件或不再处理某种事件类型的事件，则可以使用 removeEventHandler()方法移除该事件处理程序。该方法接收事件类型和事件处理程序实例作为参数。例如，下面的代码可以为 myNode1 节点移除掉已定义的 DragEvent.DRAG_EXITED 事件类型的事件处理程序。该事件处理程序仍然会通过 MouseEvent.MOUSE_DRAGGED 事件由 myNode2 和 myNode1 来执行。

```
// 移除一个事件处理程序
myNode1.removeEventHandler(DragEvent.DRAG_EXITED, handler);
```

注意：要通过快捷方法移除一个已经注册的事件处理程序，需要给快捷方法传入一个 null 参数，例如 node1.setOnMouseDragged(null)。

19.4.2 使用事件处理程序

在 JavaFX 应用程序中，事件处理程序一般用在事件分派链的叶子节点或者分支节点上，并且在事件冒泡阶段调用。可以在分支节点上使用事件处理程序来执行一个动作，例如为所有子节点定义默认的响应。

下面的实例演示了使用事件处理程序处理键盘事件的过程，它给出了事件处理器的如下用法。

（1）为两个不同的事件类型注册一个事件处理程序。

（2）在父节点中为所有的子节点提供通用的事件处理机制。

实例 19-4	用事件处理程序处理键盘事件 源码路径： daima\019\KeyboardExample.java	

实例文件 KeyboardExample.java 的主要实现流程如下所示。

（1）编写为按键节点定义的 installEventHandler()方法。

在本实例中，屏幕上展示的每个按键都由一个按键节点表示。所有的按键包含在一个键盘节点中。每个按键节点都有一个事件处理程序以在按键获取焦点时接收按键事件。事件处理程序通过改变屏幕上按键的颜色来响应回车键的按下和释放事件。随后对应的事件将被消耗掉，这样父节点 keyboardNode 不会再接收到该事件。

```
private void installEventHandler(final Node keyNode) {
    // 回车键按下/释放事件的事件处理程序，其他键由父节点的事件处理程序来处理
    final EventHandler<KeyEvent> keyEventHandler =
        new EventHandler<KeyEvent>() {
            public void handle(final KeyEvent keyEvent) {
                if (keyEvent.getCode() == KeyCode.ENTER) {
                    setPressed(keyEvent.getEventType()
                        == KeyEvent.KEY_PRESSED);

                    keyEvent.consume();
                }
            }
        };
    keyNode.setOnKeyPressed(keyEventHandler);
    keyNode.setOnKeyReleased(keyEventHandler);
}
```

范例 19-4-01：Lambda 时间处理器
源码路径：演练范例\19-4-01\
范例 19-4-02：实现贷款计算器
源码路径：演练范例\19-4-02\

（2）为键盘节点定义的 installEventHandler()方法。

键盘节点有两个事件处理程序，它们用来处理未被按键节点的事件处理程序消耗的按键事件。第一个事件处理程序改变与按下按键相同的按键节点颜色。第二个事件处理程序响应左右箭头方向键并移动焦点。

```
private void installEventHandler(final Parent keyboardNode) {
    // 没有被按键节点处理的按键按下/释放事件的事件处理程序
    final EventHandler<KeyEvent> keyEventHandler =
        new EventHandler<KeyEvent>() {
            public void handle(final KeyEvent keyEvent) {
                final Key key = lookupKey(keyEvent.getCode());
                if (key != null) {
                    key.setPressed(keyEvent.getEventType()
                                    == KeyEvent.KEY_PRESSED);

                    keyEvent.consume();
                }
            }
        };

    keyboardNode.setOnKeyPressed(keyEventHandler);
    keyboardNode.setOnKeyReleased(keyEventHandler);

    keyboardNode.addEventHandler(KeyEvent.KEY_PRESSED,
                        new EventHandler<KeyEvent>() {
                            public void handle(
                                final KeyEvent keyEvent) {
                                    handleFocusTraversal(
                                        keyboardNode,
                                        keyEvent);
                            }
                        });
}
```

实例执行后的初始效果如图 19-8 所示，整个界面由 4 个字母组成，每个字母都在一个正方形中，它们表示键盘上相应的按键。屏幕上的第一个按键是高亮显示的，表示它当前获得了焦点。使用键盘上的左右方向键将焦点移到屏幕不同的按键上。

当按下回车键时，屏幕上获取焦点的按键会变成红色。当松开回车键时，屏幕上的按键会恢复为原来的颜色。当按下的按键与屏幕上某个按键一致时该按键会变红，松开键盘上的按键时屏幕上的按键会恢复为原来的颜色。如果按下的按键与屏幕上的 4 个按键都不一致，则没有任何事情发生。图 19-9 展示了屏幕上的 A 键获取焦点而键盘上的 D 键被按下时的屏幕截图。

图 19-8　初始执行结果

图 19-9　D 键被按下时的效果

监听按键按下事件的两个事件处理程序会被认为是同级别的。因此，即使其中一个的事件处理程序消耗了事件，另一个事件处理程序依然会被调用。

19.5　使用可触摸设备的事件

知识点讲解：视频\第 19 章\使用可触摸设备的事件.mp4

↑扫码看视频

从 JavaFX 2.2 开始，用户可以在可触摸设备上使用触摸和手势与 JavaFX 程序进行交互，例如触摸、缩放旋转和轻扫等动作。触摸和手势可能还涉及单点或多点触摸，这些动作所生成的事件类型取决于用户触摸或者手势的产生类型。

19.5.1　手势和触摸事件

在 JavaFX 程序中，触摸和手势事件的处理过程与其他事件的处理过程是一样的，它们需要在事件冒泡阶段处理。当 JavaFX 程序运行在带有触摸屏或者带有可识别手势的触摸板设备上时就会产生手势事件，在可识别手势的各种平台上，调用原生的识别机制来确定所执行的手势。表 19-4 描述了支持的手势以及对应的事件类型。

表 19-4　　　　　　　　　　支持的手势和产生的事件类型

手势	描述	产生的事件
旋转	两根手指做旋转动作，一根手指绕另一根手指顺时针运动以使该对象顺时针旋转，反之亦然	ROTATION_STARTED ROTATE ROTATION_FINISHED
滚动	滑动动作，向上或向下滑动来做竖直滚动，向左或向右滑动来做水平滚动	SCROLL_STARTED SCROLL SCROLL_FINISHED 如果用鼠标的滚轮滚动，则只产生 SCROLL 事件
轻扫	通过屏幕或者触摸板向上、下、左、右方向做轻扫动作。对角线运动不会识别为轻扫动作	SWIPE_LEFT SWIPE_RIGHT SWIPE_UP SWIPE_DOWN 每个轻扫手势只生成一个轻扫事件，但也会生成 SCROLL_START、SCROLL 和 SCROLL_FINISHED 事件
缩放	两根手指做捏的动作，捏合在一起表示缩小，分开表示放大	ZOOM_STARTED ZOOM ZOOM_FINISHED

19.5.2　手势事件实战

下面的实例监听并操作了屏幕中长方形和椭圆的过程，并且在操作过程中打印输出了操作事件的日志信息。要完美体验本实例中的手势事件，需要在有触摸屏或者支持手势的触摸板设备上运行本实例；要产生触摸事件，需要在有触摸屏的设备上运行本实例。

实例 19-5	监听并操作屏幕中的长方形和椭圆 源码路径： daima\019\GestureEvents.java	

下面介绍实例文件 GestureEvents.java 的主要实现流程。

1. 创建图形

在本实例中屏幕显示了一个长方形和一个椭圆形，用户可以用手势来移动、旋转或者缩放这些图形对象。创建每个图形和包含图形布局面板的主要实现代码如下所示。

```
// 创建对手势进行响应的图形并使用一个VBox来组织它们
VBox shapes = new VBox();
shapes.setAlignment(Pos.CENTER);
shapes.setPadding(new Insets(15.0));
shapes.setSpacing(30.0);
shapes.setPrefWidth(500);
shapes.getChildren().addAll(createRectangle(), createEllipse());
...
private Rectangle createRectangle() {

    final Rectangle rect = new Rectangle(100, 100, 100, 100);
    rect.setFill(Color.DARKMAGENTA);
...
    return rect;
}

private Ellipse createEllipse() {

    final Ellipse oval = new Ellipse(100, 50);
```

范例 19-5-01：控制圆的大小
源码路径：演练范例\19-5-01\
范例 19-5-02：可观察对象的监听器
源码路径：演练范例\19-5-02\

```
        oval.setFill(Color.STEELBLUE);
    ...
        return oval;
    }
```

2. 处理事件

总的来说，在本实例程序中图形对象的事件处理程序为其所处理的各种类型事件执行了类似的操作，各种事件类型都会在事件日志中插入一条记录。

在支持手势惯性的平台上，可能会在"事件类型_FINISHED"事件之后再产生附加的事件。如果有任何与滚动手势相关联的惯性，则在 SCROLL_FINISHED 事件之后可能会产生 SCROLL 事件。可以用 isInertia()方法来判断该事件是否是由手势惯性产生的。如果该方法返回 true，表示该事件是在手势完成以后产生的。

事件是通过触摸屏或者触摸板上的手势产生的，SCROLL 事件也可以通过鼠标滚轮产生。使用方法 isDirect()来标识该事件的来源，如果该方法返回 true，表示该事件是由触摸屏上的手势产生的。否则，该方法返回 false。开发者可以根据此信息对事件的不同来源提供不同的处理方式。

触摸屏上的触摸事件也会产生相应的鼠标事件。例如，触摸一个对象会同时产生TOUCHE_PRESSED 和 MOUSE_PRESSED 事件。方法 isSynthesized()可判断鼠标事件的来源，如果该方法返回 true，就表示该事件是通过触摸而不是鼠标产生的。

在本实例程序中方法 inc()和方法 dec()为手势事件的目标提供了一个视觉提示。正在进行的手势数量是被追踪的，并且当前活动的手势数量从 0 变到 1 或者变回 0 时目标节点的外观也会产生变化。

（1）处理滚动事件。

当执行滚动手势以后，会产生 SCROLL_STARTED、SCROLL 和 SCROLL_FINISHED 事件。当鼠标滚轮滚动时，只会产生 SCROLL 事件。下面的代码展示了本实例中长方形滚动事件的事件处理程序。椭圆形的事件处理程序与此类似。

```
rect.setOnScroll(new EventHandler<ScrollEvent>() {
        @Override public void handle(ScrollEvent event) {
            if (!event.isInertia()) {
                rect.setTranslateX(rect.getTranslateX() + event.getDeltaX());
                rect.setTranslateY(rect.getTranslateY() + event.getDeltaY());
            }
            log("Rectangle: Scroll event" +
                ", inertia: " + event.isInertia() +
                ", direct: " + event.isDirect());
            event.consume();
        }
});
rect.setOnScrollStarted(new EventHandler<ScrollEvent>() {
        @Override public void handle(ScrollEvent event) {
            inc(rect);
            log("Rectangle: Scroll started event");
            event.consume();
        }
});
rect.setOnScrollFinished(new EventHandler<ScrollEvent>() {
        @Override public void handle(ScrollEvent event) {
            dec(rect);
            log("Rectangle: Scroll finished event");
            event.consume();
        }
});
```

除前面介绍的通用事件处理方式之外，在 SCROLL 事件的处理中还会沿滚动手势的方向移动该节点。如果滚动手势在窗体外部停止，那么图形就会移到窗体外面。长方形的事件处理程序忽略了由惯性产生的 SCROLL 事件。椭圆形的事件处理程序会继续移动椭圆来响应惯性产生的 SCROLL 事件，并且可能导致即使手势在窗体内停止也有可能将椭圆移出窗体。

（2）处理缩放事件。

当执行缩放手势时，会产生 ZOOM_SATRTED、ZOOM 和 ZOOM_FINISHED 事件。下面的代码展示了长方形缩放事件的事件处理程序。椭圆形的事件处理程序与之类似。

```
rect.setOnZoom(new EventHandler<ZoomEvent>() {
    @Override public void handle(ZoomEvent event) {
    rect.setScaleX(rect.getScaleX() * event.getZoomFactor());
    rect.setScaleY(rect.getScaleY() * event.getZoomFactor());
    log("Rectangle: Zoom event" +
      ", inertia: " + event.isInertia() +
      ", direct: " + event.isDirect());

    event.consume();
    }
});
rect.setOnZoomStarted(new EventHandler<ZoomEvent>() {
    @Override public void handle(ZoomEvent event) {
    inc(rect);
    log("Rectangle: Zoom event started");
    event.consume();
    }
});
rect.setOnZoomFinished(new EventHandler<ZoomEvent>() {
    @Override public void handle(ZoomEvent event) {
    dec(rect);
    log("Rectangle: Zoom event finished");
    event.consume();
    }
});
```

除前面介绍的通用事件处理方式之外，在 ZOOM 事件的处理中还会根据手势的动作来缩放对应的对象。长方形和椭圆形的事件处理程序对于所有ZOOM 事件的处理方式都相同，无论事件的惯性或来源情况如何。

（3）处理旋转事件。

当执行旋转手势时，会产生 ROTATE_SARTED、ROTATE 和 ROTATE_FINISHED 事件。例如下面的代码展示了长方形旋转事件的事件处理程序。椭圆形的事件处理程序与之类似。

```
rect.setOnRotate(new EventHandler<RotateEvent>() {
    @Override public void handle(RotateEvent event) {
        rect.setRotate(rect.getRotate() + event.getAngle());
        log("Rectangle: Rotate event" +
            ", inertia: " + event.isInertia() +
            ", direct: " + event.isDirect());
        event.consume();
    }
});
rect.setOnRotationStarted(new EventHandler<RotateEvent>() {
    @Override public void handle(RotateEvent event) {
        inc(rect);
        log("Rectangle: Rotate event started");
        event.consume();
    }
});
rect.setOnRotationFinished(new EventHandler<RotateEvent>() {
    @Override public void handle(RotateEvent event) {
        dec(rect);
        log("Rectangle: Rotate event finished");
        event.consume();
    }
});
```

除前面介绍的通用事件处理方式外，在 ROTATE 事件的处理中还会根据手势的动作来旋转对应的对象。长方形和椭圆形对于所有ROTATE 事件的事件处理程序都相同，无论事件的惯性或来源情况如何。

（4）处理轻扫事件。

当执行轻扫手势时，会产生 SWIPE_DWON、SWIPE_LEFT、SWIPE_RIGHT 或者 SWIPE_UP

事件中的某一个事件，具体取决于轻扫的方向。例如下面的代码展示了长方形 SWIPE_RIGHT 和 SWIPE_LEFT 事件的事件处理程序。椭圆形未处理轻扫事件。

```
rect.setOnSwipeRight(new EventHandler<SwipeEvent>() {
        @Override public void handle(SwipeEvent event) {
            log("Rectangle: Swipe right event");
            event.consume();
        }
});
rect.setOnSwipeLeft(new EventHandler<SwipeEvent>() {
        @Override public void handle(SwipeEvent event) {
            log("Rectangle: Swipe left event");
            event.consume();
        }
});
```

对轻扫事件的处理仅是在日志中记录了该事件。然而，轻扫事件也会产生滚动事件。轻扫事件的目标是手势路径中心处的最顶层节点，该目标可能与滚动事件的目标不一样，滚动事件的目标是手势开始处的最顶层节点。当长方形和椭圆形由轻扫手势产生滚动事件的目标时，就会响应这个滚动事件。

（5）处理触摸事件。

当触摸一块触摸屏时，每一个触摸点会产生 TOUCH_MOVED、TOUCHE_PRESSED、TOUCH_RELEASED 或者 TOUCH_STATIONARY 事件。触摸事件包含该触摸动作的所有触摸点的信息。例如下面的实例代码展示了长方形 TOUCHE_PRESSED 和 TOUCH_RELEASED 事件的事件处理程序。椭圆形状没有处理触摸事件。

```
rect.setOnTouchPressed(new EventHandler<TouchEvent>() {
        @Override public void handle(TouchEvent event) {
            log("Rectangle: Touch pressed event");
            event.consume();
        }
});
rect.setOnTouchReleased(new EventHandler<TouchEvent>() {
        @Override public void handle(TouchEvent event) {
            log("Rectangle: Touch released event");
            event.consume();
        }
});
```

对触摸事件的处理仅是在日志中记录了该事件。触摸事件可对触摸或者手势中每个单独的触摸点进行更低水平的跟踪。

（6）处理鼠标事件。

鼠标的动作或者触摸触摸屏的动作均会产生鼠标事件，例如下面的代码展示了椭圆形对 MOUSE_PRESSED 和 MOUSE_RELEASED 事件的事件处理程序。只有当鼠标按下和释放事件是由触摸触摸屏产生的时候，椭圆形才会处理对应的鼠标事件。长方形鼠标事件的事件处理程序在日志中记录了所有鼠标按下和释放事件。

```
oval.setOnMousePressed(new EventHandler<MouseEvent>() {
        @Override public void handle(MouseEvent event) {
            if (event.isSynthesized()) {
                log("Ellipse: Mouse pressed event from touch" +
                    ", synthesized: " + event.isSynthesized());
            }
            event.consume();
        }
});
oval.setOnMouseReleased(new EventHandler<MouseEvent>() {
        @Override public void handle(MouseEvent event) {
            if (event.isSynthesized()) {
                log("Ellipse: Mouse released event from touch" +
                    ", synthesized: " + event.isSynthesized());
            }
            event.consume();
        }
```

3. 管理日志

本实例展示了由屏幕上的图形所处理的事件日志。一个 ObservableList 对象用来记录每个图形事件，一个 ListView 对象用来显示事件列表。本实例的操作日志最多可展示 50 条记录，最新的记录会添加到列表的最上方，而最旧的记录会从底部移除。可以通过查看 GestureEvents.java 文件了解管理日志的代码。

本实例执行后的结果如图 19-10 所示。

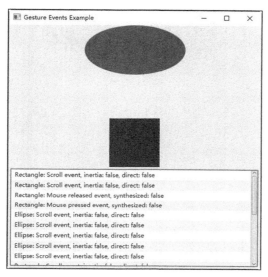

图 19-10 执行结果

19.6 课后练习

（1）编写一个 Java 程序，自定义滑块的刻度。

（2）编写一个 Java 程序，通过滑块值属性更改监听器。

第 20 章

数据库编程

数据库技术是现代软件开发领域中的重要组成部分之一，通过数据库可以存储软件项目中需要的数据信息。在计算机应用中，数据库在软件的实现过程中起到了一个中间媒介的作用。因为在软件中显示的内容是从数据库中读取的，所以可以通过增减、修改或删除数据库数据的方式实现软件程序的动态交互功能。本章将详细介绍在 Java 程序中使用数据库的知识。

本章内容

▸▸ 使用 JDBC API

▸▸ 连接 Access 数据库

▸▸ 连接 SQL Server 数据库

▸▸ 连接 MySQL 数据库

技术解惑

▸▸ 连接池的功效

▸▸ 数据模型、概念模型和关系数据模型

▸▸ 数据库系统的结构

20.1　使用 JDBC API

 知识点讲解：视频\第 20 章\初识 JDBC.mp4

JDBC API 是 Java 程序连接数据库的一个重要接口，是搭建 Java 程序与数据库连接的一个中间桥梁。本节将简要介绍使用 JDBC 开发 Java 数据库程序的知识。

↑扫码看视频

20.1.1　JDBC API 介绍

JDBC 是开发 Java 应用程序编程接口，描述了一个访问关系数据库的标准 Java 类库，并且为数据库厂商提供了一个标准的体系结构，让厂商可以为自己的数据库产品提供 JDBC 驱动程序，这些驱动程序可以直接访问厂商的数据产品，从而提高 Java 程序访问数据库的效率。

随着人们对 JDBC 的兴趣提高，越来越多的开发人员使用基于 JDBC 的工具，以使程序的编写更加容易。程序员也一直在力图编写使最终用户对数据库的访问变得更为简单的应用程序。例如，应用程序可提供一个选择数据库任务的菜单，任务选定后，应用程序将给出提示及空白以填写执行选定任务所需的信息。所需信息输入应用程序后将自动调用所需的 SQL 命令。在这种程序的协助下，即使用户根本不懂 SQL 的语法，也可以执行数据库任务。

20.1.2　JDBC 的常用接口和类

JDBC 提供了一系列独立于数据库的统一 API 以执行 SQL 命令，下面介绍 JDBC API 中常用的接口和类。

1. DriverManager

管理 JDBC 驱动的服务类。程序中该类的主要功能是获取 Connection 对象，在该类中包含的方法为 public static Connection getConnection（String url，String user，String password）throws SQLException。该方法获得 url 对应数据库的连接，其中"url"表示数据库的地址，"user"表示连接数据库的用户名，"password"表示连接数据库的密码。

2. Connection

Connection 代表数据库连接对象，每个 Connection 代表一个物理连接会话。要访问数据库，必须先获得数据库连接。Connection 接口中的常用方法如下所示。

（1）Statement createStatement() throws SQLExcepion：该方法用于创建一个 Statement 对象，封装 SQL 语句发送给数据库。它通常用来执行不带参数的 SQL 语句。

（2）PreparedStatement prepareStatement（String sql）throws SQLException：该方法返回预编译的 Statement 对象，即将 SQL 语句提交到数据库进行预编译。

（3）CallableStatement prepareCall（String sql）throws SQLException：该方法返回 Callable Statement 对象，该对象用于调用存储过程。

上述 3 个方法都会返回执行 SQL 语句的 Statement 对象，PreparedStatement、Callable Statement 是 Statement 的子类，只有获得了 Statement 之后才可执行 SQL 语句。除此之外，在 Connection 中还有以下几个用于控制事务的方法。

（1）Savepoint setSavepoint()：创建一个保存点。

（2）Savepoint setSavepoint（String name）：以指定名称来创建一个保存点。

（3）void setTransactionIsolation（intlevel）：设置事务的隔离级别。

（4）void rollback()：回滚事务。

（5）void rollback（Savepoint savepoint）：将事务回滚到指定的保存点。

（6）void setAutoCommit（boolean autoCommit）：关闭自动提交，打开事务。

（7）void commit()：提交事务。

3．Statement

Statement 是一个执行 SQL 语句的工具接口，该对象既可以执行 DDL、DCL 语句，也可以执行 DML 语句，还可以执行 SQL 查询。当执行 SQL 查询时，它会返回查询到的结果集。在 Statement 中的常用方法如下所示。

（1）ResultSet executeQuery（String sql）throws SQLException：该方法用于执行查询语句，并返回查询结果对应的 ResultSet 对象。该方法只能执行查询语句。

（2）int executeUpdate（String sql）throws SQLException：该方法用于执行 DML 语句，并返回受影响的行数；该方法也可以执行 DDL 语句，执行 DDL 将返回 0。

（3）boolean execute（String sql）throws SQLException：该方法可以执行任何 SQL 语句。如果执行后第一个结果为 ResultSet 对象，则返回 true；如果执行后第一个结果为受影响的行数或没有任何结果，则返回 false。

4．PreparedStatement

PreparedStatement 是一个预编译的 Statement 对象。PreparedStatement 是 Statement 的子接口，它允许数据库预编译 SQL（这些 SQL 语句通常带有参数）语句，以后每次只需改变 SQL 命令的参数，避免数据库每次都编译 SQL 语句，因此性能更好。与 Statement 相比，使用 PreparedStatement 执行 SQL 语句时，无需重新传入 SQL 语句，因为它已经预编译 SQL 语句。由于 PreparedStatement 需要为预编译的 SQL 语句传入参数值，所以 PreparedStatement 比 Statement 多了 void setXxx（int parameterIndex，Xxx value）方法。该方法根据传入参数值的类型不同，使用不同的方法。传入的值根据索引传给 SQL 语句中指定位置的参数。

5．ResultSet

ResultSet 是一个结果对象，该对象包含查询结果的方法，ResultSet 可以通过索引或列名来获得列中的数据。在 ResultSet 中的常用方法如下所示。

（1）void close()throws SQLExce ption：释放 ResultSet 对象。

（2）boolean absolute（int row）：将结果集的记录指针移动到第 row 行；如果 row 是负数，则移动到倒数第 row 行。如果移动后的记录指针指向一条有效记录，则该方法返回 true。

（3）void beforeFirst()：将 ResultSet 的记录指针定位到首行之前，这时 ResultSet 结果集记录指针的初始状态——记录指针的起始位置位于第一行之前。

（4）boolean first()：将 ResultSet 的记录指针定位到首行。如果移动后的记录指针指向一条有效记录，则该方法返回 true。

（5）boolean previous()：将 ResultSet 的记录指针定位到上一行。如果移动后的记录指针指向一条有效记录，则该方法返回 true。

（6）boolean next()：将 ResultSet 的记录指针定位到下一行。如果移动后的记录指针指向一条有效记录，则该方法返回 true。

（7）boolean last()：将 ResultSet 的记录指针定位到最后一行。如果移动后的记录指针指向一条有效记录，则该方法返回 true。

（8）void afterLast()：将 ResultSet 的记录指针定位到最后一行的后面。

（9）boolean isFirst()：判断当前光标位置是否在第一行上。

（10）boolean isLast()：判断当前光标位置是否在最后一行上。

注意：在 JDK 1.4 以前，采用默认方法创建 Statement，它查询到的 ResultSet 不支持 absolute、previous 等移动记录指针方法，它只支持 next 这个移动记录指针方法，即 ResultSet 的记录指针只能向下移动，而且每次只能移动一格。从 JDK 1.5 以后就避免了这个问题，程序采用默认方法创建 Statement，它查询得到的 ResultSet 也支持 absolute、previous 等方法。

20.2 连接 Access 数据库

知识点讲解：视频\第 20 章\连接 Access 数据库.mp4

↑扫码看视频

在开发 Java 数据库程序的过程中，最为常用的数据库工具是 Access、SQL Server、MySQL 和 Oracle。本节将详细讲解使用 Java 连接 Access 数据库的知识。

20.2.1 Access 数据库概述

Access 是微软 Office 工具中的一种数据库管理程序，它可赋予用户更佳的用户体验，并且新增了导入、导出和处理 XML 数据文件等功能。

Access 适用于小型商务活动，用以存储和管理商务活动所需要的数据。Access 不仅是一个数据库，而且具有强大的数据管理功能，可以方便地利用各种数据源生成窗体（表单）、查询、报表和应用程序等。在利用 Java 开发小型项目时，Access 往往是首先考虑的数据库工具，Access 以操作简单、易学易用的特点受到大多数用户的青睐。

20.2.2 连接本地 Access 数据库

在 JDK 1.6 之前的版本中，JDK 都内置了 Access 数据库的连接驱动。但是在 JDK1.8 中不再包含 Access 桥接驱动，开发者需要单独下载 Access 驱动 jar 包（Access_JDBC30.jar），而 JDK 1.1～JDK 1.6 以及 JDK 1.9 都是自带 Access 驱动，不需要单独下载。下面以 Access 2013 为例介绍 Java 连接本机 Access 数据库的过程。

实例 20-1	连接本地 Access 数据库
	源码路径：daima\020\src\DBconnTest.java

（1）在本机 H 盘的根目录中创建一个名为"book.accdb"的 Access 数据库，数据库的设计视图如图 20-1 所示。

图 20-1 Access 数据库的设计视图

（2）将下载的 Access 驱动文件"Access_JDBC30.jar"放到 JDK 安装路径的"lib"目录下。修改本地机器的环境变量值，在环境变量"CLASSPATH"中加上这个 jar 包，将路径设置为驱动包的绝对路径，例如保存到"C:\ProgramFiles\Java\jre12.0\lib\Access_JDBC30.jar"目录中，添加完后重启计算机，然后就可以连接了。

（3）也可以将下载的 Access 驱动文件放到项目文件中，然后在 Eclipse 中右键单击 Access_JDBC30.jar，在弹出的命令中依次选择"Build Path""Add to Build Path"命令，将此驱动文件加载到项目中，如图 20-2 所示。

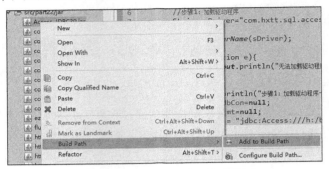

图 20-2　加载 Access 驱动文件到项目中

（4）编写测试文件 DBconnTest.java，主要实现代码如下所示。

```java
import java.sql.*;
public class DBconnTest {
    public static void main(String args[]) {
        //步骤1：加载驱动程序
        String sDriver="com.hxtt.sql.access.AccessDriver";
        try{
            Class.forName(sDriver);                                    //这是固定语法
        }
        catch(Exception e){                                            //如果无法加载驱动程序则输出提示
            System.out.println("无法加载驱动程序");
            return;
        }
        System.out.println("步骤1：加载驱动程序——成功！");       //加载成功时的提示
        Connection dbCon=null;
        Statement stmt=null;
        String sCon = "jdbc:Access:///h:/book.mdb";                   //本地Access数据库的地址
        try{
            dbCon=DriverManager.getConnection(sCon);
            if(dbCon!=null){
                System.out.println("步骤2：连接数据库——成功！");
            }
            //步骤3：建立JDBC的Statement对象
            stmt=dbCon.createStatement();
            if(stmt!=null){
                System.out.println("步骤3：建立JDBC的Statement对象——成功！");
            }
        }
        catch(SQLException e){
            System.out.println("连接错误："+sCon);
            System.out.println(e.getMessage());
            if(dbCon!=null){
                try{
                    dbCon.close();
                }
                catch(SQLException e2){}
            }
            return;
        }
        try{//执行数据库查询，返回结果
            String sSQL="SELECT * "+" FROM bookindex";      //查询数据库中bookindex表的信息
            ResultSet rs=stmt.executeQuery(sSQL);
            while(rs.next()){
                System.out.print(rs.getString("BookID")+" ");//查询bookindex表中BookID的信息
                System.out.print(rs.getString("BookTitle")+"  ");
                //查询bookindex表中BookTitle的信息
                System.out.print(rs.getString("BookAuthor"));//查询bookindex表中BookAuthor的信息
                System.out.println("  " +rs.getFloat("BookPrice"));
                //查询bookindex表中BookPrice的信息
            }
```

> 范例 20-1-01：使用 executeUpdate 创建数据表
> 源码路径：演练范例\20-1-01\
> 范例 20-1-02：使用 insert 语句插入记录
> 源码路径：演练范例\20-1-02\

```
        }
        catch(SQLException e){
                System.out.println(e.getMessage());
        }
        finally{
            try{
                    //关闭步骤3所开启的statement对象
                    stmt.close();
                    System.out.println("关闭statement对象");
            }
            catch(SQLException e){}
            try{
                    //关闭步骤3所开启的statement对象
                    dbCon.close();
                    System.out.println("关闭数据库连接对象");
            }
            catch(SQLException e){}
        }
    }
}
```

执行后将显示查询过程和查询结果并输出：

```
步骤1: 加载驱动程序——成功!
步骤2: 连接数据库——成功!
步骤3: 建立JDBC的Statement对象——成功!
1  Java开发从入门到精通  扶松柏        59.8
2  C语言开发从入门到精通  老关          55.0
3  算法从入门到精通        老张          69.0
关闭statement对象
关闭数据库连接对象
```

20.3　连接 SQL Server 数据库

知识点讲解：视频\第 20 章\连接 SQL Server 数据库.mp4

↑扫码看视频

　　　　　　SQL Server 是微软公司推出的普及型关系数据库系统，为用户提供了一个功能强大的客户/服务器端平台，同时能够支持多个并发用户的大型关系数据库。在作者写作本书时，最常用的版本是 SQL Server 2016，所以本书后面的内容将以 SQL Server 2016 为基础。本节将详细讲解 Java 连接 SQL Server 数据库的基本知识，为读者学习本书后面的知识打下基础。

20.3.1　下载并安装 SQL Sever 2016 驱动

要使用 Java 语言连接 SQL Server 2016 数据库，需要下载并配置对应的 JDBC 驱动程序，具体操作流程如下所示。

（1）登录微软官网找到相关软件后，单击右边的"Download"按钮，如图 20-3 所示。

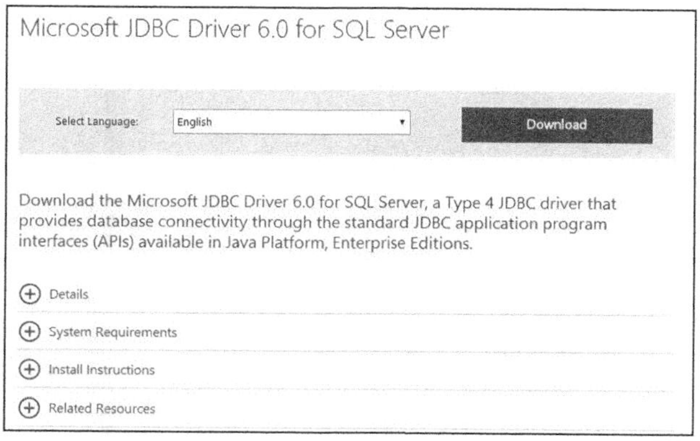

图 20-3　微软 SQL Server 2016 数据库的 JDBC 驱动下载页面

（2）在新界面勾选 "enu\sqljdbc_6.0.8112.100_enu.tar.gz" 前面的复选框，然后单击右下角的 "Next" 按钮，如图 20-4 所示。

图 20-4　下载 sqljdbc_6.0.8112.100_enu.tar.gz

（3）在弹出的新界面中下载驱动文件 sqljdbc_6.0.8112.100_enu.tar.gz，接下来解压缩这个文件，将里面的文件 sqljdbc42.jar 添加到 Eclipse 的 Java 项目中。具体方法是在 Eclipse 中右键单击 sqljdbc42.jar，在弹出的菜单中依次选择 "Build Path" → "Add to Build Path" 命令，将此驱动文件加载到项目中，如图 20-5 所示。

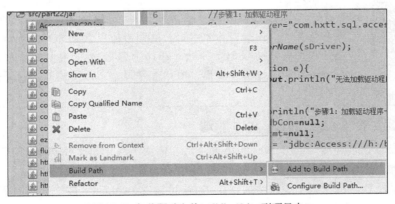

图 20-5　加载驱动文件 sqljdbc42.jar 到项目中

20.3.2　测试连接

实例 20-2　连接 SQL Server 数据库
源码路径：
daima\020\src\SQLuse.java

（1）使用 Eclipse 新建一个 Java 工程，然后将驱动文件 sqljdbc42.jar 加载到项目中。

（2）在 SQL Server 2016 数据库中新建一个名为 "display" 的空数据库，如图 20-6 所示。

（3）打开 SQL Server 的配置管理器，依次单击左侧的 "SQL Server 网络配置" "MSSQLSERVER 的协议" 选项，确保右侧面板中的 "TCP/IP" 选项处于 "已启用" 状态，如图 20-7 所示。

图 20-6　SQL Server 2016 数据库　　　　　　　图 20-7　"TCP/IP"选项处于"已启用"状态

（4）右击面板中的"TCP/IP"选项，在弹出的命令中选择"属性"命令后弹出"TCP/IP 属性"对话框，如图 20-8 所示。

（5）单击顶部的"IP 地址"选项卡，在弹出的界面中可以查看当前 SQL Server 2016 数据库中两个重要的本地连接参数，其中 TCP 参数表示端口号，笔者的机器是 1433。参数 IP Address 表示本地服务器的地址，笔者的机器是 127.0.0.1，如图 20-9 所示。

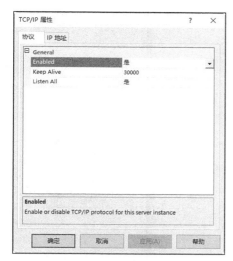
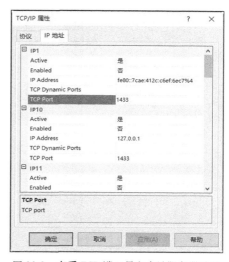

图 20-8　"TCP/IP 属性"对话框　　　　　　　图 20-9　查看 TCP 端口号和本地服务器地址

（6）开始编写测试文件 SQLuse.java，主要实现代码如下所示。

```
public static void main(String [] args){
    String driverName="com.microsoft.sqlserver.jdbc.SQLServerDriver";
    String dbURL="jdbc:sqlserver://127.0.0.1:1433;DatabaseName=display";
    String userName="sa";
    String userPwd="66688888";
    try{
        Class.forName(driverName);
        DriverManager.getConnection(dbURL,userName, userPwd);
        System.out.println("连接数据库成功");
    }
    catch(Exception e){
        e.printStackTrace();
        System.out.print("连接失败");
    }
}
```

> 范例 20-2-01：使用 execute 执行 SQL 语句
> 源码路径：演练范例\20-2-01\
> 范例 20-2-02：对数据进行降序查询
> 源码路径：演练范例\20-2-02\

执行后的结果如图 20-10 所示。

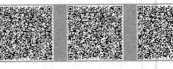

图 20-10　执行结果

20.3.3　获取 SQL Server 数据库中指定的表

下面实例的功能是建立与 SQL Server 2016 数据库"display"的连接，然后显示这个数据库中所有的表名。

实例 20-3　获取 SQL Server 数据库中指定的表

源码路径：

daima\020\src\GetTables.java

实例文件 GetTables.java 的主要实现代码如下所示。

```java
public class GetTables {
    static Connection conn = null;
    //获取数据库连接
    public static Connection getConn() {
        try {
            Class.forName("com.microsoft.sqlserver.jdbc.SQLServerDriver");//加载数据库驱动
        } catch (ClassNotFoundException e) {
            e.printStackTrace();
        }
        String url = "jdbc:sqlserver://127.0.0.1:1433;DatabaseName=display"; //连接数据库URL
        String userName = "sa";        // 连接数据库的用户名
        String passWord = "66688888"; // 连接数据库的密码
        try {
            conn = DriverManager.getConnection(url, userName, passWord); //获取数据库连接
            if (conn != null) {
            }
        } catch (SQLException e) {
            e.printStackTrace();
        }
        return conn; // 返回Connection对象
    }
    public static ResultSet GetRs() {
        try {
            String[] tableType = { "TABLE" }; // 指定要查询的表类型
            Connection conn = getConn();        // 调用与数据库建立连接的方法
            DatabaseMetaData databaseMetaData = conn.getMetaData();
            //获取DatabaseMetaData实例
            ResultSet resultSet = databaseMetaData.getTables(null, null, "%",
                    tableType);          // 获取数据库中所有数据表集合
            return resultSet;
        } catch (SQLException e) {
            System.out.println("记录数量获取失败！");
            return null;
        }
    }
    public static void main(String[] args) {
        ResultSet rst = GetRs();
        System.out.println("数据库中的表有：");
        try {
            while (rst.next()) { // 遍历集合
                String tableName = rst.getString("TABLE_NAME");
                System.out.println(tableName);
            }
        } catch (SQLException e) {
            e.printStackTrace();
        }
    }
}
```

> 范例 20-3-01：对数据进行多条件排序查询
> 源码路径：演练范例\20-3-01\
> 范例 20-3-02：对统计结果进行排序处理
> 源码路径：演练范例\20-3-02\

执行后的结果如图 20-11 所示。

```
数据库中的表有：
huiyuan
trace_xe_action_map
trace_xe_event_map
```

图 20-11　执行结果

20.4　连接 MySQL 数据库

知识点讲解：视频\第 20 章\连接 MySQL 数据库.mp4

MySQL 是一个小型的关系数据库管理系统，在 2008 年被 Sun 公司收购，而 2009 年，Sun 公司又被 Oracle 公司收购。MySQL 是一种关联数据库管理系统，关联数据库将数据保存在不同的表中，而不是将所有数据放在一个大仓库内。这样就提高了速度和灵活性。本节将详细讲解如何用 Java 连接 MySQL 数据库的知识。

↑扫码看视频

20.4.1　下载并配置 MySQL 驱动

MySQL 的 JDBC 驱动是很方便下载的，用户可以通过搜索引擎搜索关键字"MySQL jdbc"来获得。笔者建议登录 MySQL 官方网站下载 JDBC 驱动，官方下载页面效果如图 20-12 所示。

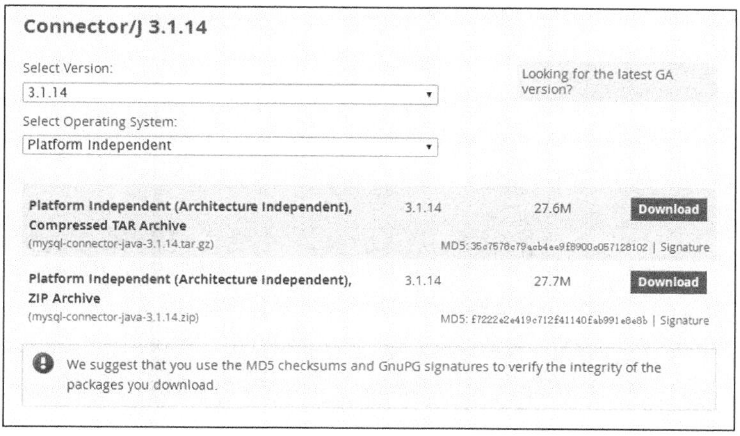

图 20-12　下载 JDBC 驱动

下载完成后将其解压，找到里面的文件 mysql-connector-java-5.1.7-bin.jar。如果是使用 DOS 命令执行 Java 程序，则必须对环境进行配置，具体配置过程如下所示。

（1）打开本地计算机的环境变量界面。前面曾经讲解过配置 JDK 的过程，并建立了一个 CLASSPATH 环境，现在要找到这个环境变量，单击"编辑"按钮重新对它进行编辑，如图 20-13 所示。

（2）在它的变量值后面加入"；"，然后再加入 mysql-connector-java.jar 路径，因为这里是放置在 D 盘，所以为"; D:\mysql-connector-java-5.1.7-bin. Jar"，单击"确定"按钮，然后再次单击"确定"按钮，如图 20-14 所示。

注意：上面讲解的只是 Java 连接 MySQL 的一个原理，实际上它并不适用，因为现在都使用 IDE 开发 Java 项目，所以用户将 JDBC 驱动直接加载到 IDE 里即可。

图 20-13　编辑 classpath　　　　　　　　　　　图 20-14　编辑系统变量

20.4.2　将 MySQL 驱动加载到 Eclipse 中

（1）启动 Eclipse，然后选择下载的驱动文件，单击鼠标右键，在弹出的菜单项中选择"Copy"命令，然后在 Eclipse 里选择需要的项目，如图 20-15 所示。

（2）选择加载的驱动，然后单击鼠标右键，在弹出的快捷菜单中依次选择"Build Path""Add to Build Path"命令，将 MySQL 驱动加载到当前项目中，如图 20-16 所示。

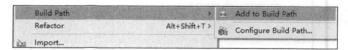

图 20-15　复制并粘贴 MySQL 驱动　　　　　　　图 20-16　选择命令

20.4.3　测试连接

在接下来的内容中，将通过一个具体实例来测试 MySQL 数据库是否连接成功。

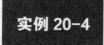 **测试 MySQL 是否连接成功**
源码路径：
daima\020\src\CreateMySQL.java

实例 20-4

实例文件 CreateMySQL.java 的主要实现代码如下所示。

```
public class CreateMySQL {
  Connection conn = null;
  public Connection getConnection() {        //实现连接方法getConnection()
    try {
        Class.forName("com.mysql.jdbc.Driver");                  //加载MySQL数据库驱动
        System.out.println("数据库驱动加载成功！！");
        String url = "jdbc:mysql://127.0.0.1:8888/db_database22";  //定义与连接数据库的URL
        String user = "root";                                    //定义连接数据库的用户名
        String passWord = "66688888";                            //定义连接数据库的密码
        conn = DriverManager.getConnection(url, user, passWord); //获取连接字符串
        System.out.println("已成功地与MySQL数据库建立连接！！");
```

```
    } catch (Exception e) {
        e.printStackTrace();
    }
    return conn;
}
public static void main(String[] args) {
    CreateMySQL mySQL = new CreateMySQL();
    mySQL.getConnection();
    //调用连接方法getConnection()
}
```

范例 20-4-01：查询 MySQL 的前 3 条数据
源码路径：演练范例\20-4-01\
范例 20-4-02：查询 MySQL 的后 3 条数据
源码路径：演练范例\20-4-02\

运行后的效果如图 20-17 所示。

图 20-17 执行结果

20.5 技 术 解 惑

20.5.1 连接池的功效

长期以来，数据库连接在实际应用中的主要问题在于对数据库连接资源的低效管理。我们知道，对于共享资源，业界有一个很著名的设计模式：资源池（resource pool）。该模式的设计目的就是为了解决频繁分配/释放资源所造成的问题。为了解决这个问题，我们可以采用数据库连接池技术。数据库连接池的基本思想就是为数据库连接建立一个"缓冲池"。预先在缓冲池中放入一定数量的连接，当需要建立数据库连接时，只需从"缓冲池"中取出一个，使用完毕之后再放回去。我们可以通过设定连接池的最大连接数来防止系统无尽地与数据库进行连接。更为重要的是，程序员可以通过连接池的管理机制监视数据库连接的数量使用情况，为系统开发、测试及性能调整提供依据。

20.5.2 数据模型、概念模型和关系数据模型

数据模型是现实世界中数据特征的抽象，是数据技术的核心和基础。数据模型是数据库系统的数学形式框架，是用来描述数据的一组概念和定义，主要包括如下 3 个方面的内容。

（1）静态特征：对数据结构和关系的描述。

（2）动态特征：在数据库上的操作，例如添加、删除和修改。

（3）完整性约束：数据库中的数据必须满足的规则。

不同的数据模型具有不同的数据结构。目前最为常用的数据模型有层次模型、网状模型、关系模型和面向对象数据模型。其中层次模型和网状模型统称为非关系模型。

概念模型是按照用户的观点对数据和信息进行建模，而数据模型是按照计算机系统的观点对数据进行建模。概念模型用于信息世界的建模，人们常常先将现实世界抽象为信息世界，然后将信息世界转换为机器世界。而概念模型是现实世界到机器世界的一个中间层。

概念模型可以用 E—R 图来描述世界的概念模型。E—R 图提供了表示实体型、属性和联系的方法。

（1）实体型：用矩形表示，框内写实体名称。

（2）属性：用椭圆表示，框内写属性名称。

（3）联系：用菱形表示，框内写联系名称。

图 20-18 描述了实体—属性图。

图 20-19 描述了实体—联系图。

关系模型是当前应用最为广泛的一种模型。关系数据库都采用关系模型作为数据的组织方式。自从 20 世纪 80 年代以来，计算机厂商推出的数据库管理系统几乎都支持关系模型。

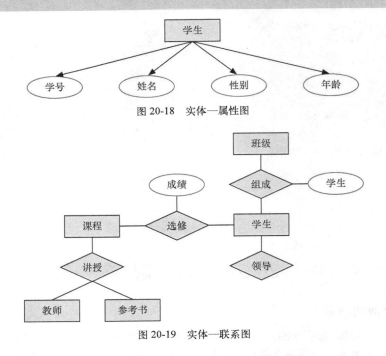

图 20-18　实体—属性图

图 20-19　实体—联系图

关系模型的基本要求是关系必须规范，即要求关系模式必须满足一定的规范条件，关系的分量必须是一个不可再分的数据项。

20.5.3　数据库系统的结构

设计数据库时，强调的是数据库结构；使用数据库时，关心的是数据库中的数据。从数据库系统的角度看，数据库系统通常采用 3 级模式结构，这是数据库管理系统的内部结构。

数据库系统的 3 级模式结构是指数据库系统由外模式（物理模式）、模式（逻辑模式）和内模式 3 级抽象模式构成，这是数据库系统的体系结构或总结构。上述具体结构如图 20-20 所示。

数据库管理系统（即 DBMS），是数据库系统的核心，是为数据库的建立、使用和维护而配置的软件。它建立在操作系统的基础之上，是操作系统与用户之间的一层数据管理软件，负责对数据库进行统一的管理和控制。数据库管理系统的功能主要包括数据定义、数据操纵、数据库运行管理、数据组织、存储和管理、数据库的建立和维护、数据通信接口 7 个方面。

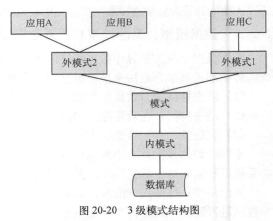

图 20-20　3 级模式结构图

20.6　课后练习

（1）编写一个 Java 程序，调用存储过程实现身份认证。

（2）编写一个 Java 程序，调用存储过程向数据库中添加新数据。

（3）编写一个 Java 程序，获取某个数据库中的所有存储过程。

第 21 章

开发互联网程序

Java 语言在开发网络通信程序方面的优点特别突出，并远远领先其他语言。本章将详细讲解使用 Java 语言开发互联网通信程序的基本知识，为读者步入本书后面知识的学习打下基础。

本章内容

▸▸ Java 语言中的内置网络包
▸▸ 开发 TCP 程序
▸▸ 开发 UDP 程序
▸▸ 开发代理服务器程序
▸▸ HTTP/2 Client API（Java 11 新增）

技术解惑

▸▸ 使用异常处理完善程序
▸▸ 体会烦琐的 DatagramPacket
▸▸ MulticastSocket 类的重要意义
▸▸ 继承 ProxySelector 时需要做的工作
▸▸ 生成 jdk.incubator.httpclient 模块的 Javadoc

21.1　Java 语言中的内置网络包

知识点讲解：视频\第 21 章\Java 中的网络包.mp4

Java 作为一门面向对象的高级语言，会提供专门的包来支持网络应用的开发功能。我们可以通过包 java.net 中的 URL 类和 URLConnection 类实现 Web 服务功能。另外，URLDecoder 类和 URLEncoder 还提供了普通字符串和 application/x-www-form-urlencoded MIME（一种浏览器常用的缩码方式）字符串相互转换的静态方法。

↑扫码看视频

21.1.1　InetAddress 类介绍

在 Java 程序中，使用 InetAddress 类来表示 IP 地址，在 InetAddress 类中还有如下两个子类。

（1）Inet4Address：代表 Internet Protocol version 4（IPv4）地址。

（2）Inet6Address：代表 Internet Protocol version 6（IPv6）地址。

InetAddress 类没有提供构造器，而是提供了如下两个静态方法来获取 InetAddress 实例。

（1）public static InetAddress getByName（String host）throws UnknownHostException：根据主机获取对应的 InetAddress 对象。参数 host 表示主机地址，如果不存在则抛出 UnknownHostException 异常。

（2）public static InetAddress getByAddress（byte[] addr）throws UnknownHostException：根据原始 IP 地址来获取对应的 InetAddress 对象。参数 addr 表示原始的 IP 地址，如果不存在则抛出 UnknownHostException 异常。

在 InetAddress 中，可以通过如下 3 个方法来获取与 InetAddress 实例对应的 IP 地址和主机名。

（1）public String getCanonicalHostName()：获取此 IP 地址的全限定域名。

（2）public String getHostAddress()：返回该 InetAddress 实例对应的 IP 地址字符串（以字符串形式）。

（3）public String getHostName()：获取此 IP 地址的主机名。

另外，在 InetAddress 类中还包含了如下重要方法。

（1）static InetAddress getLocalHost()：获取本机 IP 地址对应的 InetAddress 实例。

（2）public boolean isReachable（int timeout）throws IOException：测试是否可以到达该地址，该方法将尽最大努力试图到达主机，但防火墙和服务器配置可能会阻塞请求，使其在某些特定端口访问时处于不可达的状态。如果可以获得权限，则典型实现将使用 ICMP ECHO REQUEST，否则它将试图在目标主机的端口 7（Echo）上建立 TCP 连接。参数 timeout 的单位是毫秒，指示尝试应该使用的最大时间量。如果在获取应答前操作就已超时，则视为主机不可到达。如果是负值，则导致抛出 IllegalArgumentException 异常。

21.1.2　URLDecoder 类和 URLEncoder 类介绍

URLDecoder 类和 URLEncoder 类的功能是，完成普通字符串与 application/x-www-form-urlencoded MIME 字符串之间的相互转换。application/x-www-form-urlencoded MIME 虽然不是普通的字符串，但是在现实应用中经常见到，例如搜索引擎网址中看似是乱码的内容，如图 21-1 所示。

&aqi=&aql=&gs_sm=&gs_upl=&bav=on.2,or.r_gc.r_pw.,cf.osb&fp=7d739249df327f8&biw=1272&bih=594

图 21-1　MIME 编码

　　当 URL 里包含非西欧字符的字符串时，系统会将这些非西欧字符串转换成特殊字符串。编程过程中可以将普通字符串和这种特殊字符串相关转换，此功能是通过使用 URLDecoder 和 URLEncoder 类来实现的。

　　（1）URLDecoder 类：包含一个静态方法 decode（String s，String enc），它可以将看上去是乱码的特殊字符串转换成普通字符串。

　　（2）URLEncoder 类：包含一个静态方法 encode（String s，String enc），它可以将普通字符串转换成 application/x-www-form-urlencoded MIME 字符串。

　　在现实应用中，我们不必转换仅包含西欧字符的普通字符串和 application/x-www-form-urlencoded MIME 字符串。由于需要转换包含中文字符的普通字符串，转换方法是每个中文字符占两字节，每字节可以转换成两个十六进制的数字，所以每个中文字符将转换成 "%XX%XX" 的形式。当采用不同的字符集时，每个中文字符对应的字节数并不完全相同，当使用 URLEncoder 和 URLDecoder 进行转换时需要指定字符集。

21.1.3　URL 类和 URLConnection 类介绍

　　URL 是 Uniform Resource Locator 的缩写，意为统一资源定位器，它是指向互联网 "资源" 的指针。资源可以是简单的文件或目录，也可以是更为复杂的对象引用，例如对数据库或搜索引擎的查询。就通常情况而言，URL 可以由协议名、主机、端口和资源组成。URL 需要满足如下格式。

```
protocol://host:port/resourceName
```

　　例如，下面就是一个 URL。

```
http://www.163.com
```

　　JDK 为我们提供了一个 URI 类，其实例代表一个统一的资源标识符。Java 的 URI 不能定位任何资源，它的唯一作用就是解析。而 Java 在 URL 类中则包含了一个可打开到达该资源的输入流，因此可以将 URL 类理解成 URI 类的特例。

　　URL 类中提供了多个构造器以创建 URL 对象，一旦获得 URL 对象，就可以调用如下方法访问该 URL 对应的资源。

　　（1）String getFile()：获取此 URL 的资源名。

　　（2）String getHost()：获取此 URL 的主机名。

　　（3）String getPath()：获取此 URL 的路径。

　　（4）int getPort()：获取此 URL 的端口号。

　　（5）String getProtocol()：获取此 URL 的协议名称。

　　（6）String getQuery()：获取此 URL 的查询字符串。

　　（7）URLConnection openConnection()：返回一个 URLConnection 对象，它表示到 URL 所引用的远程对象的连接。

　　（8）InputStream openStream()：打开与此 URL 的连接，并返回一个读取该 URL 资源的 InputStream。

　　在 URL 中，可以使用 openConnection() 方法返回一个 URLConnection 对象，该对象表示应用程序和 URL 之间的通信连接。应用程序可以通过 URLConnection 实例向此 URL 发送请求，并读取 URL 引用的资源。

　　注意：如果既要使用输入流读取 URLConnection 响应的内容，又要使用输出流发送请求参数，那就一定要先使用输出流，再使用输入流。另外，无论是发送 GET 请求，还是发送 POST 请求，程序获取 URLConnection 响应的方式完全一样。如果程序可以确定远程响应是字符流，则可以使用字符流来读取；如果程序无法确定远程响应是字符流，则使用字节流来读取。

21.1.4　使用 InetAddress 访问指定的网址

实例 21-1	使用 InetAddress 访问指定网址 源码路径： daima\021\src\InetAddressyong.java	

实例文件 InetAddressyong.java 的主要实现代码如下所示。

```
import java.net.*;
public class InetAddressyong{
    public static void main(String[] args)
        throws Exception{
        //根据主机名获取对应的InetAddress实例
        InetAddress ip = InetAddress.getByName
("www.toppr.net");
        //判断是否可达
        System.out.println("sohu是否可达:" + ip. isReachable(2000));
        //获取该InetAddress实例的IP字符串
        System.out.println(ip.getHostAddress());
        //根据原始IP地址获取对应的InetAddress实例
        InetAddress local = InetAddress. getByAddress(new byte[]
{127,0,0,1});
        System.out.println("本机是否可达: " + local.isReachable(5000));
        //获取该InetAddress实例对应的全限定域名
        System.out.println(local.getCanonicalHostName());
    }
}
```

范例 21-1-01：普通字符和 MIME 字符的转换
源码路径：演练范例\21-1-01\
范例 21-1-02：获取计算机名和 IP 地址
源码路径：演练范例\21-1-02\

执行后将输出：
```
sohu是否可达: true
154.48.240.121
本机是否可达: true
127.0.0.1
```

21.2　开发 TCP 程序

知识点讲解：视频\第 21 章\TCP 编程.mp4

TCP/IP 通信协议是一种可靠的网络协议，我们可以利用该协议在通信链路的两端各建立一个 Socket，从而形成网络虚拟链路。一旦建立虚拟的网络链路，两端的程序就可以通过虚拟链路进行通信。本节将详细讲解使用 Java 开发 TCP 程序的知识。

↑扫码看视频

21.2.1　使用 ServerSocket

　　Java 对 TCP 网络通信提供了良好的封装，提供 Socket 对象代表两端的通信端口，并通过 Socket 产生 I/O 流进行网络通信。在 Java 语言中，可以使用 ServerSocket 类来接受其他通信实体的连接请求，对象 ServerSocket 用于监听来自客户端的 Socket 连接，如果没有连接则它一直处于等待状态。在 ServerSocket 类中包含的监听客户端连接请求的方法是 public Socket accept()throws IOException：如果接收到一个客户端 Socket 的连接请求，该方法将返回一个与客户端 Socket 对应的 Socket，否则该方法将一直处于等待状态，线程也会阻塞。

　　为了创建 ServerSocket 对象，ServerSocket 类提供了如下构造器。

　　（1）ServerSocket()：创建一个未绑定的 ServerSocket 对象。

　　（2）ServerSocket（int port）：用指定端口 port 来创建一个 ServerSocket。该端口应有一个有效的端口整数值，其取值范围为 0～65 535。

　　（3）ServerSocket（int port, int backlog）：增加一个用来改变连接队列长度的参数 backlog。

（4）ServerSocket（int port, int backlog，InetAddress localAddr）：在机器存在多个 IP 地址的情况下，允许通过参数 localAddr 将 ServerSocket 绑定到指定的 IP 地址上。

21.2.2　使用 Socket

在 TCP 客户端可以使用 Socket 的构造器来连接到指定服务器，在 Socket 中可以使用如下所示的两个构造器。

（1）Socket（InetAddress/String remoteAddress，int port）：创建连接到指定远程主机、远程端口的 Socket。该构造器没有指定本地地址、本地端口，默认使用本地主机的默认 IP 地址，或者默认使用系统动态指定的 IP 地址。

（2）Socket（InetAddress/String remoteAddress，int port，InetAddress localAddr，int localPort）：创建连接到指定远程主机、远程端口的 Socket。它并指定本地 IP 地址和本地端口号，这适用于本地主机有多个 IP 地址的情形。

当客户端、服务器端产生了对应的 Socket 之后，程序无需再区分服务器、客户端，而是通过各自的 Socket 进行通信。Socket 提供如下两个方法来获取输入流和输出流。

（1）InputStream getInputStream()：返回该 Socket 对象对应的输入流，让程序通过该输入流从 Socket 中取出数据。

（2）OutputStream getOutputStream()：返回该 Socket 对象对应的输出流，让程序通过该输出流向 Socket 中输入数据。

实例 21-2　创建 TCP 的服务器端

源码路径：

daima\021\src\Server.java

实例文件 Server.java 的主要实现代码如下所示。

```java
public class Server{
  public static void main(String[] args)
    throws IOException{
    //创建一个ServerSocket，以监听客户端Socket的连接请求
    ServerSocket ss = new ServerSocket(30000);
    //采用循环方式不断接收来自客户端的请求
    while (true){
      //每当接到客户端Socket的请求后，服务器端也对应产生一个Socket
      Socket s = ss.accept();
      PrintStream ps = new PrintStream(s.getOutputStream());
      //将Socket对应的输出流包装成PrintStream
      ps.println("圣诞快乐!");
      //进行普通I/O操作,输出文本
      //关闭输出流, 关闭Socket
      ps.close();
      s.close();
      ss.close();
    }
  }
}
```

> 范例 21-2-01：实现 TCP 的客户端
> 源码路径：演练范例\21-2-01\
> 范例 21-2-02：判断两个网址的主机名是否一致
> 源码路径：演练范例\21-2-02\

在上述代码中，由于仅建立了 ServerSocket 监听，并使用 Socket 获取输出流，所以执行上述代码后不会显示任何信息。通过上述实例可以得出一个结论：一旦使用 ServerSocket、Socket 建立网络连接之后，程序通过网络进行通信与普通 I/O 并没有太大的区别。如果先运行上面程序中的 Server 类，那么将看到服务器一直处于等待状态，因为服务器使用死循环来接收来自客户端的请求。

❀　注意：上述代码为了突出通过 ServerSocket 和 Socket 建立连接并通过底层 I/O 流进行通信的主题，程序没有进行异常处理，也没有使用 finally 块关闭资源。

21.2.3　开发多线程 TCP 程序

服务器端和客户端只是执行了简单的通信操作，当服务器接收到客户端的连接请求之后，服务器向客户端输出一个字符串，而客户端也只是读取服务器发送的字符串后就退出。在实际

应用中，客户端可能需要与服务器端保持长时间通信，即服务器需要不断地读取客户端数据，并向客户端写入数据，客户端也需要不断地读取服务器数据，并向服务器写入数据。

当使用 readLine() 方法读取数据时，如果在该方法成功返回之前线程被阻塞，则程序将无法继续执行。所以此服务器很有必要为每个 Socket 单独启动一条线程，每条线程负责与一个客户端进行通信。另外，因为客户端读取服务器数据的线程同样会被阻塞，所以系统应该单独启动一条线程来专门读取服务器数据。

假设要开发一个聊天室程序，那么在服务器端应该包含多条线程，其中每个 Socket 对应一条线程，该线程负责读取 Socket 对应的输入流数据（从客户端发送过来的数据），并将读到的数据向每个 Socket 输出流发送一遍（将一个客户端发送的数据"广播"给其他客户端），因此需要在服务器端使用列表来保存所有的 Socket。在具体实现时，它为服务器提供了如下两个类。

（1）创建 ServerSocket 监听的主类。

（2）处理每个 Socket 通信的线程类。

实例 21-3	开发一个聊天室程序 源码路径： daima\021\src\liao\server\ daima\021\src\liao\client\	

（1）首先看实例文件 IServer.java，主要实现代码如下所示。

```
package liao.server;
import java.net.*;
public class IServer{
    //定义保存所有Socket的ArrayList
    public static ArrayList<Socket> socketList =
new ArrayList<Socket>();
    public static void main(String[] args)
        throws IOException{
        ServerSocket ss = new ServerSocket(30000);
        while(true){
            //此行代码会阻塞，它将一直等待其他的连接
            Socket s = ss.accept();
            socketList.add(s);
            //当客户端连接后启动一条ServerThread线程为该客户端服务
            new Thread(new Serverxian(s)).start();
            ss.close();
        }
    }
}
```

范例 21-3-01：测试 IP 判断类型

源码路径：演练范例\21-3-01\

范例 21-3-02：查找目标主机

源码路径：演练范例\21-3-02\

在上述代码中，服务器端只负责接受客户端 Socket 的连接请求，当客户端 Socket 连接到该 ServerSocket 之后，程序将对应的 Socket 加入 socketList 集合中保存，并为该 Socket 启动一条线程，它负责处理该 Socket 所有的通信任务。

（2）然后看服务器端线程类文件 Serverxian.java，主要实现代码如下所示。

```
//负责每个线程通信的线程类
public class Serverxian implements Runnable {
    //定义当前线程所处理的Socket
    Socket s = null;
    //该线程处理的Socket所对应的输入流
    BufferedReader br = null;
    public Serverxian(Socket s)
        throws IOException{
        this.s = s;
        //初始化该Socket对应的输入流
        br = new BufferedReader(new InputStreamReader(s.getInputStream()));
    }
    public void run(){
        try{
            String content = null;
            //采用循环方式不断从Socket中读取客户端发送过来的数据
            while ((content = readFromClient()) != null){
```

```
                    //遍历socketList中的每个Socket
                    //将读到的内容向每个Socket发送一次
                    for (Socket s : IServer.socketList){
                        PrintStream ps = new PrintStream(s.getOutputStream());
                        ps.println(content);
                    }
                }
            }
        catch (IOException e){
            //e.printStackTrace();
        }
    }
    //定义读取客户端数据的方法
    private String readFromClient(){
        try{
            return br.readLine();
        }
        //如果捕捉到异常，则表明与该Socket对应的客户端已经关闭
        catch (IOException e){
            //删除该Socket
            IServer.socketList.remove(s);
        }
        return null;
    }
}
```

    在上述代码中，服务器端线程类会不断地使用方法 readFromClient()来读取客户端数据。如果读取数据过程中捕获到 IOException 异常，则说明此 Socket 对应的客户端 Socket 出现了问题，程序会将此 Socket 从 socketList 中删除。当服务器线程读到客户端数据之后会遍历整个 socketList 集合，并将该数据向 socketList 集合中的每个 Socket 发送一次，该服务器线程将把从 Socket 中读到的数据向 socketList 中的每个 Socket 转发一次。

    （3）接下来开始客户端的编码工作，在本应用中每个客户端应该包含两条线程：一条线程负责读取用户的键盘输入，并将用户输入的数据写入与 Socket 对应的输出流中；一条线程负责读取 Socket 对应输入流中的数据（从服务器发送过来的数据），并将这些数据打印输出，其中负责读取用户键盘输入的线程由 Myclient 负责，也就是由程序的主线程负责。

    客户端主程序文件 Iclient.java，主要实现代码如下所示。

```
public class IClient{
    public static void main(String[] args)
        throws IOException {
        Socket s = new Socket("127.0.0.1" , 30000);
        //客户端启动ClientThread线程不断读取来自服务器的数据
        new Thread(new ClientThread(s)).start();
        //获取该Socket对应的输出流
        PrintStream ps = new PrintStream(s.getOutputStream());
        String line = null;
        //不断读取键盘输入
        BufferedReader br = new BufferedReader(new InputStreamReader(System.in));
        while ((line = br.readLine()) != null){
            //将用户的键盘输入内容写入与Socket对应的输出流中
            ps.println(line);
        }
    }
}
```

    在上述代码中，当线程读到用户键盘输入的内容后，会将该内容写入与 Socket 对应的输出流中。当主线程使用 Socket 连接到服务器之后，它会启动 ClientThread 来处理该线程的 Socket 通信。

    （4）最后编写客户端的线程处理文件 Clientxian.java，此线程负责读取 Socket 输入流中的内容，并将这些内容在控制台打印出来。文件 Clientxian.java 的主要实现代码如下所示。

```
public class Clientxian implements Runnable{
    //该线程负责处理的Socket
    private Socket s;
    //该线程处理的Socket所对应的输入流
    BufferedReader br = null;
    public Clientxian(Socket s)
        throws IOException{
```

```
            this.s = s;
            br = new BufferedReader(
                new InputStreamReader(s.getInputStream()));
        }
    public void run(){
        try{
            String content = null;
            //不断读取Socket输入流中的内容，并将这些内容打印输出
            while ((content = br.readLine()) != null){
                System.out.println(content);
            }
        }
        catch (Exception e){
            e.printStackTrace();
        }
    }
}
```

上述代码能够不断获取 Socket 输入流中的内容，并直接将这些内容打印在控制台。先运行上面程序中的 IServer 类，由于该类运行后会作为本应用的服务器，所以不会看到任何输出。接着可以运行多个 IClient——相当于启动多个聊天室客户端登录该服务器，此时在任何一个客户端通过键盘输入一些内容并按回车键后，可看到所有客户端（包括自己）都会在控制台收到刚刚输入的内容，这就简单地实现了一个聊天室的功能。

21.3　开发 UDP 程序

📹 知识点讲解：视频\第 21 章\UDP 编程.mp4

　　在 Java 程序中，可以使用 DatagramSocket 对象作为基于 UDP 的 Socket，使用 DatagramPacket 作为 DatagramSocket 发送或接收数据报。本节将详细讲解使用开发 UDP 程序的知识。

↑扫码看视频

21.3.1　使用 DatagramSocket

　　DatagramSocket 本身只是码头，不维护状态，不能产生 I/O 流，它的唯一作用是接收和发送数据报。Java 使用 DatagramPacket 代表数据报，DatagramSocket 接收和发送的数据都是通过 DatagramPacket 对象完成的。DatagramSocket 中的构造器如下所示。

　　（1）DatagramSocket()：创建一个 DatagramSocket 实例，并将该对象绑定到本机默认 IP 地址、本机所有可用端口中随机选择的某个端口。

　　（2）DatagramSocket（int prot）：创建一个 DatagramSocket 实例，并将该对象绑定到本机默认 IP 地址、指定端口。

　　（3）DatagramSocket（int port, InetAddress laddr）：创建一个 DatagramSocket 实例，并将该对象绑定到指定 IP 地址、指定端口。

实例 21-4	实现 UDP 的服务器端	
	源码路径：	
	daima\021\src\UdpServer.java	

服务器端实现文件 UdpServer.java 的主要实现代码如下所示。

```
public class UdpServer{
    public static final int PORT = 30000;
    //定义每个数据报的最大长度为4KB
    private static final int DATA_LEN = 4096;
    //定义该服务器使用的DatagramSocket
```

```
        private DatagramSocket socket = null;
        //定义接收网络数据的字节数组
        byte[] inBuff = new byte[DATA_LEN];
        //用指定字节数组创建接收数据的DatagramPacket对象
        private DatagramPacket inPacket =
            new DatagramPacket(inBuff , inBuff.length);
        //定义一个用于发送的DatagramPacket对象
        private DatagramPacket outPacket;
        //定义一个字符串数组，服务器发送该数组中的元素
        String[] books = new String[] {
            "AAA",
            "BBB",
            "CCC",
            "DDD"
        };
        public void init()throws IOException{
            try{
                //创建DatagramSocket对象
                socket = new DatagramSocket(PORT);
                //采用循环方式接收数据
                for (int i = 0; i < 1000 ; i++ ){
                //读取Socket中的数据，读到的数据放在inPacket所封装的字节数组里
                socket.receive(inPacket);
                //判断inPacket.getData()与inBuff是否是同一个数组
                System.out.println(inBuff == inPacket.getData());
                //将接收到的内容转成字符串后输出
                System.out.println(new String(inBuff ,
                    0 , inPacket.getLength()));
                //从字符串数组中取出一个元素作为发送的数据
                byte[] sendData = books[i % 4].getBytes();
                //用指定字节数组作为发送数据，用刚接收到DatagramPacket的
                //源SocketAddress作为目标SocketAddress创建DatagramPacket
                outPacket = new DatagramPacket(sendData ,
                    sendData.length , inPacket.getSocketAddress());
                //发送数据
                socket.send(outPacket);
            }
        }
        //使用finally块关闭资源
        finally{
            if (socket != null){
                socket.close();
            }
        }
    }
    public static void main(String[] args)
        throws IOException{
        new UdpServer().init();
    }
}
```

范例 21-4-01：实现 UDP 协议的客户端

源码路径：演练范例\21-4-01\

范例 21-4-02：使用 URL 访问网页

源码路径：演练范例\21-4-04\

在上述代码中，使用 DatagramSocket 实现了 Server/Client 结构的网络通信功能，其中在服务器端循环 1 000 次来读取 DatagramSocket 中的数据报，每当读到内容之后便向该数据报的发送者反馈一条信息。

21.3.2 使用 MulticastSocket

DatagramSocket 只允许数据报发送给指定的目标地址，而 MulticastSocket 可以将数据报以广播方式发送到数量不等的多个客户端上。如果要使用多点广播，则需要让一个数据报标有一组目标主机地址，当数据报发出后，整个组的所有主机都能收到该数据报。IP 多点广播（或多点发送）实现了将单一信息发送到多个接收者的功能，其思想是设置一组特殊网络地址作为多点广播地址，每一个多点广播地址都是一个组，当客户端需要发送、接收广播信息时，加入该组即可。

IP 为多点广播提供了特殊的 IP 地址，这些 IP 地址的范围是 224.0.0.0～239.255.255.255。

在 Java 程序中，MulticastSocket 类既可以将数据报发送到多点广播地址，也可以接收其他主机的广播信息。MulticastSocket 类是 DatagramSocket 的一个子类，当要发送一个数据报时，可使用随机端口创建 MulticastSocket，也可以在指定端口创建 MulticastSocket。

在 MulticastSocket 类中提供了如下所示的 3 个构造器。

（1）public MulticastSocket()：使用本机默认地址、随机端口创建一个 MulticastSocket 对象。

（2）public MulticastSocket（int portNumber）：使用本机默认地址、指定端口创建一个 MulticastSocket 对象。

（3）public MulticastSocket（SocketAddress bindaddr）：使用本机指定 IP 地址、指定端口创建一个 MulticastSocket 对象。

在使用 MulticastSocket 进行多点广播时，所有通信实体都是平等的，都将自己的数据报发送到多点广播 IP 地址，并使用 MulticastSocket 接收其他人发送的广播数据报。例如在下面的实例代码中，使用 MulticastSocket 实现了一个基于广播的多人聊天室，程序只需要一个 Multicast Socket、两条线程。其中，MulticastSocket 既可用于发送，也可用于接收；一条线程负责接收用户的键盘输入，并向 MulticastSocket 发送数据；另一条线程则负责从 MulticastSocket 中读取数据。

实例 21-5	基于广播的多人聊天室 源码路径： daima\021\src\duoSocketTest.java	

实例文件 duoSocketTest.java 的主要实现代码如下所示。

```java
//该类实现Runnable接口，该类的实例可作为线程的target
public class duoSocketTest implements Runnable{
    //使用常量作为本程序多点广播的IP地址
    private static final String IP = "230.0.0.1";
    //使用常量作为本程序多点广播的目的端口
    public static final int PORT = 30000;
    //定义每个数据报的最大长度为4KB
    private static final int LEN = 4096;
    //定义本程序的MulticastSocket实例
    private MulticastSocket socket = null;
    private InetAddress bAddress = null;
    private Scanner scan = null;
    //定义接收网络数据的字节数组
    byte[] inBuff = new byte[LEN];
    //用指定字节数组创建接收数据的DatagramPacket对象
    private DatagramPacket inPacket = new DatagramPacket(inBuff , inBuff.length);
    //定义一个用于发送的DatagramPacket对象
    private DatagramPacket oPacket = null;
    public void init()throws IOException {
        try{
            //创建用于发送、接收数据的MulticastSocket对象
            //因为该MulticastSocket对象需要接收，所以应有指定端口
            socket = new MulticastSocket(PORT);
            bAddress = InetAddress.getByName(IP);
            //将该socket加入到指定的多点广播地址
            socket.joinGroup(bAddress);
            //设置这个MulticastSocket发送的数据报会回送到自身
            socket.setLoopbackMode(false);
            //初始化发送用的DatagramSocket，它包含一个长度为0的字节数组
            oPacket = new DatagramPacket(new byte[0] , 0 ,bAddress , PORT);
            //启动以run()方法作为线程体的线程
            new Thread(this).start();
            //创建键盘输入流
            scan = new Scanner(System.in);
            //不断读取键盘输入
            while(scan.hasNextLine()){
                //将键盘输入的一行字符串转换字节数组
                byte[] buff = scan.nextLine().getBytes();
                //设置发送用的DatagramPacket里的字节数据
                oPacket.setData(buff);
                //发送数据报
                socket.send(oPacket);
            }
        }
        finally{
            socket.close();
```

范例 21-5-01：URL 的组成部分
源码路径：演练范例\21-5-01\
范例 21-5-02：通过 URL 获取网页的源码
源码路径：演练范例\21-5-02\

```
        }
    }
    public void run(){
        try{
            while(true){
                //读取Socket中的数据，读到的数据放在inPacket所封装的字节数组里
                socket.receive(inPacket);
                //打印输出从Socket中读取的内容
                System.out.println("聊天信息:" + new String(inBuff , 0 ,
                    inPacket.getLength()));
            }
        }
        //捕捉异常
        catch (IOException ex){
            ex.printStackTrace();
            try{
                if (socket != null){
                    //设置该Socket离开该多点IP广播地址
                    socket.leaveGroup(bAddress);
                    //关闭该Socket对象
                    socket.close();
                }
                System.exit(1);
            }
            catch (IOException e){
                e.printStackTrace();
            }
        }
    }
    public static void main(String[] args)
        throws IOException{
        new duoSocketTest().init();
    }
}
```

在上述代码中，在方法 init()中首先创建了一个 MulticastSocket 对象，由于需要使用该对象接收数据报，所以为该 Socket 对象设置固定端口，然后将该 Socket 对象添加到指定的多点广播 IP 地址。接下来设置该 Socket 发送的数据报会回送到自身（即该 Socket 可以接收到自己发送的数据报）。代码使用 MulticastSocket 发送并接收数据报的代码，与使用 Datagram Socket 实现的方法并没有区别，在此不再介绍。

21.4　开发代理服务器程序

📹 知识点讲解：视频\第 21 章\代理服务器.mp4

↑扫码看视频

代理服务器（proxy server）是一种重要的安全功能，它主要工作在开放系统互联（OSI）模型的对话层，从而起到防火墙的作用。代理服务器大多用来连接 Internet（互联网）和 INTRANET（局域网）。强大的 Java 技术为我们提供了开发代理服务器的知识，本节将一一为大家讲解相关知识。

21.4.1　代理服务器概述

代理服务器的功能就是代理网络用户去获取网络信息。当我们使用网络浏览器直接连接至其他 Internet 站点获取网络信息时，通常需要发送请求来等待响应。代理服务器是介于浏览器和 Web 服务器之间的一台服务器，有了它之后，浏览器不是直接到 Web 服务器中获取网页数据而是向代理服务器发出请求，请求会先送到代理服务器，由代理服务器取回浏览器所需要的信息并送回给网络浏览器。代理服务器主要提供如下两个功能。

（1）突破自身 IP 限制，对外隐藏自身 IP 地址。突破 IP 限制包括访问国外受限站点，访问国内特定单位、团体的内部资源。

（2）提高访问速度。代理服务器提供的缓冲功能可以避免每个用户都直接访问远程主机，从而提高客户端的访问速度。

从 JDK 1.5 开始，java.net 包中提供了 Proxy 和 ProxySelector 两个类，其中 Proxy 代表一个代理服务器，它可以在打开 URLConnection 连接时指定所用的 Proxy 实例，也可以在创建 Socket 连接时指定 Proxy 实例。ProxySelector 代表一个代理选择器，它对代理服务器提供了更加灵活的控制，可以分设置 HTTP、HTTPS、FTP、SOCKS 等，而且可以设置不需要通过代理服务器的主机和地址。使用 ProxySelector 可以达到像在 Internet Explorer、FireFox 等软件中设置代理服务器的效果。

21.4.2　使用 Proxy 创建连接

在 Java 语言中，Proxy 类只包含如下所示的一个构造器。

Proxy（Proxy.Type type，SocketAddress sa）：创建表示代理服务器的 Proxy 对象。参数 sa 指定代理服务器的地址，type 是该代理服务器的类型，该服务器类型有如下 3 种。

（1）Proxy.Type.DIRECT：表示直接连接或缺少代理。

（2）Proxy.Type.HTTP：表示高级协议的代理，如 HTTP 或 FTP。

（3）Proxy.Type.SOCKS：表示 SOCKS（V4 或 V5）代理。

一旦创建了 Proxy 对象，在 Java 程序中就可以在使用 URLConnection 打开连接或创建 Socket 连接时传入一个 Proxy 对象，并将其作为本次连接所使用的代理服务器。

URL 中提供的 URLConnection openConnection（Proxy proxy）方法可以使用指定的代理服务器来打开连接。

Socket 中提供了 Socket（Proxy proxy）构造器，此构造器使用指定的代理服务器创建一个没有连接的 Socket 对象。

下面的实例演示了在 URLConnection 中使用代理服务器的过程。

实例 21-6	使用代理服务器 源码路径： daima\021\src\ProxyTest.java	

实例文件 ProxyTest.java 的主要实现代码如下所示。

```
public class Proxydai{
    Proxy proxy;
    URL url;
    URLConnection conn;
    //在网络上通过代理读数据
    Scanner scan;
    PrintStream ps ;
    //下面是代理服务器的地址和端口
    //换成实际有效的代理服务器地址和端口
    String proxyAddress = "78.39.195.11";
    int proxyPort;
    //下面是试图打开的网站地址
    String urlStr = "http://www.xxx.cn";

    public void init(){
        try{
            url = new URL(urlStr);
            //创建一个代理服务器对象
            proxy = new Proxy(Proxy.Type.HTTP,
            new InetSocketAddress(proxyAddress , proxyPort));
            //使用指定的代理服务器打开连接
            conn = url.openConnection(proxy);
            //设置超时时长
            conn.setConnectTimeout(5000);
            scan = new Scanner(conn.getInputStream());
            //初始化输出流
            ps = new PrintStream("Index.html");
            while (scan.hasNextLine()){
```

> 范例 21-6-01：实现一对多通信模式
> 源码路径：演练范例\21-6-01\
> 范例 21-6-02：自制一个浏览器
> 源码路径：演练范例\21-6-02\

```
            String line = scan.nextLine();
            //在控制台输出网页资源内容
            System.out.println(line);
            //将网页资源内容输出到指定输出流
            ps.println(line);
        }
    }
    catch(MalformedURLException ex){
        System.out.println(urlStr + "不是有效的网站地址!");
    }
    catch(IOException ex){
        ex.printStackTrace();
    }
    //关闭资源
    finally{
        if (ps != null){
            ps.close();
        }
    }
}
public static void main(String[] args) {
    new Proxydai().init();
}
}
```

上述代码首先创建了一个 Proxy 对象，然后用 Proxy 对象打开 URLConnection 连接。除此之外，该程序的其他部分就是对 URLConnection 的使用。

21.4.3 使用 ProxySelector 选择代理服务器

在 Java 程序中，可以使用 ProxySelector 类设置系统的代理服务器属性。在 ProxySelector 类中有如下 3 个常用的代理服务器属性。

（1）http.proxyHost：设置 HTTP 访问所使用的代理服务器地址。该属性名的前缀可以改为 https、ftp 等，它们分别用于设置 HTTP 访问、安全 HTTP 访问和 FTP 访问所用的代理服务器地址。

（2）http.proxyPort：设置 HTTP 访问所使用的代理服务器端口。该属性名的前缀可以改为 https、ftp 等，它们分别用于设置 HTTP 访问、安全 HTTP 访问和 FTP 访问所用的代理服务器端口。

（3）http.nonProxyHosts：设置 HTTP 访问中不需要使用代理服务器的远程主机。它可以使用*通配符，如果有多个地址，则多个地址之间用竖线"|"来分隔。

下面的实例演示了通过改变系统属性的方法来改变默认代理服务器的过程。

实例 21-7	改变默认的代理服务器 源码路径： daima\021\src\ProxySelectoryong.java	

实例文件 ProxySelectoryong.java 的主要实现代码如下所示。

```
public class ProxySelectoryong{
    // 测试本地JVM的网络默认配置
    public void setLocalProxy(){
        Properties prop = System.getProperties();
        //设置HTTP访问要使用的代理服务器地址
        prop.setProperty("http.proxyHost", "192.168.
0.96");
        //设置HTTP访问要使用的代理服务器端口
        prop.setProperty("http.proxyPort", "8080");
        //设置HTTP访问不需要通过代理服务器访问的主机
        //可以使用*通配符,多个地址之间用|分隔
        prop.setProperty("http.nonProxyHosts", "localhost|10.20.*");
        //设置安全HTTP访问使用的代理服务器地址与端口
        //它没有https.nonProxyHosts属性,它按照http.nonProxyHosts 中设置的规则进行访问
        prop.setProperty("https.proxyHost", "10.10.0.96");
        prop.setProperty("https.proxyPort", "443");
        //设置FTP访问的代理服务器主机、端口以及不需要使用代理服务器的主机
        prop.setProperty("ftp.proxyHost", "10.10.0.96");
        prop.setProperty("ftp.proxyPort", "2121");
        prop.setProperty("ftp.nonProxyHosts", "localhost|10.10.*");
```

范例 21-7-01：扫描 TCP 端口
源码路径：演练范例\21-7-01\
范例 21-7-02：TCP 服务器
源码路径：演练范例\21-7-02\

```
        //设置socks代理服务器的地址与端口
        prop.setProperty("socks.ProxyHost", "10.10.0.96");
        prop.setProperty("socks.ProxyPort", "1080");
    }
    // 清除proxy设置
    public void removeLocalProxy() {
        Properties prop = System.getProperties();
        //清除HTTP访问的代理服务器设置
        prop.remove("http.proxyHost");
        prop.remove("http.proxyPort");
        prop.remove("http.nonProxyHosts");
        //清除HTTPS访问的代理服务器设置
        prop.remove("https.proxyHost");
        prop.remove("https.proxyPort");
        //清除FTP访问的代理服务器设置
        prop.remove("ftp.proxyHost");
        prop.remove("ftp.proxyPort");
        prop.remove("ftp.nonProxyHosts");
        //清除socks的代理服务器设置
        prop.remove("socksProxyHost");
        prop.remove("socksProxyPort");
    }
    //测试HTTP访问
    public void showHttpProxy()
        throws MalformedURLException , IOException{
        URL url = new URL("http://www.163.cn");
        //直接打开连接，但系统会调用刚设置的HTTP代理服务器
        URLConnection conn = url.openConnection();
        Scanner scan = new Scanner(conn.getInputStream());
        //读取远程主机的内容
        while(scan.hasNextLine()){
            System.out.println(scan.nextLine());
        }
    }
    public static void main(String[] args)throws IOException{
        ProxySelectoryong test = new ProxySelectoryong();
        test.setLocalProxy();
        test.showHttpProxy();
        test.removeLocalProxy();
    }
}
```

　　上述代码首先设置打开 HTTP 访问时的代理服务器属性，其中前两行代码设置代理服务器的地址和端口。然后设置该 HTTP 访问哪些主机时不需要使用代理服务器。在上述代码中虽然直接打开一个 URLConnection，但是系统会为打开该 URLConnection 而使用代理服务器。运行上面程序，将看到程序长时间等待，因为 192.168.0.96 通常并不是有效的代理服务器地址，执行后的结果如图 21-2 所示。

```
<script type="text/javascript">
    document.location.href = "http://car.163.cn/";
</script>
```

图 21-2　执行结果

21.5　HTTP/2 Client API（Java 11 新增）

知识点讲解：视频\第 21 章\ HTTP/2 Client API.mp4

　　为了提高网络处理的速度和效率，从 Java 9 开始提供了 HTTP/2 Client API 以实现 HTTP 2.0 功能。HTTP 2.0（即超文本传输协议 2.0）是下一代 HTTP 协议，由互联网工程任务组（IETF）的 Hypertext Transfer Protocol Bis（httpbis）工作小组进行开发，是自 1999 年 http 1.1 发布后的首个更新。HTTP 2.0 在 2013 年 8 月进行首次合作共事性测试。

↑扫码看视频

21.5.1 孵化器模块 usergrid 概述

在互联网中 HTTP 2.0 将只用于 https:// 网址，而 http:// 网址将继续使用 HTTP/1，其目的是在开放互联网上增加加密技术，以提供强有力的保护来遏制主动攻击。本节将详细讲解 Java 9 中新增的 HTTP/2 Client API 的知识。

在 Java 9 中，将 HTTP/2 Client API 称为名为 jdk.incubator.httpclient 的孵化器模块，该模块导出所有包含公共 API 的 jdk.incubator.http 包。孵化器模块 usergrid 不是 Java SE 的一部分，保存在 Apache 开源项目下。Java 官方声称：在 Java 10 中，孵化器模块 usergrid 将标准化，并成为 Java SE 10 的一部分。

孵化器模块的名称和包含孵化器 API 的软件包以 jdk.incubator 为开始，一旦它们被标准化并包含在 Java SE 中，它们的名称将更改为使用标准的 Java 命名约定。例如，模块名称 jdk.incubator.httpclient 在 Java SE 10 中成为 java.httpclient。在 Java 11 中，Oracle 将仍处于实验阶段的新 HTTP Client API 进行标准化。在 JDK 11 中，包名由 jdk.incubator.http 改为 jdk.net.http。除实现 HTTP（1.1 和 2）、WebSocket 之外，HTTP Client API 现在也支持同步和异步调用以及 Reactive Streams。另外，在 Java 11 中，还使用清晰易懂的 Fluent 界面，将来可能会淘汰其他 HTTP 客户端（如 Apache）。

21.5.2 HTTP/2 Client API 概述

自从 JDK 1.0 诞生以来，Java 便已经支持 HTTP/1.1。HTTP API 由 java.net 包中的几种类型组成，与 HTTP 相关的现有 API 存在以下几个问题。

（1）它们设计为支持多个协议（如 http、ftp 和 gopher 等），其中许多协议已不再使用。

（2）太抽象，很难使用。

（3）包含许多未公开的行为。

（4）只支持阻塞这一种模式。这要求每个"请求/响应"有一个单独的线程。

Java 9 不是更新现有的 HTTP/1.1 API，而是提供了一个同时支持 HTTP/1.1 和 HTTP/2 的 HTTP/2 Client API。推出 HTTP/2 Client API 的最终目的是取代旧的 API。另外，新 API 还包含使用 WebSocket 协议开发的客户端应用程序的类和接口。与旧版本 API 相比，新的 HTTP/2 Client API 具有如下所示的优点。

（1）在大多数情况下，学习和使用都很简单。

（2）提供基于事件的通知，例如当收到首部信息或收到正文并发生错误时，它会生成通知。

（3）支持服务器推送。这允许服务器将资源推送到客户端，而客户端不需要明确的请求。这使得与服务器的 WebSocket 通信变得简单。

（4）支持 HTTP/2 和 HTTPS/TLS 协议。

（5）同时工作在同步（阻塞模式）和异步（非阻塞模式）模式。

新的 HTTP/2 Client API 由不到 20 种类型组成，其中主要有 4 种常用的类型。当使用这 4 种类型时，会用到其他类型。新 API 还使用旧 API 中的几种类型。从 Java 11 开始，新的 API 位于 java.ent.http 包中。最为主要的类型有 3 个抽象类和 1 个接口，它们分别是 HttpClient 类、HttpRequest 类、HttpResponse 类和接口 WebSocket。其中，HttpClient 类的实例用于保存多个 HTTP 请求配置的容器，而不是为每个 HTTP 请求单独设置；HttpRequest 类的实例表示可以发送到服务器的 HTTP 请求；HttpResponse 类的实例表示 HTTP 响应；WebSocket 接口的实例表示一个 WebSocket 客户端。可以使用 Java EE 7 WebSocket API 创建 WebSocket 服务器。

当使用构建器创建 HttpClient、HttpRequest 和 WebSocket 的实例时，每个类型都包含一个名为 Builder 的嵌套"类/接口"，以构建该类型的实例。需要注意，无需单独创建 HttpResponse，它只是作为所实现的 HTTP 请求的一部分来返回。实现新的 HTTP/2 Client API 非常简单，只需在一个语句中读取 HTTP 资源。下面的代码使用 GET 请求，将 URL 作为字符串来读取内容。

```
String responseBody = HttpClient.newHttpClient()
        .send(HttpRequest.newBuilder(new URI("https://www.google.com/"))
            .GET()
            .build(), BodyHandler.asString())
        .body();
```

21.5.3　处理 HTTP 请求

在 Java 应用程序中，处理 HTTP 请求的基本步骤如下所示。

（1）创建 HTTP 客户端对象以保存 HTTP 配置信息。

（2）创建 HTTP 请求对象并使用要发送到服务器中的信息进行填充。

（3）将 HTTP 请求发送到服务器。

（4）接收来自服务器的 HTTP 响应对象作为响应。

（5）处理 HTTP 响应。

实例 21-8　访问 HTTP/2 网址

源码路径：

daima\021\src\http2.java 和 Foo.java

在本实例中，编写自定义函数 http2()访问 HTTP/2 网址，实例文件 http2.java 的主要实现代码如下所示。

```
import java.net.*;
import java.net.http.HttpClient;
import java.net.http.HttpRequest;
import java.net.http.HttpResponse;
import java.nio.file.Files;
import java.nio.file.Path;
import java.nio.file.Paths;
import java.util.List;
import java.util.concurrent.CompletableFuture;

import static java.util.stream.Collectors.toList;
public class http2 {


    // 访问 HTTP2 网址
    public static void http2() throws Exception {
        HttpClient.newBuilder()
                .followRedirects(HttpClient.Redirect.NORMAL)
                .version(HttpClient.Version.HTTP_2)
                .build()
                .sendAsync(HttpRequest.newBuilder()
                                .uri(new URI("http://www.ptpress.com.cn/ "))
                                .GET()
                                .build(),
                        HttpResponse.BodyHandlers.ofString())
                .whenComplete((resp, t) -> {
                        if (t != null) {
                                t.printStackTrace();
                        } else {
                                System.out.println(resp.body());
                                System.out.println(resp.statusCode());
                        }
                }).join();
    }
    public static void main(String[] args) throws Exception {
        http2();
    }


}
```

> 范例 21-8-01：非阻塞聊天室系统
> 源码路径：演练范例\21-8-01\
> 范例 21-8-02：服务器代理实战演练
> 源码路径：演练范例\21-8-02\

本实例执行后将输出访问人民邮电出版社官网首页的效果。

```
<!DOCTYPE html>
<html lang="zh-CN">
<head>
  <meta charset="utf-8">
```

```
<meta name="renderer" content="webkit">
<meta http-equiv="X-UA-Compatible" content="IE=edge">
<meta name="viewport" content="width=device-width, initial-scale=1">
<title>人民邮电出版社</title>

<link rel="shortcut icon" href="/static/eleBusiness/img/favicon.ico" charset="UTF-8"/>
<link rel="stylesheet" href="/static/plugins/bootstrap/css/bootstrap.min.css">
<link rel="stylesheet" href="/static/portal/tools/iconfont.css">
<link rel="stylesheet" href="/static/portal/tools/iconfont.css">
<link rel="stylesheet" href="/static/portal/css/font.css">
<link rel="stylesheet" href="/static/portal/css/common.css">
<link rel="stylesheet" href="/static/portal/css/header.css">
<link rel="stylesheet" href="/static/portal/css/footer.css?v=1.0">
<link rel="stylesheet" href="/static/portal/css/compatible.css">
```

```
//后面省略执行效果
```

21.6　技　术　解　惑

21.6.1　使用异常处理完善程序

在实际应用中，程序可能不希望让执行网络连接或读取服务器数据的进程一直阻塞，而是希望当网络连接或读取操作超过合理的时间之后，系统自动认为该操作失败，这个合理的时间就是超时时长。Socket 对象提供 setSoTimeout（int timeout）方法来设置超时时长。例如下面的代码。

```
Socket s = new Socket("127.0.0.1" , 30000);
//设置10秒之后即认为超时
s.setSoTimeout(10000);
```

当为 Socket 对象指定了超时时长之后，使用 Socket 执行读、写操作时，如果其完成前已经超出了该时间限制，那么这些方法就会抛出 SocketTimeoutException 异常，程序可以捕捉该异常，并进行适当的处理。例如下面的代码。

```
try
{
//使用Scanner来读取网络输入流中的数据
Scanner scan = new Scanner(s.getInputStream())
//读取一行字符
String line = scan.nextLine()
...
}
//捕捉SocketTimeoutException异常
catch(SocketTimeoutException ex)
{
//对异常进行处理
...
}
```

当用 Socket 连接服务器时，假设程序指定了超时时间，但经过指定时间后，如果该 Socket 还未连接到远程服务器，则系统认为该 Socket 连接超时。由于 Socket 的所有构造器都没有提供指定超时时长的参数，所以程序应该先创建一个无连接的 Socket，再调用 Socket 的 connect() 方法来连接远程服务器，而 connect 方法应该可以接收一个超时时长参数。例如下面的代码。

```
//创建一个无连接的Socket
Socket s = new Socket();
//使该Socket连接到远程服务器，如果经过10s还没有连接到，则认为连接超时
s.connconnect(new InetAddress(host, port) ,10000);
```

21.6.2　体会烦琐的 DatagramPacket

当使用 DatagramPacket 接收数据时，会感觉它设计得过于烦琐。对于开发者而言，只关心该 DatagramPacket 能放多少数据，而无需关心 DatagramPacket 是否采用字节数组来存储数据。但是 Java 要求创建接收数据使用的 DatagramPacket 时，必须传入一个空的字节数组，该数组的长度决定了 DatagramPacket 能放多少数据，这实际上暴露了 DatagramPacket 的实现细节。

另外，DatagramPacket 为我们提供的 getData()方法显得有些多余，如果程序需要获取 DatagramPacket 封装的字节数组，那么可以直接访问传给 DatagramPacket 构造器的字节数组实参，无需调用该方法。

21.6.3　MulticastSocket 类的重要意义

当使用 UDP 时，要让一个客户端发送的聊天信息可转发到其他所有客户端是比较困难的。可以考虑在服务器端使用 Set 来保存所有客户端信息，每接收到一个客户端的数据报之后，程序检查该数据报的源 SocketAddress 是否在 Set 集合中，如果不在则将该 SocketAddress 添加到该 Set 集合中，但这样又涉及一个问题：可能有些客户端发送一个数据报之后永久性地退出了程序，但服务器端还将该客户端的 SocketAddress 保存在 Set 集合中……总之，这种方式需要处理的问题比较多，编程比较烦琐。幸好 Java 为 UDP 提供了 MulticastSocket 类，通过该类可以轻松实现多点广播。

21.6.4　继承 ProxySelector 时需要做的工作

Java 中提供了默认的 ProxySelector 子类作为代理选择器。开发人员可以在程序中通过继承 ProxySelector 来实现自己的代理选择器。在继承 ProxySelector 时需要重写如下两个方法。

（1）List<Proxy> select（URI uri）：实现该方法可让代理选择器根据不同的 URI 使用不同的代理服务器，该方法是代理选择器管理网络连接使用代理服务器的关键。

（2）connectFailed（URI uri，SocketAddress sa，IOException ioe）：当系统通过默认的代理服务器建立连接失败后，代理选择器将自动调用该方法。通过重写该方法可以对连接代理服务器失败的情形进行处理。

系统默认的代理服务器选择器也重写了 connectFailed 方法，它重写该方法的策略是：当系统设置的代理服务器连接失败时，默认代理选择器将采用直连的方式连接远程资源，所以虽然通常在运行代理程序时需要等待很长时间，但是这个程序依然可以运行成功，可以打印出该远程资源的所有内容。

21.6.5　生成 jdk.incubator.httpclient 模块的 Javadoc

因为 jdk.incubator.httpclient 模块不在 Java SE 中，所以为了生成此模块的 Javadoc，可将其包含在本书的源代码中。可以使用下载的源代码中的文件 Java9Revealed/jdk.incubator.httpclient/dist/javadoc/index.html 访问 Javadoc。使用 JDK 早期访问构建的 JDK 版本来生成 Javadoc。API 可能会改变，这可能需要重新生成 Javadoc。以下是具体的步骤。

（1）在源代码中包含与项目名称相同的目录，也会存在于 jdk.incubator.httpclient NetBeans 这个项目目录中。安装 JDK 10 时，其源代码将作为 src.zip 文件复制到安装目录中。将所有内容从 src.zip 文件中的 jdk.incubator.httpclient 目录，复制到下载的源代码中的 Java10revealed\jdk. incubator. httpclient\src 目录中。

（2）在 NetBeans 中打开 jdk.incubator.httpclient 项目。

（3）右键单击 NetBeans 中的项目，然后选择"生成 Javadoc"选项。你会收到错误和警告，可以忽略它。在 Java9Revealed/jdk.incubator.httpclient/dist/javadoc 目录中会生成 Javadoc。打开此目录中的 index.html 文件，查看 jdk.incubator.httpclient 模块的 Javadoc。

21.7　课 后 练 习

（1）编写一个 Java 程序，使用 InetAddress 类中的方法 InetAddress.getByName()获取指定主机（网址）的 IP 地址。

（2）编写一个 Java 程序，检测主机端口"localhost"是否已经使用。

（3）编写一个 Java 程序，获取远程指定 URL 地址的图片文件的大小。

第 22 章

开发多线程 Java 程序

当一个程序需要同时处理多项任务时，就需要让多个线程并行工作。当一个程序在同一时间只能做一件事情时，其功能会显得过于简单，肯定无法满足现实的需求。能够同时处理多个任务的程序功能会更加强大，更满足现实生活中需求多变的情况。作为一门面向对象的语言，Java 当然具有支持多线程开发的功能。本章将详细讲解 Java 多线程的基本知识，并讲解进程 Process 类的基本用法。

本章内容

▶▶ 线程基础
▶▶ 创建线程
▶▶ 线程的生命周期
▶▶ 控制线程
▶▶ 进程处理

技术解惑

▶▶ 线程和函数的关系
▶▶ 在 run 方法中使用线程名时产生的问题
▶▶ start()和 run()的区别
▶▶ 线程的优先级
▶▶ 如何确定发生死锁
▶▶ 关键字 synchronized 和 volatile 的区别

22.1　线 程 基 础

知识点讲解：视频\第 22 章\线程基础.mp4

↑扫码看视频

　　线程是程序的基本执行单元，当操作系统（不包括单线程的操作系统，如微软早期的 DOS）在执行一个程序时，它会在系统中建立一个进程，而在这个进程中，必须至少建立一个线程（这个线程称为主线程）并将其作为程序运行的入口点。因此，在操作系统中运行的任何程序都至少有一个主线程。

22.1.1　线程与进程

　　进程和线程是现代操作系统中两个必不可少的运行单位。操作系统中通常会运行多个进程，这些进程包括系统进程（由操作系统内部建立的进程）和用户进程（由用户程序建立的进程）；而一个进程中又会运行着一个或多个线程。进程与线程之间的区别主要在于：进程和进程之间不共享内存，也就是说系统中的进程是在独立的内存空间中运行的，而进程中的线程则可以共享系统分派给这个进程的内存空间。

　　线程不仅可以共享进程的内存，而且拥有属于自己的内存空间，这段内存空间也叫作线程栈，它是在建立线程时由系统分配的，主要用来保存线程内部所使用的数据，如线程执行函数中所定义的变量。

22.1.2　Java 语言的线程模型

　　由于 Java 是纯面向对象语言的，所以其线程模型自然也是面向对象的。Java 通过 Thread 类将线程所必需的功能都封装起来了。要建立线程，必须要有线程执行函数，这个线程执行函数就是 Thread 类的 run()方法。Thread 类还有一个 start()方法，这个方法的任务是建立线程，其作用相当于调用 Windows 的建立线程函数 CreateThread()。调用 start()方法后，如果线程建立成功，则程序会自动调用 Thread 类的 run()方法。因此，任何继承 Thread 的 Java 类都可以通过 Thread 类中的 start()方法来建立线程。如果希望运行自己编写的线程执行函数，则要覆盖 Thread 类的 run()方法。

　　在 Java 的线程模型中，除 Thread 类之外，还有标识某个 Java 类是否可作为线程类的接口 Runnable，此接口只有一个抽象方法 run()，它也是 Java 线程模型的线程执行函数。因此，辨别一个线程类的唯一标准就是这个类是否实现了 Runnable 接口的 run()方法，也就是说，拥有线程执行函数的类就是线程类。

22.2　创 建 线 程

知识点讲解：视频\第 22 章\创建线程.mp4

↑扫码看视频

　　Java 语言使用 Thread 类代表线程，所有的线程对象都必须是 Thread 类或其子类的实例。每条线程的作用是完成特定的任务，实际上就是执行一段程序流（一段顺序执行的代码）。Java 使用方法 run()来封装这段程序流。

22.2.1　使用 Thread 类创建线程

　　因为在使用 Runnable 接口创建线程时需要先建立一个 Thread 实例，所以无论是通过 Thread

类还是通过 Runnable 接口建立线程，都必须建立 Thread 类或它的子类的实例。Thread 类的构造方法被重载 8 次，构造方法如下所示。

```
public Thread( );
public Thread(Runnable target);
public Thread(String name);
public Thread(Runnable target, String name);
public Thread(ThreadGroup group, Runnable target);
public Thread(ThreadGroup group, String name);
public Thread(ThreadGroup group, Runnable target, String name);
public Thread(ThreadGroup group, Runnable target, String name, long stackSize);
```

上述构造方法中各个参数的具体说明如下所示。

（1）Runnable target：实现了 Runnable 接口的类的实例。在此需要注意的是，Thread 类也实现了 Runnable 接口，因此继承 Thread 类的实例也可以作为目标传入到这个构造方法。

（2）String name：线程的名字。此名字可以在建立 Thread 实例后通过 Thread 类的 setName 方法来设置。如果不设置线程的名字，那么线程就使用默认的线程名 Thread-N，其中 N 是线程建立的顺序，是一个不重复的正整数。

（3）ThreadGroup group：当前建立的线程所属的线程组。如果不指定线程组，所有线程都放到一个默认的线程组中。关于线程组的细节将在后面进行详细讨论。

（4）long stackSize：线程栈的大小，这个值一般是 CPU 页面的整数倍。例如在 x86 平台下，默认的线程栈大小是 12KB。

一个普通的 Java 类只要继承了 Thread 类，就可以成为一个线程类，并可通过 Thread 类的 start() 方法来执行线程代码。虽然可以直接实例化 Thread 类的子类，但在子类中必须覆盖 Thread 类的 run() 方法才能真正运行线程的代码。例如，下面的实例演示了使用 Thread 类创建线程的过程。

实例 22-1	使用 Thread 类创建线程	
	源码路径：	
	daima\022\src\Thread1.java	

实例文件 Thread1.java 的主要实现代码如下所示。

```
1  package mythread;
2
3  public class Thread1 extends Thread
4  {
5      public void run()
6      {
7          System.out.println(this.getName());
8      }
9      public static void main(String[] args)
10     {
11         System.out.println(Thread.currentThread().getName());
12         Thread1 thread1 = new Thread1();
13         Thread1 thread2 = new Thread1 ();
14         thread1.start();
15         thread2.start();
16     }
17 }
```

范例 22-1-01：创建线程并执行实例
源码路径：演练范例\22-1-01\
范例 22-1-02：通过继承 Thread 创建线程
源码路径：演练范例\22-1-02\

上述代码建立了 thread1 和 thread2 两个线程，第 5～8 行是 Thread1 类的 run 方法。当在第 14 行和第 15 行调用 start 方法时，系统会自动调用 run 方法。第 7 行使用 this.getName() 输出当前线程的名字，由于在建立线程时并未指定线程名，因此所输出的线程名是系统的默认值，也就是 Thread-N 的形式。第 11 行输出了主线程的线程名。上述代码执行后将输出：

```
main
Thread-0
Thread-1
```

从执行结果可以看出，第 1 行输出的 main 是主线程的名字。后面的 Thread-1 和 Thread-2 分别是 thread-1 和 thread-2 的输出结果。

注意：任何一个 Java 程序都必须有一个主线程。一般这个主线程的名字为 main。只有在程序中建立另外的线程才能算是真正的多线程程序。也就是说，多线程程序必须拥有一个以上的线程。

Thread 类有一个重载构造方法可以设置线程名。除使用构造方法在建立线程时设置线程名以外，还可以使用 Thread 类的 setName 方法修改线程名。要通过 Thread 类的构造方法来设置线程名，必须在 Thread 的子类中使用构造方法 public Thread（String name），因此，必须在 Thread 的子类中添加一个用于传入线程名的构造方法。下面的实例演示了设置线程名的过程。

实例 22-2　使用 Thread 类设置线程名

源码路径：

daima\022\src\Thread2.java

实例文件 Thread2.java 的主要实现代码如下所示。

```
 1  package mythread;
 2
 3  public class Thread2 extends Thread
 4  {
 5  private String who;
 6
 7    public void run()
 8    {
 9      System.out.println(who + ":" + this.getName());
10    }
11    public Thread2(String who)
12    {
13      super();
14      this.who = who;
15    }
16    public Thread2(String who, String name)
17    {
18      super(name);
19      this.who = who;
20    }
21    public static void main(String[] args)
22    {
23      Thread2 thread1 = new Thread2 ("thread1", "MyThread1");
24      Thread2 thread2 = new Thread2 ("thread2");
25      Thread2 thread3 = new Thread2 ("thread3");
26      thread2.setName("MyThread2");
27      thread1.start();
28      thread2.start();
29      thread3.start();
30    }
31  }
```

范例 22-2-01：使用 Thread 类创建线程

源码路径：演练范例\22-2-01\

范例 22-2-02：用 Callable 和 Future 创建线程

源码路径：演练范例\22-2-02\

上述代码中有如下两个构造方法。

（1）第 11 行中的 public Thread2（String who）：此构造方法有一个参数 who，它用来标识当前建立的线程。在这个构造方法中仍然调用 Thread 类的默认构造方法 public Thread()。

（2）第 16 行中的 Thread2（String who，String name）：此构造方法中的 who 和第一个构造方法中的 who 的含义一样，而参数 name 就是线程名。在这个构造方法中调用了 Thread 类的 public Thread（String name）构造方法，也就是第 18 行的 super（name）。

在方法 main() 中建立了 thread1、thread2 和 thread3 共 3 个线程，其中 thread1 通过构造方法设置线程名，thread2 通过方法 setName 修改线程名，thread3 未设置线程名。每次执行后会输出不同的结果，例如笔者某次执行后输出：

```
thread2:MyThread2
thread1:MyThread1
thread3:Thread-1
```

从上述执行结果可以看出，thread1 和 thread2 的线程名都已经修改，而 thread3 的线程名仍然为 Thread-1。

22.2.2 使用 Runnable 接口创建线程

在实现 Runnable 接口的类时，必须使用 Thread 类的实例才能创建线程。使用接口 Runnable 创建线程的过程分为如下两个步骤。

（1）将实现 Runnable 接口的类实例化。

（2）建立一个 Thread 对象，并将第一步实例化的对象作为参数传入 Thread 类的构造方法中，最后通过 Thread 类的 start() 方法建立线程。

实例 22-3　使用 Thread 创建线程

源码路径：

daima\022\src\yongThread.java

实例文件 yongThread.java 的主要实现代码如下所示。

```java
//通过继承Thread类来创建线程类
public class yongThread extends Thread{
    private int i ;
    //重写run方法，它的方法体就是线程执行体
    public void run(){
        for ( ; i < 10 ; i++ ){
            //当线程类继承Thread类时，可以直接调用
            //getName()方法来返回当前线程名
            //如果希望获取当前线程，则直接使用this即可
            //Thread对象的getName返回当前该线程名
            System.out.println(getName() + "  " + i);
        }
    }
    public static void main(String[] args) {
        for (int i = 0; i < 10;  i++){
            //调用Thread类的currentThread方法获取当前线程
            System.out.println(Thread.currentThread().getName() +  "  " + i);
            if (i == 2){
                new yongThread().start();    //创建并启动第一条线程
                new yongThread().start();    //创建并启动第二条线程
            }
        }
    }
}
```

> 范例 22-3-01：使用 Runnable 接口创建线程
> 源码路径：演练范例\22-3-01\
> 范例 22-3-02：新建无返回值的线程
> 源码路径：演练范例\22-3-02\

执行后将输出：

```
main 0
main 1
main 2
main 3
main 4
main 5
Thread-0 0
main 6
Thread-1 0
main 7
Thread-0 1
main 8
Thread-1 1
main 9
Thread-0 2
Thread-1 2
Thread-1 3
Thread-1 4
Thread-0 3
Thread-1 5
Thread-0 4
Thread-1 6
Thread-0 5
Thread-1 7
Thread-0 6
Thread-0 7
Thread-0 8
Thread-1 8
```

```
Thread-0 9
Thread-1 9
```

在上述实例代码中，FirstThread 类继承了 Thread 类，并实现了 run()方法。在该 run()方法里代码执行的是该线程所需要完成的任务。程序的主方法也包含一个循环，当循环变量 i 等于 2 时创建并启动两条新线程。虽然代码中只是显式地创建并启动了两条线程，但实际上程序中至少有 3 条线程，即程序显式地创建的两个子线程和主线程。当 Java 程序开始运行后，它至少会创建一条主线程，主线程的线程执行体不是由 run()方法确定的，而是由 main()方法确定的，main()方法的方法体代表主线程的线程执行体。在上述代码中还用到了线程中的如下两个方法。

（1）Thread.currentThread()：currentThread 是 Thread 类的静态方法，该方法总是返回当前正在执行的线程对象。

（2）getName()：该方法是 Thread 的实例方法，该方法返回调用该方法的线程名。

22.2.3　使用 Thread.onSpinWait()方法实现循环等待（Java 9 新增）

在 Java 9 的 Thread 类中新增了 onSpinWait()方法，其功能是在循环中等待某个条件的发生。当这个条件为真时，暂停当前的线程操作。例如，下面的实例演示了使用 onSpinWait()方法的过程。

实例 22-4　使用 onSpinWait()方法
源码路径：
daima\022\src\HelloJDK9.java

实例文件 HelloJDK9.java 的主要实现代码如下所示。

```java
public class HelloJDK9 {
  private boolean flag = false;
  public synchronized boolean getFlag() {
    return flag;
  }
  public synchronized void setFlag(boolean newFlag) {
    flag = newFlag;
    notifyAll();
  }

  public static void main(String[] args) throws Exception {
    final HelloJDK9 test = new HelloJDK9();

    new Thread(new Runnable() {
      @Override
      public void run() {
        System.out.printf("我在线程: %,d, 状态是: %bn"+"\n",
                    System.currentTimeMillis(), test.getFlag());
        synchronized (test) {
          try {
            test.wait();
          } catch (InterruptedException ie) {
            ie.printStackTrace();
          }
        }
        System.out.printf("我在线程: %,d, 状态是: %bn"+"\n",
                    System.currentTimeMillis(), test.getFlag());
      }
    }).start();

    System.out.printf("我主要在: %,d, 状态是: %bn"+"\n",
                System.currentTimeMillis(), test.getFlag());
    Thread.sleep(2000);
    test.setFlag(true);
    System.out.printf("我主要在: %,d, 状态是: %bn"+"\n",
                System.currentTimeMillis(), test.getFlag());
  }
}
```

范例 22-4-01：线程睡眠
源码路径：演练范例\22-4-01\
范例 22-4-02：使用 join()
源码路径：演练范例\22-4-02\

本实例执行后将输出如下结果。

```
我主要在: 1,551,184,867,098, 状态是: falsen
我在线程: 1,551,184,867,098, 状态是: falsen
```

```
我在线程: 1,551,184,869,250, 状态是: truen
我主要在: 1,551,184,869,250, 状态是: truen
```

22.3 线程的生命周期

知识点讲解: 视频\第 22 章\线程的生命周期.mp4

线程要经历开始（等待）、运行、挂起和停止 4 种不同的状态，这 4 种状态都可以通过 Thread 类中的方法进行控制。本节将详细讲解 Java 线程生命周期的知识。

↑扫码看视频

22.3.1 线程的运行与停止

线程在建立后并不会马上执行 run 方法中的代码，而是处于等待状态。这时，我们可以通过 Thread 类中的一些方法来设置线程的各种属性，如线程的优先级（setPriority）、线程名（setName）和线程的类型（setDaemon）等。

调用 start()方法后，线程开始执行 run()方法中的代码，线程进入运行状态。可以通过 Thread 类的 isAlive()方法判断线程是否处于运行状态。当线程处于运行状态时，isAlive 返回 true；当 isAlive 返回 false 时，线程可能处于等待状态，也可能处于停止状态。

下面的实例演示了线程的创建、运行和停止 3 个状态之间的切换过程，并输出了 isAlive 相应的返回值。

实例 22-5 创建、运行和停止线程
源码路径: daima\022\src\LifeCycle.java

实例文件 LifeCycle.java 的主要实现代码如下所示。

```java
public class LifeCycle extends Thread{
    public void run(){
        int n = 0;
        while ((++n) < 1000);
    }
    public static void main(String[] args)
     throws Exception{
        LifeCycle thread1 = new LifeCycle();
        System.out.println("isAlive: " + thread1.isAlive());
        thread1.start();
        System.out.println("isAlive: " + thread1.isAlive());
        thread1.join();                    //等线程thread1结束后再继续执行
        System.out.println("thread1已经结束!");
        System.out.println("isAlive: " + thread1.isAlive());
    }
}
```

范例 22-5-01: 中断阻塞线程
源码路径: 演练范例\22-5-01\
范例 22-5-02: 不能中断运行的线程
源码路径: 演练范例\22-5-02\

我们在上述代码中使用了 join 方法，它的主要功能是保证线程中的 run 方法执行完成后程序才继续运行，这个方法将在后面介绍。本实例执行后将输出:

```
isAlive: false
isAlive: true
thread1已经结束!
isAlive: false
```

22.3.2 线程的挂起和唤醒

一旦线程开始执行 run()方法，就会直到这个 run()方法执行完成线程才退出。但在线程执行的过程中，我们可以通过 suspend()和 sleep()这两个方法使线程暂时停止执行。在使用 suspend()方法挂起线程后，可以通过 resume()方法唤醒线程。而使用 sleep()方法使线程休眠后，只能在

设定的时间后使线程处于就绪状态（在线程休眠结束后，线程不一定立即开始执行，只是进入了就绪状态，等待系统调度）。

虽然使用方法 suspend() 和方法 resume() 可以很方便地使线程挂起和唤醒，但由于使用这两个方法可能会造成一些不可预料的事情发生，因此，这两个方法被标识为 deprecated（抗议）标记，这表明在以后的 JDK 版本中这两个方法可能会被删除，所以尽量不要使用这两个方法来操作线程。下面的实例演示了使用 sleep()、suspend() 和 resume() 这 3 个方法的过程。

实例 22-6	使用 3 个方法	
	源码路径：daima\022\src\MyThread.java	

实例文件 MyThread.java 的主要实现代码如下所示。

```java
public class MyThread extends Thread{
        int i = 0;
        //重写run方法，它的方法体就是现场执行体
        public void run(){
                for(;i<10;i++){
                        //如果i小于10就循环递增1且输出i的值
                        System.out.println(getName()+" "+i);

                }
        }
        public static void main(String[] args){
                for(int i = 0;i< 10;i++){          //如果i小于10就循环递增1
                        System.out.println(Thread.currentThread().getName()+"  : "+i);
                        //输出线程名
                        if(i==2){                              //如果i整除2,则通过下面的代码重新开启线程
                                new MyThread().start();
                                new MyThread().start();
                        }
                }
        }
```

范例 22-6-01：判断中断标志
源码路径：演练范例\22-6-01\
范例 22-6-02：使用 sleep() 方法
源码路径：演练范例\22-6-02\

执行结果如图 22-1 所示，每次运行效果不同。

```
main    : 0
main    : 1
main    : 2
main    : 3
main    : 4
Thread-0 0
main    : 5
Thread-0 1
Thread-0 2
main    : 6
Thread-0 3
Thread-0 4
main    : 7
Thread-0 5
Thread-1 0
Thread-0 6
main    : 8
Thread-0 7
Thread-1 1
Thread-0 8
main    : 9
Thread-0 9
Thread-1 2
Thread-1 3
Thread-1 4
Thread-1 5
Thread-1 6
Thread-1 7
Thread-1 8
Thread-1 9
```

图 22-1　执行结果

22.3.3　使用退出标志终止线程

当 run() 方法执行完毕后，线程就退出。但有时 run() 方法是永远不会结束的，如在服务端程

序中使用线程监听客户端请求，或是其他需要循环处理的任务。在这种情况下，一般是将这些任务放在一个循环（如 while 循环）中，如果希望让循环永远运行下去，那么可以使用 while (true){...}来处理。但希望使 while 循环在某一特定条件下退出，那么最直接的方法就是设一个布尔类型的标志，并通过设置这个标志为 true 或 false 来控制 while 循环是否退出。例如，下面的实例使用退出标志终止了线程。

实例 22-7	使用退出标志终止线程 源码路径： daima\022\src\ThreadFlag.java

实例文件 ThreadFlag.java 的主要实现代码如下所示。

```
public class ThreadFlag extends Thread{
    public volatile boolean exit = false;
    public void run(){
        while (!exit);              //使用exit标志
    }
    public static void main(String[] args) throws Exception{
        ThreadFlag thread = new ThreadFlag();
        thread.start();
        sleep(5000);                //主线程延迟5秒
        thread.exit = true;         //终止线程thread
        thread.join();
        System.out.println("线程退出!");
    }
}
```

范例 22-7-01：挂起和唤醒
源码路径：演练范例\22-7-01\
范例 22-7-02：使用 yield()
源码路径：演练范例\22-7-02\

上述代码定义了一个退出标志 exit，当 exit 为 true 时，while 循环退出，exit 的默认值为 false。使用一个 Java 关键字 volatile 定义了 exit，这个关键字的目的是使 exit 同步，也就是说同一时刻只能由一个线程来修改 exit 的值。执行后将输出：

线程退出!

22.3.4　使用 interrupt()方法终止线程

在使用 interrupt()方法终止线程时可以分为如下两种情况。

（1）线程处于阻塞状态，如使用了 sleep()方法。

（2）使用 while(!isInterrupted()){...}来判断线程是否中断。

在第一种情况下使用 interrupt 方法，sleep 方法将抛出一个 InterruptedException 异常，而在第二种情况下线程将直接退出。下面的实例演示了在第一种情况下使用 interrupt()方法的过程。

实例 22-8	在线程处于阻塞状态时使用 interrupt()方法 源码路径： daima\022\src\ThreadInterrupt.java

实例文件 ThreadInterrupt.java 的主要实现代码如下所示。

```
public class ThreadInterrupt extends Thread{
    public void run(){
        try{
            sleep(50000);   // 延迟50秒
        }
        catch (InterruptedException e)
        //抛出一个InterruptedException异常
        {
            System.out.println(e.getMessage());
        }
    }
    public static void main(String[] args) throws Exception{
        Thread thread = new ThreadInterrupt();         //定义线程对象
        thread.start();                                //线程开始执行
        System.out.println("在50秒之内按任意键中断线程!");  //提示信息
```

范例 22-8-01：阻塞和执行转换
源码路径：演练范例\22-8-01\
范例 22-8-02：join()线程加入
源码路径：演练范例\22-8-02\

```
        System.in.read();                   //读取用户输入的按键
        thread.interrupt();                 //使用interrupt方法
        thread.join();                      //调用join()方法
        System.out.println("线程已经退出!");
    }
}
```

在上述代码中，当调用方法 interrupt()后，方法 sleep()会抛出异常，然后输出错误信息"sleep interrupted"。执行后将输出：

```
在50秒之内按任意键中断线程！

sleep interrupted
线程已经退出！
```

✿　注意：在 Thread 类中有两个方法可以判断是否通过 interrupt()方法终止线程。一个是静态方法 interrupted()，另一个是非静态方法 isInterrupted()。这两个方法的区别是 interrupted 可判断当前线是否被中断，而 isInterrupted 可以判断其他线程是否被中断。因此，while (!isInterrupted()) 也可以换成 while（!Thread.interrupted()）。

22.3.5　线程的阻塞

当线程开始运行后，我们不可能让它一直处于运行状态，除非它的线程执行体足够短且无用户交互。线程在运行过程中需要被中断，目的是使其他线程获得执行的机会，线程调度的细节取决于底层平台所采用的策略。在计算机系统中，当发生如下情况下时线程将进入阻塞状态。

（1）线程调用 sleep()方法主动放弃所占用的处理器资源。

（2）线程调用阻塞式 I/O 方法，在该方法返回之前，该线程被阻塞。

（3）线程试图获得一个同步监视器，但该同步监视器正被其他线程所持有。

（4）线程在等待某个通知（notify）。

（5）程序调用线程的 suspend()方法将其挂起。不过这个方法容易导致死锁，所以程序中应该尽量避免使用该方法。

（6）当前正在执行的线程被阻塞之后，其他线程就可以获得执行的机会。被阻塞的线程会在合适的时候重新进入就绪状态，注意是就绪状态而不是运行状态。也就是说被阻塞线程在阻塞解除后，必须重新等待线程调度器再次调度它。

22.3.6　线程的死亡

可以用如下 3 种方式来结束线程，结束后的线程处于死亡状态。

（1）run()方法执行完毕，线程正常结束。

（2）线程抛出一个未捕获的异常或错误。

（3）直接调用该线程的 stop()方法来结束线程，因为该方法容易导致死锁，所以不推荐使用。

可以调用线程对象中的方法 isAlive()来测试某条线程是否已经死亡。当线程处于就绪、运行或阻塞 3 种状态时，该方法将返回 true；当线程处于新建、死亡状态时，该方法将返回 false。不要试图对一个已经死亡的线程调用 start()方法来使它重新启动，死亡就是死亡，该线程将不可再次执行。下面的实例代码演示了线程死亡的过程。

实例 22-9　演示线程的死亡

源码路径：

daima\022\src\si.java

实例文件 si.java 的主要实现代码如下所示。

```
public class si extends Thread{
private int i ;
//重写run方法，它的方法体就是线程执行体
public void run(){
    for ( ; i < 100 ; i++ ){
```

```
        //当线程类继承Thread类时,可以直接调用getName方法返回当前线程名
        //如果希望获取当前线程,则直接使用this即可。Thread对象的getName方法返回当前线程名
        System.out.println(getName() +  " " + i);
    }
}
public static void main(String[] args) {
    //创建线程对象
    si sd = new si();
        for (int i = 0; i <300;  i++){
            //调用Thread的currentThread方法获取当前线程
            System.out.println(Thread.currentThread().getName() +  " " + i);
            if (i == 20){
                //启动线程
                sd.start();
                //判断启动后线程的isAlive()值,输出true
                System.out.println(sd.isAlive());
            }
            //只有当线程处于新建、死亡两种状态时,isAlive方法才返回false
            //因为i > 20,说明该线程已经启动,所以只可能是死亡状态
            if (i > 20 && !sd.isAlive()){
                //试图再次启动该线程
                sd.start();
            }
        }
    }
}
```

> 范例 22-9-01: 查看线程的运行状态
> 源码路径: 演练范例\22-9-01\
> 范例 22-9-02: 查看 JVM 中的线程名
> 源码路径: 演练范例\22-9-02\

上述代码试图在线程已死亡的情况下再次调用 start()方法来启动该线程,运行上述代码将引发 IllegalThreadStateException 异常,这表明处于死亡状态的线程无法再次运行。每次执行效果不同,例如笔者某次执行后输出:

```
Thread-0 97
Thread-0 98
Thread-0 99
main 158
Exception in thread "main" java.lang.IllegalThreadStateException
    at java.base/java.lang.Thread.start(Thread.java:794)
    at si.main(si.java:35)
```

22.4　控 制 线 程

📹 知识点讲解: 视频\第 22 章\控制线程.mp4

↑扫码看视频

为了更好地对线程进行控制,Java 中的线程系统提供了一些便捷的操作方法和接口。本节将详细讲解在 Java 程序中控制线程的基本知识。

22.4.1　使用 join 方法

在前面的演示代码中曾经多次使用到 Thread 类的 join()方法,此方法的功能是使异步执行的线程变成同步执行。也就是说,当调用线程实例的 start 方法后,这个方法会立即返回,如果在调用 start()方法后需要使用一个由这个线程计算得到的值,那么就必须使用 join()方法。如果不使用 join方法,就不能保证当执行到 start 方法后面的某条语句时,这个线程一定会执行完毕。而使用 join()方法后,直到这个线程退出,程序才会往下执行。

实例 22-10	演示 join()方法的基本用法
	源码路径:
	daima\022\src\JoinThread.java

实例文件 JoinThread.java 的主要实现代码如下所示。

```
public class JoinThread extends Thread{
    public static volatile int n = 0;
    public void run(){
        for (int i = 0; i < 10; i++, n++)
            try{
                sleep(3);//为了使运行结果更随机，延迟3毫秒
            }
            catch (Exception e){
            }
    }
    public static void main(String[] args) throws Exception{
        Thread threads[] = new Thread[100];
        for (int i = 0; i < threads.length; i++)          //建立100个线程
            threads[i] = new JoinThread();
        for (int i = 0; i < threads.length; i++)          //运行刚才建立的100个线程
            threads[i].start();
        if (args.length > 0)
            for (int i = 0; i < threads.length; i++)      //100个线程都执行完后程序继续
                threads[i].join();
        System.out.println("n=" + JoinThread.n);
    }
}
```

> 范例 22-10-01：两种创建线程的方法
> 源码路径：演练范例\22-10-01\
> 范例 22-10-02：两种方法的优缺点
> 源码路径：演练范例\22-10-02\

上述代码建立了 100 个线程，每个线程使静态变量 n 增加 1。如果在这 100 个线程都执行完后输出 n，那么这个 n 值应该是 100。每次执行效果不同，例如笔者某次执行后输出：

```
n=253
```

上面的运行结果可能在不同的运行环境下有一些差异，并且同台机器每次的运行结果也不一样，但是一般 n 不会等于 100。从上面的结果可知，这 100 个线程没有都执行完就将 n 输出了。

22.4.2　慎重使用 volatile 关键字

关键字 volatile 用于声明简单的类型变量，例如 int、float、boolean 等数据类型。如果这些简单数据类型声明为 volatile，那么对它们的操作就会变成原子级别的。但这有一定的限制，例如在下面实例中的 count 不是原子级别的。

实例 22-11　count 不是原子级别的

源码路径：

daima\022\src\Counter.java

实例文件 Counter.java 的主要实现代码如下所示。

```
public class Counter {
    public static int count = 0;
    public static void inc() {
        //这里延迟1毫秒，使得结果更明显
        try {
            Thread.sleep(1);
        } catch (InterruptedException e) {
        }
        count++;
    }
    public static void main(String[] args) {
        //同时启动1 000个线程，去进行i++计算，看看实际结果
        for (int i = 0; i < 100; i++) {
            new Thread(new Runnable() {
                @Override
                public void run() {
                    Counter.inc();
                }
            }).start();
        }
        //这里每次的运行结果都有可能不同，可能为100
        System.out.println("运行结果:Counter.count=" + Counter.count);
    }
}
```

> 范例 22-11-01：保证原子性
> 源码路径：演练范例\22-11-01\
> 范例 22-11-02：采用 synchronized
> 源码路径：演练范例\22-11-02\

如果对 count 的操作是原子级别的，那么最后输出的结果应该为 count=100，而在执行上述代码时，很多时候输出的 count 都小于 100，这说明 count=count+1 不是原子级别的操作。但实

际运算都不会相同，例如某次在笔者机器上执行后输出：

```
运行结果:Counter.count=88
```

很多读者以为这是多线程的并发问题，只需要在变量 count 之前加上 volatile 就可以避免这个问题。我们在下面的实例中修改代码看看具体结果是不是符合我们的期望。

实例 22-12 　 使用 volatile 关键字

源码路径：

daima\022\src\Counter1.java

实例文件 Counter1.java 的主要实现代码如下所示。

```java
public class Counter1 {
    public volatile static int count = 0;        //使用关键字volatile
    public static void inc() {
        try {
            Thread.sleep(1);                     //这里延迟1毫秒，使得结果更明显
        } catch (InterruptedException e) {
        }
        count++;
    }
    public static void main(String[] args) {
        //同时启动100个线程进行i++计算,看看实际结果
        for (int i = 0; i < 100; i++) {
            new Thread(new Runnable() {
                @Override
                public void run() {
                    Counter.inc();
                }
            }).start();
        }
        //这里每次的运行结果都有可能不同,可能为100
        System.out.println("运行结果:Counter.count=" + Counter.count);
    }
}
```

范例 22-12-01：采用 Lock 方式
源码路径：演练范例\22-12-01\
范例 22-12-02：采用 AtomicInteger
源码路径：演练范例\22-12-02\

但运行结果还不是我们期望的 100，例如某次在笔者机器执行后输出下面的结果。另外，读者还需要注意的是，这个运行结果是随机的。

```
运行结果:Counter.count=92
```

这是什么原因呢？原因是如果声明为 volatile 的简单变量的当前值与该变量以前的值相关，那么 volatile 关键字不起作用，也就是说下面的表达式都不是原子操作。

```
count = count + 1;
```

上述表达式不是原子操作的原因也很简单，count++虽然是一行代码，但是其实共有 3 步操作：读取 count 值，将 count 值累加，累加后的值写回到 count 变量。这 3 步操作不是原子性的，例如当前 count=10，需要两个线程同时操作，A 线程读取 count 为 10，然后执行 count++，此时 count++虽然已执行，但是值还没回写到 count 中，B 线程同时也在读取 count，count 依然为 10，于是 B 线程也执行 count++，所以 A、B 两个线程在执行完 count++这行代码后，count 的值都为 11，也就是两次回写操作，写入的值均为 11。这也正是导致虽然最后代码运行了 100 次，但是累加值却不到 100 的原因。

如果要使线程操作变成原子操作，则需要使用 synchronized 关键字。下面的实例演示了使用 synchronized 关键字实现原子性操作的方法。

实例 22-13 　 实现原子性操作

源码路径：

daima\022\src\Counter4.java

实例文件 Counter4.java 的主要实现代码如下所示。

```java
import java.util.concurrent.CountDownLatch;
public class Counter4 {
    public volatile static int count = 0;
    static CountDownLatch cdLatch  = new CountDownLatch(1000);
    //加上volatile试试,测试可不可以保证原子性（结果不可以）
```

```
public static void inc() {
    try {
        Thread.sleep(1);                //这里延迟1毫秒，使得结果更明显
    } catch (InterruptedException e) {
    }
    synchronized(Counter4.class){
        count++;
    }
}
public static void main(String[] args) {
    System.out.println(System.currentTimeMillis());
    //同时启动1 000个线程进行i++计算，看看实际结果
    for (int i = 0; i < 1000; i++) {
        new Thread(new Runnable() {
            CountDownLatch countDownLatch  = Counter4.cdLatch;
            @Override
            public void run() {
                Counter4.inc();
                countDownLatch.countDown();
            }
        }).start();
    }
    try {
        cdLatch.await();
    } catch (InterruptedException e) {
        e.printStackTrace();
    }
    //这里每次的运行结果都有可能不同，可能为1 000
    System.out.println("运行结果:Counter.count=" + Counter4.count);
    System.out.println(System.currentTimeMillis());
}
```

> 范例 22-13-01：使用 synchronized 实例 1
> 源码路径：演练范例\22-13-01\
> 范例 22-13-02：使用 synchronized 实例 2
> 源码路径：演练范例\22-13-02\

在上述代码中，使用 synchronized 关键字对 Counter4.class 中的 count++操作进行了同步。此时它将实现原子性功能，执行后将输出：

```
1551185848258
运行结果:Counter.count=1000
1551185848551
```

由此可见，在 Java 程序中使用 volatile 关键字时要慎重，并不是只要简单类型变量使用 volatile 修饰了，那么对这个变量的所有操作都是原子操作，当变量值由自身的前一个值决定时（如 n=n+1、n++等），volatile 关键字将失效，只有当变量值和自身的前一个值无关时对该变量的操作才是原子级别的，如 n=m+1 就是原子级别的。所以在使用 volatile 关键时一定要谨慎，如果自己没有把握，可以使用 synchronized 来代替 volatile。

22.4.3　后台、让步和睡眠

计算机操作系统中通常有 3 种非常重要的线程，接下来的内容将一一讲解它们。

1. 后台线程

有一种线程是在后台运行的，其任务是为其他线程提供服务，这种线程称为"后台线程"（daemon thread），又称为"守护线程"或"精灵线程"。JVM 的垃圾回收线程就是典型的后台线程，后台线程有一个非常明显的特征——如果所有的前台线程都死亡，那么后台线程会自动死亡。

2. 睡眠线程

如果我们需要让当前正在执行的线程暂停一段时间，并进入阻塞状态，则可以通过调用 Thread 类的静态方法 sleep 来实现。方法 sleep 有如下两种重载的形式。

（1）static void sleep（long millis）：让当前正在执行的线程暂停 millis 毫秒，并进入阻塞状态，该方法受系统计时器和线程调度器的精度和准确度的影响。

（2）static void sleep（long millis, int nanos）：让当前正在执行的线程暂停 millis 毫秒加 nanos 纳秒，并进入阻塞状态。该方法受系统计时器和线程调度器的精度和准确度的影响。

与前面类似，程序很少调用第二种形式的 sleep 方法。

如果当前线程调用 sleep()方法进入阻塞状态，那么在其睡眠时间段内该线程不会获得执行机会，即使系统中没有其他可运行的线程，处于睡眠中的线程也不会运行，因此 sleep()方法常用来暂停程序的执行。

3. 线程让步

线程让步需要用到方法 yield()，它是一个与 sleep()方法有点相似的方法。它也是 Thread 类提供的一个静态方法，可以让当前正在执行的线程暂停，但它不会阻塞该线程，只是将该线程转入就绪状态。方法 yield 只是让当前线程暂停一下，让系统的线程调度器重新调度。完全可能的情况是当某个线程调用 yield()方法暂停之后，线程调度器又将其调度出来重新执行。

实际上当某个线程调用 yield()方法暂停之后，只有优先级与当前线程相同，或者比当前线程更高的处于就绪状态的线程才会获得执行机会。

实例 22-14	使用后台线程实现让步	
	源码路径：	
	daima\022\src\houtai.java	

实例文件 houtai.java 的主要实现代码如下所示。

```java
public class houtai extends Thread{
    //定义后台线程的线程执行体与普通线程没有任何区别
    public void run(){
        for (int i = 0; i < 1000 ; i++ ){
            System.out.println(getName() + "  " + i);
        }
    }
    public static void main(String[] args) {
        houtai t = new houtai();
        //将此线程设置成后台线程
        t.setDaemon(true);
        //启动后台线程
        t.start();
        for (int i = 0 ; i < 10 ; i++ ){
            System.out.println(Thread.currentThread().getName()
              + "  " + i);
        }
        //-----程序执行到此处，前台线程 (main线程) 结束------
        //后台线程也应该随之结束
    }
}
```

范例 22-14-01：把基本类型转换为字符串
源码路径：演练范例\22-14-01\
范例 22-14-02：查看和修改线程名称
源码路径：演练范例\22-14-02\

在上述代码中，将线程 t 设置为后台线程。上述实例代码通过调用 Thread setDaemon (true) 类方法将指定线程设置成后台线程。当所有前台线程死亡后，后台线程也随之死亡。当整个虚拟机中只剩下后台线程时，程序就没有继续运行的必要了，这样虚拟机也就退出。另外，Thread 类中提供的 isDaemon()方法用于判断指定线程是否为后台线程。主线程默认是前台线程，并不是所有的线程默认都是前台线程，有些线程默认是后台线程。前台线程创建的子线程默认是前台线程，后台线程创建的子线程默认是后台线程。每次执行后将输出不同的结果：

```
main  0
Thread-0  0
Thread-0  1
Thread-0  2
Thread-0  3
Thread-0  4
main  1
Thread-0  5
main  2
Thread-0  6
Thread-0  7
main  3
Thread-0  8
main  4
Thread-0  9
main  5
```

```
Thread-0  10
main  6
main  7
Thread-0  11
main  8
Thread-0  12
main  9
Thread-0  13
Thread-0  14
Thread-0  15
Thread-0  16
Thread-0  17
Thread-0  18
Thread-0  19
Thread-0  20
Thread-0  21
Thread-0  22
Thread-0  23
Thread-0  24
Thread-0  25
Thread-0  26
```

22.5　进　程　处　理

知识点讲解：视频\第 22 章\进程.mp4

在 Java 语言中，Process 是一个抽象类（所有的方法均是抽象的），其功能是封装一个进程。Process 类主要提供了进程输入、进程输出和等待进程完成、检查进程的退出状态以及销毁进程的方法。本节详细讲解使用 Process 类实现进程处理的知识。

↑扫码看视频

22.5.1　使用 ProcessBuilder 类

在 Java 语言中，ProcessBuilder 类用于创建操作系统进程。ProcessBuilder 实例管理过程的集合属性。使用 start()方法创建一个新 Process 实例的属性，可以调用多次方法 start()以从同一实例中创建具有相同或相关属性的新阶段。

ProcessBuilder 类中常用的内置方法如下所示。

（1）public ProcessBuilder（List<String> command）：返回此进程生成器，参数 command 是一个字符串数组。

（2）public ProcessBuilder（String... command）：使用指定的操作系统程序和参数构造进程生成器。此方法不会使用命令列表的副本。后续更新的名单将反映在进程生成器的状态上。它不会检查 command 是否为一个有效的操作系统命令。参数 command 包含程序和它的参数列表。

（3）public List<String> command()：返回此进程生成器的操作系统程序和参数。

（4）public ProcessBuilder command（List<String> command）：设置此进程生成器的操作系统程序和参数。此方法不会使用命令列表的副本。后续更新的列表将反映在进程生成器的状态上。它不检查 command 是否为一个有效的操作系统命令。

（5）public ProcessBuilder command（String...command）：设置此进程生成器的操作系统程序和参数。这用于设置命令包含相同的字符串。它不检查 command 是否为一个有效的操作系统命令。

（6）public File directory()：返回此进程生成器的工作目录。

（7）public ProcessBuilder directory（File directory）：设置此进程生成器的工作目录。

（8）public Map<String,String> environment()：返回此进程生成器环境字符串的映射视图。

（9）public boolean redirectErrorStream()：通知进程生成器是否合并标准错误和标准输出。

（10）public ProcessBuilder redirectErrorStream（boolean redirectErrorStream）：设置此进程生成器的 redirectErrorStream 属性。

（11）public Process start()：使用此进程生成器的属性启动一个新进程。

22.5.2　使用 Process 类

在 Java 程序中，Process 类可以实现进程控制并获取进程信息的一个实例。Process 类中主要包含如下所示的方法。

（1）destroy()：销毁子进程。这表示子进程被强行终止或不依赖于具体实现。

（2）destroyForcibly()：销毁子进程。这表示子进程被强行终止。

（3）exitValue()：返回子进程的退出值。

（4）getErrorStream()：返回连接到子进程的错误输出输入流。

（5）isAlive()：测试 Process 进程是否还存活。

（6）waitFor()：使当前线程处于等待状态（如果有必要），直到 Process 对象表示的进程已经终止。

（7）waitFor（long timeout，TimeUnit unit）：使当前线程等待（如果有必要），直到 Process 对象表示的子进程已终止，或经过了指定的等待时间。

下面的实例演示了使用 Process 调用 DOS 命令打开记事本的过程。

实例 22-15	使用 Process 调用 DOS 命令打开记事本 源码路径： daima\022\src\CmdToolkit.java	

本实例的功能是使用 Process 类调用本地 DOS 命令打开记事本程序，在 Windows 系统中，内置的记事本程序是 notepad。实例文件 CmdToolkit.java 的主要实现代码如下所示。

```
public static void main(String[] args) {
    try {
        Process proc=Run time.getRuntime().
        exec("notepad");
    } catch (IOException e) {
        // TODO Auto-generated catch block
        e.printStackTrace();
    }
}
```

范例 22-15-01：打开 exe 格式的文件
源码路径：演练范例\22-15-01\
范例 22-15-02：列出系统运行的进程信息
源码路径：演练范例\22-15-02\

执行上述代码后将打开 Windows 系统自带的记事本程序。

22.5.3　使用 ProcessHandle 类（Java 9 新增）

自从 Java 1.0 诞生以来，它就完全支持使用本地进程的功能。Process 类的实例表示，由 Java 程序创建的本地进程通过调用 Runtime 类的 exec()方法可以启动一个进程。

在 Java 5.0 中添加了 ProcessBuilder 类，Java 7.0 添加了 ProcessBuilder.Redirect 的嵌套类。ProcessBuilder 类的实例保存进程的一组属性，调用其 start()方法启动本地进程并返回一个表示本地进程 Process 类的实例，可以多次调用其 start()方法。每次使用 ProcessBuilder 实例中保存的属性会启动一个新进程。在 Java 5.0 中，ProcessBuilder 类接管 Runtime.exec()方法来启动新进程。Java 7 和 Java 8 中的 Process API 有一些改进，就是在 Process 和 ProcessBuilder 类中添加几个方法。

在 Java 9 诞生之前，Process API 仍然缺乏对本地进程的基本支持，例如获取进程的 PID 和所有者、进程的开始时间、进程使用了多少 CPU 时间、多少本地进程正在运行等。需要注意，在 Java 9 之前，程序可以启动本地进程并使用其输入、输出和错误流，但是无法使用未启动的本地进程，无法查询进程的详细信息。为了更紧密地处理本地进程，Java 开发人员不得不使用 Java Native Interface（JNI）来编写本地代码。Java 9 使这些必要的功能与本地进程配合使用，它向 Process API 中添加了一个名为 ProcessHandle 的接口。ProcessHandle 接口的实例能够标识一个本地进程，以查询进程状态并管理进程。

　　在 Java 程序中，可以使用 ProcessHandle 接口中的方法来查询进程的状态。表 22-1 列出了该接口常用的简单说明方法。注意，许多方法返回执行快照时进程状态的快照。不过，由于进程是以异步方式创建、运行和销毁的，所以当稍后使用其属性时，无法保证进程仍然处于相同的状态。

表 22-1　　　　　　　　　　　ProcessHandle 接口中的方法和描述

方法	描述
static Stream<ProcessHandle> allProcesses()	返回操作系统中当前进程可见的所有进程的快照
Stream<ProcessHandle> children()	返回当前进程中直接子进程的快照。使用 descendants() 方法获取所有级别的子级列表，例如子进程、孙子进程等。返回当前进程可见操作系统中所有进程的快照
static ProcessHandle current()	返回当前进程的 ProcessHandle，这是通过执行此方法调用的 Java 进程实现的
Stream<ProcessHandle> descendants()	返回进程后代的快照。与 children() 方法进行比较，该方法仅返回进程的直接后代
boolean destroy()	请求进程被销毁。如果终止进程请求成功，则返回 true，否则返回 false。是否可以销毁进程取决于操作系统的访问控制
boolean destroyForcibly()	要求进程被强行销毁。如果终止进程请求成功，则返回 true，否则返回 false。销毁进程会立即强制终止进程，而正常终止则允许进程彻底关闭。是否可以销毁进程取决于操作系统的访问控制
long getPid()	返回由操作系统分配的进程的本地进程 ID（PID）。注意，PID 可以由操作系统重复使用，因此具有相同 PID 的两个处理句柄可能不代表相同的过程
ProcessHandle.Info info()	返回有关进程信息的快照
boolean isAlive()	如果此 ProcessHandle 表示的进程尚未终止，则返回 true，否则返回 false。注意，在终止进程请求成功后，此方法可能会返回一段时间，因为进程将以异步方式终止
static Optional <ProcessHandle> of(long pid)	返回现有本地进程的 Optional<ProcessHandle>。如果具有指定 PID 的进程不存在，则返回空的 Optional
CompletableFuture <ProcessHandle> onExit()	返回一个用于终止进程的 CompletableFuture<ProcessHandle>。可以使用返回对象来添加在进程终止时执行的任务。在当前进程中调用此方法会引发 IllegalStateException 异常
Optional<ProcessHandle> parent()	返回父进程的 Optional<ProcessHandle>
boolean supportsNormalTermination()	如果 destroy() 实现了正常终止进程，则返回 true

　　表 22-2 列出了 ProcessHandle.Info 嵌套接口的方法和描述，此接口的实例中包含有关进程的快照信息。可以使用 ProcessHandle 接口或 Process 类的 info() 方法获取 ProcessHandle.Info，接口中的所有方法都会返回一个 Optional。

表 22-2　　　　　　　　　　**ProcessHandle.Info 嵌套接口的方法和描述**

方法	描述
Optional<String[]> arguments()	返回进程的参数。该过程可能会更改启动后传递给它的原始参数，在这种情况下，此方法返回更改后的参数
Optional<String> command()	返回进程的可执行路径名
Optional<String> commandLine()	它是一个进程组合命令和参数便捷方法。如果 command() 和 arguments() 方法都没有返回空 Optional，那么它通过组合从 command() 和 arguments() 方法中返回的值来返回进程的命令行
Optional<Instant> startInstant()	返回进程的开始时间。如果操作系统没有返回开始时间，则返回一个空 Optional
Optional<Duration> totalCpuDuration()	返回进程使用的 CPU 时间。注意，进程可能运行很长时间，但可能使用很少的 CPU 时间
Optional<String> user()	返回进程的用户

对比 Process 类和 ProcessHandle 接口会发现，Process 类的实例表示由当前 Java 程序启动的本地进程，而 ProcessHandle 接口的实例表示本地进程，它可能由当前 Java 程序启动也可能以其他方式启动。在 Java 9 中，已经在 Process 类中添加了几种可以在新 ProcessHandle 接口中使用的方法。Process 类包含一个返回 ProcessHandle 的 toHandle() 方法。

ProcessHandle.Info 接口的实例表示进程属性的快照。需要注意的是，进程由操作系统中不同的内存实现，因此它们的属性不同。过程的状态可以随时更改，例如当进程获得更多的 CPU 时间时，进程使用的 CPU 时间增加。使用 ProcessHandle 接口的 info() 方法可以获取进程的最新信息，这将返回一个新的 ProcessHandle.Info 实例。

实例 22-16　**输出当前运行进程的信息**

源码路径：

daima\022\src\CurrentProcessInfo.java

本实例的功能是定义 printInfo() 方法将 ProcessHandle 作为参数，main() 方法能够获取当前运行进程的句柄。运行本程序后将输出详细信息，对于不同的计算机和操作系统，可能会得到不同的运行结果。实例文件 CurrentProcessInfo.java 的主要实现代码如下所示。

```java
public class CurrentProcessInfo {
    public static void main(String[] args) {
        //获取当前进程的句柄
        ProcessHandle current = ProcessHandle.current();
        //调用方法ProcessHandle()输出当前进程的详细信息
        printInfo(current);
    }
    //编写方法printInfo(),
    //功能是输出进程的详细信息
    public static void printInfo
    (ProcessHandle handle) {
        //获取进程的ID
        long pid = handle.pid();
        //如果进程仍然在运行
        boolean isAlive = handle.isAlive();
        //获取其他进程的信息
        ProcessHandle.Info info = handle.info();
        String command = info.command().orElse("");
        String[] args = info.arguments(). orElse(new String[]{});
        String commandLine = info.commandLine().orElse("");
        ZonedDateTime startTime = info.startInstant().orElse(Instant.now()).atZone
        (ZoneId.systemDefault());
        Duration duration = info.totalCpuDuration().orElse(Duration.ZERO);
        String owner = info.user().orElse("Unknown");
```

> 范例 22-16-01：设置睡眠间隔和睡眠持续时间
> 源码路径：演练范例\22-16-01\
> 范例 22-16-02：输出新进程的详细信息
> 源码路径：演练范例\22-16-02\

```
        long childrenCount = handle.children().count();
        // 下面开始顺序输出进程的信息
        System.out.printf("PID: %d%n", pid);                          //进程的PID
        System.out.printf("IsAlive: %b%n", isAlive);                  //进程是否生存
        System.out.printf("Command: %s%n", command);                 //进程的位置
        System.out.printf("Arguments: %s%n", Arrays.toString(args));//参数
        System.out.printf("CommandLine: %s%n", commandLine);
        System.out.printf("Start Time: %s%n", startTime);            //启动时间
        System.out.printf("CPU Time: %s%n", duration);               //运行耗时
        System.out.printf("Owner: %s%n", owner);                     //拥有者
        System.out.printf("Children Count: %d%n", childrenCount);
    }
}
```

在不同机器运行会有不同的结果，例如在笔者机器执行后输出：

```
PID: 8880
IsAlive: true
Command: C:\Program Files\Java\jdk-12.0.1\bin\javaw.exe
Arguments: []
CommandLine:
Start Time: 2019-02-26T21:38:13.341+08:00[Asia/Shanghai]
CPU Time: PT0.8125S
Owner: DESKTOP-VMVTB06\apple
Children Count: 0
```

22.6　技　术　解　惑

22.6.1　线程和函数的关系

任何一个线程在建立时都会执行一个函数，这个函数叫作线程执行函数。也可以将这个函数看作线程的入口点（类似于程序中的 main 函数）。无论使用什么语言或技术来建立线程，都必须执行这个函数（它的表现形式可能不一样，但都会有一个这样的函数）。如在 Windows 中建立线程的 API 函数 CreateThread 中的第三个参数就是执行函数的指针。

22.6.2　在 run 方法中使用线程名时产生的问题

在调用 start()方法前后都可以使用 setName 来设置线程名，但在调用 start()方法后使用 setName 修改线程名，就会产生不确定性，也就是说可能在 run()方法执行完毕后才会执行 setName。如果在 run()方法中要使用线程名，就会出现虽然调用了 setName()方法，但线程名却未修改的现象。Thread 类的 start()方法不能多次调用，如不能调用两次 thread1.start()方法，否则将抛出一个 IllegalThreadStateException 异常。

22.6.3　start()和 run()的区别

用方法 start()启动线程真正实现了多线程运行，这时无需等待 run()方法中的代码执行完毕即可直接执行下面的代码。通过调用 Thread 类的 start()方法可以启动一个线程，这时此线程处于就绪（可运行）状态，但并没有运行，一旦得到时间片，它就开始执行 run()方法，这时方法 run()称为线程体，它包含了这个线程要执行的内容。当 run()方法运行结束，此线程随即终止。

方法 run()只是类的一个普通方法而已，如果直接调用 run()方法，程序中依然只有主线程这一个线程，程序执行路径还是只有一条，还是要顺序执行，还是要等待 run()方法体执行完毕后才可继续执行下面的代码，这样没有达到写线程的目的。

由此可见，调用方法 start()可以启动线程，而方法 run 只是线程的一个普通方法调用，它还是在主线程里执行。

22.6.4　线程的优先级

线程的优先级用数字表示，范围是 1～10，高的会优先执行，一个线程默认的优先级为 5。

```
Thread.MAX_PRIORITY=1
```

```
Thread.MIN_PRIORITY=10
Thread.NORM_PRIORITY=5
```

例如：

```
t.setPriority(Thread.NORM_PRIORITY+3);
```

22.6.5 如何确定发生死锁

Java 虚拟机死锁发生时，从操作系统上观察可以发现，虚拟机的 CPU 占用率为 0，并很快会从 top 或 prstat 的输出中消失。这时可以收集 thread dump，查找"waiting for monitor entry"的线程，如果大量线程都在等待给同一个地址上锁(因为对于 Java 而言，一个对象只有一把锁)，则说明很可能发生了死锁。

为了确定问题，建议隔几分钟后再次收集 thread dump，如果得到的输出相同，仍然是大量线程都在等待给同一个地址上锁，那么肯定是死锁了。如何找到当前持有锁的线程是解决问题的关键。一般方法是搜索"thread dump"，查找"locked"，找到持有锁的线程。如果持有锁的线程还在等待给另一个对象上锁，那么还是按上面的办法顺藤摸瓜，直到找到死锁的根源为止。

另外，在 thread dump 里还会经常看到这样的线程，它们是等待一个条件而主动放弃锁的线程。有时也需要分析这类线程，尤其是线程等待的条件。

22.6.6 关键字 synchronized 和 volatile 的区别

关键字 synchronized 和 volatile 的区别如下。

（1）volatile 的本质是告诉 JVM 当前变量在寄存器（工作内存）中的值是不确定的，需要从主存中读取；synchronized 则是锁定当前变量，只有当前线程可以访问该变量，其他线程都被阻塞。

（2）volatile 仅能使用在变量级别，synchronized 则可以使用在变量、方法和类级别。

（3）volatile 仅能实现变量修改的可见性，并保证原子性；synchronized 则可以保证变量修改的可见性和原子性。

（4）volatile 不会造成线程阻塞，synchronized 可能会造成线程阻塞。

（5）volatile 标记的变量不会被编译器优化，synchronized 标记的变量可以被编译器优化。

因此 volatile 只是在线程内存和"主"内存间同步某个变量的值，而 synchronized 通过锁定和解锁某个监视器同步所有变量的值。显然，synchronized 要比 volatile 消耗更多资源。

22.7 课后练习

（1）编写一个 Java 程序，通过继承 Thread 类并使用 isAlive()方法来检测某线程是否存活。

（2）编写一个 Java 程序，通过继承 Thread 类并使用 currentThread.getName()方法来监测线程的状态。

（3）编写一个 Java 程序，使用 setPriority()方法来设置线程的优先级。

第 23 章

开发网络爬虫程序

　　网络爬虫又称为网页蜘蛛和网络机器人，是指按照一定的规则自动地抓取互联网数据信息的程序或者脚本。例如，可以使用爬虫程序抓取搜狐、新浪等门户网站的信息作为己用，也可以抓取淘宝网的商品信息并作为客户分析的大数据资料。本章将详细讲解使用 Java 语言开发网络爬虫程序的基本知识。

本章内容
- 网络爬虫的原理
- 使用 URLConnection 开发爬虫程序
- 使用 jsoup 框架
- 使用 WebCollector 框架

技术解惑
- 广度优先爬虫算法
- Java 爬虫初识之模拟登录

23.1　网络爬虫的原理

知识点讲解：视频\第 23 章\网络爬虫的原理.mp4

　　　　　　网络爬虫又被称为网页蜘蛛或网络机器人，是指一种按照一定的规则，自动地抓取万维网信息的程序或者脚本。在现实应用中，网络爬虫可以抓取网站中的各种数据，例如销售数据、商品评论数据和新闻数据，并以此为基础实现大数据分析功能。本节将详细讲解网络爬虫的原理。

↑扫码看视频

　　网络爬虫是搜索引擎抓取系统的重要组成部分，爬虫的主要目的是将互联网上的网页下载到本地并形成一个或联网内容的镜像备份。本节将简要讲解网络爬虫的基本原理，为读者步入本书后面知识的学习打下基础。

23.1.1　基本结构及工作流程

　　在当前计算机技术条件下，一个通用的网络爬虫的基本框架如图 23-1 所示。

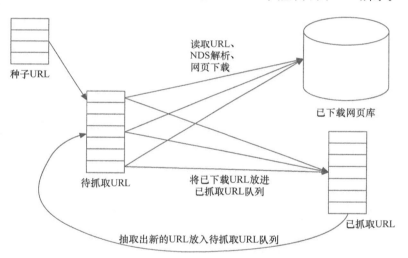

图 23-1　通用的网络爬虫的基本框架

　　图 23-1 所示的网络爬虫基本框架的基本工作流程如下所示。

　　（1）选取一部分精心挑选的种子 URL；

　　（2）将这些 URL 放入待抓取 URL 队列；

　　（3）从待抓取 URL 队列中取出待抓取的 URL，然后解析 DNS，得到主机的 IP 地址，并将 URL 对应的网页下载下来，存储进已下载网页库中。最后，将这些 URL 放进已抓取 URL 队列中。

　　（4）分析已抓取 URL 队列中的 URL，分析其中的其他 URL，并且将 URL 放入待抓取 URL 队列，从而进入下一个循环。

　　从网络爬虫应用程序的角度，可以将互联网中的所有页面分为 5 个部分，具体说明如下所示。

　　（1）已下载未过期网页。

　　（2）已下载已过期网页：抓取到的网页实际上是互联网内容的一个镜像与备份，互联网是动态变化的，一部分互联网上的内容已经发生了变化，这时这部分抓取到的网页就已经过期了。

　　（3）待下载网页：也就是待抓取 URL 队列中的那些页面。

（4）可知网页：还没有抓取下来，也没有在待抓取 URL 队列中，但是可以通过对已抓取页面或者待抓取 URL 对应页面进行分析获取到的 URL，这类页面被认为是可知网页。

（5）不可知网页：爬虫是无法直接抓取下载的网页。

23.1.2　抓取策略算法

在网络爬虫系统中，待抓取的 URL 队列是很重要的一部分。待抓取 URL 队列中的 URL 以什么样的顺序排列也是一个很重要的问题，因为这涉及先抓取哪个页面，后抓取哪个页面的问题。决定这些 URL 排列顺序的方法叫作抓取策略。在现实应用中主要有如下几种抓取策略。

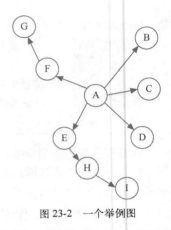

图 23-2　一个举例图

1. 深度优先遍历策略

深度优先遍历策略是指网络爬虫会从起始页开始，一个链接一个链接跟踪下去，处理完这条线路之后再转入下一个起始页，继续跟踪链接。如图 23-2 所示，深度优先遍历策略的遍历路径是：

```
A-F-G E-H-I B C D
```

2. 宽度优先遍历策略

宽度优先遍历策略的基本原理是，将新下载网页中发现的链接直接插入待抓取 URL 队列的末尾。也就是说，网络爬虫先抓取起始网页中链接的所有网页，然后再选择其中的一个链接网页，继续抓取在此网页中链接的所有网页。仍以图 23-1 为例，宽度优先遍历策略的遍历路径是：

```
A-B-C-D-E-F G H I
```

3. 反向链接数策略

反向链接数是指一个网页被其他网页链接指向的数量，表示的是一个网页的内容受到其他人推荐的程度。在现实应用中，大多数搜索引擎的抓取系统会使用这个指标来评价网页的重要程度，从而决定不同网页的抓取先后顺序。

4. Prtial PageRank 策略

Partial PageRank 算法借鉴 PageRank（网页排名）算法的思想，对于已经下载的网页，连同待抓取 URL 队列中的 URL，形成网页集合，计算每个页面的 PageRank 值，计算完后将待抓取 URL 队列中的 URL 按照 PageRank 值的大小进行排列，并按照该顺序抓取页面。

如果每次只抓取一个页面，就需要重新计算 PageRank 的值，但效率过低。一种折中方案是每当抓取 K 个页面后，重新计算一次 PageRank 的值。但是这种情况还会有一个问题：对于已经下载的页面中分析出的链接，也就是未知网页那一部分，是暂时没有 PageRank 值的。为了解决这个问题，会给这些页面一个临时的 PageRank 值，将这个网页所有入链传递进来的 PageRank 值进行汇总，这样就形成了该未知页面的 PageRank 值，从而参与到排序工作中。

5. OPIC 策略策略

OPIC 算法是针对静态图的，该算法实际上也是对页面进行一个重要性打分。在算法开始前，给所有页面一个相同的初始现金（Cash）。当下载了某个页面 P 之后，将 P 的现金分摊给所有从 P 中分析出的链接，并且将 P 的现金清空。对于待抓取 URL 队列中的所有页面按照现金数进行排序。

6. 大站优先策略

对于待抓取 URL 队列中的所有网页，根据所属的网站进行分类。对于待下载页面数多的网站优先下载，这个策略因此叫作大站优先策略。

23.2 使用 URLConnection 开发爬虫程序

视频讲解：视频\第 23 章\使用 URLConnection 开发爬虫程序.mp4

在现实应用中，Java 语言可以完全独立地开发出网络爬虫程序。本节将详细讲解使用 URLConnection 开发网络爬虫程序的基本知识。

↑扫码看视频

在本书前面的章节中曾经讲解过 URLConnection 接口的知识，下面的实例演示了使用 URLConnection 和 IO 接口实现一个简单爬虫程序的过程。

实例 23-1	抓取某网的主页 源码路径： daima\023\src\GXJ1.java	

本实例的功能是抓取百度网的主页 http://www.example.com，主要实现流程如下所示。

（1）打开某网的主页 http://www.example.com，此主页是一个由 HTML 和 CSS 共同生成的页面，在浏览器中单击鼠标右键，在弹出选项中选择"查看页面源代码"命令后可得到此主页的源代码。

（2）编写文件 GXJ1.java 抓取主页源码，主要实现代码如下所示。

```java
import java.io.*;
import java.net.*;
public class GXJ1 {
 public static void main(String[] args) {
   // 定义即将访问的链接
   String url = "http://www.example.com";
   // 定义一个字符串用来存储网页内容
   String result = "";
   // 定义一个缓冲字符输入流
   BufferedReader in = null;
   try {
     // 将string转成url对象
     URL realUrl = new URL(url);
     // 初始化一个链接到那个url的连接
     URLConnection connection = realUrl.openConnection();
     // 开始实际的连接
     connection.connect();
     // 初始化 BufferedReader输入流来读取URL的响应
     in = new BufferedReader(new InputStreamReader(
       connection.getInputStream()));
     // 用来临时存储抓取到的每一行的数据
     String line;
     while ((line = in.readLine()) != null) {
      //遍历抓取到的每一行并将其存储到result里
      result += line;
     }
   } catch (Exception e) {
     System.out.println("发送GET请求出现异常！ " + e);
     e.printStackTrace();
   }
   // 使用finally关闭输入流
   finally {
     try {
       if (in != null) {
       in.close();
     }
   } catch (Exception e2) {
```

范例 23-1-01：创建 URLConnection 爬虫程序
源码路径：演练范例\23-1-01\
范例 23-1-02：网络爬虫网站的 URL 转码
源码路径：演练范例\23-1-02\

```
        e2.printStackTrace();
    }
}
System.out.println(result);
}
}
```

执行后会显示抓取的结果,执行效果如图 23-3 所示。

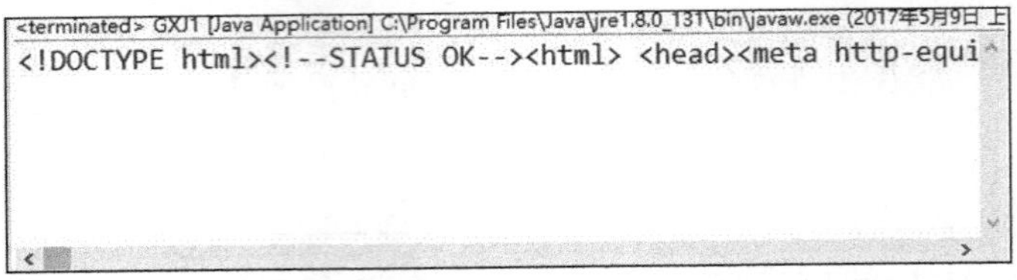

```
<terminated> GXJ1 [Java Application] C:\Program Files\Java\jre1.8.0_131\bin\javaw.exe (2017年5月9日 上
<!DOCTYPE html><!--STATUS OK--><html> <head><meta http-equi
```

图 23-3　执行效果

23.3　使用 jsoup 框架

 视频讲解:视频\第 23 章\使用 jsoup 框架.mp4

在开发 Java 网络爬虫程序的过程中,jsoup 是一款最为常用的 HTML 解析器框架,可以直接解析某个 URL 地址和 HTML 文本内容。本节将详细讲解使用 jsoup 框架开发爬虫程序的知识,为读者步入本书后面知识的学习打下基础。

↑扫码看视频

23.3.1　jsoup 框架介绍

jsoup 提供了一套非常省力的 API,可以通过 DOM、CSS 以及类似于 jQuery 的操作方法来取出和操作数据。在现实应用中,jsoup 框架的主要功能如下所示。

(1)从一个 URL、文件或字符串中解析 HTML。

(2)使用 DOM 或 CSS 选择器来查找、取出数据。

(3)可以操作 HTML 元素、属性和文本。

(4)是基于 MIT 协议发布的,可放心使用于商业项目。

下面简要介绍 jsoup 框架中的常用方法。

(1)connect(String url):创建一个新的 Connection 连接对象。

(2)get():取得要解析的一个 HTML 文件。如果从该 URL 获取 HTML 时发生错误,则会抛出 IOException 异常。

(3)parse(String html, String baseUri):将输入的 HTML 解析为一个新的文档(Document),参数 baseUri 用来将相对 URL 转成绝对 URL,并指定从哪个网站获取文档。只要解析的不是空字符串,就能返回一个结构合理的文档,其中包含(至少)一个 head 和一个 body 元素。

(4)parseBodyFragment():创建一个空壳的文档,并插入解析过的 HTML 到 body 元素中。如果使用正常的 Jsoup.parse(String html)方法,通常也可以得到相同的结果。

(5)Document.body():能够取得文档 body 元素的所有子元素,具体功能与 doc.getElementsByTag("body")相同。

(6)Node.attr(String key):获取一个属性的值。

（7）Element.text()：获取一个元素中的文本。

（8）Element.html()或 Node.outerHtml()：获取元素或属性中的 HTML 内容。

23.3.2 使用 jsoup 获取指定页面中的指定元素

下面的实例使用 jsoup 框架获取了某主页中的指定页面元素。

实例 23-2	获取某主页中的指定页面元素	
	源码路径： daima\023\src\Spider1.java	

实例文件 Spider1.java 的功能是获取某主页中的指定页面元素，其主要实现代码如下所示。

```java
import java.io.IOException;

import org.jsoup.Jsoup;
import org.jsoup.nodes.Document;
import org.jsoup.nodes.Element;
import org.jsoup.select.Elements;

public class Spider1 {

    public static void main (String[] args){
        try{
            Document document=Jsoup.connect("http://www.某域名.com/").get();
            //=========================================
            //直接抓取页面元素模块
            //=========================================
            //抓取文章title标签
            String title=document.title();
            //抓取文章text标签内容
            String text=document.text();
            //获取Html文件中的body元素
            Element body=document.body();
            //获取a标签
            Elements aArray=body.getElementsByTag("a");
            //类选择器
            Elements classArray=body.getElementsByClass("s_form");//此处为类名，截取的div的类名
            //获取属性
            Elements attributesArray=body.getElementsByAttribute("href");
            //获取子元素
            Elements children=body.children();
            //=========================================
            //选择器模块
            //=========================================
            Elements aSelect=document.select("a[href]");

            System.out.println("页面标题："+title+"\n 页面内容："+text+
                    "\n body:\n"+ body);
            System.out.println("=========================================");

            System.out.println("所有a标签：\n"+aArray);
            System.out.println("=========================================");
            System.out.println("div:\n"+classArray);
            System.out.println("=========================================");
            System.out.println("href:\n"+attributesArray);
            System.out.println("=========================================");
            System.out.println("children:\n"+children);
            System.out.println("=========================================");
            System.out.println("aSelect:\n"+aSelect);

        }catch (IOException e){
            e.printStackTrace();
        }

    }

}
```

> 范例 23-2-01：抓取网站中招聘信息
> 源码路径：演练范例\23-2-01\
> 范例 23-2-02：获取网站信息
> 源码路径：演练范例\23-2-02\

执行将抓取百度主页中指定的页面元素，执行效果如图 23-4 所示。

```
body:
<body link="#0000cc">
<div id="wrapper">
 <div id="head">
  <div class="head_wrapper">
   <div class="s_form">
    <div class="s_form_wrapper">
     <div id="lg">
      <img hidefocus="true" src="http://www.baidu.com/img/bd_logo1.png" width="270" hei
     </div>
     <form id="form" name="f" action="/s" class="fm">
     <input type="hidden" name="ie" value="utf-8">
     <input type="hidden" name="ch" value="">
     <input type="hidden" name="tn" value="baidu">
     <span class="bg s_ipt_wr"><span id="ipt_photo"></span><input id="kw" name="wd" cl
```

图 23-4　执行效果

23.3.3　使用 jsoup 获取指定格式的 URL 网址

下面的实例使用 jsoup 获取了指定 URL 网址下的所有子 URL。

实例 23-3	获取某 URL 网址下的所有子 URL 源码路径： daima\023\src\FindAllUrl.java	

实例文件 FindAllUrl.java 的主要实现代码如下所示。

```java
public class FindAllUrl {
    public static void main(String[] args) {
        try {
            Document doc = Jsoup.connect("http://news.指定URL.com/").get();  //连接指定网址
            Elements links = doc.select("a[href]");          //获取网页中的超级链接标记
            for(Element link : links){
                String StrUrl = link.attr("abs:href");
                if(StrUrl.startsWith("http://news.指定URL.com/"))
                //获取以 "http://news.指定URL.com /" 开头的url
                System.out.println(StrUrl);
            }
        } catch (IOException e) {
            e.printStackTrace();
        }
    }
}
```

> 范例 23-3-01：获取某页面所有信息
> 源码路径：演练范例\23-3-01\
> 范例 23-3-02：获取一个页面里的分页栏
> 源码路径：演练范例\23-3-02\

执行将抓取网络中所有 "http://news.指定 URL.com/" 格式的 URL，执行后将输出：

```
http://news.某域名.com/
http://news.某域名.com/s2018/guoqing69/index.shtml
http://news.某域名.com/
http://news.某域名.com/s2018/wrj/index.shtml
http://news.某域名.com/#
http://news.某域名.com/#
```

23.4　使用 WebCollector 框架

视频讲解：视频\第 23 章\使用 WebCollector 框架.mp4

WebCollector 是一个无需配置、便于二次开发的 Java 爬虫框架（内核），它提供精简的 API，只需少量代码即可实现一个功能强大的爬虫。本节将详细讲解使用 WebCollector 框架开发爬虫程序的知识，为读者步入本书后面知识的学习打下基础。

↑扫码看视频

23.4.1　WebCollector 框架介绍

在 WebCollector 官方文件中写道：WebCollector 致力于维护一个稳定、可扩的爬虫内核，便于开发者进行灵活的二次开发。内核具有很强的扩展性，用户可以在内核基础上开发自己希望的爬虫。在 WebCollector 源码中集成了 Jsoup，可进行精准的网页解析。在 2.x 版本中集成了 Selenium（Selenium 是一套完整的 Web 应用程序测试系统，包含了测试的录制（Selenium IDE）、编写及运行（Selenium Remote Control）和测试的并行处理（Selenium Grid）），可以抓取并处理 JavaScript 生成的数据。

在笔者写作本书时，WebCollector 已经发展到了 2.x 版本，其中最新版是 2.4 的 beat 版。WebCollector 2.x 版本的主要特性如下所示。

（1）自定义遍历策略，可完成更为复杂的遍历业务，例如分页和 Ajax。

（2）可以为每个 URL 设置附加信息(MetaData)，利用附加信息可以完成很多复杂业务，例如深度获取、锚文本获取、引用页面获取、POST 参数传递、增量更新等。

（3）使用插件机制，WebCollector 内置了两套插件。

（4）内置一套基于内存的插件（RamCrawler），不依赖文件系统或数据库，适合一次性爬取，例如实时爬取搜索引擎。

（5）内置一套基于 Berkeley DB（BreadthCrawler）的插件，适合处理长期和大量级的任务，并具有断点爬取功能，不会因为宕机、关闭导致数据丢失。

（6）集成 Selenium，可以对 JavaScript 生成信息进行抽取。

（7）轻松自定义 HTTP 请求，并内置多代理随机切换功能。可通过定义 HTTP 请求实现模拟登录。

（8）使用 slf4j 作为日志门面，可对接多种日志。

WebCollector 2.x 官网和镜像网址分别如下所示。

（1）官网：https://github.com/CrawlScript/WebCollector。

（2）镜像：http://git.oschina.net/webcollector/WebCollector。

在官网 Webcollector-2.40-beta-bin.zip 的文件夹中保存了程序所需要的 jar 包，如图 23-5 所示。

commons-dbcp-1.4.jar	2017/5/10 9:49	Executable Jar File	157 KB
commons-logging-1.2.jar	2017/5/10 9:49	Executable Jar File	61 KB
commons-pool-1.5.4.jar	2017/5/10 9:49	Executable Jar File	94 KB
hamcrest-core-1.3.jar	2017/5/10 9:49	Executable Jar File	44 KB
je-5.0.73.jar	2017/5/10 9:49	Executable Jar File	2,430 KB
json-20140107.jar	2017/5/10 9:49	Executable Jar File	64 KB
jsoup-1.9.2.jar	2017/5/10 9:49	Executable Jar File	312 KB
junit-4.11.jar	2017/5/10 9:49	Executable Jar File	240 KB
juniversalchardet-1.0.3.jar	2017/5/10 9:49	Executable Jar File	216 KB
log4j-1.2.17.jar	2017/5/10 9:49	Executable Jar File	479 KB
mysql-connector-java-5.1.40.jar	2017/5/10 9:49	Executable Jar File	968 KB
slf4j-api-1.7.21.jar	2017/5/10 9:49	Executable Jar File	41 KB
slf4j-log4j12-1.7.21.jar	2017/5/10 9:49	Executable Jar File	10 KB
spring-beans-4.3.5.RELEASE.jar	2017/5/10 9:49	Executable Jar File	744 KB
spring-core-4.3.5.RELEASE.jar	2017/5/10 9:49	Executable Jar File	1,088 KB
spring-jdbc-4.3.5.RELEASE.jar	2017/5/10 9:49	Executable Jar File	417 KB
spring-tx-4.3.5.RELEASE.jar	2017/5/10 9:49	Executable Jar File	261 KB
WebCollector-2.40-beta.jar	2017/5/10 9:49	Executable Jar File	91 KB

图 23-5　WebCollector 2.x 的 jar 包

将上述 jar 包引用到自己的 Eclipse 项目中后，我们即可使用 WebCollector 开发网络爬虫项目。

23.4.2 抓取新闻信息

下面的实例演示了使用 WebCollector 框架抓取某大学网站新闻信息的过程。

实例 23-4	使用 WebCollector 抓取某大学网站的新闻信息 源码路径： daima\023\src\NewsCrawler.java	

实例文件 NewsCrawler.java 的主要实现代码如下所示。

```java
public class NewsCrawler extends BreadthCrawler {
    public NewsCrawler(String crawlPath, boolean autoParse) {
        super(crawlPath, autoParse);
        /*抓取页面*/
        this.addSeed("http://news.hfut.edu.cn/list-1-1.html");
        /*抓取这个格式的页面信息：http://news.某大学hfut.edu.cn/show-xxxxx.html*/
        this.addRegex("http://news.某大学hfut.edu.cn/show-.*html");
        /*不会获取 jpg|png|gif格式的内容*/
        this.addRegex("-.*\\.(jpg|png|gif).*");
        /*url地址不能包含 #*/
        this.addRegex("-.*#.*");
    }
    @Override
    public void visit(Page page,
    CrawlDatums next) {
        String url = page.getUrl();
        /*如果是新闻页面*/
        if (page.matchUrl("http://news.某大学hfut.edu.cn/show-.*html")) {
            /*使用jsoup功能*/
            Document doc = page.getDoc();
            String title = page.select("div[id=Article]>h2").first().text();
            String content = page.select("div#artibody", 0).text();
            System.out.println("URL:\n" + url);
            System.out.println("title:\n" + title);
            System.out.println("content:\n" + content);
        }
    }
    public static void main(String[] args) throws Exception {
        NewsCrawler crawler = new NewsCrawler("crawl", true);
        crawler.setThreads(50);
        crawler.setTopN(100);
        crawler.start(4);
    }
}
```

> 范例 23-4-01：使用 WebCollector 爬虫框架
> 源码路径：演练范例\23-4-01\
> 范例 23-4-02：抓取指定网页的图片
> 源码路径：演练范例\23-4-02\

23.4.3 抓取图片信息

下面实例的功能是使用 WebCollector 框架抓取某指定网站中图片信息，然后将图片保存到本地指定的目录中。

实例 23-5	抓取指定网站中的图片信息 源码路径： daima\023\src\DemoImageCrawler.java	

实例文件 DemoImageCrawler.java 的主要实现代码如下所示。

```java
public class DemoImageCrawler extends BreadthCrawler {

    //用于保存图片的文件夹
    File downloadDir;

    //原子性int，用于生成图片文件名
    AtomicInteger imageId;
```

> 范例 23-5-01：爬取博客信息
> 源码路径：演练范例\23-5-01\
> 范例 23-5-02：爬取网站信息
> 源码路径：演练范例\23-5-02\

```
/**
 *
 * @param crawlPath 用于维护URL的文件夹
 * @param downloadPath 用于保存图片的文件夹
 */
public DemoImageCrawler(String crawlPath, String downloadPath) {
    super(crawlPath, true);
    downloadDir = new File(downloadPath);
    if(!downloadDir.exists()){
        downloadDir.mkdirs();
    }
    computeImageId();
}

@Override
public void visit(Page page, CrawlDatums next) {
    //根据http头中的Content-Type信息来判断当前资源是网页还是图片
    String contentType = page.getResponse().getContentType();
    if(contentType==null){
        return;
    }else if (contentType.contains("html")) {
        //如果是网页，则抽取其中包含图片的URL，放入后续任务
        Elements imgs = page.select("img[src]");
        for (Element img : imgs) {
            String imgSrc = img.attr("abs:src");
            next.add(imgSrc);
        }

    } else if (contentType.startsWith("image")) {
        //如果是图片，直接下载
        String extensionName=contentType.split("/")[1];
        String imageFileName=imageId.incrementAndGet()+"."+extensionName;
        File imageFile=new File(downloadDir,imageFileName);
        try {
            FileUtils.writeFile(imageFile, page.getContent());
            System.out.println("保存图片 "+page.getUrl()+" 到 "+imageFile.
            getAbsolutePath());
        } catch (IOException ex) {
            throw new RuntimeException(ex);
        }
    }

}

public static void main(String[] args) throws Exception {
    DemoImageCrawler demoImageCrawler = new DemoImageCrawler("crawl", "download");
    //添加种子URL
    demoImageCrawler.addSeed("http://www.美食meishij.net/");
    //限定爬取范围
    demoImageCrawler.addRegex("http://www.美食meishij.net/.*");
    //设置为断点爬取，否则每次开启爬虫都会重新爬取
    demoImageCrawler.setResumable(true);
    demoImageCrawler.setThreads(30);
    Config.MAX_RECEIVE_SIZE = 1000 * 1000 * 10;
    demoImageCrawler.start(3);
}
public void computeImageId(){
    int maxId=-1;
    for(File imageFile:downloadDir.listFiles()){
        String fileName=imageFile.getName();
        String idStr=fileName.split("\\.")[0];
        int id=Integer.valueOf(idStr);
        if(id>maxId){
            maxId=id;
        }
    }
    imageId=new AtomicInteger(maxId);
}
```

执行后将抓取指定网站中的图片信息，抓取的图片被保存在本项目工程中的"download"目录中，如图 23-6 所示。

此电脑 › BOOTCAMP (C:) › 用户 › apple › workspace › 123 › download

图 23-6　抓取的图片被保存在本地目录

23.5　技术解惑

23.5.1　广度优先爬虫算法

下面的代码演示了广度优先爬虫算法的实现过程，我们可以将这段算法代码用在自己的项目中。

```
/**
 * 完成广度优先搜索
 */
    // 将网页源码下载到本地
    private void downHTML(String urlstr, String htmltxt) {
        // 声明链接
        HttpURLConnection con = null;
        // 声明输入流
        InputStream in = null;
        // 声明输出流
        FileOutputStream out = null;
        try {
            // 实例化url
            URL url = new URL(urlstr);
            // 打开链接
            con = (HttpURLConnection) url.openConnection();
            con.connect();
            // 打开输入流
            in = con.getInputStream();
            // 打开输出流创建接收文件
            out = new FileOutputStream(htmltxt);
            byte[] b = new byte[1024];
            int len = 0;
            // 将文件写入接收文件
            while ((len = in.read(b, 0, 1024)) != -1) {
                out.write(b, 0, len);
            }
            // 开始第二次爬行
            new SearchCrawlerBreadth().readTxt("src/href.txt");

        } catch (Exception e) {
            System.out.println("未知主机!! ");
```

```
        } finally {
            try {
                // 关闭流
                if (out != null)
                    out.close();
                if (in != null)
                    in.close();

            } catch (Exception e) {

                e.printStackTrace();
            }
        }
}
// 页面解析
private void readTxt(String hreftxt) {
        // 声明输入流
        InputStream in = null;
        FileWriter file = null;
        BufferedReader br = null;

        try {
                // 实例化I/O流，允许文件追加写
                file = new FileWriter(hreftxt, true);
                in = new FileInputStream("src/html.txt");
                br = new BufferedReader(new InputStreamReader(in));
                // 开始解析html
                while (br.readLine() != null) {

                        String line = br.readLine();
                        // 创建正则表达式
                        Pattern pattern = Pattern.compile(
                                "<a\\s+href\\s*=\\s*\"?(.*?)[\"|>]",
                                Pattern.CASE_INSENSITIVE);
                        // 创建匹配器
                        Matcher matcher = pattern.matcher(line);
                        // 开始与正则表达式进行匹配
                        while (matcher.find()) {
                                String str = matcher.group(1);
                                // 跳过链到本URL下面的内链接和无效链接
                                if (str.length() < 1) {
                                        continue;
                                }

                                if (str.charAt(0) == '#') {
                                        continue;
                                }

                                if (str.startsWith("/")) {
                                        continue;
                                }

                                if (str.indexOf("mailto:") != -1) {
                                        continue;
                                }
                                if (str.toLowerCase().indexOf("javascript") != -1) {
                                        continue;
                                }

                                if (str.startsWith("'")) {
                                        continue;
                                }
                                // 将有效链接打印到屏幕
                                System.out.println(str);
                                // 将有效链接写入文件
                                file.write(str + "\r\n");

                        }

                }

        } catch (Exception e) {
                System.out.println("无效链接!! ");
```

```
        } finally {
            // 关闭I/O流
            try {
                if (file != null)
                    file.close();
                if (br != null)
                    br.close();
                if (in != null)
                    in.close();
            } catch (Exception e) {

                e.printStackTrace();
            }
        }
    }

    // 进行深度搜索
    private void search() {
        // 声明IO流
        InputStream in = null;

        BufferedReader br = null;
        try {
            // 实例化I/O流

            in = new FileInputStream("src/href.txt");
            br = new BufferedReader(new InputStreamReader(in));
            // 创建SearchCrawler的对象
            SearchCrawlerBreadth sc = new SearchCrawlerBreadth();
            // 开始按行读取有效链接的文件
            while (br.readLine() != null) {
                String line = br.readLine();
                // 递归调用爬虫爬行页面
                sc.downHTML(line, "src/html.txt");
            }
        } catch (IOException e) {

            e.printStackTrace();

        } finally {
            try {
                // 关闭流
                if (br != null)
                    br.close();
                if (in != null)
                    in.close();
            } catch (Exception e2) {

                e2.printStackTrace();
            }
        }

    }
```

23.5.2　Java 爬虫初识之模拟登录

在开发一个网络爬虫程序的时候，当第一步是浏览网站的大概情况时会发现，有些网站在访问之前是需要登录的，否则是无法访问到有我们需要的数据的子页面的，这个时候就要在之前的基础上增加一个模拟登录的步骤。

大多数模拟登录用的是 post 方法，同时在里面携带登录所需要的参数如账号密码，所以开发者只需要模拟实际操作，将待爬取网站所需要的参数对应地设置到 httppost 中即可。下面以 URL 网为例，简单介绍实现模拟登录 URL 网的方法。

1. 确定登录所需要携带的参数

首先确定登录所需要携带的参数，这个过程需要用到抓包工具 fiddler，通过对登录数据的抓取，最后发现需要携带以下参数。

（1）_xsrf：这是在每次发起对某个 URL 请求时，在网页源代码中携带返回的一个参数，并且每次都是不一样的。

（2）captcha：验证码。

（3）captcha_type：验证码的类型。

（4）email：账号。

（5）password：密码。

2．获取参数

（1）获取_xsrf 参数：对 URL 发起请求，下载登录页面，再直接从页面取值即可。取值代码如下所示。

```
/**获取_xsrf, getPageHtml()是下载页面方法*/
    public String get_xsrf("URL地址") {
        String page = getPageHtml("URL地址");
        Document doc = Jsoup.parse(page);
        Elements srfs = doc.getElementsByAttributeValue("name", "_xsrf");
        String xsrf = srfs.first().attr("value");
        return xsrf;
    }
```

（2）获取 captcha 验证码：刚开始登录时发现 URL 登录用的是中文验证码，需要找出倒写的汉字，发送到服务器的参数是鼠标点击的位置，服务器会根据位置是否与图片倒写汉字位置匹配来判断正确与否。经过多次实验后发现，还有输入数字字母的验证码，这个就简单多了，而且这种验证码少携带一个 captcha_type 参数。所以只需要将验证码图片下载到本地再对应地设置参数即可。

23.6　课　后　练　习

（1）编写一个 Java 程序，爬取并显示网站 www.toppr.net 中的所有 URL 地址。

（2）编写一个 Java 程序，通过 URL 下载 www.toppr.net 网页。

第 24 章

大数据挖掘和分析系统（网络爬虫+JSP+MySQL+大数据分析）

本章将通过一个综合实例的实现过程，讲解使用 Java 语言爬取某出版社图书数据的方法，并将爬取的图书数据保存到 MySQL 数据库中。然后使用 JSP 开发一个 Java Web 程序，在 Web 前端展示数据库中保存的爬虫数据，通过大数据技术分析图书的构成信息。

本章内容

▶▶ 系统介绍
▶▶ 需求分析
▶▶ 系统模块和实现流程
▶▶ 爬虫抓取模块
▶▶ 大数据可视化分析

24.1　系 统 介 绍

知识点讲解：视频\第 24 章\系统介绍.mp4

　　人民邮电出版社成立于 1953 年 10 月，是工业和信息化部主管的大型专业出版社，隶属于中国工信出版传媒集团。建社以来，始终坚持正确的出版导向，坚持为科技发展与社会进步服务、为繁荣社会主义文化服务，坚持积极进取、改革创新，围绕"立足信息产业，面向现代社会，传播科学知识，服务科教兴国，为走中国特色新型工业化道路服务"的出版宗旨，已发展成为集图书、期刊、音像电子及数字出版于一体的综合性出版大社。

　　我们本实例爬虫模块的爬取目标是人民邮电出版社官网中的图书信息，网址主页是 http://www.ptpress.com.cn/。在抓取到人民邮电出版社官网中的图书信息后，为了便于进行大数据分析，将抓取到的图书信息保存到 MySQL 数据库中，这样实现了数据持久化处理。在大数据可视化分析模块中，使用 JSP 技术提取 MySQL 数据库中的图书信息，将大数据分析结果通过 Java Web 展示在网页前端，最终实现数据可视化分析功能。

24.2　需 求 分 析

知识点讲解：视频\第 24 章\需求分析.mp4

　　根据前面的系统介绍，本系统需要完成如下所示的两个方面工作。

　　1．网络爬虫

　　使用 Java 网络爬虫抓取人民邮电出版社官网中的图书信息，其中图书信息有多种主分类，例如计算机、电子、摄影、电影、音乐等。而在主分类下面又包含很多子分类，例如在"计算机"主分类下面又包含办公软件、操作系统、移动开发、图形图像等子分类。本项目将编写独立的爬虫文件对特定分类的图书进行抓取，并进行独立保存。这样做的好处是采集到的数据比较清晰分明，使后续的大数据分析工作更加直观和易于理解。

　　2．大数据分析

　　结合当前市场的热点和需求，大数据分析主要类别的图书信息。为了实现大数据分析的可视化功能，使用 Java Web 技术展示分析结果。并且为了使大数据分析结果更加直观地展示出来，特意使用图表来展示分析结果。因为只是简单地提取并展示 MySQL 数据库中的数据，所以只是使用 JSP 技术实现前端展示功能，并没有采用 Strus、Spring 等专业级框架。

24.3　系统模块和实现流程

知识点讲解：视频\第 24 章\系统模块和实现流程.mp4

　　在本项目的实现过程中，各个模块的具体实现流程如图 24-1 所示。

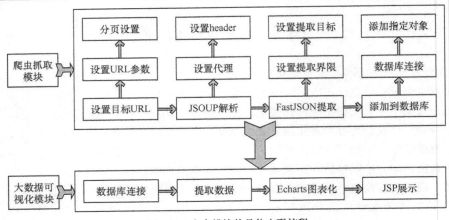

图 24-1　各个模块的具体实现流程

24.4　爬虫抓取模块

知识点讲解：视频\第 24 章\爬虫抓取模块.mp4

本节将详细讲解本项目爬虫爬取模块的具体实现流程，详细讲解破解 post 方式反爬机制的方法。

↑扫码看视频

24.4.1　网页概览

人民邮电出版社"图书"主页的链接是 http://www.ptpress.com.cn/ shopping/index，此主页面会显示最热销的 9 本图书，如图 24-2 所示。

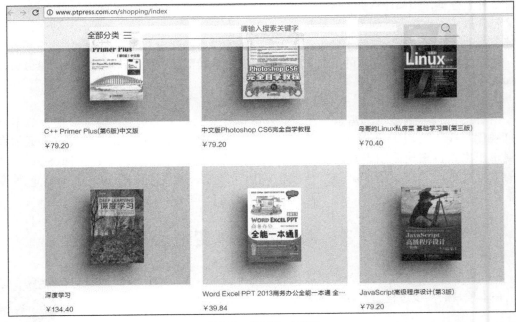

图 24-2　"图书"主页面

在畅销书上面显示主分类和子分类，其中主分类的界面效果如图 24-3 所示。

每个主分类下面会有多个子分类，例如"计算机"主分类下的子分类如图 24-4 所示。

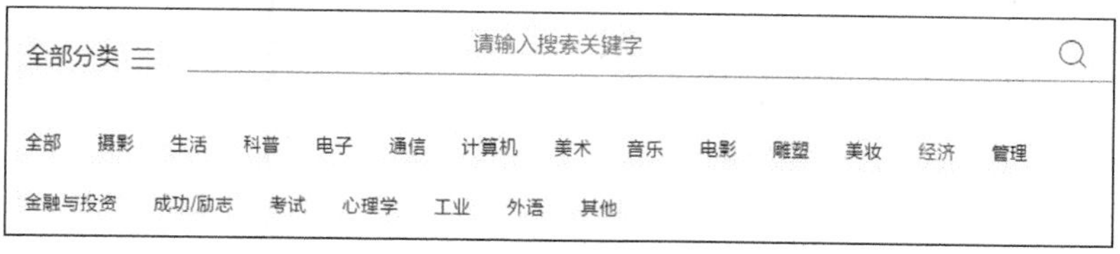

图 24-3　系统主分类

办公软件　操作系统　移动开发　图形图像　辅助设计　网页制作　网络技术　计算机考试　算法　机器学习　计算机基础
游戏攻略　数据科学　多媒体　硬件技术　软件开发　游戏开发　计算机科学　软件测试　计算机英语

图 24-4　"计算机"主分类下的子分类

主分类"计算机"的 URL 地址是：

```
http://www.ptpress.com.cn/shopping/search?tag=search&orderStr=hot&level1=2725fe7b-b2c2-
4769-8f6f-c95f04c70275
```

如果单击主分类"摄影"，会发现此主分类的 URL 地址是：

```
http://www.ptpress.com.cn/shopping/search?tag=search&orderStr=hot&level1=2725fe7b-b2c2-
4769-8f6f-c95f04c70275
```

如果单击某个主分类下面的子分类，例如单击主分类"计算机"下的"办公软件"，会发现此子分类的 URL 地址是：

```
http://www.ptpress.com.cn/shopping/search?tag=search&orderStr=hot&level1=2725fe7b-b2c2-
4769-8f6f-c95f04c70275
```

经过几次验证后可以发现，所有的主分类 URL 地址和子分类 URL 地址都是：

```
http://www.ptpress.com.cn/shopping/search?tag=search&orderStr=hot&level1=2725fe7b-b2c2-
4769-8f6f-c95f04c70275
```

并且此 URL 地址的网页通过分页展示了对应的图书信息，例如截止到笔者写作本书时主分类"计算机"有 429 个分页信息，如图 24-5 所示。

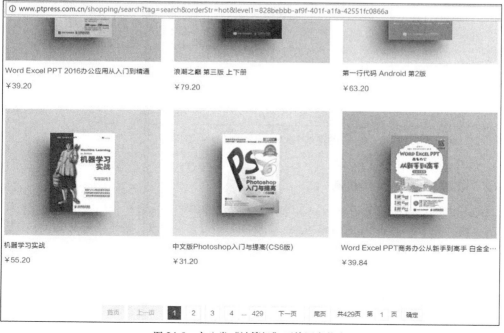

图 24-5　主分类"计算机"下的图书信息

在搜索表单中输入关键字并单击搜索按钮 🔍 后，会显示对应的搜索结果。例如输入关键字"python"后会搜索出所有的 Python 图书，此时会发现搜索页面的 URL 地址有所区别，一共有如下两种与搜索功能相关的 URL 地址。

（1）如果是在上面的某分类 URL 地址中输入关键字进行检索，检索后的 URL 地址与上面的分类地址相同，仍然是：

```
http://www.ptpress.com.cn/shopping/search?tag=search&orderStr=hot&level1=2725fe7b-b2c2-4769-8f6f-c95f04c70275
```

（2）如果是在图书主页 http://www.ptpress.com.cn/shopping/index 中输入关键字进行检索，则检索后的 URL 地址是：

```
http://www.ptpress.com.cn/shopping/search?tag=search&searchName=Python
```

上述 URL 地址中的"Python"表示当前输入的搜索关键字是 Python。

上述两种类型的搜索页面的展示效果相同，都是分页展示对应的搜索结果，例如，输入关键字"Java"后的搜索结果如图 24-6 所示。

图 24-6　搜索关键字为"Java"的图书

24.4.2　破解 JS API 反爬机制

经过前面的网页概览分析可知，人民邮电出版社的图书展示页面采用了 JavaScript 链接形式，所有分类的 URL 地址都是相同的。这给爬虫工作带来了困难，需要在开发模式中分析出真正的 URL 关系。例如在搜索"Java"图书时显示的 URL 地址是：

```
http://www.ptpress.com.cn/shopping/search?tag=search&searchName=Java
```

按下键盘上的 F12 键，进入浏览器的开发模式，单击"Network"，会发现图书信息展示页面与搜索页面的真正 URL 地址相同，如图 24-7 所示。

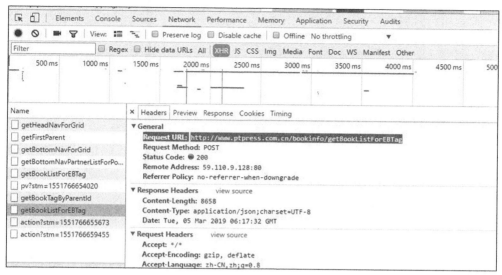

图 24-7　开发模式

也就是说，图书信息展示页面、分类图书展示页面和搜索页面的真正 URL 地址都是：

`http://www.ptpress.com.cn/bookinfo/getBookListForEBTag`

要爬虫提取图书信息，只需分析上述 URL 地址的传输内容即可。在右侧的"Headers"选项中会显示爬虫模块所需要用到参数，例如包含 User-Agent 代理参数和 URL 地址中的构成参数，如果输入"Java"搜索后，得到的爬虫参数界面效果如图 24-8 所示。

```
× Headers Preview Response Cookies Timing
   Connection: keep-alive
   Content-Length: 39
   Content-Type: application/x-www-form-urlencoded; charset=UTF-8
   Cookie: JSESSIONID=FA69CFF1EEE7878EDF9B56D9A65D1A39; gr_session_id_9311c428042bb76e=619b5fcc-904a-4c3c-a7f5-b9b2322a558a; gr_session_id_9311c428042bb76e_619b
   5fcc-904a-4c3c-a7f5-b9b2322a558a=true; gr_user_id=f2881ba9-9451-45bc-994d-e77cbf34877b
   Host: www.ptpress.com.cn
   Origin: http://www.ptpress.com.cn
   Referer: http://www.ptpress.com.cn/shopping/search?tag=search&searchName=Java
   User-Agent: Mozilla/5.0 (Windows NT 10.0; WOW64) AppleWebKit/537.36 (KHTML, like Gecko) Chrome/58.0.3029.96 Safari/537.36
   X-Requested-With: XMLHttpRequest
▼ Form Data    view source    view URL encoded
   searchStr: Java
   page: 1
   rows: 18
   orderStr:
```

图 24-8　爬虫参数

在图 24-8 所示的爬虫参数中，在"Form Data"选项中保存了与真正 URL 地址有关的构成参数，例如"Java"搜索页面的 URL 构成参数如下：

```
searchStr:Java
page:1
rows:18
orderStr:
```

其中，searchStr 表示搜索关键，page 表示分页序号，rows 表示每个分页显示的图书数量，orderStr 表示排序方式。

在右侧顶部单击"Response"选项会显示获取到的图书数据，如图 24-9 所示。

Name	× Headers Preview Response Cookies Timing
getHeadNavForGrid	1 {"data":{"total":289,"data":[{"hbPhotoExist":"N","author":"魔乐科技(MLDN)软件实训中心","originBookCode":"150100","isbn":"978-7-115-50100-4","publishDate":"20190

图 24-9　显示获取到的图书数据

　　单击"Response"选项后显示的图书数据是 JSON 格式的，例如在"Java"搜索页面 URL 中获得的 JSON 数据如下：

{"data":{"total":289,"data":[{"hbPhotoExist":"N","author":"魔乐科技(MLDN)软件实训中心","originBookCode":"150100","isbn":"978-7-115-50100-4","publishDate":"201903","discountPrice":"95.20","bookDiscount":"0.8","bookName":"Java编程技术大全（套装上下册）","executiveEditor":"张翼","bookId":"22288273-61ff-4f25-8913-333c1baec84a","picPath":"http://47.93.163.221:8084/uploadimg/Material/978-7-115-50100-4/72jpg/50100_s300.jpg","price":"119","stockInDate":"20190304","shopType":"1","sumVolume":"0"},{"hbPhotoExist":"N","author":"张桓 李金靖","originBookCode":"150193","isbn":"978-7-115-50193-6","publishDate":"201902","discountPrice":"38.40","bookDiscount":" 0.8","bookName":"Java Web动态网站开发（微课版）","executiveEditor":"刘佳","bookId":"c14abdde-f5d9-4239-b12e-846c2c18b5a4","picPath":"http://47.93.163. 221:8084/uploadimg/Material/978-7-115-50193-6/72jpg/50193_s300.jpg","price":"48","stockInDate":"20190213","shopType":"1","sumVolume":"0"},{"hbPhotoExist":"N","author":"田春瑾","originBookCode":"150420","isbn":"978-7-115-50420-3","publishDate":"201902","discountPrice":"24.24","bookDiscount":"0.8","bookName":"Java程序设计习题与实践（微课版）","executiveEditor":"刘海溧","bookId":"1b13393b-db15-408d-aecf-5e6d8b8293aa","picPath":"http://47.93.163.221:8084/uploadimg/ Material/978-7-115-50420-3/72jpg/50420_s300.jpg","price":"32.8","stockInDate":"20190128","shopType":"1","sumVolume":"0"},{"hbPhotoExist":"N","author":"普运伟","originBookCode":"150419"," isbn":"978-7-115-50419-7","publishDate":"201902","discountPrice":"35.84","bookDiscount":"0.8","bookName":"Java程序设计（微课版）","executiveEditor":"刘海溧","bookId":"d1ddd1ef-a005-4a88-8eec-4bc408642677","picPath":"http://47.93.163.221:8084/uploadimg/Material/978-7-115-50419-7/72jpg/50419_s300.jpg","price":"44.8","stockInDate":"20190128","shopType":"1","sumVolume":"0"},{"hbPhotoExist":"N","author":"赵建保","originBookCode":"149916","isbn":"978-7-115-49916-5","publishDate":"201902","discountPrice":"47.84","bookDiscount":"0.8","bookName":"JavaScript前端开发模块化教程","executiveEditor":"范博涛","bookId":"daeb2e6c-6f3a-4d58-9147-491e96ead001","picPath":"http://47.93.163.221:8084/uploadimg/Material/978-7-115-49916-5/72jpg/49916_s300.jpg","price":"59.8","stockInDate":"20190128","shopType":"1","sumVolume":"0"},{"hbPhotoExist":"N","author":"刘彦君 张仁伟 满志强","originBookCode":"149179","isbn":"978-7-115-49179-4","publishDate":"201811","discountPrice":"55.84","bookDiscount":"0.8","bookName":"Java面向对象思想与程序设计","executiveEditor":"税梦玲","bookId":"1ac50c73-5071-4309-8715-ff0ae742de1a","picPath":"http://47.93.163.221:8084/uploadimg/Material/978-7-115-49179-4/72jpg/49179_ s300.jpg","price":"69.8","stockInDate":"20190115","shopType":"1","sumVolume":"0"},{"hbPhotoExist":"N","author":"潘俊","originBookCode":"149993","isbn":"978-7-115-49993-6","publishDate":"201901","discountPrice":"47.20","bookDiscount":"0.8","bookName":"JavaScript函数式编程思想","executiveEditor":"张爽","bookId":"bfb30dc8-3e95-4036-9a83-fdd5802fe4d1"," picPath":" http://47.93.163.221:8084/uploadimg/Material/978-7-115-49993-6/72jpg/49993_s300.jpg","price":"59","stockInDate":"20181229","shopType":"1","sumVolume":"0"},{"hbPhotoExist":"N","author":"戴雯惠 李家兵","originBookCode":"149749"," isbn":"978-7-115-49749-9","publishDate":"201901","discountPrice":"39.84","bookDiscount":"0.8","bookName":"JavaScript+jQuery开发实战","executiveEditor":"祝智敏","bookId":"9f9789cb-020f-4230-9d47-4ba1471fecf7","picPath":" http://47.93.163.221:8084/uploadimg/Material/978-7-115-49749-9/72jpg/49749_s300.jpg","price":"49.8","stockInDate":"20181213","shopType":"1","sumVolume":"0"},{"hbPhotoExist":"N","author":"吴以欣 陈小宁","originBookCode":"148775"," isbn":"978-7-115-48775-9"," publishDate":"201812","discountPrice":"39.84","bookDiscount":"0.8","bookName":"动态网页设计与制作（HTML5+CSS3+JavaScript）（第3版）","executiveEditor":"左仲海","bookId":"f56391e3-e2e3-4fb4-984d-1517a9aa6ddf","picPath":"http://47.93.163.221:8084/uploadimg/Material/978-7-115-48775-9/72jpg/48775_s300.jpg","price":"49.8","stockInDate":"20181205","shopType":"1","sumVolume":"403"},{"hbPhotoExist":"N","author":"[美]约翰·哈伯德（John R. Hubbard）","originBookCode":" 149486","isbn":"978-7-115-49486-3","publishDate":"201812","discountPrice":"63.20","bookDiscount":"0.8","bookName":"Java数据分析指南","executiveEditor":"胡俊英","bookId":"4d9f24ce-c6f8-4acb-84de-0b8d4f9a56fb","picPath":"http://47.93.163.221:8084/uploadimg/Material/978-7-115-49486-3/72jpg/49486_s300.jpg","price":"79","stockInDate":"20181128","shopType":"1","sumVolume":"937"},{"hbPhotoExist":"N","author":"李玉臣 臧金梅","originBookCode":"148977","isbn":"978-7-115-48977-7","publishDate":"201901","discountPrice":"36.00","bookDiscount":"0.8","bookName":"JavaScript前端开发程序设计教程（微课版）","executiveEditor":"马小霞","bookId":"eba34ca7-f129-4676-949e-a842a54ccacc","picPath":"http://47.93.163.221:8084/uploadimg/Material/978-7-115-48977-7/72jpg/48977_s300.jpg","price":"45","stockInDate":"20180929","shopType":"1","sumVolume":"1071"},{"hbPhotoExist":"N","author":"戴远泉 李超 秦争艳","originBookCode":" 148965","isbn":"978-7-115-48965-4","publishDate":"201901","discountPrice":"36.80","bookDiscount":"0.8","bookName":"Java高级程序设计实战教程","executiveEditor":"桑珊","bookId":"857f10df-8356-481c-88ec-eebfef2e0b3a","picPath":"http://47.93.163.221:8084/uploadimg/Material/978-7-115-48965-4/72jpg/48965_s300.jpg","price":"46","stockInDate":"20180928","shopType":"1","sumVolume":"633"},{"hbPhotoExist":"N","author":"[西]哈维尔·费尔南德斯·冈萨雷斯","originBookCode":"149166","isbn":"978-7-115-49166-4","publishDate":" 201810","discountPrice":"71.20","bookDiscount":"0.8","bookName":"精通Java并发编程第2版","executiveEditor":"岳新欣","bookId":"b12b4e11-a9f9-4b77-bfa7-c7321e6ee892","picPath":"http://47.93.163.221:8084/uploadimg/Material/978-7-115-49166-4/72jpg/49166_s300.jpg","price":"89","stockInDate":"20180928","shopType":"1","sumVolume":"2369"},{"hbPhotoExist":"N","author":"夏帮贵 刘凡馨","originBookCode":"148693","isbn":"978-7-115-48693-6","publishDate":"

201812","discountPrice":"39.84","bookDiscount":"0.8","bookName":"JavaScript+jQuery前端开发基础教程(微课版)","executiveEditor":"左仲海","bookId":"98ae8dd5-2b01-4068-b899-fb1a07a9e479"," picPath":"http://47.93.163.221:8084/uploadimg/Material/978-7-115-48693-6/72jpg/48693_s300.jpg", "price":"49.8","stockInDate":"20180905","shopType":"1","sumVolume":"1455"},{"hbPhotoExist":" Y","author":"张玉宏","originBookCode":"148547","isbn":"978-7-115-48547-2","publishDate":" 201902","discountPrice":"63.84","bookDiscount":"0.8","bookName":"Java从入门到精通 精粹版"," executiveEditor":"张翼","bookId":"64f9f0b6-402a-460f-89a4-688cf9897dc8", "picPath":"http:// 47.93.163.221:8084/uploadimg/Material/978-7-115-48547-2/72jpg/48547_s300.jpg","price":" 79.8","stockInDate":"20180827","shopType":"1","sumVolume":"8250"},{"hbPhotoExist":"N"," author":"[美]肯·寇森(Ken Kousen)","originBookCode":"148880","isbn":"978-7-115-48880-0"," publishDate":"201808","discountPrice":"55.20","bookDiscount":"0.8","bookName":"Java攻略 Java 常见问题的简单解法","executiveEditor":"朱巍","bookId":"a26777eb-2412-4769-9adb-45d966de68a4"," picPath":"http://47.93.163.221:8084/uploadimg/Material/978-7-115-48880-0/72jpg/48880_s300.jpg", "price":"69","stockInDate":"20180820","shopType":"1","sumVolume":"1984"},{"hbPhotoExist":" N","author":"闫俊伢耿强","originBookCode":"148466","isbn":"978-7-115-48466-6","publishDate":" 201807","discountPrice":"55.84","bookDiscount":"0.8","bookName":"HTML5+CSS3+JavaScript+jQuery 程序设计基础教程(第2版)","executiveEditor":"邹文波","bookId":"dff9a63e-4ea1-456e-9e1b-50dcb59a800e"," picPath":"http://47.93.163.221:8084/uploadimg/Material/978-7-115-48466-6/72jpg/48466_s300.jpg", "price":"69.8","stockInDate":"20180803","shopType":"1","sumVolume":"790"},{"hbPhotoExist":" N","author":"[美]朱莉·C·梅洛尼(Julie·C·Meloni)","originBookCode":"148349","isbn":"978-7- 115-48349-2","publishDate":"201808","discountPrice":"79.20","bookDiscount":"0.8","bookName":" "PHP MySQL和JavaScript入门经典 第6版","executiveEditor":"陈冀康"," bookId":"1940a30f-13b9- 4a35-ad61-5aee253bf98e","picPath":"http://47.93.163.221:8084/uploadimg/Material/978-7-115- 48349-2/72jpg/48349_s300.jpg","price":"99","stockInDate":"20180723","shopType":"1","sumVolume":" 1754"}]},"msg":"调用接口数据成功!","success":true}

在上述 JSON 文件中，开始的"total":289 表示人民邮电出版社中所有 Java 相关图书数据有 289 条。后面的每一个 JSON 数据对应一本 Java 书的信息，每一本书的信息包含作者、ISBN、价格和图书图片等信息。所以我们爬虫的目标就是确定要抓取的目标 URL，然后提取这个 URL 下面对应的 JSON 数据，再将在 JSON 中提取的图书信息添加到数据库中。

24.4.3 爬虫抓取 Java 图书信息

根据前面的破解 JS API 反爬机制内容可知，检索关键字"Java"后显示 Java 相关图书的基本 URL 是 http://www.ptpress.com.cn/bookinfo/getBookListForEBTag，后面的 URL 构成参数是 searchStr:Java 和页码数字。

编写文件 JavaBooK05.java，功能是抓取关键字为"Java"的所有图书信息，并将抓取的信息添加到 MySQL 数据库中。文件 JavaBooK05.java 的具体实现流程如下所示。

（1）编写函数 mysqlinsert()，功能是使用 INSERT INTO 语句向指定的 MySQL 数据库中添加信息，主要实现代码如下所示。

```java
public class PythonBook {

    //数据库插入信息
    public static void mysqlinsert(String author,String bookName, String price, String
    bookId, String picPath, String data, String bookDiscount) {
        final String DB_URL = "jdbc:mysql://localhost:3306/chubanshe?useSSL=false";
        final String USER = "root";
        final String PASS = "66688888";

        Connection conn = null;
        Statement stmt = null;
        try{
            Class.forName("com.mysql.jdbc.Driver");
            conn = DriverManager.getConnection(DB_URL,USER,PASS);
            stmt = conn.createStatement();
            String sql;
            sql = "INSERT INTO pythonbooks (author,bookName, price, bookId, picPath,data,
            bookDiscount) VALUES('"+author+"','"+bookName+"','"+price+"','"+bookId+"','
            "+picPath+"','"+data+"','"+bookDiscount+"');";
            stmt.executeUpdate(sql);

            stmt.close();
            conn.close();
        }catch(SQLException se){
```

```
            se.printStackTrace();
    }catch(Exception e){
            e.printStackTrace();
    }finally{
        try{
                if(stmt!=null) stmt.close();
        }catch(SQLException se2){
        }
        try{
                if(conn!=null) conn.close();
        }catch(SQLException se){
                se.printStackTrace();
        }
    }
    return;
}
```

（2）设置要爬取的 URL 链接，在 Map 集合对象 m 中设置 URL 构成参数，通过 for 循环设置爬取 18 个分页，根据 F12 模式下的数据分别设置参数 userAgent 和 header。主要实现代码如下所示。

```
public static void main(String[] args) throws Exception {
    String bbb ="http://www.ptpress.com.cn/bookinfo/getBookListForEBTag";

    Map<String, String> m = new IdentityHashMap<String, String>();
    m.put("searchStr", "Python");
    m.put("rows", "18");
    for (int ddd = 0; ddd < 9; ddd++) {
        m.put("page", ddd + "");
        String body = Jsoup
                    .connect(bbb)
                    .ignoreContentType(true)
                    .ignoreHttpErrors(true)
                    .timeout(1000 * 30)
                    .userAgent("Mozilla/5.0 (Macintosh; Intel Mac OS X 10_13_3)
                    AppleWebKit/537.36 (KHTML, like Gecko) Chrome/65.0.3325.181
                    Safari/537.36")
                    .header("accept","text/html,application/xhtml+xml,application/xml;
                    q=0.9,image/webp,image/apng,*/*;q=0.8")
                    .header("accept-encoding","gzip, deflate, br")
                    .header("accept-language","zh-CN,zh;q=0.9,en-US;q=0.8,en;q=0.7")
                    .data(m)
                    .execute().body();
```

（3）解析爬取到的 JSON 数据，然后提取指定的 JSON 对象添加到数据库中，主要实现代码如下所示。

```
JSONObject jsonObject = JSONObject.parseObject(body);
jsonObject.getJSONObject("data").getJSONArray("data").forEach(i -> {
String bookName = ((JSONObject)i).getString("bookName");
    String author = ((JSONObject)i).getString("author");
    String price = ((JSONObject)i).getString("price");
    String bookId = ((JSONObject)i).getString("bookId");
    String data = ((JSONObject)i).getString("stockInDate");
    String picPath = ((JSONObject)i).getString("picPath");
    String bookDiscount = ((JSONObject)i).getString("bookDiscount");
    System.out.println(author + "-" + price + "-" + bookId + "-" + picPath + "-"
    + bookDiscount);
    mysqlinsert(bookName,author,price,bookId,picPath,data,bookDiscount);
    });
    }
  }
}
```

在运行上述 Java 文件之前，需要先使用如下 SQL 语句在 MySQL 数据库中创建数据表 javabooks，用于保存抓取到的 Java 图书信息。

```
CREATE TABLE  javabooks(
    id INT NOT NULL AUTO_INCREMENT,
    bookName VARCHAR(400) NOT NULL,
    price varchar(50) NOT NULL,
```

```
bookId VARCHAR(400) NOT NULL,
picPath VARCHAR(500) NOT NULL,
author VARCHAR(400) NOT NULL,
data VARCHAR(500) NOT NULL DEFAULT '',
bookDiscount VARCHAR(500) NOT NULL,
PRIMARY KEY (id)
)ENGINE=InnoDB DEFAULT CHARSET=utf8;
```

执行后将在 Eclipse 控制台打印输出抓取到的信息，如图 24-10 所示。

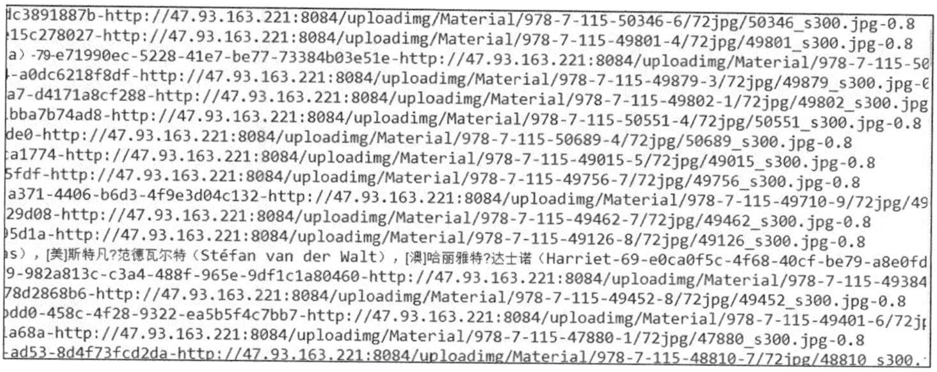

图 24-10　抓取到的信息

执行完毕后会将所有的 Java 图书添加到数据库中，如图 24-11 所示。

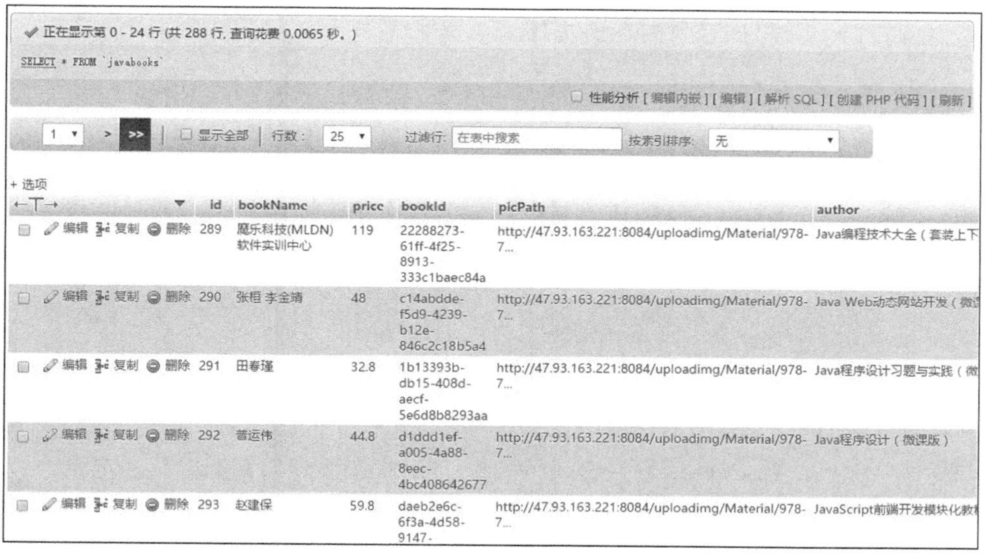

图 24-11　添加到数据库中的 Java 图书数据

24.4.4　爬虫抓取 Python 图书信息

编写程序文件 PythonBook.java，功能是抓取关键字为"Python"的所有图书信息，并将抓取的信息添加到 MySQL 数据库中。文件 PythonBook.java 的实现代码与前面的文件 JavaBooK05.java 类似，主要实现代码如下所示。

```java
public class PythonBook {

    //数据库插入信息
    public static void mysqlinsert(String author,String bookName, String price, String
        bookId, String picPath, String data, String bookDiscount) {
```

```java
final String DB_URL = "jdbc:mysql://localhost:3306/chubanshe?useSSL=false";
final String USER = "root";
final String PASS = "66688888";

Connection conn = null;
Statement stmt = null;
try{
     Class.forName("com.mysql.jdbc.Driver");
     conn = DriverManager.getConnection(DB_URL,USER,PASS);
     stmt = conn.createStatement();
     String sql;
     sql = "INSERT INTO pythonbooks (author,bookName, price, bookId, picPath,data,
     bookDiscount) VALUES ('"+author+"','"+bookName+"','"+price+"','"+ bookId+"','
     "+picPath+"','"+data+"','"+bookDiscount+"');";
     stmt.executeUpdate(sql);

     stmt.close();
     conn.close();
}catch(SQLException se){
     se.printStackTrace();
}catch(Exception e){
     e.printStackTrace();
}finally{
     try{
          if(stmt!=null) stmt.close();
     }catch(SQLException se2){
     }
     try{
          if(conn!=null) conn.close();
     }catch(SQLException se){
          se.printStackTrace();
     }
   }
   return;
}
public static void main(String[] args) throws Exception {
     String bbb ="http://www.ptpress.com.cn/bookinfo/getBookListForEBTag";

     Map<String, String> m = new IdentityHashMap<String, String>();
     m.put("searchStr", "Python");
     m.put("rows", "18");
     for (int ddd = 0; ddd < 9; ddd++) {
          m.put("page", ddd + "");
          String body = Jsoup
                    .connect(bbb)
                    .ignoreContentType(true)
                    .ignoreHttpErrors(true)
                    .timeout(1000 * 30)
                    .userAgent("Mozilla/5.0 (Macintosh; Intel Mac OS X 10_13_3)
                    AppleWebKit/537.36 (KHTML, like Gecko) Chrome/65.0.3325.181
                    Safari/537.36")
                    .header("accept","text/html,application/xhtml+xml,application/
                    xml;q=0.9,image/webp,image/apng,*/*;q=0.8")
                    .header("accept-encoding","gzip, deflate, br")
                    .header("accept-language","zh-CN,zh;q=0.9,en-US;q=0.8,en;q=0.7")
                    .data(m)
                    .execute().body();
          // System.out.println(body);
          JSONObject jsonObject = JSONObject.parseObject(body);
          jsonObject.getJSONObject("data").getJSONArray("data").forEach(i -> {
          String bookName = ((JSONObject)i).getString("bookName");
             String author = ((JSONObject)i).getString("author");
```

```
                      String price = ((JSONObject)i).getString("price");
                      String bookId = ((JSONObject)i).getString("bookId");
                      String data = ((JSONObject)i).getString("stockInDate");
                      String picPath = ((JSONObject)i).getString("picPath");
                      String bookDiscount = ((JSONObject)i).getString("bookDiscount");
                      System.out.println(author + "-" + price + "-" + bookId + "-" + picPath
                      + "-" + bookDiscount);
                      mysqlinsert(bookName,author,price,bookId,picPath,data,bookDiscount);
               });
         }
      }
   }
)
```

运行上述 Java 文件之前，需要使用如下 SQL 语句在 MySQL 数据库中创建数据表 pythonbooks，用于保存抓取到的 Python 图书信息。

```
CREATE TABLE pythonbooks(
    id INT NOT NULL AUTO_INCREMENT,
    bookName VARCHAR(400) NOT NULL,
    price varchar(50) NOT NULL,
    bookId VARCHAR(400) NOT NULL,
    picPath VARCHAR(500) NOT NULL,
    author VARCHAR(400) NOT NULL,
    data VARCHAR(500) NOT NULL DEFAULT '',
    bookDiscount VARCHAR(500) NOT NULL,
    PRIMARY KEY (id)
)ENGINE=InnoDB DEFAULT CHARSET=utf8;
```

执行完毕后会将所有的 Python 图书添加到数据库中，如图 24-12 所示。

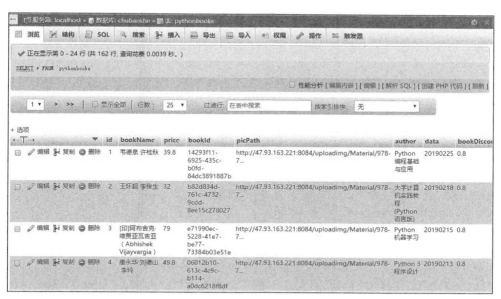

图 24-12　添加到数据库中的 Python 图书数据

24.4.5　爬虫抓取主分类图书信息类

（1）假如要抓取主分类"计算机"下的所有图书信息，单击导航中的"计算机"链接来到主分类页面，会发现一共有 429 个分页，每个分页显示 18 本图书信息，如图 24-13 所示。

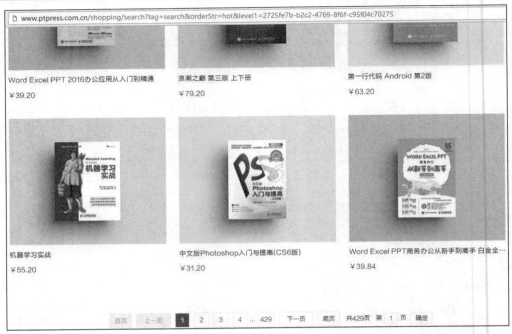

图 24-13　主分类"计算机"下的所有图书信息列表

（2）按下键盘上的 F12 键进入开发模式，单击"Network"查看实际 URL，如图 24-14 所示。

图 24-14　开发模式

在图 24-14 中可以看出主类"计算机"的实际 URL 为 http://www.ptpress.com.cn/bookinfo/getBookListForEBTag，后面的构成 URL 参数如下所示：

❑ page:1：表示当前分页数字。

❑ rows:18：表示每个分页显示 18 本图书信息。

❑ bookTagId:2725fe7b-b2c2-4769-8f6f-c95f04c70275：表示当前主分类"计算机"对应的编号。

❑ orderStr:hot：表示排序顺序。

从"Response"选项下获取的 JSON 结果中可以看出，当前主分类"计算机"下的所有的图书信息共有 7 715 本，如图 24-15 所示。

× Headers	Preview	Response	Cookies	Timing

```
1 {"data":{"total":7715,"data":[{"hbPhotoExist":"N","author":"吴军 著","originBookCode":"137355","isbn":"978-7-115-37355-7",
```

图 24-15　JSON 结果

（3）编写程序文件 JSJBooks.java，功能是抓取主分类"计算机"下的所有的图书信息，并将抓取的数据添加到系统数据库中。文件 JSJBooks.java 的主要实现代码如下所示。

```java
public static void main(String[] args) throws Exception {
    String bbb ="http://www.ptpress.com.cn/bookinfo/getBookListForEBTag";

    Map<String, String> m = new IdentityHashMap<String, String>();
    m.put("bookTagId", "2725fe7b-b2c2-4769-8f6f-c95f04c70275");
    m.put("rows", "18");
    m.put("orderStr", "hot");
    for (int ddd = 0; ddd < 429; ddd++) {
        m.put("page", ddd + "");
        String body = Jsoup
                .connect(bbb)
                .ignoreContentType(true)
                .ignoreHttpErrors(true)
                .timeout(1000 * 30)
                .userAgent("Mozilla/5.0 (Macintosh; Intel Mac OS X 10_13_3)
AppleWebKit/537.36 (KHTML, like Gecko) Chrome/65.0.3325.181
Safari/537.36")
                .header("accept","text/html,application/xhtml+xml,application/xml;
q=0.9,image/webp,image/apng,*/*;q=0.8")
                .header("accept-encoding","gzip, deflate, br")
                .header("accept-language","zh-CN,zh;q=0.9,en-US;q=0.8,en;q=0.7")
                .data(m)
                .execute().body();
//System.out.println(body);
        JSONObject jsonObject = JSONObject.parseObject(body);
        jsonObject.getJSONObject("data").getJSONArray("data").forEach(i -> {
        String bookName = ((JSONObject)i).getString("bookName");
            String author = ((JSONObject)i).getString("author");
            String price = ((JSONObject)i).getString("price");
            String bookId = ((JSONObject)i).getString("bookId");
            String picPath = ((JSONObject)i).getString("picPath");
            String bookDiscount = ((JSONObject)i).getString("bookDiscount");
            System.out.println(author + "-" + price + "-" + bookId + "-" + picPath +
"-" + bookDiscount);
             mysqlinsert(bookName,author,price,bookId,picPath,bookDiscount);
        });
    }
}
```

执行后会将抓取到的计算机图书信息添加到数据库中，如图 24-16 所示。

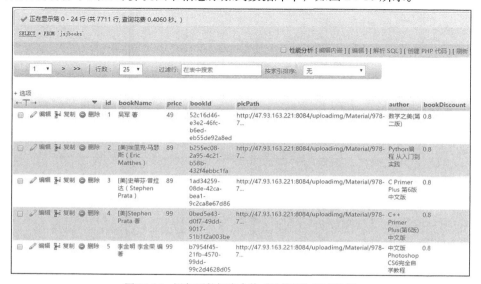

图 24-16　添加到数据库中的"计算机"图书数据

（4）同样道理，可以抓取其他主分类下的图书信息，假如要抓取主分类"经济"下的所有图书信息，单击导航中的"经济"链接来到主分类页面，会发现一共有 81 个分页，每个分页显示 18 本图书信息，如图 24-17 所示。

图 24-17　主分类"经济"下的所有图书信息列表

（5）按下键盘上的 F12 键进入开发模式，单击"Network"查看实际 URL，如图 24-18 所示。

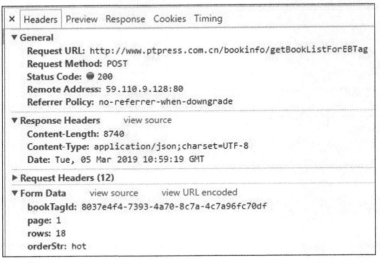

图 24-18　开发模式

在图 24-18 中可以看出主类"经济"的实际 URL 为 http://www.ptpress.com.cn/bookinfo/getBookListForEBTag，后面的构成 URL 参数如下所示。

❑ page:1：表示当前分页数字。

❑ rows:18：表示每个分页显示 18 本图书信息。

❑ bookTagId:8037e4f4-7393-4a70-8c7a-4c7a96fc70df：表示当前主分类"经济"对应的编号。

❑ orderStr:hot：表示排序顺序。

从 "Response" 选项下获取的 JSON 结果中可以看出，当前主分类 "经济" 下的所有的图书信息共有 1 442 本，如图 24-19 所示。

图 24-19　JSON 结果

（6）编写程序文件 JingjiBook.java，功能是抓取主分类 "经济" 下的所有的图书信息，并将抓取的数据添加到系统数据库中。

（7）同样道理，我们可以用上述方法编写对应的 Java 程序文件，依次抓取如下主分类下的所有图书信息：

❑　文件 kepuBook.java：抓取主分类 "科普" 下的所有图书信息。
❑　文件 guanliBook.java：抓取主分类 "管理" 下的所有图书信息。
❑　文件 sheyingBook.java：抓取主分类 "摄影" 下的所有图书信息。
❑　文件 shenghuoBook.java：抓取主分类 "生活" 下的所有图书信息。
❑　文件 dianziBook.java：抓取主分类 "电子" 下的所有图书信息。

24.4.6　爬虫抓取子分类图书信息类

（1）假如要抓取主分类 "计算机" 中子分类 "多媒体" 下的所有图书信息，可以单击导航中的 "多媒体" 链接来到子分类页面，会发现一共有 28 个分页，每个分页显示 18 本图书信息，如图 24-20 所示。

图 24-20　主分类 "计算机" 中子分类 "多媒体" 下的所有图书信息列表

（2）按下键盘上的 F12 键进入开发模式，单击 "Network" 查看实际 URL，如图 24-21 所示。

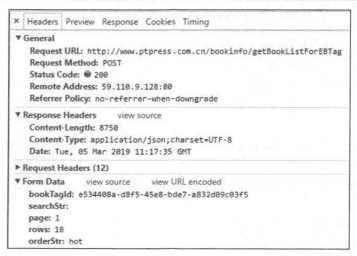

图 24-21　开发模式

在图 24-21 中可以看出子分类"多媒体"的实际 URL 为 http://www.ptpress.com.cn/bookinfo/getBookListForEBTag，后面的构成 URL 参数如下所示。

❑ page:1：表示当前分页数字。

❑ rows:18：表示每个分页显示 18 本图书信息。

❑ bookTagId: e534408a-d8f5-45e8-bde7-a832d09c03f5：表示当前子分类"多媒体"对应的编号。

❑ orderStr:hot：表示排序顺序。

从"Response"选项下获取的 JSON 结果中可以看出，当前子分类"多媒体"下的所有的图书信息共有 504 本，如图 24-22 所示。

| Headers | Preview | Response | Cookies | Timing |

1 {"data":{"total":504,"data":[{"hbPhotoExist":"N","author":"新视角文化行 编著","originBookCode":"130092",

图 24-22　JSON 结果

（3）编写程序文件 JSJDuomeitiBooks，功能是抓取主分类"计算机"中子分类"多媒体"下所有的图书信息，并将抓取的数据添加到系统数据库中。文件 JSJDuomeitiBooks 的主要实现代码如下所示。

```
public static void main(String[] args) throws Exception {
    String bbb ="http://www.ptpress.com.cn/bookinfo/getBookListForEBTag";

    Map<String, String> m = new IdentityHashMap<String, String>();
    m.put("bookTagId", "e534408a-d8f5-45e8-bde7-a832d09c03f5");
    m.put("rows", "18");
    m.put("orderStr", "hot");
    for (int ddd = 0; ddd < 28; ddd++) {
        m.put("page", ddd + "");
        String body = Jsoup
                .connect(bbb)
                .ignoreContentType(true)
                .ignoreHttpErrors(true)
                .timeout(1000 * 30)
                .userAgent("Mozilla/5.0 (Macintosh; Intel Mac OS X 10_13_3)
                AppleWebKit/537.36 (KHTML, like Gecko) Chrome/65.0.3325.181
                Safari/537.36")
                .header("accept","text/html,application/xhtml+xml,application/xml;
                q=0.9,image/webp,image/apng,*/*;q=0.8")
                .header("accept-encoding","gzip, deflate, br")
```

```
                    .header("accept-language","zh-CN,zh;q=0.9,en-US;q=0.8,en;q=0.7")
                    .data(m)
                    .execute().body();
// System.out.println(body);
            JSONObject jsonObject = JSONObject.parseObject(body);
            jsonObject.getJSONObject("data").getJSONArray("data").forEach(i -> {
                String bookName = ((JSONObject)i).getString("bookName");
                String author = ((JSONObject)i).getString("author");
                String price = ((JSONObject)i).getString("price");
                String bookId = ((JSONObject)i).getString("bookId");
                String picPath = ((JSONObject)i).getString("picPath");
                String bookDiscount = ((JSONObject)i).getString("bookDiscount");
                System.out.println(author + "-" + price + "-" + bookId + "-" + picPath
                + "-" + bookDiscount);
                mysqlinsert(bookName,author,price,bookId,picPath,bookDiscount);
            });
        }
    }
```

执行上述代码后会将抓取到的数据添加到系统数据库中，如图 24-23 所示。

	id	bookName	price	bookId	picPath	author	bookDiscount
编辑 复制 删除	1	新视角文化行 编著	49.8	adcfca34-12a4-4357-aa1f-bfa083e2d766	http://47.93.163.221:8084/uploadimg/Material/978-7...	Flash CS6 动画制作实战从入门到精通	0.8
编辑 复制 删除	2	[英]马克西姆·亚戈（Maxim Jago）	79	93281b40-c164-4767-94aa-901e41da8787	http://47.93.163.221:8084/uploadimg/Material/978-7...	Adobe Premiere Pro CC 2017经典教程	0.8
编辑 复制 删除	3	[美]Adobe公司	59	31c51048-2cca-4d08-9fb6-2af694ed59eb	http://47.93.163.221:8084/uploadimg/Material/978-7...	Adobe Premiere Pro CC经典教程	0.8
编辑 复制 删除	4	[美]Adobe公司 著	49	b1d5c3d6-dba0-4647-807a-7532bd1c7aff	http://47.93.163.221:8084/uploadimg/Material/978-7...	Adobe After Effects CC经典教程	0.8
编辑 复制 删除	5	程明才 编著	99	3a0d328d-ede7-4447-948d-6d21c05929ff	http://47.93.163.221:8084/uploadimg/Material/978-7...	After Effects CC中文版超级学习手册	0.8

图 24-23 抓取到的图书数据被保存在数据库中

（4）同样道理，可以用上述方法编写对应的 Java 程序文件，依次抓取主分类"计算机"中如下子分类下的所有图书信息：

- ❑ 文件 JSJKaoshiBooks.java：抓取子分类"考试"下的所有图书信息。
- ❑ 文件 JSJMobileBooks.java：抓取子分类"移动"下的所有图书信息。
- ❑ 文件 JSJOfficeBooks.java：抓取子分类"办公"下的所有图书信息。
- ❑ 文件 JSJShejiBooks.java：抓取子分类"设计"下的所有图书信息。
- ❑ 文件 jsjTuxingBook.java：抓取子分类"图形图像"下的所有图书信息。

24.5 大数据可视化分析

📹 知识点讲解：视频\第 24 章\大数据可视化分析.mp4

经过 24.4 节的介绍，已经将主要的图书信息爬取完毕，接下来将抓取到的数据进行可视化分析，实现大数据分析和提取工作，这样可以将数据更好地为工作和生活所利用。

24.5.1 搭建 Java Web 平台

↑扫码看视频

Tomcat 是 Java Web 运行的服务器软件，用户要开发和运行 Java Web 程序，就必须对它进行下载和安装，在安装 Tomcat 前一定要安装和配置 JDK。

（1）打开浏览器，在地址栏中输入"http://tomcat.apache.org/"后进行浏览，如图 24-24 所示。

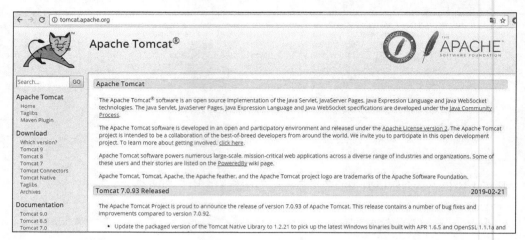

图 24-24　tomcat 的首页

（2）单击左边的"Tomcat 7.x"超级链接，在打开的新的页面中，将网页拉动在最下面，如图 24-25 所示。

（3）单击"32-bit/64-bit Windows Service Installer (pgp, sha512)"超级链接，等待完成下载。

（4）双击下载的 tomcat 软件即可对它进行安装，单击"next"按钮。在安装过程中建议使用默认设置。

（5）在安装过程中需要设置安装目录。笔者设置的安装目录是"H:\jsp"。

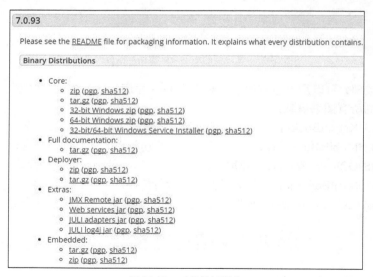

图 24-25　下载最新版本

（6）在安装过程中需要设置服务器的端口，tomcat 的默认端口是 8080，我们可以将其修改为自己喜欢的，例如笔者设置为"8089"，然后设置管理用户名的密码，如图 24-26 所示。

（7）在打开的窗口中选择 JDK 里的 JRE 文件，在默认情况下，它会寻找到这个文件，如果寻找不到，用户需要对它进行设置，设置好后单击"Install"按钮进行安装，耐心等待安装完成即可。

（8）安装完成，在任务栏中双击 Tomcat 图标，然后单击"Start"按钮启动 Tomcat 服务器，如图 24-27 所示。

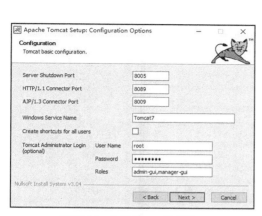

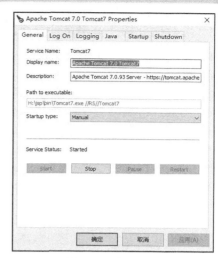

图 24-26　设置 Tomat 服务器　　　　　　图 24-27　启动 Start

（9）在浏览器中输入测试地址即可显示 Tomcat 服务器主页，测试地址是 http://127.0.0.1:8089/，其中 8089 是在前面设置的 HTTP 端口号，如图 24-28 所示。

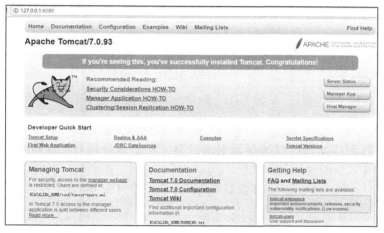

图 24-28　Tomcat 服务器主页

（10）因为笔者设置的安装目录是"H:\jsp"，打开此目录后会显示安装的服务器文件，在"webapps"子目录中保存了我们的 Java Web 程序文件，如图 24-29 所示。

	名称	修改日期	类型	大小
	bin	2019/3/2 18:23	文件夹	
	conf	2019/3/2 18:34	文件夹	
	lib	2019/3/5 15:36	文件夹	
	logs	2019/3/5 15:35	文件夹	
	temp	2019/3/2 18:23	文件夹	
	webapps	2019/3/2 21:55	文件夹	
	work	2019/3/2 18:34	文件夹	
	LICENSE	2019/2/17 1:15	文件	57 KB
	NOTICE	2019/2/17 1:15	文件	2 KB
	RELEASE-NOTES	2019/2/17 1:15	文件	10 KB
	tomcat.ico	2019/2/17 1:15	Microsoft Wind...	22 KB
	Uninstall.exe	2019/3/2 18:24	应用程序	73 KB

图 24-29　服务器文件

24.5.2　大数据分析并可视化计算机图书数据

（1）在服务器目录“H:\jsp\webapps\”中新建子目录“26”，用于保存本项目所需要的 Java Web 程序。

（2）将在本项目中需要用到的 jar 库文件复制到目录“H:\jsp\lib”中，如图 24-30 所示。

annotations-api.jar	2019/2/17 1:15	Executable Jar File	12 KB
catalina.jar	2019/2/17 1:15	Executable Jar File	1,664 KB
catalina-ant.jar	2019/2/17 1:15	Executable Jar File	56 KB
catalina-ha.jar	2019/2/17 1:15	Executable Jar File	129 KB
catalina-tribes.jar	2019/2/17 1:15	Executable Jar File	264 KB
ecj-4.4.2.jar	2019/2/17 1:15	Executable Jar File	2,257 KB
el-api.jar	2019/2/17 1:15	Executable Jar File	56 KB
jasper.jar	2019/2/17 1:15	Executable Jar File	594 KB
jasper-el.jar	2019/2/17 1:15	Executable Jar File	124 KB
jsp-api.jar	2019/2/17 1:15	Executable Jar File	86 KB
mysql-connector-java-5.1.40.jar	2017/1/2 1:53	Executable Jar File	968 KB
servlet-api.jar	2019/2/17 1:15	Executable Jar File	194 KB
taglibs-standard-impl-1.2.5.jar	2019/2/16 12:15	Executable Jar File	202 KB
taglibs-standard-spec-1.2.5.jar	2019/2/16 12:15	Executable Jar File	40 KB
tomcat7-websocket.jar	2019/2/17 1:15	Executable Jar File	224 KB
tomcat-api.jar	2019/2/17 1:15	Executable Jar File	7 KB
tomcat-coyote.jar	2019/2/17 1:15	Executable Jar File	814 KB
tomcat-dbcp.jar	2019/2/17 1:15	Executable Jar File	229 KB
tomcat-i18n-es.jar	2019/2/17 1:15	Executable Jar File	70 KB
tomcat-i18n-fr.jar	2019/2/17 1:15	Executable Jar File	43 KB
tomcat-i18n-ja.jar	2019/2/17 1:15	Executable Jar File	46 KB
tomcat-i18n-ru.jar	2019/2/17 1:15	Executable Jar File	13 KB
tomcat-jdbc.jar	2019/2/17 1:15	Executable Jar File	138 KB
tomcat-util.jar	2019/2/17 1:15	Executable Jar File	38 KB
websocket-api.jar	2019/2/17 1:15	Executable Jar File	38 KB

图 24-30　需要用到的 jar 库文件

（3）编写程序文件 JSJBar.jsp，功能是分别提取数据库中的 Java、Python、多媒体、考试、移动开发、办公和辅助设计等类型图书的数据，然后通过柱状图实现可视化分析。文件 JSJBar.jsp 的具体实现流程如下所示。

- ❑ 引入 JSP 指令和数据库连接需要的头文件，主要实现代码如下所示。

```
<%@ page language="java" contentType="text/html; charset=UTF-8"
  pageEncoding="UTF-8"%>
<%@ page import="java.io.*,java.util.*,java.sql.*"%>
<%@ page import="javax.servlet.http.*,javax.servlet.*" %>
<%@ taglib uri="http://java.sun.com/jsp/jstl/core" prefix="c"%>
<%@ taglib uri="http://java.sun.com/jsp/jstl/sql" prefix="sql"%>
```

- ❑ 引入 Echarts 头文件，功能是实现图表可视化效果，主要实现代码如下所示。

```
<html>
<head>
<!-- 引入 echarts.js -->
<script src="echarts.common.min.js"></script>
<title>计算机图书统计柱状图</title>
</head>
<body>
```

- ❑ 使用 JDBC 建立与数据库的连接，然后使用 SQL 语句查询并统计 Java、Python、多媒体、考试、移动开发、办公和辅助设计等数据库表中的数据条数，主要实现代码如下所示。

```
<!--
JDBC 驱动名及数据库 URL
连接数据库的用户名与密码，需要读者根据自己的计算机进行设置
useUnicode=true&characterEncoding=utf-8 防止中文乱码
 -->
<sql:setDataSource var="snapshot" driver="com.mysql.jdbc.Driver"
     url="jdbc:mysql://localhost:3306/chubanshe?&characterEncoding=utf-8"
     user="root"  password="66688888"/>

<sql:query dataSource="${snapshot}" var="result">
select t1.num1,t2.num2,t3.num3,t4.num4,t5.num5,t6.num6,t7.num7 from (select count(bookName)
```

```
num1 from javabooks) t1,(select count(bookName) num2 from pythonbooks) t2, (select
count(bookName) num3 from jsjduomeitibooks) t3, (select count (bookName) num4 from
jsjkaoshibooks) t4, (select count(bookName) num5 from jsjmobilebooks) t5, (select
count(bookName) num6 from jsjofficebooks) t6, (select count(bookName) num7 from jsjshejibooks) t7;
</sql:query>
```

❑　将统计的各类图书数据放在 Echarts 图表中作为可视化素材数据，主要实现代码如下所示。

```
<c:forEach var="row" items="${result.rows}">

        <div id="main" style="width: 600px;height:400px;"></div>
        <script type="text/javascript">
            // 基于准备好的dom，初始化echarts实例
            var myChart = echarts.init(document.getElementById('main'));

            // 指定图表的配置项和数据
            var option = {
                title: {
                        text: '人民邮电出版社计算机图书主要类别的作品数量统计'
                },
                tooltip: {},

                xAxis: {
                    data: ["Java","Python","多媒体","考试","移动开发","办公","辅助设计"]
                },
                yAxis: {},
                series: [{
                    name: '此类书数量',
                    type: 'bar',
                    data: [<c:out value="${row.num1}"/>, <c:out value="${row.num2}"/>,
                    <c:out value="${row.num3}"/>,<c:out value="${row.num4}"/>, <c:out
                    value="${row.num5}"/>, <c:out value="${row.num6}"/>,<c:out value="
                    ${row.num7}"/>]
                }]
            };
                    // 使用刚指定的配置项和数据显示图表
            myChart.setOption(option);
        </script>
    </c:forEach>
</body>
</html>
```

在浏览其中输入“http://127.0.0.1:8089/26/JSJBar.jsp”后会显示计算机图书统计柱状图效果，如图 24-31 所示。其中 8089 是笔者设置的端口号，26 是笔者在 Tomcat 服务器中设置的一个 Web 目录。

注意，有些在人民邮电出版社网站中展示的图书信息不全，所以爬取的信息不全，统计图中有误差。例如图 24-31 中的媒体的数目是 503，而在前面 Java Script 统计中显示为 504。

人民邮电出版社计算机图书主要类别的作品数量统计

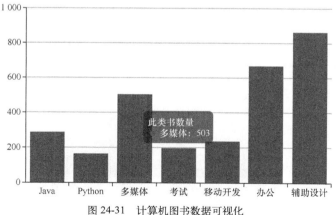

图 24-31　计算机图书数据可视化

24.5.3　大数据分析并可视化近期 Java 书和 Python 书的数据

近年来 Python 语言的进步比较大，目前已经位居 TIOBE 排行榜的第 3 位，接下来将编写 Java Web 程序文件 JavaPythondui.jsp，大数据分析并可视化 2018 年现在 Java 书和 Python 书的数据。文件 JavaPythondui.jsp 的主要实现代码如下所示。

```
<!-- 引入 echarts.js -->
<script src="echarts.common.min.js"></script>
<title>计算机图书统计柱状图</title>
</head>
<body>
    <!-- 为ECharts准备一个具备大小（宽高）的Dom -->

<!--
JDBC 驱动名及数据库 URL
数据库的用户名与密码，需要根据自己的设置
useUnicode=true&characterEncoding=utf-8 防止中文乱码
 -->
<sql:setDataSource var="snapshot" driver="com.mysql.jdbc.Driver"
    url="jdbc:mysql://localhost:3306/chubanshe?&characterEncoding=utf-8"
    user="root"  password="66688888"/>

<sql:query dataSource="${snapshot}" var="result">
SELECT count(bookname) as num1 FROM `javabooks` WHERE data > '2018-01-30';
</sql:query>
<sql:query dataSource="${snapshot}" var="result1">
SELECT count(bookname) as num2 FROM 'pythonbooks' WHERE data > '2018-01-30';
</sql:query>
<c:forEach var="row" items="${result.rows}">

    <div id="main" style="width: 600px;height:400px;"></div>
    <script type="text/javascript">
        // 基于准备好的dom，初始化echarts实例
        var myChart = echarts.init(document.getElementById('main'));

        // 指定图表的配置项和数据
        var option = {
            title: {
                text: '人民邮电出版社最近Java和Python对比'
            },
            tooltip: {},

            xAxis: {
                data: ["Java","Python"]
            },
            yAxis: {},
            series: [{
                name: '此类书数量',
                type: 'bar',
                data: [<c:out value="${row.num1}"/>,
                    </c:forEach>
                    <c:forEach var="row" items="${result1.rows}">
                     <c:out value="${row.num2}"/>]
            }]
            </c:forEach>
        };
            // 使用刚指定的配置项和数据显示图表
        myChart.setOption(option);
    </script>

</body>
```

执行后的效果如图 24-32 所示。由此可见，在过去的一年中，出版的 Python 图书种类要多于 Java 图书。

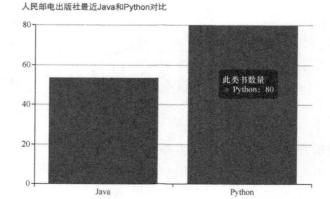

图 24-32　Java 书和 Python 书对比

24.5.4 大数据分析并可视化主分类图书数据

编写文件 BookDuibi.jsp，功能是提取数据库中电子、经济、生活、摄影、计算机、科普和管理共计 7 个主分类图书的信息，然后大数据可视化展示这 7 类书的的柱状图数据。文件 BookDuibi.jsp 的主要实现代码如下所示。

```
<sql:query dataSource="${snapshot}" var="result">
select t1.num1,t2.num2,t3.num3,t4.num4,t5.num5,t6.num6,t7.num7 from (select count
(bookName) num1 from dianzibook) t1, (select count(bookName) num2 from jingjibooks) t2, (select
count(bookName) num3 from shenghuo) t3, (select count (bookName) num4 from sheyingbook) t4,
(select count(bookName) num5 from jsjbooks) t5, (select count(bookName) num6 from kepuBook)
t6, (select count(bookName) num7 from guanlibook) t7;
</sql:query>


        <div id="container" style="height: 100%"></div>
        <script type="text/javascript" src="http://echarts.baidu.com/gallery/
        vendors/echarts/echarts.min.js"></script>
        <script type="text/javascript" src="http://echarts.baidu.com/gallery/
        vendors/echarts-gl/echarts-gl.min.js"></script>
        <script type="text/javascript" src="http://echarts.baidu.com/gallery/
        vendors/echarts-stat/ecStat.min.js"></script>
        <script type="text/javascript" src="http://echarts.baidu.com/gallery/ vendors/
        echarts/extension/dataTool.min.js"></script>
        <script type="text/javascript" src="http://echarts.baidu.com/gallery/
        vendors/echarts/map/js/china.js"></script>
        <script type="text/javascript" src="http://echarts.baidu.com/gallery/vendors/
        echarts/map/js/world.js"></script>
        <script type="text/javascript" src="http://echarts.baidu.com/gallery/
        vendors/echarts/extension/bmap.min.js"></script>
        <script type="text/javascript" src="http://echarts.baidu.com/gallery/vendors/
        simplex.js"></script>

        <c:forEach var="row" items="${result.rows}">
        <div id="main" style="width: 600px;height:400px;"></div>
        <script type="text/javascript">
var dom = document.getElementById("container");
var myChart = echarts.init(dom);
var app = {};
option = null;
app.title = '出版社图书 - 条形图';

option = {
    title: {
            text: '出版社主流图书对比',
            subtext: '2019年3月1日数据'
    },
    tooltip: {
            trigger: 'axis',
            axisPointer: {
                type: 'shadow'
            }
    },
    legend: {
            data: ['2019年3月1日数据']
    },
    grid: {
            left: '3%',
            right: '4%',
            bottom: '3%',
            containLabel: true
    },
    xAxis: {
            type: 'value',
             boundaryGap: [0, 0.01]
    },
    yAxis: {
        type: 'category',
        data: ['电子','经济','生活','摄影','计算机','科普','管理']
    },
```

```
            series: [
                {
                    name: '2019年3月1日',
                    type: 'bar',
                    data: [<c:out value="${row.num1}"/>, <c:out value="${row.num2}"/>,
                        <c:out value="${row.num3}"/>, <c:out value="${row.num4}"/>, <c:out
                        value="${row.num5}"/>, <c:out value="${row.num6}"/>, <c:out value="
                        ${row.num7}"/>]
                }
            ]
        };
        ;
        if (option && typeof option === "object") {
            myChart.setOption(option, true);
        }
            </script>
                </c:forEach>
                </div>
            </body>
```

执行后的效果如图 24-33 所示。

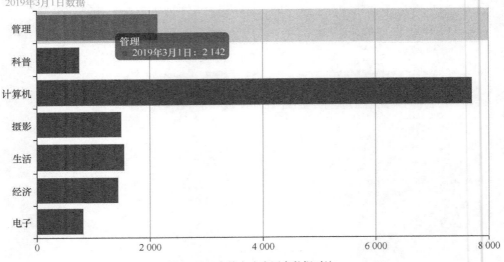

出版社主流图书对比
2019年3月1日数据

图 24-33　主流主分类图书数据对比

24.5.5　大数据分析并可视化计算机子类图书数据

编写文件 JSJBing.jsp，功能是提取数据库中 Java、Python、多媒体、考试、移动开发、办公、辅助设计、图形图像、通信、计算机其他等类型图书的数据，然后大数据可视化展示这 10 类数据所占百分比的饼形图。文件 JSJBing.jsp 的主要实现代码如下所示。

```
<script src="echarts.common.min.js"></script>
<title>计算机图书统计饼形图</title>
</head>
    <body style="height: 100%; margin: 0">
        <div id="container" style="height: 100%"></div>
        <script type="text/javascript" src="echarts.min.js"></script>
        <script type="text/javascript" src="http://echarts.baidu.com/gallery/
        vendors/echarts-gl/echarts-gl.min.js"></script>
<sql:setDataSource var="snapshot" driver="com.mysql.jdbc.Driver"
    url="jdbc:mysql://localhost:3306/chubanshe?&characterEncoding=utf-8"
    user="root" password="66688888"/>

<sql:query dataSource="${snapshot}" var="result">
select t1.num1,t2.num2,t3.num3,t4.num4,t5.num5,t6.num6,t7.num7,t8.num8,t9.num9,t10.num10
from (select count(bookName) num1 from javabooks) t1, (select count(bookName) num2 from
```

```
pythonbooks) t2, (select count(bookName) num3 from jsjduomeitibooks) t3, (select count
(bookName) num4 from jsjkaoshibooks) t4, (select count(bookName) num5 from jsjmobilebooks)
t5, (select count(bookName) num6 from jsjofficebooks) t6, (select count(bookName) num7 from
jsjshejibooks) t7, (select count(bookName) num8 from jsjbooks) t8, (select count(bookName)
num9 from tuxingbooks) t9, (select count(bookName) num10 from jsjtongxinbooks) t10
</sql:query>

<sql:query dataSource="${snapshot}" var="result1">
SELECT (select count(bookName) total from jsjbooks)-(select count(bookName) total from
javabooks)-(select count(bookName) total from pythonbooks)-(select count(bookName) total from
jsjduomeitibooks)-(select count(bookName) total from jsjkaoshibooks)-(select count(bookName)
total from jsjmobilebooks)-(select count(bookName) total from jsjofficebooks)-(select
count(bookName) total from jsjshejibooks)-(select count(bookName) total from tuxingbooks)-
(select count(bookName) total from jsjtongxinbooks) AS SumCount
</sql:query>


<c:forEach var="row" items="${result.rows}">

<script type="text/javascript">
var dom = document.getElementById("container");
var myChart = echarts.init(dom);
var app = {};
option = null;
option = {
    title : {
        text: '计算机图书统计饼形图',
        subtext: '计算机图书总计<c:out value="${row.num8}"/>本',
        x:'center'
    },
    tooltip : {
        trigger: 'item',
        formatter: "{a} <br/>{b} : {c} ({d}%)"
    },
    legend: {
        orient: 'vertical',
        left: 'left',
        data:["Java","Python","多媒体","考试","移动开发","办公","辅助设计","图形图像","通信","其他"]
    },
    series : [
        {
            name: '分类所占比例',
            type: 'pie',
            radius : '55%',
            center: ['50%', '60%'],
            data:[
                {value:<c:out value="${row.num1}"/>, name:'Java'},
                {value:<c:out value="${row.num2}"/>, name:'Python'},
                {value:<c:out value="${row.num3}"/>, name:'多媒体'},
                {value:<c:out value="${row.num4}"/>, name:'考试'},
                {value:<c:out value="${row.num5}"/>, name:'移动开发'},
                {value:<c:out value="${row.num6}"/>, name:'办公'},
                {value:<c:out value="${row.num7}"/>, name:'辅助设计'},
                {value:<c:out value="${row.num9}"/>, name:'图形图像'},
                {value:<c:out value="${row.num10}"/>, name:'通信'},
                </c:forEach>
                <c:forEach var="row" items="${result1.rows}">
                {value:<c:out value="${row.SumCount}"/>, name:'其他'}
                </c:forEach>
            ],
            itemStyle: {
                emphasis: {
                    shadowBlur: 10,
                    shadowOffsetX: 0,
                    shadowColor: 'rgba(0, 0, 0, 0.5)'
                }
```

```
                    }
                }
            ]
    };
    ;
    if (option && typeof option === "object") {
        myChart.setOption(option, true);
    }

            </script>


        </body>
```

执行后的效果如图 24-34 所示。

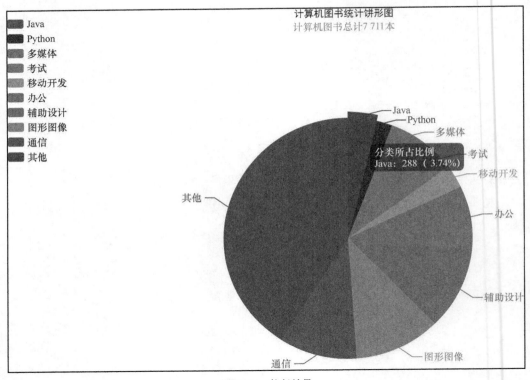

图 24-34　执行效果

第 25 章

微信商城系统
（SpringBoot+Vue+微信小程序）

　　本章将通过一个综合实例的实现过程，讲解使用 Java 语言开发在线商城系统的过程。本系统的管理系统后端使用 Spring Boot 技术实现，管理系统前端使用 Vue 实现，购物商城系统的前端通过微信小程序实现，购物商城系统的后端通过 Spring Boot 实现。

本章内容

▶▶ 微商系统介绍
▶▶ 系统需求分析
▶▶ 系统架构
▶▶ 实现管理后台模块
▶▶ 实现小商城系统
▶▶ 本地测试
▶▶ 线上发布和部署

25.1 微商系统介绍

📹 知识点讲解：视频\第 25 章\系统介绍.mp4

↑ 扫码看视频

在互联网大潮中，在线商城是指在网上建立一个在线销售平台，用户可以通过这个平台实现在线购买和提交订单，达到购买商品的目的。随着电子商务的蓬勃发展，在线商城系统在现实中得到了迅猛发展。对于售方来说，可以节省店铺的经营成本；对买方来说，可以实现即时购买，满足自己多方位的需求。

近年来随着移动智能手机的普及和微信用户的增多，过去的某段时间曾经诞生了"移动互联网即将到来，微信是移动互联网入口"这一说，现在微信用户高达 10 亿活跃量，确实证明了当初说法的正确性。

在过去的一段时间内，互联网 PC 端的电商市场已经被京东、淘宝、天猫等占领着。商家要通过线上推广产品，只能花钱进驻平台，花大量金钱做广告上首页，以此方式实现线上交易。商家想要开发属于自己的电商平台，没有大的资金、资源、实力几乎是不可能实现的。而互联网移动端仅限于开发 App、电动版网页，但是由于成本高、推广难度大等原因，很多中小企业放弃这方面的市场。这个时候，微信公众号商城将是目前大量中小企业移动互联网转型的最佳渠道。与传统商城相比，微信公众号优势如下所示。

（1）成本低，造价只有传统商城的四分之一。

（2）可以通过微信 10 亿用户群体，借助微信社交属性，裂变式推广，覆盖的用户更广，还可以形成口碑式营销。

（3）可以实现 App 中 80%以上的功能。

在现在和将来的一段时间内，微信商城将是中小企业的必争之地。微商通过微信商城系统，能够帮助企业进行商城首页展示、产品库存、会员、分销、秒杀、拼团、会员奖励、财务、订单数据、物流配送、O2O 系统、分销、佣金分红等管理，有效帮助中小企业快速实现互联网转型。

25.2 系统需求分析

📹 知识点讲解：视频\第 25 章\系统需求分析.mp4

↑ 扫码看视频

在现实应用，一个典型在线商城系统的构成模块如下。

1. 会员处理模块

为了方便用户购买图书，提高系统人气，设立了会员功能。成为系统会员后，可以对自己的资料进行管理，并且可以集中管理自己的订单。在线商城系统必须具备以下功能。

（1）会员注册：通过注册表单成为系统的会员，也可以通过微信直接登录；

（2）会员管理：不但可以管理个人的基本信息，而且能够管理自己的订单信息。

2. 购物车处理模块

作为网上商城系统必不可少的环节，为满足用户的购物需求，设立了购物车功能。用户可以把需要的商品放到购物车保存，提交在线订单后即可完成在线商品的购买。

3. 商品查寻模块

为了方便用户购买，系统设立了商品快速查寻模块，用户可以根据商品的信息快速找到自己需要的商品。

4. 订单处理模块

为方便商家处理用户的购买信息，系统设立了订单处理功能。通过该功能可以实现对用户购物车信息的及时处理，使用户尽快地拿到自己的商品。

5. 商品分类模块

为了便于用户对系统商品的浏览，将系统的商品划分为不同的类别，以便用户迅速找到自己需要的商品类别。

6. 商品管理模块

为方便对系统的升级和维护，建立专用的商品管理模块实现商品的添加、删除和修改功能，以满足系统更新的需求。

25.3　系　统　架　构

📹 知识点讲解：视频\第 25 章\系统架构.mp4

本系统是一个开源项目，在 GitHub 托管，名字为"litemall"。开发团队一直在维护这个项目，具体的新功能和优化读者可登录 https://github.com/linlinjava/litemall 查看。本节将详细讲解本项目的具体架构知识。

↑扫码看视频

25.3.1　第三方开源库

为了避免重复造轮子，提高开发效率，本系统基于几款著名的第三方开源库，具体说明如下所示。

（1）nideshop-mini-program：基于 Node.js+MySQL 开发的开源微信小程序商城（微信小程序）。

（2）vue-element-admin：一个基于 Vue 和 Element 的后台集成方案。

（3）mall-admin-web：一个电商后台管理系统的前端项目，基于 Vue+Element 实现。

（4）biu：管理后台项目开发脚手架，基于 vue-element-admin 和 Spring Boot 搭建，使用前后端分离方式开发和部署。

25.3.2　系统架构介绍

本系统是一个完整的前后端项目，包含 3 大部分 6 个模块，具体架构如图 25-1 所示。

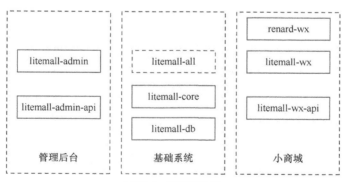

图 25-1　系统架构图

本系统各个模块的具体说明如下所示。

（1）基础系统子系统（platform）。由数据库、litemall-core 模块、litemall-db 模块和 litemall-all 模块组成。

（2）小商城子系统（wxmall）。由 litemall-wx-api 模块、litemall-wx 模块和 renard-wx 模块组成。

（3）管理后台子系统（admin）。由 litemall-admin-api 模块和 litemall-admin 模块组成。

25.3.3 开发技术栈

在开发本项目各个模块的功能时，使用如下所示的 3 种技术栈。

（1）Spring Boot 技术栈。采用 IntelliJ IDEA 开发工具，分别实现了 litemall-core、litemall-db、litemall-admin-api、litemall-wx-api 和 litemall-all 共计 5 个模块的功能。

（2）miniprogram（微信小程序）技术栈。采用微信小程序开发工具，分别实现了 litemall-wx 模块和 renard-wx 模块的功能。

（3）Vue 技术栈。采用 VSC 开发工具，实现了 litemall-admin 模块的功能。

25.4 实现管理后台模块

📹 知识点讲解：视频\第 25 章\实现管理后台模块.mp4

本项目的管理后台模块由前端和后端两部分实现，其中前端实现模块是 litemall-admin，基于 Vue 技术实现；后端实现模块是 litemall-admin-api，基于 Spring Boot 技术实现。本节将详细讲解实现管理后台模块的具体过程。

↑ 扫码看视频

25.4.1 用户登录验证

（1）在后台用户登录验证模块中，前端登录表单页面由文件 itemall\litemall-admin\src\views\login\index.vue 实现，此文件提供了一个简单的输入用户名和密码的表单，主要实现代码如下所示。

```
<el-form ref="loginForm" :model="loginForm" :rules="loginRules" class="login-form"
auto-complete="on" label-position="left">
    <div class="title-container">
      <h3 class="title">管理员登录</h3>
    </div>
    <el-form-item prop="username">
      <span class="svg-container svg-container_login">
        <svg-icon icon-class="user" />
      </span>
      <el-input v-model="loginForm.username" name="username" type="text" auto-
      complete="on" placeholder="username" />
    </el-form-item>

    <el-form-item prop="password">
      <span class="svg-container">
        <svg-icon icon-class="password" />
      </span>
      <el-input :type="passwordType" v-model="loginForm.password" name="password"
      auto-complete="on" placeholder="password" @keyup.enter.native="handleLogin" />
      <span class="show-pwd" @click="showPwd">
      <svg-icon icon-class="eye" />
        </span>
    </el-form-item>

    <el-button :loading="loading" type="primary" style="width:100%;margin-bottom:30px;"
    @click.native.prevent="handleLogin">登录</el-button>
```

（2）在后台用户登录验证模块中，后端登录验证功能通过视图文件 litemall-admin-api\src\main\java\org\linlinjava\litemall\admin\web\AdminCollectController.java 实现，主要功能是获取用户在表单中输入的信息，然后与数据库中存储的数据进行比较。文件 AdminCollectController.java 的主要实现代码如下所示。

```
@PostMapping("/login")
public Object login(@RequestBody String body) {
    String username = JacksonUtil.parseString(body, "username");
    String password = JacksonUtil.parseString(body, "password");

    if (StringUtils.isEmpty(username) || StringUtils.isEmpty(password)) {
        return ResponseUtil.badArgument();
    }
```

```
                Subject currentUser = SecurityUtils.getSubject();
                try {
                    currentUser.login(new UsernamePasswordToken(username, password));
                } catch (UnknownAccountException uae) {
                    return ResponseUtil.fail(ADMIN_INVALID_ACCOUNT, "用户账号或密码不正确");
                } catch (LockedAccountException lae) {
                    return ResponseUtil.fail(ADMIN_INVALID_ACCOUNT, "用户账号已锁定不可用");
                } catch (AuthenticationException ae) {
                    return ResponseUtil.fail(ADMIN_INVALID_ACCOUNT, "认证失败");
                }
                return ResponseUtil.ok(currentUser.getSession().getId());
        }
```

25.4.2 用户管理

在后台用户管理模块中，用户管理包含会员管理、收货地址、会员收藏、会员足迹、搜索历史和意见反馈 6 个子选项。在接下来的内容中，将简要讲解其中"会员管理"子选项功能的实现过程。

（1）在后台用户管理模块中，前端会员管理页面由文件 litemall\litemall-admin\src\views\user\user.vue 实现，在此文件顶部显示用户搜索表单和按钮，在下方分页列表显示系统内的所有会员信息。文件 user.vue 的主要实现代码如下所示。

```
        <!-- 查询和其他操作 -->
        <div class="filter-container">
          <el-input v-model="listQuery.username" clearable class="filter-item" style="width:
          200px;" placeholder="请输入用户名"/>
          <el-input v-model="listQuery.mobile" clearable class="filter-item" style="width:
          200px;" placeholder="请输入手机号"/>
          <el-button class="filter-item" type="primary" icon="el-icon-search"
          @click="handleFilter">查找</el-button>
          <el-button :loading="downloadLoading" class="filter-item" type="primary"
          icon="el-icon-download" @click="handleDownload"> 导出</el-button>
        </div>


        <!-- 查询结果 -->
        <el-table v-loading="listLoading" :data="list" size="small" element-loading-text="正在查询
        中…" border fit highlight-current-row>
          <el-table-column align="center" width="100px" label="用户ID" prop="id" sortable/>

          <el-table-column align="center" label="用户名" prop="username"/>

          <el-table-column align="center" label="手机号码" prop="mobile"/>

          <el-table-column align="center" label="性别" prop="gender">
            <template slot-scope="scope">
              <el-tag >{{ genderDic[scope.row.gender] }}</el-tag>
            </template>
          </el-table-column>


          <el-table-column align="center" label="生日" prop="birthday"/>

          <el-table-column align="center" label="用户等级" prop="userLevel">
            <template slot-scope="scope">
              <el-tag >{{ levelDic[scope.row.userLevel] }}</el-tag>
            </template>
          </el-table-column>

          <el-table-column align="center" label="状态" prop="status">
            <template slot-scope="scope">
              <el-tag>{{ statusDic[scope.row.status] }}</el-tag>
            </template>
          </el-table-column>

        </el-table>
```

（2）在后台用户管理模块中，后端会员管理功能通过视图文件 litemall-admin-api\src\main\java\org\linlinjava\litemall\admin\web\AdminUserController.java 实现，主要功能是获取系统数据库中的会员信息，然后将获取的信息列表显示在页面中。并且通过 total 计算数据库中会员的数量，然后根据这个数量进行分页显示。文件 AdminUserController.java 的主要实现代码如下所示。

```java
public class AdminUserController {
    private final Log logger = LogFactory.getLog(AdminUserController.class);

    @Autowired
    private LitemallUserService userService;

    @RequiresPermissions("admin:user:list")
    @RequiresPermissionsDesc(menu={"用户管理" , "会员管理"}, button="查询")
    @GetMapping("/list")
    public Object list(String username, String mobile,
                       @RequestParam(defaultValue = "1") Integer page,
                       @RequestParam(defaultValue = "10") Integer limit,
                       @Sort @RequestParam(defaultValue = "add_time") String sort,
                       @Order @RequestParam(defaultValue = "desc") String order) {
        List<LitemallUser> userList = userService.querySelective(username, mobile, page,
        limit, sort, order);
        long total = PageInfo.of(userList).getTotal();
        Map<String, Object> data = new HashMap<>();
        data.put("total", total);
        data.put("items", userList);

        return ResponseUtil.ok(data);
    }
}
```

25.4.3 订单管理

"订单管理"是后台商场管理的一个子选项，下面将详细讲解"订单管理"功能的实现过程。

（1）在后台订单管理模块中，前端订单管理页面由文件 litemall\litemall-admin\src\views\mall\ order.vue 实现，在此文件顶部显示订单搜索表单和按钮，在下方分页列表显示系统内的所有订单信息和订单详情按钮。文件 order.vue 的主要实现代码如下所示。

```html
<el-table-column align="center" min-width="100" label="订单编号" prop="orderSn"/>

<el-table-column align="center" label="用户ID" prop="userId"/>

<el-table-column align="center" label="订单状态" prop="orderStatus">
  <template slot-scope="scope">
    <el-tag>{{ scope.row.orderStatus | orderStatusFilter }}</el-tag>
  </template>
</el-table-column>

<el-table-column align="center" label="订单金额" prop="orderPrice"/>

<el-table-column align="center" label="支付金额" prop="actualPrice"/>

<el-table-column align="center" label="支付时间" prop="payTime"/>

<el-table-column align="center" label="物流单号" prop="shipSn"/>

<el-table-column align="center" label="物流渠道" prop="shipChannel"/>

<el-table-column align="center" label="操作" width="200" class-name="small-padding fixed-width">
  <template slot-scope="scope">
    <el-button v-permission="['GET /admin/order/detail']" type="primary" size="mini" @click="
    handleDetail(scope.row)">详情 </el-button>
    <el-button v-permission="['POST /admin/order/ship']" v-if="scope.row.orderStatus==201"
    type="primary" size="mini" @click="handleShip(scope.row)">发货</el-button>
    <el-button v-permission="['POST /admin/order/refund']" v-if="scope.row. orderStatus==
    202" type="primary" size="mini" @click="handleRefund(scope.row)">退款</el-button>
  </template>
</el-table-column>
</el-table>

<pagination v-show="total>0" :total="total" :page.sync="listQuery.page" : limit.sync="
listQuery.limit" @pagination="getList" />

<!-- 订单详情对话框 -->
<el-dialog :visible.sync="orderDialogVisible" title="订单详情" width="800">
```

```html
    <el-form :data="orderDetail" label-position="left">
      <el-form-item label="订单编号">
        <span>{{ orderDetail.order.orderSn }}</span>
      </el-form-item>
      <el-form-item label="订单状态">
        <template slot-scope="scope">
        <el-tag>{{ scope.order.orderStatus | orderStatusFilter }}</el-tag>
      </template>
      </el-form-item>
      <el-form-item label="订单用户">
        <span>{{ orderDetail.user.nickname }}</span>
      </el-form-item>
      <el-form-item label="用户留言">
        <span>{{ orderDetail.order.message }}</span>
      </el-form-item>
      <el-form-item label="收货信息">
        <span>（收货人）{{ orderDetail.order.consignee }}</span>
        <span>（手机号）{{ orderDetail.order.mobile }}</span>
        <span>（地址）{{ orderDetail.order.address }}</span>
      </el-form-item>
      <el-form-item label="商品信息">
        <el-table :data="orderDetail.orderGoods" size="small" border fit
        highlight-current-row>
          <el-table-column align="center" label="商品名称" prop="goodsName" />
          <el-table-column align="center" label="商品编号" prop="goodsSn" />
          <el-table-column align="center" label="货品规格" prop="specifications" />
          <el-table-column align="center" label="货品价格" prop="price" />
          <el-table-column align="center" label="货品数量" prop="number" />
          <el-table-column align="center" label="货品图片" prop="picUrl">
            <template slot-scope="scope">
              <img :src="scope.row.picUrl" width="40">
            </template>
          </el-table-column>
        </el-table>
      </el-form-item>
      <el-form-item label="费用信息">
        <span>
          （实际费用）{{ orderDetail.order.actualPrice }}元 =
          （商品总价）{{ orderDetail.order.goodsPrice }}元 +
          （快递费用）{{ orderDetail.order.freightPrice }}元 -
          （优惠减免）{{ orderDetail.order.couponPrice }}元 -
          （积分减免）{{ orderDetail.order.integralPrice }}元
        </span>
      </el-form-item>
      <el-form-item label="支付信息">
        <span>（支付渠道）微信支付</span>
        <span>（支付时间）{{ orderDetail.order.payTime }}</span>
      </el-form-item>
      <el-form-item label="快递信息">
        <span>（快递公司）{{ orderDetail.order.shipChannel }}</span>
        <span>（快递单号）{{ orderDetail.order.shipSn }}</span>
        <span>（发货时间）{{ orderDetail.order.shipTime }}</span>
      </el-form-item>
      <el-form-item label="收货信息">
        <span>（确认收货时间）{{ orderDetail.order.confirmTime }}</span>
      </el-form-item>
    </el-form>
  </el-dialog>

  <!-- 发货对话框 -->
  <el-dialog :visible.sync="shipDialogVisible" title="发货">
    <el-form ref="shipForm" :model="shipForm" status-icon label-position="left"
    label-width="100px" style="width: 400px;margin-left:50px;">
      <el-form-item label="快递公司" prop="shipChannel">
        <el-input v-model="shipForm.shipChannel"/>
      </el-form-item>
      <el-form-item label="快递编号" prop="shipSn">
        <el-input v-model="shipForm.shipSn"/>
      </el-form-item>
    </el-form>
    <div slot="footer" class="dialog-footer">
      <el-button @click="shipDialogVisible = false">取消</el-button>
      <el-button type="primary" @click="confirmShip">确定</el-button>
```

```
        </div>
      </el-dialog>

      <!-- 退款对话框 -->
      <el-dialog :visible.sync="refundDialogVisible" title="退款">
        <el-form ref="refundForm" :model="refundForm" status-icon label-position="left"
          label-width="100px" style="width: 400px; margin-left:50px;">
            <el-form-item label="退款金额" prop="refundMoney">
              <el-input v-model="refundForm.refundMoney" :disabled="true"/>
            </el-form-item>
        </el-form>
        <div slot="footer" class="dialog-footer">
          <el-button @click="refundDialogVisible = false">取消</el-button>
          <el-button type="primary" @click="confirmRefund">确定</el-button>
        </div>
      </el-dialog>

    </div>
</template>
```

（2）在后台订单管理模块中，后端订单管理功能通过视图文件 litemall-admin-api\src\main\
java\org\linlinjava\litemall\admin\web\AdminOrderController.java 实现，主要功能是获取系统数据
库中的订单信息，然后将获取的订单信息列表显示在页面中。并且实现对某条订单进行操作
处理的功能，例如订单详情、订单退款、发货、订单操作结果和回复订单商品。文件
AdminOrderController.java 的主要实现代码如下所示。

```
public class AdminOrderController {
    private final Log logger = LogFactory.getLog(AdminOrderController.class);

    @Autowired
    private AdminOrderService adminOrderService;

    /**
     * 查询订单
     *
     * @param userId
     * @param orderSn
     * @param orderStatusArray
     * @param page
     * @param limit
     * @param sort
     * @param order
     * @return
     */
    @RequiresPermissions("admin:order:list")
    @RequiresPermissionsDesc(menu = {"商场管理", "订单管理"}, button = "查询")
    @GetMapping("/list")
    public Object list(Integer userId, String orderSn,
                       @RequestParam(required = false) List<Short> orderStatusArray,
                       @RequestParam(defaultValue = "1") Integer page,
                       @RequestParam(defaultValue = "10") Integer limit,
                       @Sort @RequestParam(defaultValue = "add_time") String sort,
                       @Order @RequestParam(defaultValue = "desc") String order) {
        return adminOrderService.list(userId, orderSn, orderStatusArray, page, limit,
        sort, order);
    }

    /**
     * 订单详情
     *
     * @param id
     * @return
     */
    @RequiresPermissions("admin:order:read")
    @RequiresPermissionsDesc(menu = {"商场管理", "订单管理"}, button = "详情")
    @GetMapping("/detail")
    public Object detail(@NotNull Integer id) {
        return adminOrderService.detail(id);
    }

    /**
     * 订单退款
```

```
 *
 * @param body 订单信息, { orderId: xxx }
 * @return 订单退款操作结果
 */
@RequiresPermissions("admin:order:refund")
@RequiresPermissionsDesc(menu = {"商场管理", "订单管理"}, button = "订单退款")
@PostMapping("/refund")
public Object refund(@RequestBody String body) {
    return adminOrderService.refund(body);
}

/**
 * 发货
 *
 * @param body 订单信息, { orderId: xxx, shipSn: xxx, shipChannel: xxx }
 * @return 订单操作结果
 */
@RequiresPermissions("admin:order:ship")
@RequiresPermissionsDesc(menu = {"商场管理", "订单管理"}, button = "订单发货")
@PostMapping("/ship")
public Object ship(@RequestBody String body) {
    return adminOrderService.ship(body);
}

/**
 * 回复订单商品
 *
 * @param body 订单信息, { orderId: xxx }
 * @return 订单操作结果
 */
@RequiresPermissions("admin:order:reply")
@RequiresPermissionsDesc(menu = {"商场管理", "订单管理"}, button = "订单商品回复")
@PostMapping("/reply")
public Object reply(@RequestBody String body) {
    return adminOrderService.reply(body);
}

}
```

25.4.4　商品管理

后台商品管理模块包含商品列表、商品上架和商品评论3个子选项。在接下来的内容中，将详细讲解商品管理模块功能的实现过程。

（1）在后台商品管理模块中，前端商品列表页面由文件 litemall\litemall-admin\src\views\goods\list.vue 实现，在此文件顶部显示商品搜索表单和按钮，在下方分页列表显示系统内的所有商品信息和对应的操作按钮。文件 list.vue 的主要实现代码如下所示。

```
<el-table-column type="expand">
  <template slot-scope="props">
    <el-form label-position="left" class="table-expand">
      <el-form-item label="宣传画廊">
        <img v-for="pic in props.row.gallery" :key="pic" :src="pic" class="gallery">
      </el-form-item>
      <el-form-item label="商品介绍">
        <span>{{ props.row.brief }}</span>
      </el-form-item>
      <el-form-item label="商品单位">
        <span>{{ props.row.unit }}</span>
      </el-form-item>
      <el-form-item label="关键字">
        <span>{{ props.row.keywords }}</span>
      </el-form-item>
      <el-form-item label="类目ID">
        <span>{{ props.row.categoryId }}</span>
      </el-form-item>
      <el-form-item label="品牌商ID">
        <span>{{ props.row.brandId }}</span>
      </el-form-item>
    </el-form>
  </template>
</el-table-column>
```

```
    <el-table-column align="center" label="商品编号" prop="goodsSn"/>

    <el-table-column align="center" min-width="100" label="名称" prop="name"/>

    <el-table-column align="center" property="iconUrl" label="图片">
     <template slot-scope="scope">
       <img :src="scope.row.picUrl" width="40">
     </template>
    </el-table-column>

    <el-table-column align="center" property="iconUrl" label="分享图">
      <template slot-scope="scope">
        <img :src="scope.row.shareUrl" width="40">
      </template>
    </el-table-column>

    <el-table-column align="center" label="详情" prop="detail">
     <template slot-scope="scope">
       <el-dialog :visible.sync="detailDialogVisible" title="商品详情">
        <div v-html="goodsDetail"/>
       </el-dialog>
       <el-button type="primary" size="mini" @click="showDetail(scope.row.detail)">查
       看</el-button>
     </template>
    </el-table-column>

    <el-table-column align="center" label="专柜价格" prop="counterPrice"/>

    <el-table-column align="center" label="当前价格" prop="retailPrice"/>

    <el-table-column align="center" label="是否新品" prop="isNew">
     <template slot-scope="scope">
       <el-tag :type="scope.row.isNew ? 'success' : 'error' ">{{ scope.row.isNew ? '
       新品' : '非新品' }}</el-tag>
     </template>
    </el-table-column>

    <el-table-column align="center" label="是否热品" prop="isHot">
     <template slot-scope="scope">
       <el-tag :type="scope.row.isHot ? 'success' : 'error' ">{{ scope.row.isHot ? '
       热品' : '非热品' }}</el-tag>
     </template>
    </el-table-column>

    <el-table-column align="center" label="是否在售" prop="isOnSale">
     <template slot-scope="scope">
       <el-tag :type="scope.row.isOnSale ? 'success' : 'error' ">{{ scope.row.isOnSale ?
       '在售' : '未售' }}</el-tag>
     </template>
    </el-table-column>

    <el-table-column align="center" label="操作" width="200" class-name="small-padding
    fixed-width">
     <template slot-scope="scope">
       <el-button type="primary" size="mini" @click="handleUpdate(scope.row)">编辑
       </el-button>
       <el-button type="danger" size="mini" @click="handleDelete(scope.row)">删除</el-button>
     </template>
    </el-table-column>
   </el-table>

   <pagination v-show="total>0" :total="total" :page.sync="listQuery.page" :limit.sync="
   listQuery.limit" @pagination="getList" />

   <el-tooltip placement="top" content="返回顶部">
     <back-to-top :visibility-height="100" />
   </el-tooltip>

  </div>
</template>
```

（2）在后台商品管理模块中，前端商品上架页面由文件 litemall\litemall-admin\src\views\goods\create.vue 实现，在此页面将显示添加新商品表单页面。文件 create.vue 的主要实现代码如下所示。

```html
<template>
  <div class="app-container">

    <el-card class="box-card">
    <h3>商品介绍</h3>
    <el-form ref="goods" :rules="rules" :model="goods" label-width="150px">
      <el-form-item label="商品编号" prop="goodsSn">
        <el-input v-model="goods.goodsSn"/>
      </el-form-item>
      <el-form-item label="商品名称" prop="name">
        <el-input v-model="goods.name"/>
      </el-form-item>
      <el-form-item label="专柜价格" prop="counterPrice">
        <el-input v-model="goods.counterPrice" placeholder="0.00">
          <template slot="append">元</template>
        </el-input>
      </el-form-item>
      <el-form-item label="当前价格" prop="retailPrice">
        <el-input v-model="goods.retailPrice" placeholder="0.00">
          <template slot="append">元</template>
        </el-input>
      </el-form-item>
      <el-form-item label="是否新品" prop="isNew">
        <el-radio-group v-model="goods.isNew">
          <el-radio :label="true">新品</el-radio>
          <el-radio :label="false">非新品</el-radio>
        </el-radio-group>
      </el-form-item>
      <el-form-item label="是否热卖" prop="isHot">
        <el-radio-group v-model="goods.isHot">
          <el-radio :label="false">普通</el-radio>
          <el-radio :label="true">热卖</el-radio>
        </el-radio-group>
      </el-form-item>
      <el-form-item label="是否在售" prop="isOnSale">
        <el-radio-group v-model="goods.isOnSale">
          <el-radio :label="true">在售</el-radio>
          <el-radio :label="false">未售</el-radio>
        </el-radio-group>
      </el-form-item>

      <el-form-item label="商品图片">
        <el-upload
          :action="uploadPath"
          :show-file-list="false"
          :headers="headers"
          :on-success="uploadPicUrl"
          class="avatar-uploader"
          accept=".jpg,.jpeg,.png,.gif">
          <img v-if="goods.picUrl" :src="goods.picUrl" class="avatar">
          <i v-else class="el-icon-plus avatar-uploader-icon"/>
        </el-upload>
      </el-form-item>

      <el-form-item label="宣传画廊">
        <el-upload
          :action="uploadPath"
          :limit="5"
          :headers="headers"
          :on-exceed="uploadOverrun"
          :on-success="handleGalleryUrl"
          :on-remove="handleRemove"
          multiple
          accept=".jpg,.jpeg,.png,.gif"
          list-type="picture-card">
          <i class="el-icon-plus"/>
        </el-upload>
      </el-form-item>

      <el-form-item label="商品单位">
        <el-input v-model="goods.unit" placeholder="件 / 个 / 盒"/>
      </el-form-item>

      <el-form-item label="关键字">
        <el-tag v-for="tag in keywords" :key="tag" closable type="primary"
        @close="handleClose(tag)">
```

```
            {{ tag }}
          </el-tag>
          <el-input
            v-if="newKeywordVisible"
            ref="newKeywordInput"
            v-model="newKeyword"
            class="input-new-keyword"
            size="small"
            @keyup.enter.native="handleInputConfirm"
            @blur="handleInputConfirm"/>
          <el-button v-else class="button-new-keyword" size="small" type="primary"
            @click="showInput">+ 增加</el-button>
        </el-form-item>

        <el-form-item label="所属分类">
          <el-cascader :options="categoryList" expand-trigger="hover"
            @change="handleCategoryChange"/>
        </el-form-item>

        <el-form-item label="所属品牌商">
          <el-select v-model="goods.brandId">
            <el-option v-for="item in brandList" :key="item.value" :label="
              item.label" :value="item.value"/>
          </el-select>
        </el-form-item>

        <el-form-item label="商品简介">
          <el-input v-model="goods.brief"/>
        </el-form-item>
......
```

（3）在后台商品管理模块中，前端商品评论页面由文件 litemall\litemall-admin\src\views\goods\comment.vue 实现，在此页面中将显示用户对系统内商品的所有评价信息。文件 comment.vue 的主要实现代码如下所示。

```
<el-table v-loading="listLoading" :data="list" size="small" element-loading-text="正在查询
中…" border fit highlight-current-row>

  <el-table-column align="center" label="用户ID" prop="userId"/>

  <el-table-column align="center" label="商品ID" prop="valueId"/>

  <el-table-column align="center" label="打分" prop="star"/>

  <el-table-column align="center" label="评论内容" prop="content"/>

  <el-table-column align="center" label="评论图片" prop="picUrls">
    <template slot-scope="scope">
      <img v-for="item in scope.row.picUrls" :key="item" :src="item" width="40">
    </template>
  </el-table-column>

  <el-table-column align="center" label="时间" prop="addTime"/>

  <el-table-column align="center" label="操作" width="200" class-name="small-padding
fixed-width">
    <template slot-scope="scope">
      <el-button type="primary" size="mini" @click="handleReply(scope.row)">回复</el-button>
      <el-button type="danger" size="mini" @click="handleDelete(scope.row)">删除</el-button>
    </template>
  </el-table-column>
</el-table>

<pagination v-show="total>0" :total="total" :page.sync="listQuery. page" :limit.
sync="listQuery.limit" @pagination="getList" />

<!-- 评论回复 -->
<el-dialog :visible.sync="replyFormVisible" title="回复">
  <el-form ref="replyForm" :model="replyForm" status-icon label-position="left"
    label-width="100px" style="width: 400px; margin-left:50px;">
    <el-form-item label="回复内容" prop="content">
      <el-input :autosize="{ minRows: 4, maxRows: 8}" v-model="replyForm.content"
        type="textarea"/>
    </el-form-item>
  </el-form>
```

```
                <div slot="footer" class="dialog-footer">
                    <el-button @click="replyFormVisible = false">取消</el-button>
                    <el-button type="primary" @click="reply">确定</el-button>
                </div>
            </el-dialog>

        </div>
    </template>
```

（4）在后台商品管理模块中，当单击商品列表中某个商品后面的"编辑"按钮时，会弹出一个修改商品页面，这个页面由文件 litemall\litemall-admin\src\views\goods\edit.vue 实现，主要实现代码如下所示。

```
<template>
    <div class="app-container">

        <el-card class="box-card">
        <h3>商品介绍</h3>
        <el-form ref="goods" :rules="rules" :model="goods" label-width="150px">
            <el-form-item label="商品编号" prop="goodsSn">
                <el-input v-model="goods.goodsSn"/>
            </el-form-item>
            <el-form-item label="商品名称" prop="name">
                <el-input v-model="goods.name"/>
            </el-form-item>
            <el-form-item label="专柜价格" prop="counterPrice">
                <el-input v-model="goods.counterPrice" placeholder="0.00">
                    <template slot="append">元</template>
                </el-input>
            </el-form-item>
            <el-form-item label="当前价格" prop="retailPrice">
                <el-input v-model="goods.retailPrice" placeholder="0.00">
                    <template slot="append">元</template>
                </el-input>
            </el-form-item>
            <el-form-item label="是否新品" prop="isNew">
             <el-radio-group v-model="goods.isNew">
                <el-radio :label="true">新品</el-radio>
                <el-radio :label="false">非新品</el-radio>
             </el-radio-group>
            </el-form-item>
            <el-form-item label="是否热卖" prop="isHot">
             <el-radio-group v-model="goods.isHot">
                <el-radio :label="false">普通</el-radio>
                <el-radio :label="true">热卖</el-radio>
                </el-radio-group>
                </el-form-item>
                <el-form-item label="是否在售" prop="isOnSale">
                <el-radio-group v-model="goods.isOnSale">
                    <el-radio :label="true">在售</el-radio>
                    <el-radio :label="false">未售</el-radio>
                </el-radio-group>
            </el-form-item>

            <el-form-item label="商品图片">
            <el-upload
                :headers="headers"
                :action="uploadPath"
                :show-file-list="false"
                :on-success="uploadPicUrl"
                class="avatar-uploader"
                accept=".jpg,.jpeg,.png,.gif">
                <img v-if="goods.picUrl" :src="goods.picUrl" class="avatar">
                <i v-else class="el-icon-plus avatar-uploader-icon"/>
                </el-upload>
            </el-form-item>

            <el-form-item label="宣传画廊">
                <el-upload
                    :action="uploadPath"
                    :headers="headers"
                    :limit="5"
                    :file-list="galleryFileList"
                    :on-exceed="uploadOverrun"
                    :on-success="handleGalleryUrl"
                    :on-remove="handleRemove"
```

```
                                multiple
                                accept=".jpg,.jpeg,.png,.gif"
                                list-type="picture-card">
                                <i class="el-icon-plus"/>
                            </el-upload>
                        </el-form-item>
```

（5）在后台商品管理模块中，后端商品列表功能通过视图文件 litemall-admin-api\src\main\java\org\linlinjava\litemall\admin\web\AdminGoodsController.java 实现，主要功能是获取系统数据库中的商品信息，然后分别实现商品列表显示、添加新商品、修改商品和删除商品功能。文件 AdminGoodsController.java 的主要实现代码如下所示。

```java
@RequestMapping("/admin/goods")
@Validated
public class AdminGoodsController {
    private final Log logger = LogFactory.getLog(AdminGoodsController.class);

    @Autowired
    private AdminGoodsService adminGoodsService;

    /**
     * 查询商品
     *
     * @param goodsSn
     * @param name
     * @param page
     * @param limit
     * @param sort
     * @param order
     * @return
     */
    @RequiresPermissions("admin:goods:list")
    @RequiresPermissionsDesc(menu = {"商品管理", "商品管理"}, button = "查询")
    @GetMapping("/list")
    public Object list(String goodsSn, String name,
                       @RequestParam(defaultValue = "1") Integer page,
                       @RequestParam(defaultValue = "10") Integer limit,
                       @Sort @RequestParam(defaultValue = "add_time") String sort,
                       @Order @RequestParam(defaultValue = "desc") String order) {
        return adminGoodsService.list(goodsSn, name, page, limit, sort, order);
    }

    @GetMapping("/catAndBrand")
    public Object list2() {
        return adminGoodsService.list2();
    }

    /**
     * 编辑商品
     *
     * @param goodsAllinone
     * @return
     */
    @RequiresPermissions("admin:goods:update")
    @RequiresPermissionsDesc(menu = {"商品管理", "商品管理"}, button = "编辑")
    @PostMapping("/update")
    public Object update(@RequestBody GoodsAllinone goodsAllinone) {
        return adminGoodsService.update(goodsAllinone);
    }

    /**
     * 删除商品
     *
     * @param goods
     * @return
     */
    @RequiresPermissions("admin:goods:delete")
    @RequiresPermissionsDesc(menu = {"商品管理", "商品管理"}, button = "删除")
    @PostMapping("/delete")
    public Object delete(@RequestBody LitemallGoods goods) {
        return adminGoodsService.delete(goods);
    }

    /**
     * 添加商品
```

```
     *
     * @param goodsAllinone
     * @return
     */
    @RequiresPermissions("admin:goods:create")
    @RequiresPermissionsDesc(menu = {"商品管理", "商品管理"}, button = "上架")
    @PostMapping("/create")
    public Object create(@RequestBody GoodsAllinone goodsAllinone) {
        return adminGoodsService.create(goodsAllinone);
    }

    /**
     * 商品详情
     *
     * @param id
     * @return
     */
    @RequiresPermissions("admin:goods:read")
    @RequiresPermissionsDesc(menu = {"商品管理", "商品管理"}, button = "详情")
    @GetMapping("/detail")
    public Object detail(@NotNull Integer id) {
        return adminGoodsService.detail(id);
    }

}
```

25.5　实现小商城系统

📹 知识点讲解：视频\第 25 章\实现小商城系统.mp4

　　本项目的小商城系统模块由前端和后端两部分实现，其中前端实现模块是 litemall-wx，基于微信小程序技术实现；后端实现模块是 litemall-wx-api，基于 Spring Boot 技术实现。本节将详细讲解小商城系统中主要功能的实现过程。

25.5.1　系统主页

↑扫码看视频

　　小商城系统模块的系统主页前端由文件 litemall\litemall-wx\pages\index\index.wxml 实现，功能是展示微信商城的主页信息，主要实现代码如下所示。

```
<view class="container">
  <swiper class="goodsimgs" indicator-dots="true" autoplay="true" interval="3000" duration="1000">
    <swiper-item wx:for="{{goods.gallery}}" wx:key="*this">
      <image src="{{item}}" background-size="cover"></image>
    </swiper-item>
  </swiper>
  <!-- 分享 -->
  <view class='goods_name'>
    <view class='goods_name_left'>{{goods.name}}</view>
    <view class='goods_name_right' bindtap="shareFriendOrCircle">分享</view>
  </view>
  <view class="share-pop-box" hidden="{{!openShare}}">
    <view class="share-pop">
      <view class="close" bindtap="closeShare">
        <image class="icon" src="/static/images/icon_close.png"></image>
      </view>
      <view class='share-info'>
      <button class="sharebtn" open-type="share" wx:if="{{isGroupon}}">
        <image class='sharebtn_image' src='/static/images/wechat.png'></image>
        <view class='sharebtn_text'>分享给好友</view>
      </button>
      <button class="savesharebtn" open-type="openSetting" bindopensetting="handleSetting"
wx:if="{{(!isGroupon) && (!canWrite)}}" >
        <image class='sharebtn_image' src='/static/images/friend.png'></image>
        <view class='sharebtn_text'>发朋友圈</view>
      </button>
      <button class="savesharebtn" bindtap="saveShare" wx:if="{{!isGroupon && canWrite}}">
        <image class='sharebtn_image' src='/static/images/friend.png'></image>
        <view class='sharebtn_text'>发朋友圈</view>
      </button>
```

```
          </view>
        </view>
      </view>

      <view class="goods-info">
        <view class="c">
        <text class="desc">{{goods.goodsBrief}}</text>
        <view class="price">
          <view class="counterPrice">原价：￥{{goods.counterPrice}}</view>
          <view class="retailPrice">现价：￥{{checkedSpecPrice}}</view>
        </view>

        <view class="brand" wx:if="{{brand.name}}">
          <navigator url="../brandDetail/brandDetail?id={{brand.id}}">
            <text>{{brand.name}}</text>
          </navigator>
        </view>
        </view>
      </view>
      <view class="section-nav section-attr" bindtap="switchAttrPop">
        <view class="t">{{checkedSpecText}}</view>
        <image class="i" src="/static/images/address_right.png" background-size="cover"></image>
      </view>
      <view class="comments" wx:if="{{comment.count > 0}}">
        <view class="h">
          <navigator url="/pages/comment/comment?valueId={{goods.id}}&type=0>
            <text class="t">评价({{comment.count > 999 ? '999+' : comment.count}})</text>
            <text class="i">查看全部</text>
          </navigator>
        </view>
        <view class="b">
          <view class="item" wx:for="{{comment.data}}" wx:key="id">
            <view class="info">
              <view class="user">
                <image src="{{item.avatar}}"></image>
                <text>{{item.nickname}}</text>
              </view>
              <view class="time">{{item.addTime}}</view>
            </view>
            <view class="content">
              {{item.content}}
            </view>
            <view class="imgs" wx:if="{{item.picList.length > 0}}">
            <image class="img" wx:for="{{item.picList}}" wx:key="*this"
            wx:for-item="iitem" src="{{iitem}} "></image>
            </view>
          </view>
        </view>
```

25.5.2　购物车

（1）小商城系统模块的购物车前端由文件 litemall\litemall-wx\pages\cart\cart.wxml 实现，功能是展示购物车中的信息，并在购物车中分别实现添加商品和编辑商品功能。文件 cart.wxml 的主要实现代码如下所示。

```
<view class='login' wx:else>
    <view class="service-policy">
        <view class="item">30天无忧退货</view>
        <view class="item">48小时快速退款</view>
        <view class="item">满88元免邮费</view>
    </view>
    <view class="no-cart" wx:if="{{cartGoods.length <= 0}}">
      <view class="c">
        <image src="http://nos.netease.com/mailpub/hxm/yanxuan-wap/p/20150730/style/img/
        icon-normal/noCart-a8fe3f12e5.png" />
        <text>去添加点什么吧</text>
      </view>
    </view>
    <view class="cart-view" wx:else>
      <view class="list">
        <view class="group-item">
          <view class="goods">
            <view class="item {{isEditCart ? 'edit' : ''}}" wx:for="{{cartGoods}}"
```

```
                                     wx:key="id">
                             <view class="checkbox {{item.checked ? 'checked' : ''}}" bindtap="
                              checkedItem" data-item-index="{{index}}"></view>
                             <view class="cart-goods">
                                 <image class="img" src="{{item.picUrl}}"></image>
                                 <view class="info">
                                   <view class="t">
                                     <text class="name">{{item.goodsName}}</text>
                                     <text class="num">x{{item.number}}</text>
                                   </view>
                                   <view class="attr">{{ isEditCart ? '已选择:' : ''}}{{item.
                                     goodsSpecificationValues|'|''}}</view>
                                   <view class="b">
                                     <text class="price">¥{{item.price}}</text>
                                     <view class="selnum">
                                       <view class="cut" bindtap="cutNumber" data-item- index="
                                       {{index}}">-</view>
                                       <input value="{{item.number}}" class="number" disabled="
                                       true" type="number" />
                                       <view class="add" bindtap="addNumber" data-item-index="
                                       {{index}}">+</view>
                                     </view>
                                   </view>
                                 </view>
                             </view>
                         </view>
                     </view>
                 </view>

         </view>
         <view class="cart-bottom">
             <view class="checkbox {{checkedAllStatus ? 'checked' : ''}}" bindtap="checkedAll">
             全选({{cartTotal.checkedGoodsCount}})</view>
             <view class="total">{{!isEditCart ? '¥'+cartTotal.checkedGoodsAmount : ''}}</view>
             <view class='action_btn_area'>
              <view class="{{!isEditCart ? 'edit' : 'sure'}}" bindtap="editCart">
             {{!isEditCart ? '编辑' : '完成'}}</view>
              <view class="delete" bindtap="deleteCart" wx:if="{{isEditCart}}">删除
             ({{cartTotal.checkedGoodsCount}})</view>
              <view class="checkout" bindtap="checkoutOrder" wx:if="{{!isEditCart}}">下单</view>
              <!-- </view> -->
             </view>
         </view>
     </view>
 </view>
</view>
```

（2）小商城系统模块的购物车后端由文件 litemall\litemall-wx-api\src\main\java\org\linlinjava\
litemall\wx\web\WxCartController.java 实现，主要实现代码如下所示。

```
/**
 * 用户购物车信息
 *
 * @param userId 用户ID
 * @return 用户购物车信息
 */
@GetMapping("index")
public Object index(@LoginUser Integer userId) {
    if (userId == null) {
        return ResponseUtil.unlogin();
    }

    List<LitemallCart> cartList = cartService.queryByUid(userId);
    Integer goodsCount = 0;
    BigDecimal goodsAmount = new BigDecimal(0.00);
    Integer checkedGoodsCount = 0;
    BigDecimal checkedGoodsAmount = new BigDecimal(0.00);
    for (LitemallCart cart : cartList) {
        goodsCount += cart.getNumber();
        goodsAmount = goodsAmount.add(cart.getPrice().multiply(new BigDecimal
        (cart.getNumber())));
        if (cart.getChecked()) {
            checkedGoodsCount += cart.getNumber();
            checkedGoodsAmount = checkedGoodsAmount.add(cart.getPrice().
```

```
                           multiply(new BigDecimal(cart.getNumber()))));
            }
        Map<String, Object> cartTotal = new HashMap<>();
        cartTotal.put("goodsCount", goodsCount);
        cartTotal.put("goodsAmount", goodsAmount);
        cartTotal.put("checkedGoodsCount", checkedGoodsCount);
        cartTotal.put("checkedGoodsAmount", checkedGoodsAmount);

        Map<String, Object> result = new HashMap<>();
        result.put("cartList", cartList);
        result.put("cartTotal", cartTotal);

        return ResponseUtil.ok(result);
}

/**
 * 加入商品到购物车
 * <p>
 * 如果已经存在购物车货品，则增加数量;
 * 否则添加新的购物车货品项。
 *
 * @param userId 用户ID
 * @param cart   购物车商品信息,  { goodsId: xxx, productId: xxx, number: xxx }
 * @return 加入购物车操作结果
 */
@PostMapping("add")
public Object add(@LoginUser Integer userId, @RequestBody LitemallCart cart) {
        if (userId == null) {
            return ResponseUtil.unlogin();
        }
        if (cart == null) {
            return ResponseUtil.badArgument();
        }

        Integer productId = cart.getProductId();
        Integer number = cart.getNumber().intValue();
        Integer goodsId = cart.getGoodsId();
        if (!ObjectUtils.allNotNull(productId, number, goodsId)) {
            return ResponseUtil.badArgument();
        }

        //判断商品是否可以购买
        LitemallGoods goods = goodsService.findById(goodsId);
        if (goods == null || !goods.getIsOnSale()) {
            return ResponseUtil.fail(GOODS_UNSHELVE, "商品已下架");
        }

        LitemallGoodsProduct product = productService.findById(productId);
        //判断购物车中是否存在此规格商品
        LitemallCart existCart = cartService.queryExist(goodsId, productId, userId);
        if (existCart == null) {
            //取得规格的信息，判断规格库存
            if (product == null || number > product.getNumber()) {
                return ResponseUtil.fail(GOODS_NO_STOCK, "库存不足");
            }

            cart.setId(null);
            cart.setGoodsSn(goods.getGoodsSn());
            cart.setGoodsName((goods.getName()));
            cart.setPicUrl(goods.getPicUrl());
            cart.setPrice(product.getPrice());
            cart.setSpecifications(product.getSpecifications());
            cart.setUserId(userId);
            cart.setChecked(true);
            cartService.add(cart);
        } else {
            //取得规格的信息，判断规格库存
            int num = existCart.getNumber() + number;
            if (num > product.getNumber()) {
                return ResponseUtil.fail(GOODS_NO_STOCK, "库存不足");
            }
```

```
                    existCart.setNumber((short) num);
                    if (cartService.updateById(existCart) == 0) {
                        return ResponseUtil.updatedDataFailed();
                    }
                }

                return goodscount(userId);
            }
```

25.6 本 地 测 试

📹 知识点讲解：视频\第 25 章\本地测试.mp4

本地测试是指开发人员在本地计算机的开发环境中测试项目程序。本节将详细讲解在本地测试本商城系统所有模块的过程。

25.6.1 创建数据库

本系统使用了 MySQL 数据库存储数据，数据库文件存放在"litemall-db/sql"目录中，其中文件 litemall_schema.sql 用于创建数据库和用户权限，文件 litemall_table.sql 用于创建表，文件 litemall_data.sql 用于创建测试数据。注意，建议采用命令行、MySQL Workbench 或 AppServ 进行导入，如果采用 navicat 可能导入失败。

将"litemall-db/sql"目录中的 SQL 数据文件导入到本地 MySQL 数据库后，在 litemall-db 模块的 application-db.yml 文件中配置连接参数和 druid。主要实现代码如下所示。

```
spring:
  datasource:
    druid:
      url: jdbc:mysql://localhost:3306/litemall?useUnicode= true&characterEncoding=
      UTF-8&serverTimezone= UTC&allowPublicKeyRetrieval=true&verifyServerCertificate=
      false&useSSL=false
      driver-class-name: com.mysql.jdbc.Driver
      username: litemall
      password: litemall123456
      initial-size: 10
      max-active: 50
      min-idle: 10
      max-wait: 60000
      pool-prepared-statements: true
      max-pool-prepared-statement-per-connection-size: 20
      validation-query: SELECT 1 FROM DUAL
      test-on-borrow: false
      test-on-return: false
      test-while-idle: true
      time-between-eviction-runs-millis: 60000
      filters: stat,wall
```

在上述代码中需要注意 username 和 password 两个参数，这两个参数分别代表连接 MySQL 数据库的用户名和密码。

25.6.2 运行后台管理系统

本项目的后台管理系统由 litemall-admin-api 模块和 litemall-admin 模块组成，在运行后台管理系统之前需要先使用 IntelliJ IDEA 运行后端模块 litemall-all，然后使用 Vue 运行前端模块 litemall-admin。

（1）在 IntelliJ IDEA 中找到文件 litemall\litemall-all\src\main\java\org\linlinjava\litemall\Application.java，然后右键单击此文件，在弹出命令中选择"Run 'Application'"命令即可运行后端模块 litemall-all，如图 25-2 所示。

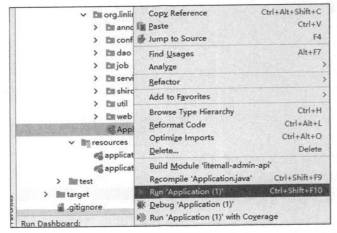

图 25-2 运行后端模块 litemall-all

（2）开始使用 Vue 运行前端模块 litemall-admin，首先打开命令行界面，然后分别输入下面的命令启动 npm。

```
npm install -g cnpm --registry=https://registry.npm.taobao.org
cd litemall/litemall-admin
cnpm install
cnpm run dev
```

运行成功后会在 npm 界面显示 URL 网址，如图 25-3 所示。

图 25-3 npm 界面

🌸 注意：在运行后台之前，一定要确保如下两个文件中的 port 一致。

```
D:\litemall\litemall-admin-api\src\main\resources\application.yml
D:\litemall\litemall-admin\config\dep.env.js
```

在浏览器输入 http://localhost:9527 后即可运行，首先显示登录界面，如图 25-4 所示。

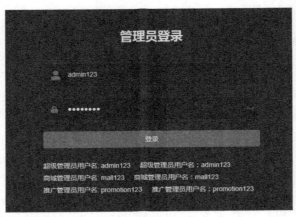

图 25-4 后台登录界面

根据提示输入登录信息后来到后台界面，例如商品列表界面效果如图 25-5 所示。

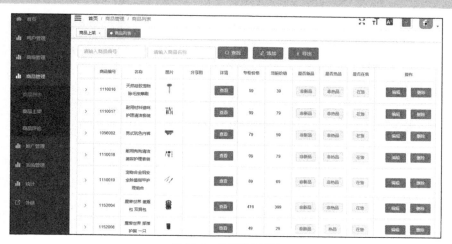

图 25-5　商品列表界面

25.6.3　运行微信小商城子系统

本项目的微信小商城子系统由 litemall-wx-api、litemall-wx 和 renard-wx 共 3 个模块组成。其中 litemall-wx-api 是基于 Spring Boot 技术实现的后端模块，litemall-wx 和 renard-wx 是使用微信小程序实现的前端模块。在调试时只需运行一个前端模块即可，下面以运行 litemall-wx 模块为例进行讲解。

（1）首先在 IntelliJ IDEA 中按照 25.6.2 节中的方法运行 litemall-all 模块，如果已经运行过，就无需重复这个步骤。

（2）开始运行微信小商城子系统的前端，登录腾讯微信小程序官方网站，下载并安装微信 Web 开发工具。然后打开微信 Web 开发工具，如图 25-6 所示。

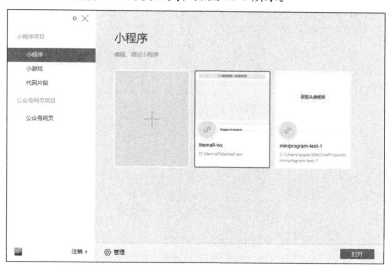

图 25-6　微信 Web 开发工具

（3）单击中间的加号"+"按钮，在弹出的界面中将"litemall-wx"目录下的源码导入到微信 Web 开发工具。因为是本地测试，所以可以单击"测试号"链接使用微信官方提供的测试号，如图 25-7 所示。

（4）打开文件 litemall\litemall-wx\config\api.js，变量 WxApiRoot 的端口号和前面后台系统的端口号一致。

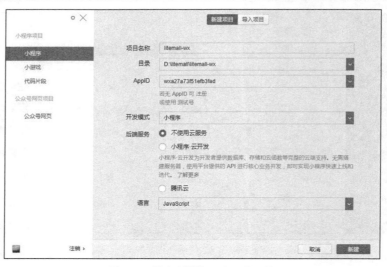

图 25-7　导入到微信 Web 开发工具

（5）在资源文件 litemall-core/src/main/resources/application-core.yml 中设置 AppID 和密钥可以使用微信官方提供的测试号。

```
litemall
    wx
        app-id: 开发者申请的app-id或测试号
        app-secret: 开发者申请的app-secret或测试号
```

（6）在文件 litemall-wx/project.config.json 中设置 AppID。可以使用微信官方提供的测试号。

注意：建议开发者关闭当前项目或者直接关闭微信开发者工具，重新打开（因为此时 litemall-wx 模块的 appid 可能未更新）。

（7）编译运行微信小程序，可以获取数据库中的数据，在商城中显示数据库中的商品信息。我们可以使用自己的微信账号登录系统，也可以自己注册新用户。微信小商城界面执行效果如图 25-8 所示。

商城首页

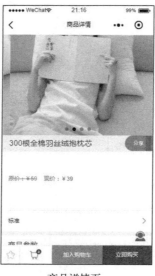

商品详情页

购物车页面

图 25-8　商城模块执行效果

25.7 线上发布和部署

📹 知识点讲解：视频\第 25 章\线上发布和部署.mp4

如果读者申请了微信开发者账号并开通了服务号，就可以线上发布自己的商城系统。在开通服务号时需要通过微信官方审核认证，现在认证收费。下面简单介绍线上发布本系统的具体过程。

25.7.1 微信登录配置

在本系统中有两个地方需要配置微信登录功能，首先是小商场前端 litemall-wx 模块（或 renard-wx 模块）中 project.config.json 文件的 appid，其次是小商场后端 litemall-core 模块的 application-core.yml 文件：

```
litemall:
    wx:
        app-id: 申请的账号
        app-secret: 申请的密码
```

这里的 app-id 和 app-secret 需要开发者在微信公众平台注册获取，而不能使用测试号。

25.7.2 微信支付配置

在 litemall-core 模块的文件 application-core.yml 中配置微信支付信息，主要代码如下所示。

```
litemall:
    wx:
        mch-id: 111111
        mch-key: xxxxxx
        notify-url: https://www.example.com/wx/order/pay-notify
```

（1）mch-id 和 mch-key：需要开发者在微信商户平台注册获取。

（2）notify-url：是项目上线以后微信支付回调地址，当微信支付成功或者失败，微信商户平台将向回调地址发生成功或者失败的数据，因此需要确保该地址是 litemall-wx-api 模块的 WxOrderController 类的 payNotify 方法所服务的 API 地址。

🌸 注意：在开发阶段可以采用一些技术实现临时外网地址映射本地，开发者可以在百度上搜索关键字"微信内网穿透"自行学习。

25.7.3 配置邮件通知

邮件通知是指在用户下单后，系统会自动向 sendto 用户发送一封邮件，告知用户下单的订单信息。以后可能需要继续优化扩展。当然，如果不需要邮件通知订单信息，可以默认关闭。在 litemall-core 模块的文件 application-core.yml 中配置邮件通知服务，主要代码如下所示。

```
litemall:
    notify:
        mail:
            # 邮件通知配置,邮箱一般用于接收业务通知例如收到新的订单, sendto 定义邮件接收者, 通常为商城运营人员
            enable: false
            host: smtp.exmail.qq.com
            username: ex@ex.com.cn
            password: XXXXXXXXXXXX
            sendfrom: ex@ex.com.cn
            sendto: ex@qq.com
```

配置邮件通知功能的基本流程如下所示：

（1）在邮件服务器开启 smtp 服务。

（2）开发者在配置文件中设置 enable 的值 true，然后其他信息设置相应的值，建议使用 QQ 邮箱。

（3）当配置好邮箱信息以后，可以运行 litemall-core 模块的 MailTest 测试类进行发送测试，然后登录邮箱查看邮件是否成功接收。

25.7.4　短信通知配置

目前短信通知场景只支持支付成功、验证码、订单发送、退款成功 4 种情况，以后微信可能会继续扩展新的模块。在 litemall-core 模块的文件 application-core.yml 中配置短信通知服务，主要代码如下所示。

```
litemall:
    notify:
        # 短消息模版通知配置
        # 短信息用于通知客户，例如发货短信通知，注意配置格式：template-name，template-templateId 可参考
NotifyType 枚举值
        sms:
            enable: false
            appid: 111111111
            appkey: xxxxxxxxxxxxxx
            template:
            - name: paySucceed
              templateId: 156349
            - name: captcha
              templateId: 156433
            - name: ship
              templateId: 158002
            - name: refund
              templateId: 159447
```

配置短信通知的基本流程如下所示。

（1）登录腾讯云短信平台申请开通短信功能，然后设置 4 个场景的短信模板。

（2）在配置文件设置 enable 的值 true，然后设置其他信息，包括腾讯云短信平台申请的 appid 等值。建议使用腾讯云短信平台，也可以自行测试其他短信云平台。

（3）当配置好信息以后，可以通过 litemall-core 模块中的测试 SmsTest 类进行测试，测试时需要设置手机号和模板所需要的参数值。单独启动 SmsTest 测试类发送短信，然后查看手机是否成功接收短信。

25.7.5　系统部署

读者可以根据自己的实际情况来选择部署方案，下面是最为常用的 4 种部署方案。

（1）可以在同一云主机中安装一个 Spring Boot 服务，同时提供 litemall-admin、litemall-admin-api 和 litemall-wx-api 这 3 种服务。

（2）可以在单一云主机中仅安装一个 tomcat/nginx 服务器，并部署 litemall-admin 静态页面分发服务，然后部署两个 Spring Boot 的后端服务。

（3）可以把 litemall-admin 静态页面托管第三方 CDN，然后部署两个后端服务。

（4）可以部署到多个服务器，然后采用集群式并发提供服务。

25.7.6　技术支持

本项目的开发团队一直在维护本系统，读者可以登录 GitHub 搜索"litemall"找到本项目，及时了解本项目的更新和升级情况。建议读者通过"releases"模块了解最新更新信息。也可以在码云找到本项目的升级源码，具体地址是 https://gitee.com/linlinjava/litemall。

另外，开发团队提供了完善的说明文档，文档地址是 https://linlinjava.gitbook.io/litemall/。调试过程中的常见问题，可在源码文件 litemall/doc/FAQ.md 中查看解决方案。同时，本开发团队还提供了技术支持 QQ 群，具体群号请读者进入本书前言中的售后服务 QQ 群，向售后服务群主索取。